计算机应用基础
Windows 7、Office 2010
（第 2 版）

主　编　吴俊强
副主编　史志英　王明芳
主　审　王健光

东南大学出版社
·南京·

内容提要

本书是一本通用的计算机基础教材，包括计算机基础知识、Windows 7 操作系统、Word 2010 文字处理、Excel 2010 电子表格、PowerPoint 2010 演示文稿、Internet 的基础知识和简单应用共 6 章内容。本书紧扣全国计算机等级考试一级 MS Office 考试大纲，理论与实例相结合，为欲参加全国计算机等级考试一级考试的学生提供参考。

本书可作为高职高专院校计算机应用公共基础课程教材，也可作为计算机基础知识和应用能力考试人员的培训教材。

图书在版编目(CIP)数据

计算机应用基础 / 吴俊强主编. — 2 版. — 南京：东南大学出版社，2019.8
ISBN 978-7-5641-8530-5

Ⅰ.①计⋯ Ⅱ.①吴⋯ Ⅲ.①电子计算机-高等职业教育-教材 Ⅳ.①TP3

中国版本图书馆 CIP 数据核字(2019)第 188456 号

计算机应用基础（第 2 版）
Jisuanji Yingyong Jichu（Di-er Ban）

主　　编：	吴俊强
出版发行：	东南大学出版社
社　　址：	南京市四牌楼 2 号　邮编：210096
出 版 人：	江建中
责任编辑：	戴坚敏
网　　址：	http://www.seupress.com
电子邮箱：	press@seupress.com
经　　销：	全国各地新华书店
印　　刷：	兴化印刷有限责任公司
开　　本：	787mm×1092mm　1/16
印　　张：	22.75
字　　数：	553 千字
版　　次：	2019 年 8 月第 2 版
印　　次：	2019 年 8 月第 1 次印刷
书　　号：	ISBN 978-7-5641-8530-5
印　　数：	1～3 000 册
定　　价：	58.00 元

本社图书若有印装质量问题，请直接与营销部联系。电话：025 - 83791830

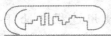 # 前 言

　　本书根据教育部考试中心制定的《全国计算机等级考试大纲》编写。新大纲要求在 Windows 7 平台下,应用 Office 2010 办公软件。

　　本书编写的指导思想是突出基础性,兼顾应用性,力求通俗易懂,便于教学。但是,作为大学新生的第一门计算机基础课程,一是课时有限,二是学生基础参差不齐。因此,要达到上述目标,难度是很大的。本书的编写人员都是具有多年丰富教学经验的专职计算机基础课教师,在教材编写中考虑以方便教学组织为基本出发点之一,采用案例驱动的方式展开讲解,内容组织由浅入深,基本概念和基本操作讲解相互配合,系统性较强,既便于学生自学,又便于教师按照自己的知识结构和习惯组织教学。

　　本书分为 6 章。第 1 章计算机基础知识,介绍了计算机的概念、特点、系统组成与工作原理、多媒体技术以及计算机系统安全;第 2 章 Windows 7 操作系统,介绍了 Windows 7 的启动与退出、文件和文件夹的管理、控制面板与系统管理;第 3 章 Word 2010 文字处理,介绍了 Word 2010 的基础知识、文档的基本操作、格式化设置、表格与图形的插入与编辑、页面设置与打印输出;第 4 章 Excel 2010 电子表格,介绍了 Excel 2010 的基本操作、公式和函数的使用、数据管理、工作表与工作簿管理、图表制作及网络应用;第 5 章 PowerPoint 2010 演示文稿,介绍了幻灯片的基本操作、幻灯片的制作与设计、放映与打印;第 6 章 Internet 的基础知识和简单应用,介绍了计算机网络基础、局域网、Internet 概述、Internet Explorer 浏览器的使用、使用 Outlook Express 收发电子邮件。

　　与本书配套的习题与上机指导书,分为上机实验指导篇与习题篇。上机实验指导篇内容紧扣主教材,与课堂教学相辅相成,操作简洁,步骤详细,具有针对性。每个实验都包含实验目的、实验内容、上机练习三部分,帮助读者更好地掌握相关操作。习题篇涉及全国计算机等级考试一级 MS Office 考试的全部内容,包括选择题、综合操作题、模拟试题三部分。

　　本书由吴俊强主编,史志英、王明芳副主编,王健光主审。各章主要执笔人员分别为:第 1 章(第 1~4 节)、第 2 章由史志英编写,第 3 章由王明芳编写,第

1章(第5~7节)、第4章由吴俊强编写,第5章由张卓云编写,第6章由顾宇明编写。

  由于水平所限,书中难免有不当和疏漏之处,恳请读者在使用过程中批评指正。读者可通过E-mail与编者联系,邮箱为szywbx@163.com。

编 者

2019年7月

目 录

第1章 计算机基础知识 ... 1
1.1 计算机概述 ... 1
1.1.1 计算机的定义 ... 1
1.1.2 计算机的诞生及发展 ... 2
1.1.3 计算机的发展趋势 ... 7
1.1.4 计算机的分类 ... 9
1.1.5 计算机的特点 ... 10
1.1.6 计算机的应用 ... 11
1.2 计算机中的信息表示 ... 14
1.2.1 计算机中的数制 ... 14
1.2.2 字符编码 ... 18
1.2.3 汉字编码 ... 20
1.3 计算机系统 ... 22
1.3.1 硬件系统 ... 22
1.3.2 软件系统 ... 24
1.3.3 计算机系统的层次结构 ... 25
1.4 微型计算机的硬件系统 ... 25
1.4.1 微型计算机硬件系统结构 ... 25
1.4.2 中央处理器(Central Processing Unit,CPU) ... 26
1.4.3 存储器(Memory) ... 28
1.4.4 输入设备(Input Devices) ... 34
1.4.5 输出设备(Output Devices) ... 37
1.4.6 主板(Main Board) ... 41
1.4.7 总线(Bus) ... 43
1.4.8 微型计算机的配置、选购与组装 ... 44
1.5 计算机软件系统 ... 46
1.5.1 系统软件 ... 47
1.5.2 计算机语言 ... 51
1.5.3 应用软件 ... 53
1.6 多媒体技术简介 ... 54
1.6.1 多媒体的概念 ... 54
1.6.2 多媒体元素 ... 55

1.6.3 多媒体计算机	60
1.6.4 多媒体技术的应用	60
1.6.5 多媒体计算机的发展	61
1.7 计算机系统安全	61
1.7.1 计算机系统安全概念	61
1.7.2 计算机病毒	62
1.7.3 黑客及防范	65
1.7.4 计算机使用安全常识	69
1.7.5 计算机道德与法规	70
习题	71
第2章 Windows 7 操作系统	**73**
2.1 操作系统概述	73
2.1.1 常用操作系统简介	73
2.1.2 Windows 7 操作系统	75
2.2 Windows 7 的基本操作	78
2.2.1 Windows 7 的启动和关闭	78
2.2.2 鼠标和键盘的操作	82
2.2.3 Windows 7 桌面的组成	84
2.2.4 Windows 7 的窗口	87
2.2.5 对话框	94
2.2.6 菜单和工具栏的操作	97
2.3 Windows 7 文件管理	101
2.3.1 文件和文件夹的管理	102
2.3.2 搜索文件与文件夹	110
2.3.3 创建快捷方式	112
2.3.4 "文件夹选项"对话框	113
2.3.5 设置文件夹的共享	114
2.4 Windows 7 个性化设置	114
2.4.1 设置桌面背景、屏幕保护及个性化主题	115
2.4.2 调整键盘和鼠标	116
2.4.3 安装和删除应用程序	118
2.4.4 设置多用户使用环境	119
2.4.5 Windows 中文输入法	120
2.4.6 更改日期和时间	120
2.4.7 设置 Windows 7 网络配置	121
2.5 系统维护与优化	122
习题	124
第3章 Word 2010 文字处理	**125**
3.1 Word 2010 概述	125

- 3.1.1 Word 2010 的主要新增功能 …………………………………… 125
- 3.1.2 启动 Word 2010 …………………………………………………… 126
- 3.1.3 退出 Word 2010 …………………………………………………… 126
- 3.2 Word 2010 的窗口的组成 ………………………………………………… 127
  - 3.2.1 Word 2010 窗口组成 ……………………………………………… 127
  - 3.2.2 Word 2010 的视图 ………………………………………………… 130
- 3.3 Word 文档的基本操作 ……………………………………………………… 131
  - 3.3.1 创建新文档 ………………………………………………………… 131
  - 3.3.2 打开已存在的文档 ………………………………………………… 132
  - 3.3.3 文档的保存和保护 ………………………………………………… 134
  - 3.3.4 关闭文档 …………………………………………………………… 136
- 3.4 文本输入和基本编辑 ……………………………………………………… 136
  - 3.4.1 输入文本 …………………………………………………………… 136
  - 3.4.2 文档的编辑操作 …………………………………………………… 139
  - 3.4.3 查找与替换操作 …………………………………………………… 141
- 3.5 文档的排版 ………………………………………………………………… 144
  - 3.5.1 文字格式的设置 …………………………………………………… 144
  - 3.5.2 段落格式设置 ……………………………………………………… 148
  - 3.5.3 页面的格式设置 …………………………………………………… 153
  - 3.5.4 节格式设置 ………………………………………………………… 158
  - 3.5.5 特殊排版格式设置 ………………………………………………… 160
- 3.6 表格的制作 ………………………………………………………………… 162
  - 3.6.1 表格的创建 ………………………………………………………… 163
  - 3.6.2 表格转换 …………………………………………………………… 164
  - 3.6.3 表格编辑 …………………………………………………………… 165
  - 3.6.4 表格的属性设置 …………………………………………………… 169
  - 3.6.5 表格的计算和排序功能 …………………………………………… 173
- 3.7 Word 的图文混排功能 …………………………………………………… 175
  - 3.7.1 插入图片 …………………………………………………………… 175
  - 3.7.2 设置图片格式 ……………………………………………………… 176
  - 3.7.3 绘制图形 …………………………………………………………… 179
  - 3.7.4 插入艺术字 ………………………………………………………… 181
  - 3.7.5 文本框 ……………………………………………………………… 181
  - 3.7.6 插入公式和图表对象 ……………………………………………… 183
  - 3.7.7 多对象的操作 ……………………………………………………… 184
- 3.8 文档的打印 ………………………………………………………………… 185
  - 3.8.1 文档的打印与预览 ………………………………………………… 185
  - 3.8.2 打印机的选择与设置 ……………………………………………… 186
- 习题 ……………………………………………………………………………… 186

第4章 Excel 2010 电子表格 … 188
4.1 Excel 2010 概述 … 188
4.1.1 Excel 2010 的基本功能 … 188
4.1.2 Excel 2010 的启动与退出 … 189
4.1.3 Excel 2010 窗口的组成 … 189
4.1.4 Excel 2010 的基本概念 … 191
4.2 Excel 2010 基本操作 … 191
4.2.1 工作簿的创建、保存、打开 … 191
4.2.2 数据的输入 … 194
4.2.3 选择单元格和区域 … 198
4.2.4 数据编辑 … 198
4.2.5 选择性粘贴 … 200
4.2.6 单元格或行、列的插入与删除 … 200
4.2.7 查找与替换 … 201
4.3 公式与函数 … 202
4.3.1 公式的构成 … 202
4.3.2 公式的复制 … 204
4.3.3 函数的使用 … 204
4.3.4 关于错误信息 … 209
4.4 格式化工作表 … 211
4.4.1 设置单元格格式 … 211
4.4.2 调整行高与列宽 … 214
4.4.3 套用表格格式 … 214
4.4.4 应用条件格式 … 214
4.4.5 复制格式和应用样式 … 217
4.5 工作表与工作簿管理 … 218
4.5.1 工作表的选择与更名 … 218
4.5.2 工作表的新建与删除 … 219
4.5.3 工作表的复制与移动 … 219
4.5.4 工作表窗口的调整 … 220
4.5.5 保护数据 … 222
4.5.6 工作簿的病毒防护 … 224
4.5.7 打印工作表 … 226
4.6 数据分析与管理 … 230
4.6.1 数据清单 … 230
4.6.2 数据排序 … 230
4.6.3 数据筛选 … 232
4.6.4 分类汇总 … 236
4.6.5 数据透视表 … 238

4.6.6　数据合并 …………………………………………………… 241
　4.7　图表功能 ………………………………………………………………… 243
　　　4.7.1　图表类型及元素 ……………………………………………… 243
　　　4.7.2　创建图表 ……………………………………………………… 245
　　　4.7.3　更改图表的布局或样式 ……………………………………… 246
　　　4.7.4　修改图表元素 ………………………………………………… 247
　　　4.7.5　调整图表大小和位置 ………………………………………… 250
　　　4.7.6　更改图表数据 ………………………………………………… 251
　　　4.7.7　在图表中添加趋势线 ………………………………………… 251
　4.8　Excel 2010 的网络应用 ………………………………………………… 252
　　　4.8.1　使用超链接 …………………………………………………… 252
　　　4.8.2　共享工作簿 …………………………………………………… 253
　习题 ……………………………………………………………………………… 257
第 5 章　PowerPoint 2010 演示文稿 ………………………………………… 260
　5.1　PowerPoint 2010 基础知识 ……………………………………………… 260
　　　5.1.1　PowerPoint 2010 的启动与退出 ……………………………… 260
　　　5.1.2　PowerPoint 2010 窗口 ………………………………………… 261
　　　5.1.3　打开和关闭演示文稿 ………………………………………… 263
　5.2　演示文稿的基本操作 …………………………………………………… 264
　　　5.2.1　建立演示文稿 ………………………………………………… 264
　　　5.2.2　保存演示文稿 ………………………………………………… 266
　　　5.2.3　在演示文稿中增加和删除幻灯片 …………………………… 268
　5.3　演示文稿的显示视图 …………………………………………………… 269
　　　5.3.1　幻灯片的视图方式 …………………………………………… 269
　　　5.3.2　"普通"视图下的操作 ………………………………………… 270
　　　5.3.3　"幻灯片浏览"视图下的操作 ………………………………… 273
　5.4　演示文稿的编辑 ………………………………………………………… 275
　　　5.4.1　文本的输入和编辑 …………………………………………… 275
　　　5.4.2　插入图片、形状和艺术字 …………………………………… 276
　　　5.4.3　插入表格和图表 ……………………………………………… 283
　　　5.4.4　插入 SmartArt 图形 …………………………………………… 286
　　　5.4.5　为演示文稿加入多媒体功能 ………………………………… 287
　5.5　设置幻灯片外观 ………………………………………………………… 288
　　　5.5.1　应用主题 ……………………………………………………… 289
　　　5.5.2　设置幻灯片背景 ……………………………………………… 289
　　　5.5.3　使用母版 ……………………………………………………… 291
　　　5.5.4　应用设计模板 ………………………………………………… 293
　5.6　动画和超链接技术 ……………………………………………………… 295
　　　5.6.1　为幻灯片中的对象设置动画效果 …………………………… 295

5.6.2　幻灯片的切换效果设计 …………………………………………… 299
　　5.6.3　超链接 …………………………………………………………… 300
5.7　演示文稿的放映和打印 ………………………………………………… 301
　　5.7.1　设置放映方式 …………………………………………………… 301
　　5.7.2　为演示文稿放映计时 …………………………………………… 302
　　5.7.3　放映演示文稿 …………………………………………………… 303
　　5.7.4　打印演示文稿 …………………………………………………… 305
　　5.7.5　演示文稿的打包 ………………………………………………… 306
　　5.7.6　将演示文稿转换为直接放映格式 ……………………………… 307
习题 …………………………………………………………………………… 308

第6章　Internet 的基础知识和简单应用 ……………………………………… 309
6.1　计算机网络概述 ………………………………………………………… 309
　　6.1.1　计算机网络的发展 ……………………………………………… 309
　　6.1.2　计算机网络的定义 ……………………………………………… 310
　　6.1.3　计算机网络的功能 ……………………………………………… 310
　　6.1.4　计算机网络的分类 ……………………………………………… 311
　　6.1.5　计算机网络结构 ………………………………………………… 311
　　6.1.6　数据通信常识 …………………………………………………… 314
　　6.1.7　组网和联网的硬件设备 ………………………………………… 315
6.2　Internet 基础 …………………………………………………………… 317
　　6.2.1　因特网概述 ……………………………………………………… 317
　　6.2.2　Internet 的网络标识 …………………………………………… 320
　　6.2.3　Internet 的接入方式 …………………………………………… 322
6.3　Internet 的应用 ………………………………………………………… 324
　　6.3.1　WWW 服务 ……………………………………………………… 324
　　6.3.2　电子邮件 ………………………………………………………… 331
　　6.3.3　信息的搜索 ……………………………………………………… 342
　　6.3.4　因特网上的常用工具 …………………………………………… 343
　　6.3.5　流媒体 …………………………………………………………… 347
习题 …………………………………………………………………………… 349

第1章 计算机基础知识

计算机是 20 世纪重大科技成果之一。自从世界上第一台电子计算机诞生以来,计算机科学已经成为本世纪发展最快的一门学科,尤其是微型计算机的出现和计算机网络的发展,大大促进了社会信息化的进程和知识经济的发展,引起了社会的深刻变革。计算机已广泛地应用于社会的各行各业,它使人们传统的工作、学习、生活乃至思维方式都发生了深刻变化,使人类开始步入信息化社会。因此,作为现代人,必须掌握以计算机为核心的信息技术以及具备计算机的应用能力,不会使用计算机将无法进行有效学习和成功工作。

本章主要介绍计算机的基础知识,为进一步学习和使用计算机打下必要的基础。通过本章学习,应掌握:

(1) 计算机的发展、特点、分类及其应用领域。
(2) 计算机中信息的表示:二进制和十进制整数之间的转换,数值、字符和汉字的编码。
(3) 一般计算机的系统组成与工作原理。
(4) 微型计算机硬件系统的组成和作用,各组成部分的功能和简单工作原理。
(5) 计算机软件系统的组成和功能,系统软件和应用软件的概念和作用。
(6) 多媒体技术和计算机系统安全的相关知识。

1.1 计算机概述

计算机科学技术作为一种获取、处理、传输信息的手段,对社会的影响已经是人所共知的事实了。计算机应用领域覆盖了社会各个方面,从字表处理到数据库管理,从科学计算到多媒体应用,从工业控制到电子化、信息化的现代战争,从智能家电到航空航天,从娱乐消遣到大众化教育,从局域网到远距离通信,计算机应用无处不在。在信息社会里,计算机是人们需要接触和使用的非常重要的工具。

1.1.1 计算机的定义

什么是计算机?可能很多人脑海中都会浮现出一个计算机的影像。我们知道,计算机不仅可以做很多事情,还可以变换出各种各样的形状、外观,那么到底怎样才能够给计算机下一个确切的定义呢?实际上,计算机就是一台根据事先已经存储的一系列指令,接收输入,处理数据,存储数据,并且产生输出结果的设备。

计算机的使用者通过一定的输入设备,如键盘、鼠标、触摸屏、扫描仪等,给计算机输入待处理的数据。这些数据包括文字、符号、数字、图片、温度、声音等。计算机接收各种形式输入的数据,按照一定指令序列对数据进行处理。当数据处理完毕,计算机又能够通过一定的输出设备,如显示器、打印机、绘图仪等,输出数据处理的结果。输出形式可以包括报表、文档、音乐、图片、图像等。

一台计算机由硬件系统和软件系统组成。硬件系统包括控制器、运算器、存储器、输入设备和输出设备。软件系统包括系统软件和应用软件。

结合硬件系统和软件系统,计算机就有了"头脑",可以帮助人们解决科学计算、工程设计、经营管理、过程控制和人工智能等问题。人们觉得计算机很神奇,似乎会自己思考,所以很多时候称之为"电脑"。其实,这都是计算机工程师的功劳。工程师给计算机编写程序,让计算机在这些程序指挥下完成相应的任务,从而使计算机有了"智能"。

1.1.2 计算机的诞生及发展

1. 计算机的诞生

在人类社会的发展历程中,不断地发明和改进计算工具。从古老的结绳计数、算筹、算盘、计算尺、机械计算机等,到世界上第一台电子计算机的诞生,已经历了漫长的过程。

我国唐代发明的算盘是世界上最早的一种手动式计算器。1622年,英国数学家奥特瑞德(William Oughtred)发明了可执行加、减、乘、除、指数、三角函数等运算的计算尺。1642年,法国数学家帕斯卡(Blaise Pascal)发明了机械式齿轮加减法器。1673年,德国数学家莱布尼兹(Gottfried Leibniz)发明了机械式乘除法器。

英国数学家巴贝奇(Charles Babbage)是国际计算机界公认的"计算机之父"。1822年,巴贝奇设计出了一种机械式差分机,想用这种差分机解决数学计算中产生的误差问题。1834年,他设计的分析机更加先进,是现代通用计算机的雏形。巴贝奇分析机基本具备了现代计算机的五大部分:输入部分、处理部分、存储部分、控制部分、输出部分。但由于当时的工业生产水平低下,他的设计根本无法实现。

1936年,美国数学家艾肯(Howard Aiken)提出用机电方法来实现巴贝奇的分析机。在IBM公司的支持下,经过8年的努力,他终于研制出了自动程序控制的计算机Marh-I。它用继电器作为开关元件,用十进制计数的齿轮组作为存储器,用穿孔纸带进行程序控制。Mark-I的计算速度虽然很慢(1次乘法运算约需3 s),但它使巴贝奇的设想变成了现实。

计算机科学的奠基人是英国科学家艾伦·麦席森·图灵(Alan Mathison Turing,1912—1954,图1-1),1912年出生于英国伦敦,许多人工智能的重要方法源自于这位伟大的科学家。他对计算机的重要贡

图1-1 艾伦·麦席森·图灵

献在于他提出的有限状态自动机,也就是图灵机的概念。早在1936年,在美国普林斯顿大学攻读博士学位时,他开发出了以后被称为"图灵机"的计算机模型。这个模型由一个处理器P、一个读写头W/R和一条无限长的存储带M组成,由P控制W/R在M上左右移动,并在M上写入符号和读出符号,这与现代计算机的处理器——读写存储器相类似。图灵机被公认为现代计算机的原型,这种假想的机器可以读入一系列的0和1,这些数字代表了解决某一问题所需要的步骤,按这个步骤走下去,就可以解决某一特定的问题。这种观念在当时是具有革命性意义的,因为即使在20世纪50年代的时候,大部分的计算机还只能解决某一特定问题,不是通用的,而图灵机从理论上却是通用机。在图灵看来,这台机器只需保留一些最简单的指令,只要把一个复杂的工作分解为这几个最简单的操作就可以实现了,

在当时能够具有这样的思想是很了不起的。他相信有一个算法可以解决大部分问题,而困难的部分则是如何确定最简单的、最少的指令集,而且又能顶用;还有一个难点是如何将复杂问题分解为这些指令的问题。尽管图灵机当时还只是一纸空文,但其思想奠定了整个现代计算机发展的理论基础。

另一位"计算机之父"是美籍匈牙利科学家约翰·冯·诺依曼(John Von Neumann,1903—1957,图 1-2)。冯·诺依曼对人类的最大贡献是对计算机科学、计算机技术和数值分析的开拓性工作。冯·诺依曼于 1945 年发表的题为"电子计算机逻辑结构初探"的报告,首次提出了电子计算机中存储程序的概念,提出了构造电子计算机的基本理论。他提出的"冯·诺依曼原理"又称为存储程序原理,该原理确立了现代计算机的基本结构。存储程序原理就是将需要由计算机处理的问题,按确定的解决方法和步骤编成程序,将计算指令和数据用二进制形式存放在存储器中,由处理部件完成计算、存储、通信工作,对所有计算进行集中的顺序控制,并重复寻找地址、取出指令码、翻译指令码、执行指令这一过程。冯·诺依曼体系结构的计算机由运算器、存储器、控制器、输出设备和输入设备五大部分组成。

图 1-2　约翰·冯·诺依曼

第二次世界大战结束后,由于军事科学计算(弹道计算)的需要,美国物理学家莫奇利(Mauchly)和埃克特(Echert)终于在 1946 年 2 月 15 日于宾夕法尼亚大学研制出了世界上第一台电子数字计算机,命名为 ENIAC(Electronic Numerical Integrator And Calculator,电子数字积分式计算机,如图 1-3)。ENIAC 耗资超过 4 万美元,它使用了 18 800 个电子管,占地 170 m^2,重 30 多吨,功率达 150 kW,每秒运算 5 000 次加法,或者 400 次乘法,比机械式的继电器计算机快 1 000 倍。当 ENIAC 公开展出时,一条炮弹的轨道用 20 秒钟就算出来,比炮弹本身的飞行速度还快。ENIAC 计算机的最主要缺点是存储容量太小,只能存 20 个字长为 10 位的十进制数,基本上不能存储程序,要用线路连接的方法来编排程序,每次解题都要依靠人工改接连线来编程序,准备时间远远超过实际计算时间。虽然这台计算机体积庞大、造价昂贵、可靠性较低、使用不方便、维护也很困难,但是,它的诞生使人类的运算速度和计算能力有了惊人的提高,它完成了当时用人工无法完成的一些重大科题的计算工作。因此,我们说 ENIAC 的诞生标志着人类进入了电子计算机时代。

图 1-3　ENIAC

ENIAC 是世界上第一台设计制造并投入运行的电子计算机,但它还不具备现代计算机的主要原理特征——存储程序和程序控制。

世界上第一台具有存储程序功能的计算机叫 EDVAC(Electronic Discrete Variable Automatic Computer),它是由曾担任 ENIAC 小组顾问的冯·诺依曼博士领导设计的。EDVAC 从 1946 年开始设计,于 1950 年研制成功。与 ENIAC 相比,EDVAC 有两个非常重大的改进,即采用了二进制,不但数据采用二进制,指令也采用二进制;提出了存储程序的概念,使用汞延迟线作存储器,指令和数据可一起放在存储器里,提高运行效率,保证计算机能够按照事先存入的程序自动进行运算。EDVAC 由运算器、逻辑控制装置、存储器、输入部件和输出部件五部分组成,简化了计算机的结构,提高了计算机运算速度和自动化程度。冯·诺依曼提出的存储程序和程序控制的理论,以及计算机硬件基本结构和组成的思想,奠定了现代计算机的理论基础。计算机发展至今,四代计算机统称为"冯·诺依曼计算机",冯·诺依曼也被世人称为"计算机鼻祖"。

"冯·诺依曼计算机"主要包含三个要点:

① 在计算机内部,采用二进制数的形式表示数据和指令。

② 将指令和数据进行存储,由程序控制计算机自动执行。

③ 由控制器、运算器、存储器、输入设备、输出设备五大部分组成计算机。

但是,世界上第一台投入运行的存储程序式的电子计算机是 EDSAC(The Electronic Delay Storage Automatic Calculator),它是由英国剑桥大学的维尔克斯教授在接受了冯·诺依曼的存储程序计算机思想后,于 1947 年开始领导设计的,该机于 1949 年 5 月制成并投入运行,比 EDVAC 早一年多。

2. 计算机的发展阶段

从第一台电子计算机诞生至今,在短短的 60 多年时间里,计算机经历了电子管、晶体管、集成电路和大规模、超大规模集成电路等几个阶段。按采用的电子器件的不同来划分,计算机通常可以划分为四代,如表 1-1 所示。

表 1-1　计算机的发展简史

年代	内存	外存储器	电子器件	数据处理方式	运算速度	应用领域
第一代 1946—1958 年	汞延迟线	纸带、穿孔卡片	电子管	机器语言、汇编语言	几千到几万次/秒	国防军事及科研
第二代 1959—1964 年	磁芯存储器	磁带	晶体管	汇编语言、高级语言	几万到几十万次/秒	数据处理事务管理
第三代 1965—1971 年	半导体存储器	磁带、磁盘	中、小规模集成电路	高级语言、结构化程序设计语言	几十万到几百万次/秒	工业控制信息管理
第四代 1971 年至今	半导体存储器	磁盘、光盘等大容量存储器	大规模、超大规模集成电路	分时、实时数据处理、计算机网络	几百万到上亿次/秒	工作、生活各方面

3. 微型计算机的发展

随着集成度更高的超大规模集成电路(Super Large Scale Integrated circuits,SLSI)技术的出现,计算机开始朝着微型化和巨型化两个方向发展。尤其是微型计算机,自 1971 年世界上第一片 4 位微处理器 4004 在 Intel 公司诞生以来,就异军突起,以迅猛的气势渗透到工业、教育、生活等许多领域之中。

微处理器是大规模和超大规模集成电路的产物。以微处理器为核心的微型计算机属于第四代计算机。通常人们以微处理器为标志来划分微型计算机,如 286 机、386 机、486 机、Pentium 机、PⅡ机、PⅢ机、P4 机等等。微处理器是微型计算机中技术含量最高、对性能影响最大的部件,它的性能决定着微型计算机的性能,因而微型计算机的发展史实际上就是微处理器的发展史。微处理器的发展,一直按照摩尔(Moore)定律,其性能以平均每 18 个月提高一倍的高速度提升着。现在,微机上使用的有两类 CPU。一类是几乎 90% 的微机使用的 Intel 公司或 AMD(Advanced Micro Devices)公司制造的 Intel 系列芯片,另一类是 Apple Macintosh 微机使用 Motorola 公司制造的 Motorola 系列芯片。

Intel 公司的芯片设计和制造工艺一直领导着芯片业界的潮流,Intel 公司的芯片发展史从一个侧面反映了微处理器和微型计算机的发展史,它宏观上可划分为 80x86 和 Pentium 时代。

下面主要介绍 Intel 公司的微处理器的发展历程。

1971 年,Intel 公司成功研制出了世界上第一块微处理器 4004,其字长只有 4 位。利用这种微处理器组成了世界上第一台微型计算机 MCS-4。该公司于 1972 年推出了 8008,1973 年推出了 8080,它们的字长为 8 位。1976 年,Apple 公司利用微处理器 R6502 生产出了著名的微型计算机 AppleⅡ。

Intel 公司于 1977 年推出了 8085,1978 年推出了 8086,1979 年推出了 8088。8088 的内部数据总线为 16 位,外部数据总线为 8 位,它不是真正的 16 位微处理器,因此人们称它为准 16 位微处理器。而 8086 的内部和外部数据总线(字长)均为 16 位,是 Intel 公司生产的第一块真正的 16 位微处理器。8086 和 8088 的主频(时钟频率)都为 4.77 MHz,地址总线为 20 位,可寻址范围为 1 MB。

1981 年 8 月 12 日,IBM 公司宣布 IBM PC 微型计算机面世,计算机历史从此进入了个人电脑新纪元。第一台 IBM PC 采用 Intel 4.77M 的 8088 芯片,仅 64K 内存,采用低分辨率单色或彩色显示器,单面 160K 软盘,并配置了微软公司的 MS-DOS 操作系统。IBM 稍后又推出了带有 10M 硬盘的 IBM PC/XT。IBM PC 和 IBM PC/XT 成为 20 世纪 80 年代初世界微机市场的主流产品。

1982 年,Intel 80286 问世,其主频最初为 6 MHz,后来提高到 8 MHz、10 MHz、12.5 MHz、16 MHz 和 20 MHz。80286 的内外数据总线均为 16 位,是一种标准的 16 位微处理器。80286 采用了流水线体系结构,总线传输速率为 8 MB/s,中断响应时间为 3.5 μs,地址总线为 24 位,可以使用 16 MB 的实际内存和 1 GB 的虚拟内存。其指令集还提供了对多任务的硬件支持,并增加了存储管理与保护模式。IBM 公司采用 Intel 80286 推出了微型计算机 IBM PC/AT。

1985 年,Intel 公司开始推出 32 位的微处理器 80386,其主频最初为 12.5 MHz,后来提高到 16 MHz、20 MHz、25 MHz、33 MHz 以及 50 MHz。80386 的地址总线为 32 位,可以使用 4 GB 的实际内存和 64 GB 的虚拟内存。在 1985 年到 1990 年,有多种类型的 80386 问世,先后推出了 80386SX、80386DX、80386EX、80386SL 和 80386DL。80386SX 的内部字长为 32 位,外部为 16 位,地址总线为 24 位,是一种准 32 位的微处理器。80386DX 的内外字长均为32位,是一种真正的32位微处理器。

1989年,Intel 80486问世,其主频最初为25 MHz,后来提高到33 MHz、50 MHz、66 MHz甚至100 MHz。它是一种完全32位的微处理器。在80486芯片上集成了一块80387的数字协处理器和8KB的超高速缓冲存储器(Cache),使32位微处理器的性能有了进一步的提高。80486微处理器的发展速度很快,在很短的时间内,Intel公司先后推出了80486SX、80486Dx、80486SL、80486SX2、80486DX2和80486DX4。80486SX未使用数字协处理器。80486SX2、80486DX2和80486DX4采用了时钟倍速技术,80486SX2的主频为55 MHz,80486DX2的主频为66 MHz。在80486的各种芯片中,80486DX4的速度最快,其主频为100 MHz。

Intel公司于1993年推出了新一代微处理器Pentium(奔腾)。Intel在Pentium处理器中引进了许多新的设计思想,使Pentium的性能提高到了一个新的水平。继Pentium之后,Intel于1995年推出了称之为高能奔腾的Pentium Pro处理器。后来,又相继推出了Pentium MMX、Pentium 2和Pentium 3。2000年11月,Intel推出Pentium 4(奔腾4)芯片,奔腾4电脑也同时进入市场,并很快成为主流产品。个人电脑在网络应用以及图像、语音和视频信号处理等方面的功能得到了新的提升。目前,CPU的技术向多核技术发展,双核CPU已经成为大众产品出售。

仅仅二十多年的发展时间,微型机已发展到双核Pentium D和Intel Core 2 Duo机,与最初的IBM PC机相比,其性能已不可同日而语了。微型机的迅速发展与应用,为局域网的研究和发展提供了良好的基础。客户机(Client)/服务器(Server)结构模式的局域网系统组网成本低、灵活且应用面广,为广大中、小型企业,机关,学校所欢迎和采用。互联网的崛起与迅速发展,使世界进入了互联网时代。

展望未来,计算机将是半导体技术、超导技术、光学技术、纳米技术和仿生技术相互结合的产物。从发展上看,它将向着巨型化和微型化发展;从应用上看,它将向着系统化、网络化、智能化方向发展。

21世纪,微型机将会变得更小、更快、更人性化,在人们的工作、学习和生活中发挥更大的作用;超级巨型机将成为各国体现综合国力和军力的战略物资以及发展高科技的强有力工具。

4. 我国计算机的发展概况

我国从1956年开始研制计算机,1958年8月研制出的第一台电子管数字计算机定名为103型。1959年夏研制成功的运行速度为每秒1万次的104机,是我国研制的第一台大型通用电子数字计算机。103机和104机的研制成功,填补了我国在计算机技术领域的空白,为促进我国计算机技术的发展作出了贡献。1964年研制成功晶体管计算机,1971年研制以集成电路为主要器件的DJS系列计算机。小型机的研制生产是在1973年开始的,代表性的机型有100系列的DJS-130并批量生产。1977—1980年由国家组织并确定了050和060两种微型机系列,1980年两种系列机的产品先后研制成功。在微型计算机方面,研制开发了长城系列、紫金系列、联想系列等微机,并取得了迅速发展。

在国际高科技竞争日益激烈的今天,高性能计算技术及应用水平已成为显示综合国力的一种标志。1978年,邓小平同志在第一次全国科技大会上曾说:"中国要搞四个现代化,不能没有巨型机!"二十多年来,在我国计算机专家的不懈努力下,取得了丰硕成果,"银河"、"曙光"和"神威"计算机的研制成功使我国成为具备独立研制高性能巨型计算机能力的国家之一。

1983年底,我国第一台被命名为"银河"的亿次巨型电子计算机诞生了。1992年,10亿次巨型计算机"银河-Ⅱ"研制成功。1997年6月,每秒130亿次浮点运算,全系统内存容量为9.15 GB的"银河-Ⅲ"并行巨型计算机在北京通过国家鉴定。

1995年5月"曙光1000"研制完成,这是我国独立研制的第一套大规模并行机系统,打破了外国在大规模并行机技术方面的封锁和垄断。1998年,"曙光2000-Ⅰ"诞生,它的峰值运算速度为每秒200亿次浮点运算。2008年8月,我国自主研发制造的百万亿次超级计算机"曙光5000"获得成功,其峰值运算速度达到每秒230万亿次。这标志着中国成为继美国之后第二个能制造和应用超百万亿次商用高性能计算机的国家。

1999年9月,"神威"并行计算机研制成功并投入运行,其峰值运算速度可高达每秒3 840亿次浮点结果,位居当今全世界已投入商业运行的前500位高性能计算机的第48位。

从2001年起,我国自主研发通用CPU芯片。2002年推出了完全具有自主知识产权的"龙腾"服务器。龙芯(Godson)CPU是中国科学院计算技术研究所自行研制的高性能通用CPU,也是国内研制的第一款通用CPU。龙芯2号已达到Pentium 3的水平。2006年9月,龙芯2E通过了技术鉴定,其性能比龙芯2号大有提高。可以预测,未来的龙芯3号将是一个多核的CPU。我国在微型机通用CPU的研发方面,已走上了自主创新的发展之路。

1.1.3 计算机的发展趋势

随着人类社会的发展,科学技术的不断进步,计算机技术也在不断向纵深发展。不论是在硬件还是在软件方面都不断有新的产品推出,但总的发展趋势可以归纳为以下几个方面。

1. 计算机的发展趋势

(1) 巨型化

巨型化并不是指计算机的体积大,而是指计算机存储容量更大、运算速度更快、功能更强。巨型机的发展集中体现了计算机技术的发展水平,它可以推动多个学科的发展。

(2) 微型化

由于大规模和超大规模集成电路的飞速发展,使计算机的微型化发展十分迅速,体积、功耗不断缩小,功能不断提高,笔记本电脑、掌上电脑等产品层出不穷。微处理器是将运算器和控制器集成在一起的大规模或超大规模集成电路芯片,称为中央处理单元。以微处理器为核心再加上存储器和接口芯片,便构成了微型计算机。自1971年微处理器问世以来,发展非常迅速,几乎每隔2~3年就要更新换代,从而使微型计算机的性能不断跃上新台阶。

(3) 网络化

计算机网络可以实现计算机的硬件资源、软件资源和数据资源的共享。网络应用已成为计算机应用的重要组成部分,现代的网络技术已成为计算机技术中不可缺少的内容。

(4) 智能化

智能化是指让计算机具有模拟人的感觉和思维过程的能力。智能计算机具有解决问题、逻辑推理、知识处理和知识库管理等功能。人与计算机的联系是通过智能接口,用文字、声音、图像等与计算机进行自然对话。目前,已研制出各种"机器人",有的能代替人从事危险环境的劳动,有的能与人下棋等。智能化使计算机突破了"计算"这一初级的含意,从本质上扩充了计算机的能力,可以越来越多地代替人类的思维活动和脑力劳动。

2. 未来新一代的计算机

(1) 模糊计算机

1956年,英国人查德创立了模糊信息理论。依照模糊理论,判断问题不是以是、非两种绝对的值或0与1两种数码来表示,而是取许多值,如接近、几乎、差不多及差得远等等模糊值来表示。用这种模糊的、不确切的判断进行工程处理的计算机就是模糊计算机。模糊计算机是建立在模糊数学基础上的电脑。模糊计算机除具有一般电脑的功能外,还具有学习、思考、判断和对话的能力,可以立即辨识外界物体的形状和特征,甚至可帮助人从事复杂的脑力劳动。

日本科学家把模糊计算机应用在地铁管理上:日本东京以北320 km的仙台市的地铁列车,在模糊计算机控制下,自1986年以来,一直安全、平稳地行驶着。车上的乘客可以不必攀扶拉手吊带,因为,在列车行进中,模糊逻辑"司机"判断行车情况的错误,比人类司机要少70%。1990年,日本松下公司把模糊计算机装在洗衣机里,能根据衣服的肮脏程度、衣服的质料调节洗衣程序。我国有些品牌的洗衣机也装上了模糊逻辑计算机芯片。人们还把模糊计算机装在吸尘器里,可以根据灰尘量以及地毯的厚实程度调整吸尘器功率。模糊计算机还能用于地震灾情判断、疾病医疗诊断、发酵工程控制、海空导航巡视等方面。

(2) 量子计算机

量子计算机是利用一种链状分子聚合物的特性来表示开与关的状态,利用激光脉冲来改变分子的状态,使信息沿着聚合物移动,从而进行运算。量子计算机有四大优点:一是加快了解题速度(它的运算速度可能比目前个人计算机的 Pentium 3 芯片快上10亿倍);二是大大提高了存储能力;三是可以对任意物理系统进行高效率的模拟;四是能使计算机的发热量极小。

(3) 光子计算机

光子计算机即全光数字计算机,以光子代替电子、光互联代替导线互联、光硬件代替计算机中的电子硬件、光运算代替电运算。光子计算机系统的互联数和每秒互联数,远远高于电子计算机,接近人脑;处理能力强,具有超高运算速度;信息存储量大,抗干扰能力强,具有与人脑相似的容错性。

(4) 生物计算机

生物计算机的运算过程就是蛋白质分子与周围物理化学介质相互作用的过程。计算机的转换开关由酶来充当,而程序则在酶合成系统本身和蛋白质的结构中极其明显地表示出来。生物计算机的信息储存量大,模拟人脑思维,既有自我修复的功能,又可以直接与生物活体相连。

(5) 超导计算机

1911年,昂尼斯发现纯汞在4.2K低温下电阻变为零的超导现象,超导线圈中的电流可以无损耗地流动。在计算机诞生之后,就有很多学者试图将超导体这一特殊的优势应用于开发高性能的计算机。早期的工作主要是延续传统的半导体计算机的设计思路,只不过是将半导体材料制备的逻辑门电路改为用超导体材料制备的逻辑门电路,从本质上讲并没有突破传统计算机的设计构架。而且,在80年代中期以前,超导材料的超导临界温度仅在液氮温区，实施超导计算机的计划费用昂贵。然而，1986年左右出现重大转机，高温超导体的发现使人们可以在液氮温区获得新型超导材料，于是超导计算机的研究又获得各方面的广泛重视。

1.1.4 计算机的分类

计算机的分类方法有很多，主要有如下几种。

1. 按所处理数据的形态分类

(1) 数字计算机

数字计算机的电子电路处理的是按脉冲的有无、电压的高低等形式表示的非连续变化的(离散的)物理信号，该离散信号可以表示0和1组成的二进制数字。处理结果以数字形式输出，其基本运算部件是数字逻辑电路。数字计算机的计算精度高，存储量大，抗干扰能力强。现在大多数计算机是数字计算机。

(2) 模拟计算机

模拟计算机的电子电路处理连续变化的模拟量，模拟量以电信号的幅值来模拟数值或某物理量的大小，如电压、电流、温度等物理量的变化曲线。这种计算机精度低，抗干扰能力差，应用面窄，已基本被数字计算机所取代。

(3) 混合计算机

混合计算机则是集数字计算机和模拟计算机的优点于一身。

2. 按使用范围分类

(1) 通用计算机

通用计算机硬件系统是标准的，并具有扩展性，装上不同的软件就可做不同的工作。它可进行科学计算，也可用于信息处理，如果在扩展槽中插入相关的硬件，还可实现数据采集、完成实时测控等任务。因此，它的通用性强，应用范围广。常说的计算机就是指通用数字计算机。

(2) 专用计算机

专用计算机是为适应某种特殊应用需要而设计的计算机，它的软硬件全部根据应用系统的要求配置，因此，具有最好的性能价格比。其运行程序不变、效率高、速度快、精度高，但只能完成某个专门任务，不宜做他用。如飞机的自动驾驶仪和坦克上的火控系统中用的计算机等均属于专用计算机。

3. 按性能分类

这是一种最常用的分类方法，所依据的性能主要包括：字长、存储容量、运算速度、外部设备、允许同时使用一台计算机的用户多少和价格高低等。根据这些性能可将计算机分为超级计算机、大型计算机、小型计算机、工作站和微型计算机五类。

(1) 超级计算机(Supercomputer)

超级计算机又称巨型机。它是目前功能最强、速度最快、价格最贵的计算机。一般用于解决诸如气象、太空、能源、医药等尖端科学研究和战略武器研制中的复杂计算。它们安装在国家高级研究机关中，可供几百个用户同时使用。这种机器价格昂贵，号称国家级资源。世界上只有少数几个国家能生产这种机器，如美国克雷公司生产的Cray-1、Cray-2和Cray-3是著名的巨型机。我国自主生产的银河-Ⅲ型百亿次机、曙光-2000

计算机应用基础

型机和"神威"千亿次机都属于巨型机。巨型机的研制开发是一个国家综合国力和国防实力的体现。

（2）大型计算机（Mainframe）

这种机器也有很高的运算速度和很大的存储量，并允许相当多的用户同时使用。当然在量级上都不及超级计算机，价格也相对比巨型机来得便宜。大型机通常都像一个家族一样形成系列，如 IBM 4300 系列、IBM 9000 系列等。同一系列不同型号的机器可以执行同一个软件，称为软件兼容。这类机器通常用于大型企业、商业管理或大型数据库管理系统中，也可用作大型计算机网络中的主机。

（3）小型计算机（Minicomputer）

其规模比大型机要小，但仍能支持十几个用户同时使用。这类机器价格便宜，适合于中小型企事业单位采用。像 DEC 公司生产的 VAX 系列，IBM 公司生产的 AS/400 系列，都是典型的小型机。

（4）工作站（Workstation）

这里所说的工作站和网络中用作站点的工作站是两个完全不同的概念，这里的工作站是计算机中的一个类型。

工作站与功能较强的高档微机之间的差别已不十分明显。通常，它与微型机相比有较大的存储容量和较快的运算速度，而且配备有一个大屏幕显示器。主要用于图像处理和计算机辅助设计等领域。它一般还内置网络功能。工作站一般都使用精简指令芯片，使用 UNIX 操作系统。还有基于 Pentium 系列芯片的工作站，这类工作站一般配置 Windows NT 操作系统。由于这类工作站和传统的使用精简指令（RISC）芯片的高性能工作站还有一定的差距，因此，常把这类工作站称为"个人工作站"，而把传统的高性能工作站称为"技术工作站"。

（5）微型计算机（Microcomputer）

其最主要的特点是小巧、灵活、便宜，但通常一次只能供一个用户使用，所以微型计算机也叫个人计算机（Personal Computer，PC）。除台式机外，还有体积更小的微机，如笔记本电脑、掌上型微机和 PDA 等。

微型机按字长可分为 8 位机、16 位机、32 位机和 64 位机；按结构分为单片机、单板机、多芯片机和多板机；按 CPU 芯片分为 286 机、386 机、486 机、Pentium 机、PⅡ机、PⅢ机和 Pentium D 机等。

不过，随着计算机技术的发展，包括前几类机器在内，各类机器之间的差别有时也不再那么明显了。比如，现在高档微机的内存容量比前几年小型机甚至大型机的内存容量还大得多。

随着网络时代的到来，网络计算机的概念也应运而生。Acorn 公司在 1997 年底推出网络型计算机，其主要宗旨是适应计算机网络的发展，降低机器成本。这种机器只能联网运行而不能单独使用，它不需配置硬盘，所以价格较低。

1.1.5 计算机的特点

计算机是一种能自动、高速进行科学计算和信息处理的电子设备。它不仅具有计算功能，还具有记忆和逻辑推理的功能，可以模仿人的思维活动，代替人的脑力劳动，所以又被

称为电脑。计算机之所以能够应用于各个领域,能完成各种复杂的处理任务,是因为它具有以下一些基本特点:

1. 处理速度快

通常以每秒钟完成基本加法指令的数目表示计算机的运算速度。现在每秒执行数百万次运算的计算机已很平常,有的机器可达数百亿次、甚至数千亿次,使过去人工计算难以完成的科学计算(如天气预报、有限元计算等)能在几小时或更短时间内得到结果。计算机的高运算速度使它在金融、交通、通信等领域中能进行实时、快速地服务。这里的"处理速度快"指的不仅是算术运算速度,也包括逻辑运算速度。极高的逻辑判断能力是计算机广泛应用于非数值数据领域中的首要条件。

2. 计算精度高

由于计算机采用二进制数字进行运算,计算精度主要由表示数据的字长决定。随着字长的增长和配合先进的计算技术,计算精度不断提高,可以满足各类复杂计算对计算精度的要求。如用计算机计算圆周率 π,目前已可达到小数点后数百万位了。

3. 存储容量大

计算机的存储器类似于人类的大脑,可以"记忆"(存储)大量的数据和信息。随着微电子技术的发展,计算机内存储器的容量越来越大。目前一般的微机内存容量在 1~4 GB,加上 160~500 GB 的大容量的硬盘等外部存储器,实际上存储容量已是海量。而且,计算机所存储的大量数据,可以迅速查询。这种特性对信息处理是十分有用和重要的。

4. 可靠性高

计算机硬件技术的迅速发展,采用大规模和超大规模集成电路的计算机具有非常高的可靠性,其平均无故障时间可达到以"年"为单位。人们所说的"计算机错误",通常是由于与计算机相连的设备或软件的错误造成的,由于计算机硬件引起的错误愈来愈少了。

5. 工作全自动

冯·诺依曼体系结构计算机的基本思想之一是存储程序控制。计算机在人们预先编制好的程序控制下自动工作,不需要人工干预,工作完全自动化。

6. 适用范围广,通用性强

计算机靠存储程序控制进行工作。一般来说,无论是数值的还是非数值的数据,都可以表示成二进制数的编码;无论是复杂的还是简单的问题,都可以分解成基本的算术运算和逻辑运算,并可用程序描述解决问题的步骤。所以,各个应用领域中的专家研发、编制出许多"以人为本"的应用软件产品,使得人们可以很轻松地使用计算机解决本领域中的各类实际问题。计算机已经渗透到科研、学习、工作和生活的方方面面。

1.1.6 计算机的应用

计算机具有存储容量大、处理速度快、工作全自动、可靠性高,同时又具有很强的逻辑推理和判断能力等特点,所以已被广泛应用于各种学科领域,并迅速渗透到人类社会的各个方面,同时也进入了家庭。

数据有数值数据和非数值数据两大类,相应的数据处理也可分为数值数据处理和非数值数据处理。从计算机所处理的数据类型这个角度来看,计算机的应用原则上分成数值计算和非数值计算两大类,而后者包含信息处理、计算机辅助设计、计算机辅助教学、过程控制、企业管理、人工智能等,其应用范围远远超过数值计算。计算机应用已形成一门专门的学科,这里只对应用的几个主要方面作简单介绍。

1. 科学计算(数值计算)

这是计算机应用最早也是最成熟的应用领域。计算机是为科学计算的需要而发明的。科学计算所解决的大都是从科学研究和工程技术中所提出的一些复杂的数学问题,计算量大而且精度要求高,只有能高速运算和存储量大的计算机系统才能完成。例如:高能物理方面的分子、原子结构分析,可控热核反应的研究,反应堆的研究和控制;水利、农业方面的设施的设计计算;地球物理方面的气象预报,水文预报,大气环境的研究;宇宙空间探索方面的人造卫星轨道计算、宇宙飞船的研制和制导;此外,科学家们还利用计算机控制的复杂系统,试图发现来自外星的通信信号。如果没有计算机系统高速而又精确的计算,许多近代科学都是难以发展的。

2. 信息处理(数据处理)

现代社会是信息化的社会。随着社会的不断进步,信息量也在急剧增加。现在,信息已和能源、物资一起构成人类社会活动的基本要素。信息处理是目前计算机应用最广泛的领域之一。有关资料表明,世界上80%左右的计算机主要用于信息处理。信息处理是指用计算机对各种形式的信息(如文字、图像、声音等)收集、存储、加工、分析和传送的过程。当今社会,计算机用于信息处理,对办公自动化、管理自动化乃至社会信息化都有积极的促进作用。

应该指出:办公自动化大大地提高了办公效率和管理水平,不仅在企业、事业单位的管理中被广泛采用,而且也越来越多地应用到各级政府机关的办公事务中。信息化社会要求各级政府办公人员掌握计算机和网络的使用技术。

3. 过程控制

过程控制又称实时控制。它在工业生产、国防建设和现代化战争中都有广泛的应用。过程控制是指用计算机对生产或其他过程中所采集到的数据按照一定的算法经过处理,然后反馈到执行机构去控制相应过程,是生产自动化的重要技术和手段。比如,在冶炼车间可将采集到的炉温、燃料和其他数据传送给计算机,由计算机按照预定的算法计算并确定控制吹氧或加料的多少等。过程控制可以提高自动化程度,减轻劳动强度,提高生产效率,节省生产原料,降低生产成本,保证产品质量的稳定。

4. 计算机辅助设计和辅助制造

计算机辅助设计和计算机辅助制造分别简称为 CAD(Computer Aided Design)和 CAM(Computer Aided Manufacturing)。在 CAD 系统与设计人员的相互作用下,能够实现最佳化设计的判定和处理,能自动将设计方案转变成生产图纸。CAD 技术提高了设计质量和自动化程度,大大缩短了新产品的设计与试制周期,从而成为生产现代化的重要手段。以飞机设计为例,过去从制定方案到画出全套图纸,要花费大量人力、物力,用 2.5~3 年的时间才能完成,采用计算机辅助设计之后,只需 3 个月就可完成。

CAM 与 CAD 密切相关。CAD 侧重于设计,CAM 侧重于产品的生产过程。CAM 是利用 CAD 的输出信息控制、指挥生产和装配产品。现在通常把 CAD 和 CAM 放在一起,形成 CAD/CAM 一体化,如图 1-4 所示。CAD/CAM 使产品的设计、制造过程都能在高度自动化的环境中进行,具有提高产品质量、降低成本、缩短生产周期和减轻管理强度等特点。

目前,从复杂的飞机到简单的家电产品设计都广泛使用了 CAD/CAM 技术。

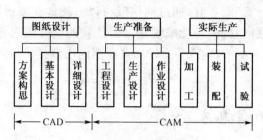

图 1-4 CAD/CAM 系统

将 CAD、CAM 和数据库技术集成在一起,形成了 CIMS(计算机集成制造系统)技术,实现了设计、制造和管理完全自动化。

5. 人工智能

人工智能,又称智能模拟,是计算机应用的一个较新领域,它是用计算机执行某些与人的智能活动有关的复杂功能。目前研究的方向有:模式识别、自然语言理解、自动定理证明、自动程序设计、机器学习、专家系统、机器人等。

人工智能研究中最有成就的要算"机器人"。智能机器人,会自己识别控制对象和工作环境,作出判断和决策,直接领会人的口令和意图,能避开障碍物,适应环境条件的变化,灵活机动地完成控制任务与信息处理任务。

6. 网络应用

计算机技术与现代通信技术的结合构成了计算机网络,它使用通信设备和线路将分布在不同地理位置的功能自主的多台计算机系统互联起来,以功能完善的网络软件实现资源共享、信息传递等功能。计算机网络的建立,不仅解决了一个单位、一个地区、一个国家中计算机与计算机之间的通信,实现了各种软硬件资源的共享,也大大促进了国际文字、图像、视频和声音等各类数据的传输与处理。

7. 多媒体应用

近些年来,随着多媒体应用技术的发展,多媒体计算机的普及,以及网络应用的发展,多媒体技术广泛应用于文化教育、各类技术培训、家庭娱乐、电子图书和商业应用等各领域。在现代教育技术的发展中,计算机作为现代教学手段,其应用也越来越广泛、深入。

8. 嵌入式系统

并不是所有计算机都是通用的。有许多特殊的计算机用于不同的设备中,包括大量的消费电子产品和工业制造系统,都是把处理器芯片嵌入其中,完成特定的处理任务。这些系统称为嵌入式系统。如数码相机、数码摄像机以及高档电动玩具等都使用了不同功能的处理器。

9. 云计算机

云计算(Cloud Computing)是分布式计算、网格计算、并行计算、网络存储及虚拟化计算机和网络技术发展融合的产物,或者说是它们的商业实现。美国国家技术与标准局给出的定义是:云计算是对基于网络的、可配置的共享计算资源池能够方便地、按需访问的一种模式。这些共享计算资源池包括网络、服务器、存储、应用和服务等资源,这些资源以最小化的管理和交互可以快速提供和释放。

云计算的构成包括硬件、软件和服务。用户不再需要购买复杂的硬件和软件,只需要支付相应的费用给"云计算"服务商,通过网络就可以方便地获取所需要的计算、存储等资源。云其实是网络(互联网)的一种比喻说法。云计算的核心思想是对大量用网络连接的计算资源进行统一管理和调度,构成一个计算资源池向用户提供按需服务。提供资源的网络被称为"云"。

1.2 计算机中的信息表示

数据是信息的载体。计算机中可以处理的数据可以分为两类:数值数据和非数值数据。数值数据有大小、正负之分,包含量的概念;非数值数据用以表示一些符号、标记,如英文字母 A~Z、a~z,数字 0~9,各种专用字符,如+、-、□、[、]、(、)及标点符号等。汉字、图形、声音数据也属非数值数据。不同的数字编码表示不同的含义。在计算机中是如何表示数值、非数值数据的呢?这就是本节要讨论的主要问题。

1.2.1 计算机中的数制

按进位的原则进行计数称为进位计数制,简称"数制"。日常生活中常用十进制进行计数。除了十进制计数外,还有很多其他数制,如一年有十二个月(十二进制),一分钟等于六十秒(六十进制)等。

1. 数制的特点

(1) 逢基数进位

基数是指数制中每个数据位所需要的数字字符的总个数。如十进制中有 10 个数字字符,基数是 10,表示"逢 10 进一"。

(2) 位权表示法

位权就是指一个数值的每一位上的数字的权值的大小。处在不同位置上的数字符号所代表的值不同,每个数字的位置决定了它的值或者位权。例如,十进制数 2394,左起的第一个 2 表示 2 000,最右边的 4 表示 4 个。这就是说该数从右向左的位权依次是个位(10^0)、十位(10^1)、百位(10^2)和千位(10^3)。对每一个数位赋予的数值,在数学上叫做"权"。某一位数码代表的数值的大小是该位数码与位权的乘积。相邻两位中高位权值与低位权值之比一般是一个常数,此常数即为该数制的基数。

位权与基数的关系是:位权的值等于基数的若干次幂。例如,十进制数 1234.56 可以展开为下面多项式的和:

例 1-1 $1234.56 = 1 \times 10^3 + 2 \times 10^2 + 3 \times 10^1 + 4 \times 10^0 + 5 \times 10^{-1} + 6 \times 10^{-2}$

式中:10^3、10^2、10^1、10^0、10^{-1}、10^{-2} 等即为每位的位权,每一位的数码与该位权的乘积就是该位的数值。

2. 计算机常用数制

计算机是一种通过数字电路实现的电子设备,数字电路器件通常只有"导通"和"断开"两种状态,我们可以用"1"和"0"分别代表这两种状态。在计算机中的所有数据,如数字、符号以及图形等都是用电子元器件的不同状态表示的,也就是通过"1""0"序列表示。只有"1"和"0"两个数字表示就是二进制数,所以,在计算机系统中,所有数据的表示都采用二进制形式。

二进制是计算机中采用的数制,这是因为二进制具有如下特点:

① 简单可行,容易实现。因为二进制仅有两个数码0和1,可以用两种不同的稳定状态(如有磁和无磁、高电位与低电位)来表示。计算机的各组成部分都由仅有两个稳定状态的电子元件组成,它不仅容易实现,而且稳定可靠。

② 运算规则简单。二进制的计算规则非常简单。

③ 适合逻辑运算。二进制中的0和1正好分别表示逻辑代数中的假值(False)、真值(True)。二进制数代表逻辑值,容易实现逻辑运算。

3. 书写规则

为了区分各种计数制的数,常采用如下方法进行书写:

(1) 在数字后面加写相应的英文字母作为标识

B(Binary)——表示二进制数。二进制数的100可写成100 B。

O(Octonary)——表示八进制数。八进制数的100可写成100 O。

D(Decimal)——表示十进制数。十进制数的100可写成100 D。

H(Hexadecimal)——表示十六进制数,十六进制数100可写成100 H。

一般约定D可省略,即无后缀的数字为十进制数字。

(2) 在括号外面加数字下标

$(1101)_2$——表示二进制数的1101。

$(3174)_8$——表示八进制数的3174。

$(6678)_{10}$——表示十进制数的6678。

$(2DF6)_{16}$——表示十六进制数的2DF6。

4. 十六进制数

对比十进制计数制,十六进制计数制的加法规则是"逢十六进一"。它含有十六个数字符号:0、1、2、3、4、5、6、7、8、9、A、B、C、D、E、F,其中 A、B、C、D、E、F 分别表示数码10、11、12、13、14、15。权为16^i。

例 1-2 $(FA5)_{16}=15\times16^2+10\times16^1+5\times16^0=(4005)_{10}$

应当指出,二进制、八进制和十六进制都是计算机中常用的数制,所以在一定数值范围内直接写出它们之间的对应表示,也是经常遇到的。表1-2给出了常用计数制的基数和所需要的数字字符。表1-3给出了常用计数制的表示方法。

表1-2 常用计数制的基数和数码

数 制	基 数	数 字 字 符
二进制	2	0 1
八进制	8	0 1 2 3 4 5 6 7
十进制	10	0 1 2 3 4 5 6 7 8 9
十六进制	16	0 1 2 3 4 5 6 7 8 9 A B C D E F

表 1-3 常用计数制的表示方法

十进制数	二进制数	八进制数	十六进制数
0	0	0	0
1	1	1	1
2	10	2	2
3	11	3	3
4	100	4	4
5	101	5	5
6	110	6	6
7	111	7	7
8	1000	10	8
9	1001	11	9
10	1010	12	A
11	1011	13	B
12	1100	14	C
13	1101	15	D
14	1110	16	E
15	1111	17	F
16	10000	20	10

5. 十进制数与二进制数间的转换

对于各种数制间的转换重点要求掌握二进制整数与十进制整数之间的转换。

(1) 二进制数转换成十进制数的方法

利用按权展开的方法,可以把任意数制的一个数转换成十进制数。下面是将二进制数转换成十进制数的例子。

例 1-3 将二进制数 1010.101 转换成十进制数。

$$1010.101B = 1 \times 2^3 + 0 \times 2^2 + 1 \times 2^1 + 0 \times 2^0 + 1 \times 2^{-1} + 0 \times 2^{-2} + 1 \times 2^{-3}$$
$$= 8 + 2 + 0.5 + 0.125 = 10.625D$$

(2) 十进制数转换成二进制数的方法

通常一个二进制数包含整数和小数两部分,对整数部分和小数部分处理方法不同。

① 把十进制整数转换成二进制整数是采用"除 2 取余"法。

具体步骤是:把十进制整数除以 2 得一商数和一余数;再将所得的商除以 2,得到一个新的商和余数;这样不断地用 2 去除所得的商数,直到商等于 0 为止。每次相除所得的余数便是对应的二进制整数的各位数字。第一次得到的余数为最低有效位,最后一次得到的余数为最高有效位。

例 1-4 将十进制数 268 转换成二进制数。

按上述方法得：

```
2 | 268
2 | 134    …… 余 0(K₀)   (低位)
2 |  67    …… 余 0(K₁)
2 |  33    …… 余 1(K₂)
2 |  16    …… 余 1(K₃)
2 |   8    …… 余 0(K₄)
2 |   4    …… 余 0(K₅)
2 |   2    …… 余 0(K₆)
2 |   1    …… 余 0(K₇)
       0   …… 余 1(K₈)   (高位)
```

所以：$(268)_{10} = (100001100)_2$，也可以记为：268D=100001100B

所有的运算都是除 2 取余，只是本次除法运算的被除数须用上次除法所得的商来取代，这是一个重复过程。

② 把十进制小数转换成二进制小数是采用"乘 2 取整"法。

具体步骤是：把十进制小数不断地乘以 2 取整数，直到小数部分等于 0 或达到要求的精度为止(小数部分可能永远不会得到 0)。每次相乘所得的整数从小数点自左往右排列，取有效精度，第一次得到的整数排在最左边，由上向下读取数据。

例 1-5 将十进制数 0.6875 转换成二进制数。

按上述方法得：

```
  0.6875
×      2
  1.3750    …… 整数部分为 1   (高位)
  0.3750
×      2
  0.7500    …… 整数部分为 0
  0.7500
×      2
  1.5000    …… 整数部分为 1
  0.5000
×      2
  1.0000    …… 整数部分为 1   (低位)
```

所以：$(0.6875)_{10} = (0.1011)_2$，也可以记为：0.6875D=0.1011B

用类似于将十进制数转换成二进制数的方法可将十进制数转换为十六进制数、八进制数，只是所使用的数是以 16、8 去替代 2。

6. 二进制数与十六进制数间的转换

用二进制数编码，存在这样一个规律：n 位二进制数最多能表示 2^n 种状态，分别对应 0，1，2，3，…，2^n-1。可见，用四位二进制数就可对应表示一位十六进制数。其对照关系如表 1-3 所示。

(1) 二进制整数转换成十六进制整数

将一个二进制数转换成十六进制数的方法是从个位数开始向左按每四位二进制数一组划分,不足四位的组前面以 0 补足,然后将每组四位二进制数代之以十六进制数字即可。

例 1-6 将二进制整数 1111101011010B 转换成十六进制整数。

按上述方法分组得 0001,1111,0101,1010,在所划分的二进制数组中,最后一组是不足四位经补 0 而成的。再以一位十六进制数字符替代每组的四位二进制数字得:

$$1111101011010B = 1F5AH$$

(2) 十六进制整数转换成二进制整数

将十六进制整数转换成二进制整数,其过程与二进制数转换成十六进制数相反。即将每一位十六进制数字代之以与其等值的四位二进制数展开即可。

例 1-7 将 2BFH 转换成二进制数。

因为　　2　　B　　F
　　　0010　1011　1111

所以,得结果:2BFH=1010111111B

7. 计算机存储和处理二进制数的常用单位

在计算机内部,一切数据都用二进制形式来表示。为了衡量计算机中数据的量,人们规定了一些二进制数的常用单位,如位、字节等。

(1) 位(bit)

位是二进制数中的一个数位,可以是"0"或"1"。它是计算机中数据的最小单位,称为比特(bit)。

(2) 字节(Byte)

通常将 8 位二进制数组成一组,称作一个字节。字节是计算机中数据处理和存储容量的基本单位,如存放一个英文字母需要在存储器中占用一个字节的空间。在书写时,常将字节英文单词 Byte 简写成 B,这样

1B = 8bit(8 个二进制位)

常用的单位还有 KB(千字节)、MB(兆字节)、GB(千兆字节)等,它们之间的关系是:

1 KB = 2^{10} B = 1024 B

1 MB = 2^{20} B = 1024^2 B = 1024 KB

1 GB = 2^{30} B = 1024^3 B = 1024 MB

1.2.2　字符编码

字符是计算机中使用最多的非数值型数据,如英文字母、不做算术运算的数字、可印刷的符号、控制符号等。它是人与计算机进行通信、交互的重要媒介。在计算机内部,可以采用不同的编码方式对字符进行二进制编码。当用户输入一个字符时,系统自动将用户输入的字符按编码的类型转换为相应的二进制形式存入计算机存储单元中。在输出过程中,再由系统自动将二进制编码数据转换成用户可以识别的数据格式输出给用户。编码方式主要有如下几种。

1. ASCII 码

目前微型机中使用最广泛的字符编码是 ASCII 码,即美国标准信息交换码(American

Standard Code for Information Interchange),被国际标准化组织(ISO)指定为国际标准。ASCII 包括 32 个通用控制字符、10 个十进制数码、52 个英文大小写字母和 34 个专用符号,共 128 个元素,故需要用 7 位二进制数 $b_7 b_6 b_5 b_4 b_3 b_2 b_1$ 进行编码,以区分每个字符。通常使用一个字节(即 8 个二进制位)表示一个 ASCII 码字符,规定其最高位总是 0。ASCII 码见表 1-4。表中每个字符都对应一个数值,称为该字符的 ASCII 码值。如数字"0"的 ASCII 码值为 00110000B(或 48D,30H),字母"A"的码值为 01000001B(或 65D,41H),"a"的码值为 01100001B(或 97D,61H)等。

表 1-4 七位 ASCII 码编码表

$b_4 b_3 b_2 b_1$ \ $b_7 b_6 b_5$	000	001	010	011	100	101	110	111
0000			空格	0	@	P	`	p
0001			!	1	A	Q	a	q
0010			"	2	B	R	b	r
0011			#	3	C	S	c	s
0100			$	4	D	T	d	t
0101			%	5	E	U	e	u
0110			&	6	F	V	f	v
0111	32 个	控制字符	'	7	G	W	g	w
1000			(	8	H	X	h	x
1001			)	9	I	Y	i	y
1010			*	:	J	Z	j	z
1011			+	;	K	[	k	{
1100			,	<	L	\	l	|
1101			-	=	M	]	m	}
1110			.	>	N	^	n	~
1111			/	?	O	_	o	DEL

例 1-8 分别用二进制数和十六进制数写出"GOOD!"的 ASCII 编码。

用二进制数表示:01000111B 01001111B 01001111B 01000100B 00100001B

用十六进制数表示:47H 4FH 4FH 44H 21H

2. BCD 码

BCD(Binary Coded Decimal)码又称"二—十进制编码",专门解决用二进制数表示十进制数的问题。二—十进制编码方法很多,有 8421 码、2421 码、5211 码、余 3 码、右移码等。最常用的是 8421 编码,其方法是用四位二进制数表示一位十进制数,自左至右每一位对应的位权是 8、4、2、1。四位二进制数有 0000~1111 共十六种状态,而十进制数只有 0~9 十个数码,所以,BCD 码只取 0000~1001 十种状态,其余六种不用。8421 编码见表 1-5。

表 1-5 8421 编码表

十进制数	8421 编码	十进制数	8421 编码
0	0000	8	1000
1	0001	9	1001
2	0010	10	0001 0000
3	0011	11	0001 0001
4	0100	12	0001 0010
5	0101	13	0001 0011
6	0110	14	0001 0100
7	0111	15	0001 0101

由于 BCD 码中的 8421 编码应用最广泛,所以经常将 8421 编码混称为 BCD 码,也为人们所接受。

由于需要处理的数字符号越来越多,为此又出现"标准六位 BCD 码"和八位的"扩展 BCD 码"(EBCDIC 码)。在 EBCDIC 码中,除了原有的 10 个数字之外,又增加了一些特殊符号、大、小写英文字母和某些控制字符。IBM 系列大型机采用 EBCDIC 码。

1.2.3 汉字编码

汉字的输入、转换、传输和存储方法与英文相似,但是由于汉字数量多,一般不能由键盘直接输入,所以汉字的编码和处理相对英文要复杂得多。经过多年的努力,我国在汉字信息处理的研制和开发方面取得了突破性进展,使我国的汉字信息处理技术处于世界领先地位。汉字通常用两个字节进行编码,且根据传输、输入、存储和处理、打印或显示等不同处理场合,分为交换码、输入码、机内码和字形码。

(1) 交换码

不同设备之间交换信息需要有共同的信息表示方法,对于字符和汉字的交换也需要制定一种人们共同遵守的编码标准,这就是交换码标准。现在,汉字交换码主要采用国标码和 BIG5 码两种编码方式。

① 国标码

我国 1981 年公布的《通用汉字字符集(基本集)及其交换码标准》,代号"GB2312-80"编码,简称国标码,它规定每个汉字编码由两个字节构成。第一个字节的范围是 A1H～FEH,共 94 种;第二个字节的范围也为 A1H～FEH,共 94 种。利用这两个字节可定义出 94×94=8 836 种汉字,实际共定义了 6763 个汉字和 682 个图形符号。汉字分为两级,即一级(常用)汉字 3 755 个(按汉语拼音排序)和二级(次常用)汉字 3 008 个(按偏旁部首排序)。

为了满足信息处理的需要,在国标码的基础上,2000 年 3 月我国又推出了《信息技术·信息交换用汉字编码字符集·基本集的扩充》新国家标准,共收录了 27 000 多个汉字,还包括藏、蒙、维吾尔等主要少数民族文字,采用单、双、四字节混合编码,基本上解决了计算机汉字和少数民族文字的使用标准问题。

② BIG5 码

BIG5 码是台湾计算机界实行的汉字编码字符集。BIG5 码规定:每个汉字编码由两个字节构成,第一个字节的范围是 A1H~F9H,共 89 种,第二个字节的范围分别为 40H~7EH,A1H~FEH,共 157 种。也就是说,利用这两个字节共可定义出 89×157=13 973 种汉字,其中,常用字共 5 401 个,次常用字共 7 652 个,剩下的是一些特殊字符。

(2) 汉字输入码

在计算机系统处理汉字时,首先遇到的问题是如何输入汉字。汉字输入码是指从键盘输入汉字时采用的编码,又称为外码,主要有:

数字编码,如区位码。

拼音码,如全拼输入法、微软拼音输入法、紫光输入法、智能 ABC 输入法等。

形码,如五笔字型输入法、表形码。

音形码,如双拼码、五十字元等。

(3) 汉字机内码

汉字机内码是指计算机内部存储、处理加工汉字时所用的代码,要求它与 ASCII 码兼容但又不能相同,以便实现汉字和英文的并存兼容。输入码经过键盘被接收后就由汉字操作系统的"输入码转换模块"转换为机内码。一般要求机内码与国标码之间有较简单的转换规则,通常将国标码的前两个字节的最高位置"1"作为汉字的机内码。以汉字"啊"为例,其机内码为 B0A1H,即 10110000 10100001。

(4) 汉字字形码

字形码是指文字信息的输出编码。文字信息在计算机内部是以二进制形式存储、处理的,当需要显示这些文字信息时,必须通过字形码将其转换为人能看懂且能表示为各种字型字体的图形格式,然后通过输出设备输出。

字形码通常采用点阵形式,不论一个字的笔画多少,都可以用一组点阵表示。每个点即二进制的一位,由"0"和"1"表示不同状态,如明、暗或不同颜色等特征,以及字的型和体。一种字形码的全部编码就构成"字模库",简称"字库"。根据输出字符要求的不同,每个字符点阵中点的多少也不同。点阵越大,点数越多,分辨率就越高,输出的字形也就越清晰美观。汉字字型有 16×16、24×24、32×32、48×48、128×128 点阵等,不同字体的汉字需要不同的字库。点阵字库存储在文字发生器或字模存储器中。字模点阵的信息量是很大的,所占存储空间也很大。以 16×16 点阵为例,每个汉字就要占用 32 个字节。

(5) 各种编码之间的关系

各种汉字编码使用的场合及其之间的关系如图 1-5 所示。汉字通常通过汉字输入码,并借助输入设备输入到计算机内,再由汉字系统的输入管理模

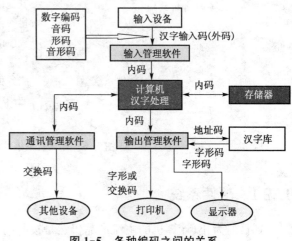

图 1-5 各种编码之间的关系

块进行查表或计算,将输入码(外码)转换成机器内码存入计算机存储器中。当存储在计算机内的汉字需要在屏幕上显示或在打印机上输出时,要借助汉字机内码在字模库中找出汉字的字形码,在输出设备上将该汉字的图形信息显示出来。当要与其他设备进行信息交换时,需要进行机内码和交换码之间的转换。

1.3 计算机系统

一个完整的计算机系统应当包括硬件系统(Hardware)和软件系统(Software)两部分。

组成一台计算机的物理设备的总称叫做计算机硬件系统,是实实在在的物体。通常所看到的计算机,总会有一些机柜或机箱,里边是各式各样的电子器件或装置。此外,还有键盘、鼠标、软盘驱动器、光盘驱动器、硬盘、显示器和打印机等,这些都是所谓的硬件,它们是计算机工作的物质基础。当然,大型计算机的硬件组成比微型机复杂得多。但无论什么类型的计算机,都有负责完成相同功能的硬件部分。

软件是指运行在计算机硬件上的程序、运行程序所需的数据和相关文档的总称。程序就是根据所要解决问题的具体步骤编制成的指令序列。当程序运行时,它的每条指令依次指挥计算机硬件完成一个简单的操作,这一系列简单操作的组合,最终完成指定的任务。程序执行的结果通常是按照某种格式产生输出。

硬件是软件发挥作用的舞台和物质基础,软件是使计算机系统发挥强大功能的灵魂,两者相辅相成,缺一不可。计算机系统的组成示意图如图1-6所示。

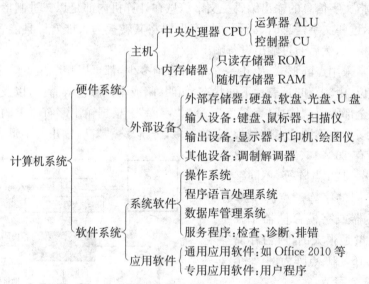

图1-6 计算机系统的组成示意图

1.3.1 硬件系统

到目前为止,计算机的主流产品仍然是按照冯·诺依曼提出的模型构建的。冯·诺依曼计算机的硬件系统包括:运算器、控制器、存储器、输入和输出设备。冯·诺依曼机模型如图 1-7。

1. 运算器(Arithmetical and Logical Unit，ALU)

运算器是计算机处理数据、形成信息的加工厂，它的主要功能是对二进制数码进行算术运算或逻辑运算。算术运算是加、减、乘、除等按算术规则进行的运算；逻辑运算指比较大小、移位、逻辑"与"、"或"、"非"等非算术性质的运算。所以，也称运算器为算术逻辑部件(ALU)。参加运算的数(称为操作数)全部是在控制器的统一指挥下从内存储器中取到运算器里，绝大多数运算任务都由运算器完成。

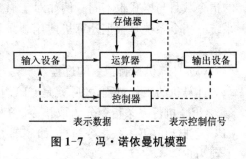

图 1-7 冯·诺依曼机模型

运算器主要由一个加法器、若干个寄存器和一些控制线路组成。

由于在计算机内，各种运算均可归结为相加和移位这两种基本操作，所以，运算器的核心是加法器(Adder)。为了能将操作数暂时存放，能将每次运算的中间结果暂时保留，运算器还需要若干个寄存数据的寄存器(Register)。若一个寄存器既保存本次运算的结果而又参与下次运算，它的内容就是多次累加的和，这样的寄存器又叫做累加器(Accumulator，AL)。

2. 控制器(Control Unit，CU)

控制器是计算机的神经中枢，由它指挥全机各个部件自动、协调地工作，就像人的大脑指挥躯体一样。控制器的主要部件有：指令寄存器、译码器、时序节拍发生器、操作控制部件和指令计数器(也叫程序计数器)。控制器的基本功能是根据指令计数器中指定的地址从内存取出一条指令，对其操作码进行译码，再由操作控制部件有序地控制各部件完成操作码规定的功能。控制器是计算机的指挥中心，在它的控制之下，将输入设备输入的程序和数据存入存储器，并按照程序的要求指挥运算器进行运算和处理，然后把运算和处理的结果再存入存储器中，最后将处理结果传送到输出设备上。控制器也记录操作中各部件的状态，使计算机能有条不紊地自动完成程序规定的任务。

(1) 指令(Instruction)

指令是计算机硬件能够直接识别的指挥计算机完成某个基本操作的命令，一条指令控制计算机完成一种基本操作。它告诉计算机要做什么操作、参与此项操作的数据来自何处、操作结果又将送往哪里。每条指令都是由二进制代码表示和存储的。指令由两部分组成：操作码和地址码，如图 1-8。其中操作码指出该指令完成操作的类型，如加、减、乘、除、传送等；而地址码指出参与操作的数据和操作结果存放的位置。

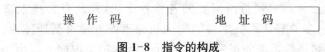

图 1-8 指令的构成

简单说来，指令就是给计算机下达的一道命令，所以，一条指令必须包括操作码和地址码(或称操作数)两部分。一条指令完成一个简单的动作，一个复杂的操作由许多简单的操作组合而成。

(2) 指令系统

通常，一台计算机能够完成多种类型的操作，而且允许使用多种方法表示操作数的地址。因此,一台计算机可能有多种多样的指令,这些指令的集合称为该计算机的指令系统。指令系统充分反映了计算机对数据进行处理的能力。不同种类的计算机,指令系统所包含的指令数目与格式也不同。例如对于微型计算机,一种型号的 CPU 具有一套特定的指令系统。指令系统是根据计算机使用要求设计的,指令系统越丰富完备,编制程序就越方便灵活。

(3) 计算机执行指令的过程

计算机的工作过程,实际就是 CPU 执行程序的过程,执行程序就是依次执行程序的指令。CPU 执行一条指令分为取指令、分析指令、执行指令三个阶段。每执行完一条指令,CPU 会自动取下一条指令执行,如此下去,直到程序执行完毕或遇到停机指令、外来事件的干预为止。

在现代计算机中,运算器和控制器经常被封装在一起,构成中央处理器(CPU)的重要组成部分。

3. 存储器(Memory)

存储器是计算机的记忆装置,主要用来保存程序和数据,所以,存储器应该具备存数和取数功能。存数是指往存储器里"写入"数据;取数是指从存储器里"读取"数据。读写操作统称对存储器的访问。存储器分为内存储器(简称内存)和外存储器(简称外存)两类。

中央处理器(CPU)只能直接访问存储在内存中的数据。外存中的数据只有先调入内存后,才能被中央处理器访问和处理。

4. 输入设备(Input Devices)

输入设备是用来向计算机输入命令、程序、数据、文本、图形、图像、音频和视频等信息的。其主要作用是把人们可读的信息转换为计算机能识别的二进制代码输入计算机,供计算机处理。例如,用键盘输入信息时,敲击它的每个键位都能产生相应的电信号,再由电路板转换成相应的二进制代码送入计算机。

目前常用的输入设备有键盘、鼠标器、扫描仪等。

5. 输出设备(Output Devices)

输出设备的主要功能是将计算机处理后的各种内部格式的信息转换为人们能识别的形式(如文字、图形、图像和声音等)表达出来。例如,在纸上打印出印刷符号或在屏幕上显示字符、图形等。常见的输出设备有显示器、打印机、绘图仪和音箱等,它们能把信息直观地显示在屏幕上或打印出来。

1.3.2 软件系统

计算机软件包括计算机运行所需要的各种程序、数据及有关技术文档资料。有了软件,人们可以不必过多了解计算机本身的结构与原理而方便灵活地使用计算机。因此,一个性能优良的计算机硬件系统能否发挥其应有的功能,很大程度上取决于所配置的软件是否完善和丰富。

根据软件的用途,通常把软件划分为系统软件和应用软件两大类。

(1) 系统软件是用于管理、控制和维护计算机系统资源的软件。系统软件有两个显著的特点:一是通用性,其算法和功能不依赖于特定的用户,普遍适用于各个应用领域;二是基础性,其他软件都是在系统软件的支持下进行开发和运行的。系统软件通常又分为操作系统、语言处理系统、服务程序和数据库管理系统四大类。

（2）应用软件是用于解决各种实际问题的软件，常用的应用软件有文字处理软件、表格处理软件、辅助设计软件等。

1.3.3 计算机系统的层次结构

作为一个完整的计算机系统，硬件和软件是按一定的层次关系组织起来的。最底层是硬件，然后是系统软件中的操作系统，其上是其他软件，最上层是用户程序或文档。硬件为软件的运行提供了支持，计算机通过硬件（输入设备）获得软件处理的数据；通过硬件（CPU）执行软件中处理数据的指令；通过硬件（输出设备）输出处理数据的结果。操作系统直接管理和控制硬件，它非常清楚计算机的硬件细节。用户程序、其他软件需要通过操作系统才能够与硬件进行交互。同时，操作系统也是计算机的使用者与计算机沟通的桥梁。

操作系统向下控制硬件，向上支持软件，即所有其他软件都必须在操作系统的支持下才能运行。也就是说，操作系统最终把计算机的使用者与物理机器隔离开了，对计算机的操作一律转化为对操作系统的使用，所以使用计算机就变成使用操作系统了。这种层次关系为软件开发、扩充和使用提供了强有力的支持。

计算机系统的层次结构如图1-9。

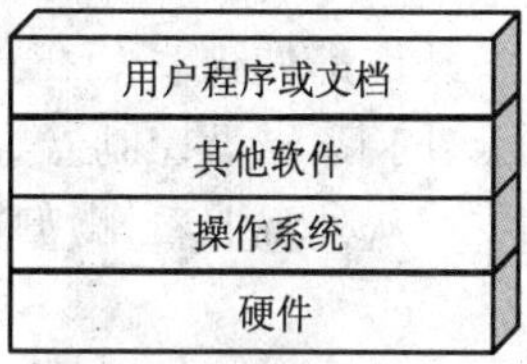

图1-9 计算机系统层次结构

综上所述，计算机系统由硬件系统和软件系统组成，两者缺一不可。而软件系统又由系统软件和应用软件组成，操作系统是系统软件的核心，在每个计算机系统中是必不可少的，其他的系统软件，如语言处理系统可根据不同用户的需要配置不同程序语言编译系统。应用软件则随各用户的应用领域的不同而可以有不同的配置。

1.4 微型计算机的硬件系统

微型计算机是如今在人们生活中广泛使用的一类计算机，它是与我们贴得最近的一类计算机，计算机的硬件是由电子器件和机电元件装置组成的物理实体。

1.4.1 微型计算机硬件系统结构

1. 微型计算机的基本逻辑结构

微型计算机的硬件系统也采用冯·诺依曼体系结构，即由运算器、控制器、存储器、输入设备和输出设备五大部分组成。随着超大规模集成电路技术的发展，运算器和控制器集成在一起，构成微型计算机的重要组成部分——中央处理器（即CPU）。微型计算机基本逻辑结构如图1-10所示。

在微型计算机技术中，通过系统总线把CPU、存储器、输入设备和输出设备连接起来，实现信息交换。通过总线连接计算机各部件使微型机系统结构简洁、灵活、规范，可扩充性好。

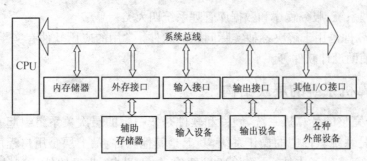

图 1-10 微型计算机的基本逻辑结构

2. 微型计算机的实际构成

对用户而言,计算机只是一个由多种设备组合在一起的硬件体。每种设备自身的内部结构和功能特点是计算机设计者关心的问题。目前几乎所有的微型计算机制造商都尽可能地把各个部件集成在一起,提高微机的性价比。

通常,我们所看到的微型计算机由主机、显示器、键盘、鼠标、音箱等构成。实际上有许多其他部件被封装在主机箱内部,如主板、中央处理器、内存条、高速缓冲存储器、显卡、声卡、网卡、磁盘控制器等。这些部件通过主板组装在一起。

从外观上看,微型计算机有笔记本和台式计算机两大类,如图 1-11 和图 1-12 所示。

图 1-11　笔记本计算机　　　　图 1-12　微型计算机的硬件组成

1.4.2　中央处理器(Central Processing Unit,CPU)

1. 什么是中央处理器

中央处理器(CPU)是一块体积不大而元件的集成度非常高、功能强大的芯片,又称微处理器(Micro-Processor Unit,MPU)。它是计算机的心脏,计算机的所有操作都受 CPU 控制,它的性能强弱直接决定整个计算机的性能,是衡量计算机档次的一个重要指标。CPU 可以直接访问内存储器,它和内存储器构成了计算机的主机,是计算机系统的主体。输入/输出(I/O)设备和辅助存储器(又称外存)通称为外部设备(简称外设),它们是沟通人与主机联系的桥梁。CPU 主要包括运算器(ALU)和控制器(CU)两大部件,此外,还包括若干个寄存器和高速缓冲存储器(Pentium 以后的 CPU 内部都集成了高速缓冲存储器 Cache),用内部总线连接。运算器可以执行算术运算,也可以执行逻辑运算。寄存器临时保存将要被运算器处理的数据和结果。控制器负责取指令,并对指令进行分析,按照指令的要求控制各部件工作。

微处理器的主要生产厂家有 Intel 公司和 AMD(Advanced Micro Devices)公司。图 1-13 是 Intel 产品中的一款微处理器的正面、背面图片。

 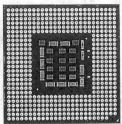

图 1-13 微处理器的正面、背面

随着 CPU 制造技术的不断提高,多核技术是进一步提高 CPU 性能的又一途径。多核 CPU 已经成为当代微机 CPU 的主流。简言之,多核处理器即是基于单个半导体的一个处理器上拥有多个一样功能的处理器核心。换句话说,将多个物理处理器核心整合入一个 CPU 芯片中,从而提高计算能力。

2. 处理器的主要技术参数

CPU 的性能指标直接决定了由它构成的微型计算机系统的性能指标。CPU 的性能指标主要有字长和时钟主频两个。

(1) 字长

字长是指计算机运算部件一次能同时处理的二进制数据的位数。字长表示 CPU 每次处理数据的能力,微处理器的字长主要是根据运算器和寄存器的比特位数确定的。如 80286 型号的 CPU 每次能处理 16 位二进制数据,80386、80486 和 Pentium 4 型号的 CPU 每次能处理 32 位二进制数据。那么我们就说后面这三种微处理器的字长为 32 位,并且把它们称为"32 位微处理器"。字长的大小直接反映计算机的数据处理能力,字长越长,作为存储数据,则计算机的运算精度就越高;作为存储指令,则计算机的处理能力就越强。目前流行的微处理器大多是 32 位和 64 位。

(2) 主频

主频即微处理器的时钟频率(Clock Speed),它决定了微处理器每秒钟可以执行多少个指令周期,通常,时钟频率越高微处理器处理数据的速度相对也就越快。注意,时钟频率和处理器 1 秒钟处理的指令数目不相等,因为一条指令的执行可能需要多个指令周期。时钟频率以 MHz(兆赫兹)或 GHz(吉赫兹)为单位来度量。CPU 的时钟频率也由几百兆赫兹发展到 1~3 GHz,如当前流行的 Inter 酷睿 i5CPU 的时钟频率最高可达到 3.8 GHz。

同时,随着 CPU 主频的不断提高,它对内存 RAM 的存取更快了,而 RAM 的响应速度跟不上 CPU 的速度,这样就可能成为整个系统的瓶颈。为了协调 CPU 与 RAM 之间的速度差问题,在 CPU 芯片中又集成了高速缓冲存储器(Cache),一般在几十千字节到几百千字节之间。

(3) 外频

外频即微处理器的外部时钟频率,它直接影响微处理器与内存之间的数据交换速度。

外频由计算机主板提供。

(4) 高速缓存(Cache)

随着微电子技术的不断发展,微处理器的主频不断提高。由于容量大、寻址系统和读写电路复杂等原因,内存的工作速度大大低于微处理器的工作速度,直接影响了计算机的性能。为了解决内存与微处理器工作速度上的矛盾,设计者们在微处理器和内存之间增设一级容量不大、但速度很高的高速缓冲存储器,封闭在微处理器芯片内部的 Cache 中暂时存储微处理器运算时的部分指令和数据。当微处理器访问这些程序和数据时,首先从 Cache 中查找,如果所需程序和数据不在 Cache 中,则到内存中读取,并同时写入 Cache 中。因此采用 Cache 可以提高系统的运行速度。缓存的容量单位一般为 KB。缓存越大,微处理器工作时与存取速度较慢的内存间交换数据的次数越少,运算速度越快。Cache 由静态存储器(SRAM)构成,常用的容量为 128 KB、256 KB、512 KB。在微机中为了进一步提高性能,还把 Cache 分成一级、二级和三级缓存(L1、L2、L3 Cache)。

(5) 地址总线宽度

地址总线宽度决定了微处理器可以访问的物理地址空间。简单地说就是微处理器能够使用多大容量的内存。假设微处理器有 n 根地址线,则其可以访问的物理地址为 $2n$。目前,微型计算机地址总线有 8 位、16 位、32 位等之分。

(6) 数据总线宽度

数据总线负责整个系统的数据传输,数据总线宽度决定了微处理器与二级高速缓存、内存以及输入/输出设备之间一次数据传输的信息量。

(7) 运算速度

计算机的运算速度通常是指每秒钟所能执行加法指令的数目,常用百万次/秒(Million Instructions Per Second, MIPS)来表示。这个指标能更直观地反映机器的速度。

1.4.3 存储器(Memory)

存储器分为两大类:一类是设在主机中的内部存储器(简称内存),也叫主存储器,用于存放当前运行的程序和程序所用的数据,属于临时存储器;另一类是属于计算机外部设备的存储器,叫外部存储器(简称外存),也叫辅助存储器(简称辅存)。外存属于永久性存储器,存放着暂时不用的数据和程序,当需要某一程序或数据时,首先将其调入内存,然后再运行。

一个二进制位(Bit)是构成存储器的最小单位。实际上,存储器是由许许多多个二进制位的线性排列构成的。为了存取到指定位置的数据,通常将每 8 位二进制位组成的一个存储单元称为字节(Byte),并给每个字节编上一个号码,称为地址(Address)。

存储器可容纳的二进制信息量称为存储容量。目前,度量存储容量的基本单位是字节(Byte)。此外,常用的存储容量单位还有 KB(千字节)、MB(兆字节)和 GB(吉字节)。

1. 主存储器(Main Memory)

内存储器是直接与微处理器相联系的存储设备,内存储器是计算机中最主要的部件之一,它的性能在很大程度上影响计算机的性能。

(1) 内存的分类

微机的内存储器分为随机存取存储器(Random Access Memory, RAM)、只读存储器(Read Only Memory, ROM)两类。

① 随机存取存储器(RAM)

随机存储器也叫读写存储器。RAM是计算机程序和数据的存储区，一切要执行的程序和数据都要先装入该存储器。随机存取的含义是指既能读数据，也可以往里写数据。通常所说的256M内存指的就是RAM。目前的计算机大都使用半导体RAM存储器。半导体存储器是一种集成电路，其中有成千上万的存储元件。依据存储元件结构的不同，RAM又可分为静态RAM(Static RAM，SRAM)和动态RAM(Dynamic RAM，DRAM)。静态RAM是利用其中触发器的两个稳态来表示所存储的"0"和"1"的，这类存储器集成度低、价格高，但存取速度快，常用来做高速缓冲存储器(Cache)用。动态RAM则是用半导体器件中分布电容上有无电荷来表示"1"和"0"的。因为保存在分布电容上的电荷会随着电容器的漏电而逐渐消失，所以需要周期性地给电容充电，称为刷新。这类存储器集成度高、价格低，但由于要周期性地刷新，所以存取速度较SRAM慢。微机的内存一般采用DRAM。RAM一般以内存条的形式插入主板，图1-14为一款RAM内存条。

图1-14 RAM内存条

RAM中存储当前使用的程序、数据、中间结果和与外存交换的数据，CPU根据需要可以直接读/写RAM中的内容。RAM有两个主要特点：一是其中的信息随时可以读出或写入，当写入时，原来存储的数据将被冲掉；二是加电使用时其中的信息会完好无缺，但是一旦断电(关机或意外掉电)，RAM中存储的数据就会消失，而且无法恢复。由于RAM的这一特点，所以也称它为临时存储器。

② 只读存储器(ROM)

顾名思义，对只读存储器只能做读出操作而不能做写入操作，ROM中的信息只能被CPU随机读取。ROM主要用来存放固定不变的控制计算机的系统程序和数据，如：常驻内存的监控程序、基本I/O系统、各种专用设备的控制程序和有关计算机硬件的参数表等。例如，安装在系统主板上的ROM-BIOS芯片中存储着系统引导程序和基本输入输出系统。ROM中的信息是在制造时用专门设备一次写入的，是由计算机的设计者和制造商事先编制好固化在里面的一些程序，使用者不能随意更改。ROM中存储的内容是永久性的，即使关机或掉电也不会丢失。随着半导体技术的发展，已经出现了多种形式的只读存储器，如：可编程的只读存储器PROM(Programmable ROM)、可擦除可编程的只读存储器EPROM(Erasable Programmable ROM)以及掩膜型只读存储器MROM(Masked ROM)等等。它们需要特殊的手段改变其中的内容。

(2) 内存的性能指标

① 存储容量

存储器可以容纳的二进制信息量称为存储容量，通常以RAM的存储容量来表示。存储器的容量以字节(Byte)为单位。显然，内存容量越大，机器所能运行的程序就越大，处理能力就越强。尤其是当前多媒体 PC 机应用多涉及图像信息处理,要求存储容量会越来越大,甚至没有足够大的内存容量就无法运行某些软件。目前微机的内存容量一般为 2~4 GB。

② 存取周期

简单讲,存取周期就是 CPU 从内存储器中存取数据所需的时间。目前,内存的存取周期在 7~70 ns 之间,ns 为毫微秒。存储器的存取周期是衡量主存储器工作速度的重要指标。

③ 功耗

这个指标反映了存储器耗电量的大小,也反映了发热程度。功耗小,对存储器的工作稳定有利。

2. 辅助存储器(Auxiliary Memory)

与内存相比,外部存储器的特点是存储量大、价格较低,而且在断电的情况下也可以长期保存信息,所以又称为永久性存储器。主要包括:软盘存储器、硬盘存储器、光盘存储器、U 盘存储器。

(1) 硬盘存储器

① 硬盘的组成

微机中的硬盘存储器由于采用了"温彻斯特"技术,所以又称"温盘"。其主要特点是将盘片、磁头、电机驱动部件乃至读/写电路等做成一个不可随意拆卸的整体,并密封在金属盒中,硬盘内部如图 1-15 所示。所以,防尘性能好、可靠性高,对环境要求不高。

一个硬盘可以有多张盘片,所有盘片按同心轴方式固定在同一轴上,每片磁盘都装有读写磁头,在控制器的统一控制下沿着磁盘表面径向同步移动。每张盘片也与软盘一样按磁道、扇区来组织硬盘数据的存取。硬盘有多个记录面,不同记录面的同一磁道被称为柱面。

图 1-15 硬盘内部

硬盘的容量计算公式是:

硬盘的存储容量 = 磁头数 × 柱面数 × 每磁道扇区数 × 每扇区字节数(512 字节)

硬盘通常用来作为大型机、服务器和微型机的外部存储器。它有很大的容量,常以兆字节(MB)或以吉字节(GB)为单位。随着硬盘技术的发展,其容量已从几百兆字节提升至几千兆字节。目前,硬盘容量已达到 500 GB~3 TB 了,转速也有 5 400 rpm(转/分钟)和 7 200 rpm 两种,且 7 200 rpm 的硬盘已成为主流设备。与软盘相比,硬盘容量大,转速快,存取速度高。但是,硬盘多固定在机箱内部,不便携带。

② 硬盘的主要性能指标

● 转速:单位是 rpm,目前硬盘主轴电机的转速多为 7 200 rpm。

● 平均寻道时间:指磁头从初始位置到目标磁道的时间,单位是 ms,硬盘的平均寻道时间为 8.5~9 ms。

● 数据传输率:指硬盘读写数据的速度,单位是 MB/s。目前硬盘的最大外部传输率不低于 20 MB/s。

③ 硬盘使用注意事项
- 硬盘转动时不要关闭电源。
- 防止震动、碰撞。
- 防止病毒对硬盘数据的破坏,应注意对重要数据的备份。
- 未经允许严禁对硬盘进行低级格式化、分区、高级格式化等操作。

（2）USB 移动硬盘

随着多媒体技术的不断应用,有越来越多的图像、声音、动画和视频文件需要保存和交流,而这类文件一般都非常庞大,传统的软盘片不能满足需求了。于是 USB 移动硬盘和闪盘就应运而生。USB 移动硬盘的优点是：体积小、重量轻(一般重 200 g 左右)，容量大(一般在 500 GB~2 TB 之间)；存取速度快(USB 2.0 的传输率为 480 MB/s)，可以通过 USB 接口即插即用，当前的计算机都配有 USB 接口，在 Windows 2000 操作系统下，无需驱动程序，可直接热插拔，使用非常方便。

（3）USB 优盘(U 盘)

U 盘(如图 1-16)作为新一代存储设备正在被广泛使用。USB 优盘又称拇指盘。U 盘的存储介质是快闪存储器，闪存(Flash Memory)具有在断电后还能保持存储的数据不丢失的这一特点。将闪存和一些外围数字电路焊接在电路板上，并封装在颜色比较亮丽的外壳内，就成了 U 盘。U 盘可重复擦写达 100 万次。有的还提供了类似软盘写保护的功能。

图 1-16　U 盘

U 盘具有许多优点：

① 直接使用 USB 接口，无需外接电源，支持即插即用和热插拔，只要用户所使用的计算机主板上有 USB 接口就可以使用 U 盘。当计算机操作系统使用 Windows ME/2000/XP 时不用安装驱动程序就可以使用 U 盘。

② 存取速度比软盘快，存储容量比软盘大。现在比较流行的 U 盘容量通常为 8 GB~32 GB。

③ 体积小，重量轻，便于携带。

（4）光盘存储器

计算机常采用光盘存储器存储声音、图像等大容量信息。光盘存储器由光盘(如图 1-17 所示)、光盘驱动器和接口电路组成。

① 光盘存储原理

光盘的存储原理很简单，在其螺旋形的光道上，刻上能代表"0"和"1"的一些凹坑；读取数据时，用激光去照射旋转着的光盘片，从凹坑和非凹坑处得到的反射光，其强弱是不同的，根据这样的差别就可以判断出存储的是"0"还是"1"。

图 1-17　光盘

光盘的特点是：第一，存储容量大，价格低。目前，微机上广泛使用的直径为 4.72 英寸(120 mm)光盘的存储容量达 650 MB。这样每位二进制位的存储费用要比磁盘低得多。第二，不怕磁性干扰。所以，光盘比磁盘的记录密度更高，也更可靠。第三，存取速度高。目前，主流光驱为 50 倍速和 52 倍速。传输率 150 KB/s 为单倍速。例如：50 倍速光驱的传输率为：50×150 KB/s＝7 500 KB/s。

② 常用光盘标准

● CD-ROM(Compact Disk Read Only Memory)光盘

光盘在十多年的发展过程中,制定了许多标准。目前常用的 CD-ROM 光盘其存储容量达 650 MB。CD-ROM 中的程序或数据预先由生产厂家写入,用户只能读出,不能改变其内容。

由于声音、视频和图形文件的使用,CD-ROM 的应用极为广泛。它的制作成本低、信息存储量大、保存时间长。CD-ROM 只有一面有数据,在它的表面有一层保护膜,但它还是很容易被划伤。CD-ROM 的印刷面不含数据,数据刻录在光滑的一面。在 CD-ROM 上,数据的读取靠激光来实现,表面的灰尘和划痕都会影响到读盘质量。CD-ROM 的容量不是固定的,对一片 CD 来说,它有一个最大容量。CD-ROM 有两种尺寸,即 12 cm 和 8 cm,最常见的是 12 cm 的,我们所说的就是这一种。同样是 12 cm 的光盘,CD-R74 可存储 650 MB 字节的数据或 74 分钟的音乐,CD-R63 可存储 550 MB 字节的数据或 63 分钟的音乐。让我们计算一下,一张 CD-R74 有 333 000 个扇区,每个扇区有 2 048 个字节,则它可录制 333 000×2 048＝681 984 000 字节,即 650 MB。

● DVD 光盘

随着 MPEG-2 的成熟,促使具有更高密度、更大容量的 DVD 光盘的产生。DVD(Digital Versatile Disk,数字多功能光碟,也称作 Digital Video Disk,数字影像光碟)大小和普通的 CD-ROM 完全一样。它采用与普通 CD 相类似的制作方法,但具有更密的数据轨道、更小的凹坑和较短波长的红激光激光器,大大增加光盘的存储容量。DVD 定义了四种格式:单面单层,单面双层,双面单层,双面双层四种规格,容量分别是 4.7 GB、8.5 GB、9.4 GB 和 17 GB。普通的 CD-ROM 容量仅为 650 MB。DVD 和我们熟悉的 CD-ROM、VCD 一样,既可以存储数据,也可以存储电影数据。

DVD 是代替 CD-ROM 的下一代存储媒体。它以电影院级的声像,强大的交互功能,正在给电影界带来革命。一张和普通 CD-ROM 大小一样的 DVD 光盘上,可以存储数倍于 CD-ROM 的数据,这也给计算机信息界带来了巨大的进步。

● 可擦写光盘 CD-RW(CD-Rewriteable)和一次写入型光盘 CD-R(CD-Recordable)

CD-ROM 光盘、VCD 光盘和 DVD 光盘都是只读式光盘,也就是说,信息一旦写入上述光盘之中,就不能对其进行修改,光盘只能一次性写入。为了用户能方便地制作多媒体软件和多媒体节目,又研制了用户可擦写光盘 CD-RW 和一次写入型光盘 CD-R 的光盘存储器,其制作成本目前要比大批量模压生产的 CD 盘要高出许多。

③ 光盘驱动器

● CD-ROM 光盘驱动器(光驱)

光驱是读取光盘数据的设备,通常固定在主机箱内,光驱的外观及其控制面板结构如图 1-18 所示。

光驱是一个结合光学、机械及电子技术的产品。在光学和电子结合方面,激光来自于一个激光二极管,它可以产生波长约 0.54～0.68 μm 的光束,经过处理后光束更集中且能精确控制,光束首先打在光盘上,再由光

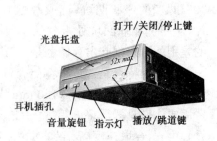

图 1-18　CD-ROM 驱动器

盘反射回来,信号被光检测器捕获。光盘上有两种状态,即凹点和空白,它们的反射信号相反,很容易被光检测器识别。检测器所得到的信息只是光盘上凹凸点的排列方式,驱动器中有专门的部件把它转换并进行校验,然后我们才能得到实际数据。光盘在光驱中高速的转动,激光头在伺服电机的控制下前后移动读取数据。

数据传输率是光驱的基本参数,指光驱在 1 秒内所能读出的最大数据量。早期的光驱数据传输率为 150 KB/s,称为"单倍速光驱",目前的光驱已达到了 52、72 倍速,甚至更高。

● DVD 驱动器

DVD 驱动器是用来读取 DVD 盘上数据的设备,从外形上看和 CD-ROM 驱动器一样。DVD 驱动器的读盘速度比 CD-ROM 驱动器提高了 4 倍以上。目前 DVD 驱动器采用的是波长为 635～650 mm 的红激光。DVD 的技术核心是 MPEG2 标准,MPEG2 标准的图像格式共有 11 种组合,DVD 采用的是其中"主要等级"的图像格式,使其图像质量达到广播级水平。DVD 驱动器也完全兼容现在流行的 VCD、CD-ROM、CD-R、CD-AUDIO。但是普通的光驱却不能读 DVD 光盘,因为 DVD 光盘采用了 MPEG2 标准进行录制的,所以播放 DVD 光盘上的视频数据需使用支持 MPEG2 解码技术的解码器。

④ 光盘使用注意事项

● 将光盘放入光驱和光盘保护盒中时要小心轻放。

● 光盘用后最好装在光盘保护盒中,以免盘面划伤。

● 光盘处于高速旋转状态,中途不能按面板上的打开/关闭/停止键,因中途取出光盘有可能损坏盘片。

● 不要用油渍、污垢的手拿光盘。

3. 存储系统的层次结构

如上所述,在计算机中存储设备有内存、硬盘、软盘、光盘、移动硬盘、U 盘等。内存具有较快的存取速度,但存储容量有限,且价格相对昂贵。硬盘、光盘的存储容量大,但存取速度慢,价格相对低廉。为了充分发挥各种存储设备的长处,将其有机地组织起来,就构成了具有层次结构的存储系统。

存储系统的层次结构如图 1-19 所示。

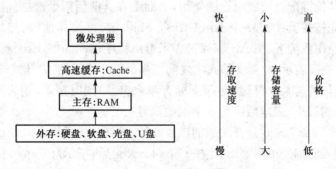

图 1-19 存储系统层次结构图

1.4.4 输入设备(Input Devices)

输入设备是向计算机输入信息的设备,是人与计算机对话的重要工具。常用的输入设备有键盘、鼠标、扫描仪、数码相机等。

1. 键盘(Key Board)

键盘是计算机最常用的一种输入设备,专家认为在未来相当长的时间内也会是这样。它实际上是组装在一起的一组按键矩阵。当按下一键时就产生与该键面对应的二进制代码,并通过接口送入计算机,同时将按键键面字符显示在屏幕上。键盘通常包括数字键、字母键、符号键、功能键和控制键等,并分放在一定的区内。目前,微机上流行的101键的标准键盘如图1-20所示。

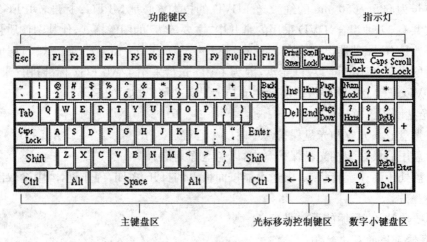

图1-20 101键的标准键盘

(1) 主键盘区

本区的键位排列与标准英文打字机的键位相同,位于键盘中部,包括26个英文字母、数字、常用字符和一些专用控制键。具体分别叙述如下:

● 控制键:转换键Alt、控制键Ctrl和上档键Shift(左右各一个,通常左右的功能一样)。一般它们都要与其他键配合组成组合键使用,书面上在其前后两个键之间用加号"+"连接表示。方法是要先按住其中某一个Alt、Ctrl或Shift键,再按其他键,然后同时松开。例如:在Windows操作系统下,按Alt+F4键表示退出程序;按Ctrl+Esc键表示打开"开始"菜单;按Ctrl+空格键表示中/英文输入法之间切换。Shift键和某字母键同时按下,表示该键代表的大写字母;若与某双符键(键面上标有两个符号)同时按下,则表示该键的上排符号,如Shift+8同时按下,表示数字键8上面的星号"*"。

● 大写锁定键Caps Lock:是开关式的键。没按它以前,指示灯Caps Lock是熄灭的,此时按字母键时,键入的都是小写字母;当按Caps Lock键后,指示灯Caps Lock被点亮,这时再按字母键时,键入的都是大写字母了;再按一次Caps Lock键后,指示灯Caps Lock熄灭,恢复到最初的状态。对于要大量输入大写字母的情况,使用Caps Lock键是非常有用的。

● 回车键Enter:主要用于"确认"。例如键入一条命令后,按Enter键表示确认,表示执行键入的命令。

● 制表键 Tab：按一次，光标就跳过若干列，跳过的列数通常可预先设定。

● 回退键 BackSpace：按一次，光标就向左移一列，同时删除该位置上的字符。编辑文件时可用它删除多余的字符。

● 字母键：共 26 个。若只按字母键，键入的是小写字母；若 Caps Lock 指示灯被点亮，或先按住了 Shift 键，则键入的是大写字母。

● 数字键：共 10 个。

● 符号键：共有 32 个符号，分布在 21 个键上。当一个键面上分布有两个字符时，上方的字符需要先按住 Shift 键后才能键入，下方的字符则可直接键入。

(2) 功能键区

该区放置 F1～F12 共 12 个功能键和 Esc 键等。具体如下：

● 逃逸键 Esc：在一些软件的支持下，通常用于退出某种环境或状态。例如，在 Windows 下，按 Esc 键可取消打开的下拉菜单。

● 功能键 F1～F12 共 12 个。在一些软件的支持下，通常将常用的命令设置在功能键上，按某功能键，就相当于键入了一条相应的命令，这样可简化计算机的操作，所以比较简便。不过各个功能键在不同的软件中所对应的功能可能是不同的。例如，在 Windows 下，按 F1 键可查看选定对象的帮助信息，按 F10 键可激活菜单栏。

● 打印屏幕键 Print Screen：在一些软件的支持下，按此键可将屏幕上正显示的内容送到打印机去打印。例如，在 Windows 下，按组合键 Alt+Print Screen 可将当前激活的窗口复制到剪贴板中。

(3) 数字小键盘区

数字键区也叫小键盘区，位于键盘右端。其左上角有一 Num Lock(数字锁定)键，它是一开关式键，按一下它，Num Lock 指示灯点亮，数字键代表键上的数字；再按一下它，Num Lock 指示灯熄灭，则小键盘上的各键代表键面上的下排符号，用于移动光标。

(4) 光标移动控制键区

该区包括上、下、左、右箭头，Page Up、Page Down 等键，主要用于编辑修改。

● 插入键 Insert：是开关式的键。按下它可以在"插入"和"替换"状态之间切换。

● 删除键 Delete：在一些软件的支持下，按一次就删除光标位置上(或右边)的一个字符，同时所有右面的字符都向左移一个字符。

● 行首键 Home：在一些软件的支持下，按一次，光标就跳到光标所在行的首部。

● 行尾键 End：在一些软件的支持下，按一次，光标就跳到光标所在行的末尾。

● 向上翻页键 Page UP：在一些软件的支持下，按一次，屏幕或窗口显示的内容就向下滚动一屏，使当前屏幕或窗口内容前面的内容显示出来。

● 向下翻页键 Page Down：在一些软件的支持下，按一次，屏幕或窗口显示的内容就向上滚动一屏，使当前屏幕或窗口内容后面的内容显示出来。

● 光标移动键 ↑、←、↓ 和 →：在一些软件的支持下，按一次，光标就向相应的方向移动一行或一列。

(5) Windows 键盘及其他键盘

除标准键盘外，还有 Windows 键盘、各种形式的多媒体键盘和专用键盘。如银行计算机管理系统中供储户用的键盘，按键为数不多，只是为了输入储户的密码和选择操作之用。

专用键盘的主要优点是简单,即使没有受过专门训练的人也能使用。

Windows 键盘中,除 101 标准键盘外,增加了:

● 打开"开始"菜单键,键面上标有"视窗"图标的 Windows 键,在空格键左右两侧各有一个。按它可以打开 Windows"开始"菜单。使用与 Windows 键的组合键还可以在 Windows 操作系统中快速实现一些特定操作,如:

① Windows 键+R:打开"运行"对话框。

② Windows 键+M:最小化所有已打开的窗口。

③ Windows 键+E:打开"我的电脑"窗口。

④ Windows 键+F:打开"搜索结果"窗口,用于搜索指定的文件或文件夹。

⑤ Windows 键+Tab 键:切换任务栏中的对象,当对象被选中后按 Enter 键即可激活此任务。

● 打开"快捷菜单"键,键面上标有"快捷菜单"图标,在空格键右侧。按它可打开光标所指对象的快捷菜单。

(6) 打字指法

准备打字时,双手除拇指外的八个手指分别放在基本键上,如图 1-21 所示。

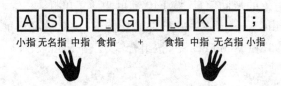

图 1-21　打字指法基本键位

每个手指分工的击键区域如图 1-22 所示,左右手的小指、无名指、中指各分工一列按键,食指最灵活,包中间的两列按键,最后,空格键由拇指负责。

练习计算机指法需要将所有按键包键到指,打字前,手指放在基本键上,打字时,迅速有力击打按键,打字后,迅速抬起,返回基本键待命。

图 1-22　手指按键分工

注意:击键必须短促,长时间按下某个按键,会造成该字符被重复录入。

2. **鼠标器**(Mouse)

鼠标器简称鼠标(图 1-23),是个像老鼠大小的塑料盒子("鼠标器"

图 1-23　鼠标

正是由此得名),其上有两(或三)个按键,当它在平板上滑动时,屏幕上的鼠标指针也跟着移动。它不但可用于光标定位,还可用来选择菜单、命令和文件,故能减少击键次数,简化操作过程。目前,随着 Windows 操作系统的普及和发展,鼠标已经成为微机常用的输入设备,特别是在图形界面操作方式下,鼠标的使用给人们的操作带来了极大的方便。鼠标在 Windows 环境下的应用软件中是最常用的输入设备之一。

鼠标常见的有:机械式、光电式和无线遥控式。机械式鼠标内有一个实心橡皮球,当鼠标移动时,橡皮球滚动,通过相应装置将移动的信号传送给计算机。光电鼠标的内部有红外光发射和接收装置,它利用光的反射来确定鼠标的移动。无线遥控式鼠标又可分为红外无线型鼠标和电波无线型鼠标。红外无线型鼠标一定要对准红外线发射器后才可以活动自如;而电波无线型鼠标较为灵活,但价格贵。

鼠标上有两个或三个按键。通常,左键用作确定操作,右键用作特殊功能。随着网络的发展,Microsoft 公司发布了滚轮鼠标。它在原有两键鼠标的基础上增加了一个滚轮键,它拥有特殊的滑动和放大功能,手指轻轻滑动滚轮就可以使网页上下翻动。

常见的鼠标接口有串口、PS/2 接口和 USB 接口等,给计算机配置鼠标时一定要注意计算机支持哪种接口的鼠标。

3. 其他输入设备

键盘和鼠标是微机中最常用的输入设备,此外,还有扫描仪、条形码阅读器、光学字符阅读器(OCR)、触摸屏、手写笔、声音输入设备(麦克风)和图像输入设备(数码相机)等。

(1) 扫描仪是一种将图像或文本输入计算机的输入设备,它可以直接将图形、图像、照片或文本输入计算机中。利用扫描仪输入图片已在多媒体计算机中广泛使用。目前,一种 USB 接口的扫描仪支持热插拔,使用方便,可配备在多媒体计算机上进入家庭使用。

(2) 条形码阅读器是一种能够识别条形码的扫描装置,连接在计算机上使用。当阅读器从左向右扫描条形码时,就把不同宽窄的黑白条纹翻译成相应的编码供计算机使用。许多自选商场和图书馆里都用它管理商品和图书。

(3) 光学字符阅读器(OCR)是一种快速字符阅读装置。它由许许多多的光电管排成一个矩阵,当光源照射被扫描的一页文件时,文件中空白的白色部分会反射光线,使光电管产生一定的电压;而有字的黑色部分则把光线吸收掉,使光电管不产生电压。这些有、无电压的信息组合形成一个图案,并与 OCR 系统中预先存储的模板匹配,若匹配成功就可确认该图案是何字符。有些机器一次可阅读一整页的文件,称为读页机,有的一次则只能读一行。

(4) 语音输入设备和手写笔输入设备使汉字输入变得更为方便、容易,免去了计算机用户学习键盘汉字输入法的烦恼,但语音或手写笔汉字输入设备的输入速度还有待提高。

1.4.5 输出设备(Output Devices)

输出设备的任务是将信息传送到中央处理机之外的介质上,这些介质可分为硬拷贝和软拷贝两大类。显示器和打印机是计算机中最常用的两种输出设备。

1. 显示器(Monitor)

显示器又称为"监视器",是微机中最重要的输出设备之一,也是人机交互必不可少的设备。显示器用于微机或终端,可显示多种不同的信息。

(1) 显示器的分类

可用于计算机的显示器有许多种,常用的有阴极射线管显示器(简称 CRT,图 1-24)和液晶显示器(简称 LCD,图 1-25)。CRT 显示器又有球面 CRT 和纯平 CRT 之分。纯平显示器大大改善了视觉效果,已取代球面 CRT 显示器,成为 PC 机的主流显示器。液晶显示器为平板式,体积小、重量轻、功耗少、不产生辐射,主要用于移动 PC 机和笔记本电脑,目前越来越多的微机上也使用 LCD 显示器。

图 1-24　CRT 显示器

图 1-25　LCD 显示器

当前,微机上使用的主流显示器是彩色图形显示器,可以显示 1 600 多万种颜色。而黑白字符显示器常用于金融、商业领域。

(2) 显示器的主要技术参数

① 屏幕尺寸:指显示器对角线长度,以英寸为单位(1 英寸＝2.54 cm),常见的显示器为 15 英寸、17 英寸、19 英寸、21 英寸等。

② 像素(Pixel)与点距(Pitch):屏幕上图像的分辨率或说清晰度取决于能在屏幕上独立显示的点的直径,这种独立显示的点称作像素,屏幕上两个像素之间的距离叫点距。目前,微机上使用的显示器的点距有 0.31 mm、0.28 mm 和 0.25 mm 等规格。一般来讲,点距越小,显示器的分辨率就越高,显示器质量也就越好。

③ 分辨率:分辨率是衡量显示器的一个常用指标。它指的是整个屏幕上像素的数目。通常写成"水平点数"×"垂直点数"的形式。目前,有 640×480、800×600、1 024×768 和 1 280×1 024 等几种。显示器的分辨率受点距和屏幕尺寸的限制,也和显示卡有关。

④ 灰度和颜色深度:灰度指像素点亮度的级别数,在单色显示方式下,灰度的级数越多,图像层次越清晰。颜色深度指计算机中表示色彩的二进制位数,一般有 1 位、4 位、8 位、16 位、24 位,24 位可以表示的色彩数为 1 600 多万种。

⑤ 刷新频率:指每秒钟内屏幕画面刷新的次数。刷新频率越高,画面闪烁越小。通常是 75～90 Hz。

⑥ 扫描方式:水平扫描方式分为隔行扫描和逐行扫描。隔行扫描指在扫描时每隔一行扫一行,完成一屏后再返回来扫描剩下的行;逐行扫描指扫描所有的行。隔行扫描的显示器比逐行扫描闪烁得更厉害,也会让使用者的眼睛更疲劳。现在的显示器采用的都是逐行扫描方式。

(3) 显示卡

显示器是通过"显示器接口"(简称显示卡或显卡)与主机连接的,所以显示器必须与显示卡匹配。如图 1-26。

① 显卡的结构

显卡主要由：显示芯片、显示内存、RAMDAC 芯片、显卡 BIOS、连接主板总线的接口组成。

● 显示芯片：显示芯片是显卡的核心部件，它决定了显卡的性能和档次。现在的显卡都具有二维图像或三维图像的处理功能。3D 图形加速卡将三维图形的处理任务集中在显示卡内，减轻了 CPU 的负担，提高了系统的运行速度。

● 显示内存：用来存放显示芯片处理后的数据，其容量、存取速度对显卡的整体性能至关重要，它还直接影响显示的分辨率及色彩的位数。

图 1-26　显卡外观

● RAMDAC 芯片：RAMDAC 芯片将显示内存中的数字信号转换成能在显示器上显示的模拟信号。它的转换速度影响着显卡的刷新频率和最大分辨率。

● 显卡 BIOS：显卡上的 BIOS 存放显示芯片的控制程序，同时还存放着显卡的名称、型号、显示内存等。

● 总线接口：是显卡与总线的通信接口。目前最多的是 PCI 和 AGP 接口（插入主板的 AGP 插槽中）。

② 显卡的分类

● 按采用的图形芯片分为：单色显示卡、彩色显示卡、2D 图形加速卡、3D 图形加速卡。

● 按总线类型分为：ISA 显卡、VESA 显卡、PCI 显卡和 AGP 显卡。

● 按显示的彩色数量分为：

伪彩色卡：用 1 个字节表示像素，可显示 256 种颜色。

高彩色卡：用 2 个字节表示像素，可显示 65 536 种颜色。

真彩色卡：用 3 个字节表示像素，可显示 1 600 多万种颜色。

● 按显示卡发展过程分为：

MDA(Monochrome Display Adapter)卡，即单色字符显示卡。

CGA(Color Graphics Adapter)卡，即彩色图形显示卡。

EGA(Enhanced Graphics Adapter)卡，即增强图形显示卡。

VGA(Video Graphics Array)卡，即视频图形阵列显示卡。

SVGA(Super VGA)卡，即超级视频图形阵列显示卡。

XGA(Extended Graphics Array)卡，即增强图形阵列显示卡。

AGP(Accelerated Graphics Array)卡，即加速图形接口卡。

2. 打印机(Printer)

打印机用于将计算机运行结果或中间结果打印在纸上。利用打印机不仅可以打印文字，也可以打印图形、图像。因此，打印机是计算机目前最常用的输出设备，也是品种、型号最多的输出设备之一。

(1) 打印机的分类

按打印工作方式分，打印机可分为串行式打印机和行式打印机。所谓串行打印机是逐字打印成行的。行式打印机则是一次输出一行，故它比串行打印机的打印速度要快。

按打印色彩分为单色打印机和彩色打印机。

按打印机打印原理可分为击打式打印机和非击打式打印机两大类。击打式打印机中有字符式打印机和针式打印机(又称点阵打印机)。目前,普遍使用针式打印机。非击打式打印机种类繁多,有静电式打印机、热敏式打印机、喷墨打印机和激光打印机等。当前流行的是激光打印机和喷墨打印机。

由于击打式打印机依靠机械动作实现印字,因此,打印速度慢,噪音大,打印质量差。而非击打式打印机打印过程中无机械击打动作,速度快,无噪音,打印质量高。

目前使用较多的是击打式针式打印机、喷墨打印机和激光打印机。如图1-27。

① 针式打印机

针式打印机主要由打印头、运载打印头的小车机构、色带机构、输纸机构和控制电路等几部分组成。打印头是针式打印机的核心部分。针式打印机有9针、24针打印机之分,24针打印机可以印出质量较高的汉字,是目前使用较多的针式打印机。

针式打印机是在脉冲电流信号的控制下,打印针击打的针点形成字符或汉字的点阵。这类打印机的最大优点是耗材(包括色带和打印纸)便宜,缺点是打印速度慢、噪声大、打印质量差(字符的轮廓不光顺,有锯齿形)。

图1-27 喷墨打印机、针式打印机、激光打印机

② 喷墨打印机

喷墨打印机属非击打式打印机。其工作原理是,喷嘴朝着打印纸不断喷出极细小的带电的墨水雾点,当它们穿过两个带电的偏转板时接受控制,然后落在打印纸的指定位置上,形成正确的字符,无机械击打动作。喷墨打印机的优点是设备价格低廉、打印质量高于点阵打印机,还能彩色打印、无噪声。缺点是打印速度慢、耗材(主要指墨盒)贵。

③ 激光打印机

激光打印机也属非击打式打印机,工作原理与复印机相似,涉及光学、电磁、化学等。简单说来,它将来自计算机的数据转换成光,射向一个充有正电的旋转的鼓上,鼓上被照射的部分便带上负电,并能吸引带色粉末。鼓与纸接触再把粉末印在纸上,接着在一定压力和温度的作用下熔结在纸的表面。

激光打印机的优点是无噪声、打印速度快、打印质量最好,常用来打印正式公文及图表。其缺点是设备价格高、耗材贵,打印成本在打印机中最高。

(2) 打印机主要技术参数

① 打印分辨率:用DPI(点/英寸)表示。激光和喷墨打印机一般都达到600 DPI。

② 打印速度:可用CPS(字符/秒)表示或用"页/分钟"表示。

③ 打印纸最大尺寸:一般打印机是A4幅面。

3. 其他输出设备

在微型机上使用的其他输出设备有绘图仪、声音输出设备(音箱或耳机)、视频投影仪等。绘图仪有平板绘图仪和滚动绘图仪两类,通常采用"增量法"在x和y方向产生位移来绘制图形。视频投影仪常称多媒体投影仪,是微型机输出视频的重要设备。目前,有 CRT 投影仪和使用 LCD 投影技术的液晶板投影仪。液晶板投影仪具有体积小、重量轻、价格低且色彩丰富的优点。

1.4.6 主板(Main Board)

一台微型计算机需要包括各种形式的硬件部件,这些部件是如何连接在一起,彼此协调工作的呢?这就离不开计算机的"主板"了。通过主板上的插槽、接口,可以将各种部件连接在一起。主板是微机系统中最大的一块电路板,它的主要功能有两个:一是提供安装微处理器、内存和各种功能卡的插座,部分主板甚至将一些功能卡的功能制作在主板上,如主板集成的显卡、声卡;二是为各种常用外部设备,如打印机、扫描仪、外存等提供通用接口。

图 1-28 和 1-29 显示了磐正 EP-8RDA3 主板中的主要部件。

主板的主要部件包括:

1. 芯片组

芯片组是主板的灵魂,由一组超大规模集成电路芯片构成。芯片组控制和协调整个计算机系统的正常运转和各个部件的选型,它被固定在母板上,不能像微处理器、内存等进行简单的升级换代。

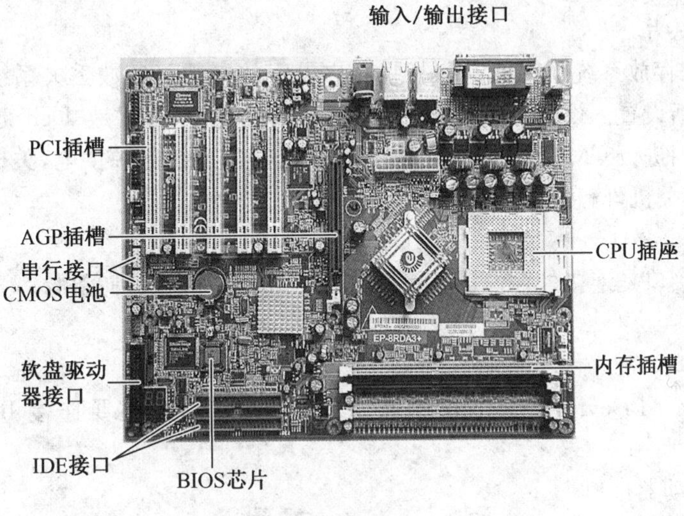

图 1-28 磐正 EP-8RDA3 主板

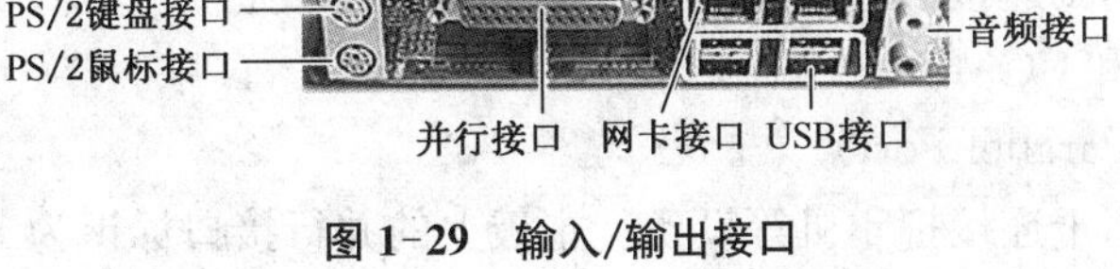

图 1-29 输入/输出接口

2. 微处理器插座及插槽

用于固定、连接微处理器芯片。微处理器与主板的接口形式根据微处理器的不同分为:Socket 插座和 Slot 插槽。

3. 内存插槽

主板给内存预留的专用插槽,插入与主板插槽匹配的内存条,可以实现扩充内存。

4. 总线扩展槽

总线扩展槽主要用于扩展微型计算机的功能,也称为 I/O 插槽。在它上面可以插入许多标准选件,如显卡、声卡、网卡等。根据总线的不同,总线扩展槽可分为:ISA、EISA、VE-SA、PCI、AGP(用来插 AGP 显卡)扩展槽。任何插卡插入扩展槽后,都可以与微处理器相连接,成为系统的一部分。这种开放式的结构为用户组合各种功能设备提供了便利。

5. BIOS 芯片

BIOS(Basic Input/Output System)保存着计算机系统中的基本输入/输出程序、系统设置信息、自检程序和系统启动自举程序。现在主板的 BIOS 还具有电源管理、CPU 参数调整、系统监控、病毒防护等功能。BIOS 为计算机提供最基本、最直接的硬件控制功能。

早期的 BIOS 通常采用 PROM 芯片,用户不能更新版本。目前主板上的 BIOS 芯片采用快闪只读存储器(Flash ROM)。由于快闪只读存储器可以电擦除,因此可以更新 BIOS 的内容,升级十分方便,但也成为主板上唯一可被病毒攻击的芯片,BIOS 中的程序一旦被破坏,主板将不能工作。

6. CMOS 芯片

CMOS 用来存放系统硬件配置和一些用户设定的参数。参数丢失系统将不能正常启动,必须对其重新设置。设置方法是:系统启动时按设置键(通常是"Del"键)进入 BIOS 设置窗口,在窗口内进行 CMOS 的设置。CMOS 开机时由系统电源供电,关机时靠主板上的电池供电。即使关机,信息也不会丢失,但应注意更换电池。

7. 输入/输出接口

输入/输出接口是连接外存储设备、打印机等外部设备以及键盘鼠标等设备的装置,主要包括如下几种:

(1) IDE 接口

IDE(Integrated Device Electronics,集成设备电子部件)主要连接 IDE 硬盘和 IDE 光驱。

(2) 软盘驱动器接口

软盘驱动器通过电缆与主板上的软盘驱动器接口相连。一个软盘驱动器接口可以连接两台软盘驱动器。

(3) 串行接口(Serial Port)

串行接口主要用于连接鼠标器、外置 Modem 等外部设备。主板上的串口一般为两个,分别标注为 COM1 和 COM2。

(4) 并行接口(Parallel Port)

并行接口主要用于连接打印机等设备。主板上的并行接口标识为 LPT 或 PRN。

(5) USB(Universal Serial Bus)接口

USB 即通用串行总线,是一种新型的接口总线标准。USB 接口可以连接键盘、鼠标、数码相机、扫描仪等外部设备,连接简单、支持热插拔、传输速率高。

(6) PS/2 接口

该接口主要用于对应连接 PS/2 接口键盘和 PS/2 接口鼠标。

(7) 跳线开关

跳线开关主要用于改变主板的工作状态,如:改变 CPU 的工作频率、工作电压等。不同的主板跳线方式与位置不相同,只有通过产品说明书才能正确的配置。目前许多主板采用免跳线技术,除了主板上用于清除 CMOS 信息的跳线之外,再无任何跳线,主板会自动识别 CPU 的频率和工作电压。

1.4.7 总线(Bus)

计算机系统中功能部件必须互连,但如果将各部件和每一种外围设备都分别用一组线路与微处理器直接连接,那么连线将会错综复杂,难以实现。为了简化系统结构,总线技术是目前微型机中广泛采用的连接方法。所谓总线(Bus)就是系统部件之间传送信息的公共通道,各部件由总线连接并通过它传送数据和控制信号。总线经常被比喻为"高速公路",总线上的信息流被视为公路上的各类车辆。显然,总线技术已成为计算机系统结构的重要方面。

总线连接的方式使各部件之间的连接比较规范且精简了连线,同时也使设备的增减简单、方便可行。当需要增加设备时,只要这些设备发送与接收信息的方式符合总线规定的要求,就可通过接口卡与总线相连。总线体现在硬件上就是计算机主板,主板的制造商在制造主板时会考虑,主板应当采用哪种总线标准。总线技术给计算机生产厂商和用户都带来了极大的方便。其缺点是传送速率低、并要增设相应的总线控制逻辑。

1. 总线的分类

根据所连接部件的不同,微机中总线可分为内部总线和系统总线。内部总线是同一部件(如 CPU)内部控制器、运算器和各寄存器之间连接总线。系统总线指同一台计算机各部件,如 CPU、内存、I/O 接口之间相互连接的总线。这里主要介绍微机中的系统总线。

2. 系统总线

系统总线根据传送内容的不同,分为数据总线、地址总线、控制总线。

(1) 数据总线 DB(Data Bus)

用于微处理器与内存、微处理器与输入/输出接口之间传送信息。数据总线的宽度(根数)决定每次能同时传输信息的位数。因此数据总线的宽度是决定计算机性能的主要指标。目前,微型计算机采用的数据总线有 16 位、32 位、64 位等几种类型。

(2) 地址总线 AB(Address Bus)

用于给出源数据或目的数据所在的内存单元或输入/输出端口的地址。地址总线的宽度决定微处理器的寻址能力。若微型计算机采用 n 位地址总线,则该计算机的寻址范围为 2^n。

(3) 控制总线 CB(Control Bus)

主要用来控制对内存和输入/输出设备的访问。

3. 常用的总线标准

(1) ISA 总线

ISA(Industrial Standard Architecture)总线标准是 IBM 公司 1984 年为推出 PC/AT

机而建立的系统总线标准,所以也叫 AT 总线。它的时钟频率为 8 MHz,数据线的宽度为 16 位,最大传输速率为 16 MB/s。

(2) EISA 总线

EISA(Extended Industrial Standard Architecture)总线是 1988 年由 Compaq 等 9 家公司联合推出的总线标准,它是在 ISA 总线的基础上发展起来的高性能总线。EISA 总线完全兼容 ISA 总线信号,它的时钟频率为 8.33 MHz,数据总线和地址总线都是 32 位,最大传输速率为 33 MB/s。

(3) VESA 总线

VESA(Video Electronics Standard Association)总线简称为 VL(VESA Local Bus)总线。它定义了 32 位数据线,且可扩展到 64 位,使用 33 MHz 时钟频率,最大传输率达 132 MB/s。VESA 总线可与微处理器同步工作,是一种高速、高效的局部总线。VESA 总线可支持 386SX、386DX、486SX、486DX 及奔腾微处理器。

(4) PCI 总线

PCI(Peripheral Component Interconnect)总线是当前最流行的总线之一。它是由 Intel 公司推出的一种局部总线,它定义了 32 位数据总线,且可扩展到 64 位,传输速率可达 132 MB/s,64 位的传输速率为 264 MB/s,可同时支持多组外围设备。PCI 总线不能兼容现有的 ISA、EISA、MCA(Micro Channel Architecture)总线,但它不受制于处理器,是基于奔腾等新一代微处理器的总线。

4. 系统总线的性能指标

(1) 总线的宽度:指数据总线的根数。

(2) 总线的工作频率:也称为总线的时钟频率,以 MHz 为单位。工作频率越高,总线工作速度越快。

(3) 标准传输率:在总线上每秒钟能够传输的最大字节量。

1.4.8 微型计算机的配置、选购与组装

在实际生活中,如果你想自己动手组装一台微型计算机,需要考虑各方面的问题,如你的计算机需要有哪些硬件部件,具体每种硬件部件选用哪个厂商、哪个型号的,如何把这些部件组装起来,构成一台微型计算机……

1. 微型计算机的配置

在购买微型计算机时,市场上主要有两类计算机可供选购,一类为品牌机,即计算机是由生产微型计算机的厂家整机销售的。国内常见的微型计算机品牌很多,如联想、方正、浪潮、IBM、DELL 等。这类计算机一般整机具有质量保证的承诺以及售后服务。另外一类为组装机,也就是计算机的使用者购买计算机的各种硬件部件,自己动手,或者请专业人士将它们组装在一起而形成的计算机。这类计算机没有整机的质量保证承诺,但是各个部件都有质量保证承诺。一般来说,组装机的价格比同档次的品牌机价格便宜。

微型计算机的配置主要指微型计算机中,具体选用哪些硬件部件。对于品牌机,一般会推出几种不同配置、不同档次的计算机供购买者选择,计算机中的硬件配置是不能随意更改的。对于组装机,购买者可以根据自己的情况任意调换硬件配置。

2. 微型计算机的选购

当我们到市场上选购各种微机部件前,首先应该做到以下两点:

(1) 明确自己的需求定位

搞清楚自己购买计算机主要想完成哪些工作。如果仅仅完成一些文字处理、上网之类的任务,可以选购配置比较低、价钱便宜的计算机。如果希望用计算机完成大量的图形、视频等信息的处理,则需要考虑选购配置比较高、价钱相对昂贵的计算机。

(2) 充分查阅当前流行的各种微机硬件情况

计算机的各种硬件部件品牌、种类繁多,在购买计算机之前,可以上网通过相关硬件报价网站(如中关村在线、太平洋电脑网、新浪时代等)查阅具体哪个厂家、哪种型号的部件性能比较好。当真正进行选购时,做到心中有数。

下面,介绍一些在购买微机主要部件时应该考虑的问题。

(1) 机箱

在这里大家可能会问:机箱有些什么?机箱怎么会影响性能呢?事实上,机箱是一个非常重要的角色,它的尺寸、设计、空气对流、风扇卡槽等都大大地影响性能。一个足够大、设计精良的机箱,价钱上不会贵多少,但是便宜的机箱可能会出现风扇卡不紧、空气对流差,热气排不出去,系统频频死机的现象。所以建议,购买大一些的机箱,这样可以有较大的空气对流空间,布线方便,也方便安装其他部件。

(2) 电源供应器

目前计算机的性能大增,电源供应器的重要性不言而喻。为了散热,电源供应器一般都配有风扇。电源供应器风扇可能是计算机上最吵的东西,如果你想要一个安静点的电源供应器,就需要你仔细挑选了。最好不要选购没有品牌、没有质量保证的电源供应器。

(3) 微处理器

购买微处理器,该选 Intel 的,还是 AMD 的呢?根据你的实际情况,如果你想用低廉的价钱,买到更快的 CPU,那么不妨选择 AMD 的产品;如果你更注重品牌效应,那么就选择 Intel 的吧。在选购微处理器时注意,微处理器的种类、处理速度和散热息息相关。为了给微处理器散热,需要给微处理器加装风扇。一般 AMD 与 Intel 同档次的微处理器,AMD 的微处理器发热量比较大,需要更好的散热能力,这样必须选购转速比较快的微处理器风扇,所以噪音往往比较大。

(4) 主板

在选购主板时应该注意,主板与微处理器是否匹配。主板的设计非常复杂,在出厂前还有许多测试及修改。也由于其复杂异常,一旦出现问题,往往很难判断其中的原因。所以,尽量选用性能比较稳定的主板。

(5) 内存

建议购买品牌内存条,如 Kingston(金士顿)。无品牌的内存条可能经常会出现一些故障。再有,可能买一条 2 GB 的内存会好过买两条 1 GB 的内存,因为主板容易因为内存数目的增多,而不稳定。还要注意内存条与主板的兼容性。

(6) 硬盘

在购买硬盘时,同样应该注意选购带有品牌的,如希捷。购买时主要考虑它的转速和容量大小,注意当时硬盘的性能价格比。

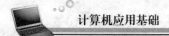
计算机应用基础

（7）显示器

在购买显示器时，除了注意显示器的尺寸、分辨率等，还应该注意显示画面的稳定性，是否有倾斜、凹凸的现象等。如果选购 CRT 显示器，需要看一看其是否通过了 TCO 认证。

3．微型计算机的组装

如果你通过专门从事组装机销售的销售商购买计算机零部件，这些销售商可以帮助你组装计算机，而无需你自己动手。如果你想自己动手组装计算机，下面介绍一些基本的方法。

（1）准备工作

仔细阅读主板说明书，了解各个插槽、插座究竟应该插接什么。准备好一把螺丝刀。一些零部件（如主板）会装在防静电的袋子中，这时把所有的零部件连同防静电袋子一起从盒中取出备用。

（2）注意防静电

静电无所不在，人身体上、地毯、尼龙混纺的衣服都有静电。静电很容易损伤电子部件，在组装计算机时，要注意防静电。防静电的方法很多，如可以在接触零件前，一手握住接地的东西（如果可以的话，握着不放）。握着接地的东西可以将你身体上的静电释放出来，90％的静电伤害都可以避免。

（3）组装过程提示

先装什么，后装什么没有具体的步骤，主要就是将各种零部件很好地与主板插接或者连接在一起。下面对其中一些问题做一点提示，以方便组装。

● 在主板装进机箱前，可以先装上微处理器、微处理器风扇、内存，要不然到后面可能会很难装。

● 硬盘、软盘线的安排非常重要，不要让它们挡住气流的方向。

● 尽量不要让排线、连线一团团的堆在机箱内，用合适的方式将一些线绑成一束。

● 组装完以后，应该对计算机进行测试，看一看各部件是否都能够被计算机识别出来，能否在一起正常工作。然后再开始安装软件。

1.5 计算机软件系统

计算机的工作过程可以归纳为输入、处理、输出和存储 4 个过程。输入是指接收由输入设备提供的信息；处理是对信息进行加工处理的过程，并按一定方式进行转换；输出是将处理结果在输出设备上显示或打印出来；存储是将原始数据或处理结果进行保存以便再次使用。这四个步骤是一个循环过程。输入、处理、输出和存储并不一定按照固定的顺序操作。在程序的指挥下，计算机根据需要决定采取哪一个步骤。因此，计算机程序在计算机工作过程中起着非常重要的作用。

所谓软件是指为方便使用计算机和提高使用效率而组织的程序以及用于开发、使用和维护的有关文档。计算机软件系统包括系统软件和应用软件两大类，下面主要介绍系统软件中的操作系统、语言处理程序、数据库管理系统软件以及常用的应用软件。

1.5.1 系统软件

系统软件由一组控制计算机系统并管理其资源的程序组成,其主要功能包括:启动计算机,存储、加载和执行应用程序,对文件进行排序、检索,将程序语言翻译成机器语言等。实际上,系统软件可以看做用户与计算机的接口,它为应用软件和用户提供了控制、访问硬件的手段,这些功能主要由操作系统完成。此外,编译系统和各种工具软件也属此类,它们从另一方面辅助用户使用计算机。下面分别介绍它们的功能。

1. 操作系统(Operating System,OS)

操作系统是整个计算机系统中非常重要的部分,它是管理、控制和监督计算机软、硬件资源协调运行的程序系统,由一系列具有不同控制和管理功能的程序组成,如目前微机中使用最广泛的微软的 Windows 系统。它是直接运行在计算机硬件上的、最基本的系统软件,是系统软件的核心。操作系统是计算机发展中的产物,它的主要目的有两个:一是方便用户使用计算机,是用户和计算机的接口。比如用户键入一条简单的命令就能自动完成复杂的功能,这就是操作系统帮助的结果;二是统一管理计算机系统的全部资源,合理组织计算机工作流程,以便充分、合理地发挥计算机的效率。

(1) 操作系统的功能

现代操作系统的功能十分丰富,操作系统通常应包括处理器管理、存储管理、文件管理、设备管理、作业管理等五大功能模块。

① 处理器管理

处理器管理是操作系统的主要功能之一。当多个程序同时运行时,解决处理器(CPU)时间的分配问题。它负责为进程(指程序的一次执行过程)分配处理器,即通过对进程的管理和调度来有效地提高处理器的效率,实现程序的并行执行或资源的共享。具体地说,处理器管理就是根据特定规则(或算法)从进程就绪队列中选择一个合适的进程,并为该进程分配处理器。处理器管理中所采用的 CPU 调度策略有多种,如抢占算法、非抢占算法、最短作业优先、轮转算法、最短停留时间优先算法等。当一个进程运行完毕或时间片已用完时,则由 CPU 调度程序选择下一个进程并分配处理器。对时间片用完的进程保留现场,放入就绪队列。当发生诸如 I/O 中断请求等程序性中断时,保存现场并将现行进程放入等待队列,转而执行中断服务例程等。

② 存储管理

为各个程序及其使用的数据分配存储空间,并保证它们互不干扰。存储管理的职责是合理、有效地分配和使用系统的存储资源。在内存、高速缓存和外存三者之间合理地组织程序和数据,实现由逻辑地址空间到物理地址空间的映射,使系统的运行效率达到满意的程度,并提供一定的保护措施。存储管理所采取的主要技术有:界地址管理、段式管理、页式管理、段页式管理等。由于内存空间有限,在多道程序系统中为保证用户尽可能方便、尽可能多地使用内存资源,出现了虚拟存储管理技术,其中包括覆盖和交换技术,使多个用户、多个任务可以共享内存资源,是现代操作系统的关键技术之一。

③ 文件管理

操作系统的文件管理程序,采用统一、标准的方法管理在辅助存储器中的用户和系统文件数据的存储、检索、更新、共享和保护,并为用户提供一整套操作和使用的方法。

文件指有组织的数据可用集合。文件结构分为逻辑结构和物理结构。文件逻辑结构是指用户概念中文件数据的排列方法和组织关系,有流式结构和记录式结构。文件物理结构指文件数据在存储空间中的存放方法和组织关系,用计算法和指针法等构造物理结构。

早期,用户按物理地址存储媒体上的信息,使用不便,效率很低。引入文件概念后,用户不再需要了解文件物理结构。可以实现"按名存取",由文件管理程序根据用户给出的文件名自动地完成数据传输操作。把数据组织成文件加以管理是计算机数据管理的重大进展,其主要优点是:使用方便、安全可靠、便于共享。

文件共享指一个文件可以让规定的某些用户共同使用。文件保护和保密与文件的共享是互为依存的。文件保护指防止文件拥有者误用或授权者破坏文件;文件保密指不经文件拥有者授权,任何其他用户不得使用文件。两者均涉及用户对文件的访问权限。以下方法可以规定使用权限:存取控制矩阵,存取控制表,文件使用权限,文件可访问性。文件保密措施有:隐蔽文件目录、口令、密码等。

文件目录是文件系统实现"按名存取"的主要手段和工具,文件系统的基本功能之一就是文件目录的建立、检索和维护。文件目录应包含有关文件的说明信息、存取控制信息、逻辑和物理结构信息、管理信息。目录结构采用树形结构,在Windows中目录称为文件夹,目录结构即为文件夹结构。

操作系统一般都把I/O设备看作是"文件",称为设备文件,这样用户无需考虑保存其文件的设备差异,可用统一的观点去处理驻留在各种存储媒体上的信息,给使用带来极大方便。

④ 设备管理

根据用户提出使用设备的请求进行设备分配,同时还能随时接受设备的请求(称为中断),如要求输入信息。设备管理负责组织和管理各种输入输出设备,有效地处理用户(或进程)对这些设备的使用请求,并完成实际的输入/输出操作。它通过建立设备状态或控制表来管理设备,并通过中断和设备队列来处理用户的输入/输出请求。最后通过I/O设备驱动程序来完成实际的设备操作。设备管理与存储管理技术相结合可实现虚拟设备、假脱机输入/输出等功能,从而大大提高了系统的性能。

⑤ 作业管理

作业指用户请求计算机系统完成的一个计算任务,由用户程序、数据及其所需的控制命令组成。作业管理的任务主要是为用户提供一个使用计算机的界面使其方便地运行自己的作业,并对所有进入系统的作业进行调度和控制,尽可能高效地利用整个系统的资源。作业管理负责所有作业从提交到完成期间的组织、管理和调度工作。通常,一个作业被提交到系统之后,将按某种规则放入作业队列中,并被赋予某一优先级,作业调度程序则根据作业的状态及其优先级,按某种算法从作业队列中选择一个作业运行。

此外,操作系统具有安全和保护功能,以保证系统正常运行,防止系统中某种资源受到有意或无意破坏。通常安全是指非法用户不能进入系统,而保护是指操作系统中用户控制程序、进程以及用户对系统资源和用户资源的存取所采用的控制措施。例如,用户进入系统需要核对口令、文件的存取必须受文件权限的限制,以及用户级别的划分等。

(2) 操作系统的分类

操作系统的种类繁多,按其功能和特性分为批处理操作系统、分时操作系统和实时操作系统等;按同时管理用户的多少分为单用户操作系统和多用户操作系统;适合管理计算机网络环境的网络操作系统。按其发展前后过程,通常分成以下六类:

① 单用户操作系统(Single User Operating System)

单用户操作系统的主要特征是,计算机系统内一次只能支持运行一个用户程序,整个计算机系统的软、硬件资源都被该用户占有。这类系统的最大缺点是计算机系统的资源不能充分利用。微型机的 DOS、Windows 操作系统属于这一类。

② 批处理操作系统(Batch Processing Operating System)

批处理操作系统是 20 世纪 70 年代运行于大、中型计算机上的操作系统。当时由于单用户单任务操作系统的 CPU 使用效率低,I/O 设备资源未充分利用,因而产生了多道批处理系统,它主要运行在大中型机上。多道是指多个程序或者多个作业(Multi Programs or Multi Jobs)同时存在和运行,故也称为多任务操作系统。IBM 的 DOS/VSE 就是这类系统。

③ 分时操作系统(Time-Sharing Operating System)

分时操作系统也称多用户操作系统,分时系统是一种具有如下特征的操作系统:在一台计算机周围挂上若干台近程或远程终端(终端是连接到计算机上可对计算机进行操作及控制的设备),每个用户可以在各自的终端上以交互的方式控制作业运行。

在分时系统管理下,虽然各用户使用的是同一台计算机,但却能给用户一种"独占计算机"的感觉。实际上是分时操作系统将 CPU 时间资源划分成极短的时间片(毫秒量级),轮流分给每个终端用户使用,当一个用户的时间片用完后,CPU 就转给另一个用户,前一个用户只能等待下一次轮到。由于人的思考、反应和键入的速度通常比 CPU 的速度慢的多,所以只要同时上机的用户不超过一定数量,人们就不会有延迟的感觉,好像每个用户都独占着计算机。分时系统的优点是:第一,经济实惠,可充分利用计算机资源;第二,由于采用交互会话方式控制作业,用户可以坐在终端前边思考、边调整、边修改,从而大大缩短了解题周期;第三,分时系统的多个用户间可以通过文件系统彼此交流数据和共享各种文件,在各自的终端上协同完成共同的任务。分时操作系统是多用户多任务操作系统,UNIX 是国际上最流行的分时操作系统。此外,UNIX 具有网络通信与网络服务的功能,也是广泛使用的网络操作系统。

④ 实时操作系统(Real-Time Operating System)

在某些应用领域,要求计算机对数据能进行迅速处理。例如,在自动驾驶仪控制下飞行的飞机、导弹的自动控制系统中,计算机必须对测量系统测得的数据及时、快速地进行处理和反应,以便达到控制的目的,否则就会失去战机。这种有响应时间要求的快速处理过程叫做实时处理过程,当然,响应的时间要求可长可短,可以是秒、毫秒或微秒级的。对于这类实时处理过程,批处理系统或分时系统均无能为力,因此产生了另一类操作系统——实时操作系统。配置实时操作系统的计算机系统称为实时系统。实时系统按其使用方式可分成两类:一类是广泛用于钢铁、炼油、化工生产过程控制,武器制导等各个领域中的实时控制系统;另一类是广泛用于自动订购飞机票、火车票系统,情报检索系统,银行业务系统,超级市场销售系统中的实时数据处理系统。

⑤ 网络操作系统(Network Operating System)

计算机网络是通过通信线路将地理上分散且独立的计算机联结起来的一种网络,有了计算机网络之后,用户可以突破地理条件的限制,方便地使用远处的计算机资源。提供网络通信和网络资源共享功能的操作系统称为网络操作系统。

网络操作系统包括很多功能,不同的网络,需要不同的网络操作系统。网络操作系统除具备通常的操作系统中所应有的功能外,还包括网络管理、网络通信、远程作业录入服务、分时系统服务、文件传输、网络资源共享、用户权限控制等。如 Novell、Windows NT/2000/ 2003、Unix、Linux 等均是使用广泛的网络操作系统。

网络操作系统与多用户操作系统的区别在于:网络操作系统管理的是多个各自独立的计算机系统,而多用户操作系统管理的是多个用户使用的单台计算机。

⑥ 微机操作系统

微机操作系统随着微机硬件技术的发展而发展,从简单到复杂。Microsoft 公司开发的 DOS 是一单用户单任务系统,而 Windows 操作系统则是一单用户多任务系统,经过十几年的发展,已从 Windows 3.0 发展到目前的 Windows 2000、Windows XP、Windows Vista、Windows 7、Windows 8,它是当前微机中应用最广泛的操作系统。Linux 是一个源码公开的操作系统,目前已被越来越多用户所采用,是 Windows 操作系统强有力的竞争对手。

2. 语言处理系统

像人们交往需要语言一样,人与计算机交往也要使用相互理解的语言,以便人们把意图告诉计算机,而计算机则把工作结果告诉给人们。人们用以同计算机交往的语言叫程序设计语言,也称为计算机语言。程序设计语言通常分为:机器语言、汇编语言和高级语言三类。机器语言是计算机唯一能直接识别和执行的程序语言。如果要在计算机上运行高级语言程序就必须配备语言处理系统(简称翻译程序),将高级语言源程序翻译成等价的机器语言程序(称目标程序)。语言处理系统本身是一组程序,具备翻译功能,不同的高级语言都有相应的翻译程序。

3. 服务程序

服务程序能够提供一些常用的服务性功能,它们为用户开发程序和使用计算机提供了方便,像微机上经常使用的诊断程序、调试程序、编辑程序均属此类。

4. 数据库管理系统

在信息社会里,人们的社会和生产活动产生更多的信息,以至于人工管理难以应付,希望借助计算机对信息进行搜集、存储、处理和使用。数据库系统(Data Base System,DBS)就是在这种需求背景下产生和发展的。

数据库(Data Base,DB)是指为了一定的目的而组织起来的相关数据的集合,可为多种应用所共享。如工厂中职工的信息、医院的病历、人事部门的档案等都可分别组成数据库。数据库管理系统(Data Base Management System,DBMS)则是能够对数据库进行加工、管理的系统软件。其主要功能是建立、消除、维护数据库及对库中数据进行各种操作。传统的数据库管理系统有三种类型:关系型、层次型和网状型,使用较多的是关系型数据库管理系统。目前常用的中小型数据库管理系统有 Visual FoxPro、Access 等。大型数据库管理系统有 Oracle、Sybase、SQL Server、Informix 等。从某种意义上讲它们也是编程语言。数据库系统主要由数据库(DB)、数据库管理系统(DBMS)以及相应的应用程序组成。比如,某机关的工资管理系统就是一个具体的数据库系统。数据库系统不但能够存放大量的数据,更重要的是能迅速、自动地对数据进行检索、修改、统计、排序、合并等操作,以得到所需的信息。这一点是传统的文件柜无法做到的。

数据库技术是计算机技术中发展最快、应用最广的一个分支。可以说,在今后的计算机应用开发中大都离不开数据库。因此,了解数据库技术尤其是微机环境下的数据库应用是非常必要的。

1.5.2 计算机语言

在日常生活中,人与人之间交流思想一般是通过语言进行的,人类所使用的语言一般称为自然语言。而人与计算机之间的"沟通",或者说人们让计算机完成某项任务,也需用一种语言,这就是计算机语言。随着计算机技术的不断发展,计算机所使用的"语言"也在快速地发展,并形成了一种体系。

程序是为完成特定任务的计算机指令(语句)的集合。程序可以直接用二进制指令代码编写(机器语言),也可以用汇编或高级语言编写,但计算机能直接识别执行的是二进制形式的指令代码,所以,汇编语言和高级语言源程序要使用专门的工具翻译成二进制代码表示的机器语言才能执行。

1. 机器语言(Machine Language)

一般来说,不同型号(或系列)的 CPU,具有不同的指令系统。对于早期的大型机来说,不同型号的计算机就有不同的指令系统,对于现代的微型机来说,使用不同系列 CPU(如 Intel 80x86 或 Intel Pentium 系列)的微机具有不同的指令系统。

指令系统也称机器语言。每条指令都对应一串二进制代码。机器语言是计算机唯一能够识别并直接执行的语言,所以与其他程序设计语言相比,其执行效率高。

用机器语言编写的程序叫机器语言程序,由于机器语言中每条指令都是一串二进制代码,可读性差、不易记忆;编写程序既难又繁,容易出错;程序的调试和修改难度也很大,总之,机器语言不易掌握和使用,但是执行速度快。此外,因为机器语言直接依赖于机器,所以在某种类型计算机上编写的机器语言程序不能在另一类计算机上使用,也就是说,可移植性差,是"面向机器"的语言。

2. 汇编语言(Assemble Language)

为了方便地使用计算机,人们一直在努力改进程序设计语言。20 世纪 50 年代初,出现了汇编语言。汇编语言不再使用难以记忆的二进制代码,而是使用比较容易识别、记忆的助记符号,所以汇编语言也叫符号语言。下面就是几条 Intel 80×86 的汇编指令:

ADD AX,AB 表示(BX)+(AX)→AX,即把寄存器 AX 和 BX 中的内容相加并送到 AX;

SUB AX,NUM1 表示(AX)-NUM1→AX,即把寄存器 AX 中的内容减去 NUM1 并将结果送到 AX;

MOV AX,NUM1 表示 NUM1→AX,即把数 NUM1 送到寄存器 AX 中。

汇编语言和机器语言的性质差不多,只是表示方法上有所改进。就指令而言,一条机器指令对应一条汇编指令。粗略地说,汇编语言是符号化了的机器语言。虽然,与机器语言相比较,汇编语言在编写、修改和阅读程序等方面都有了相当的改进,但仍然与人们使用的语言有一段距离。汇编语言仍然是一种"面向机器"的语言。

用汇编语言编写的程序称为汇编语言源程序,计算机不能直接识别和执行它。必须先把汇编语言源程序翻译成机器语言程序(称目标程序),然后才能被执行。这个翻译过程是由事先存放在机器里的"汇编程序"完成的,叫做汇编过程。

3. 高级程序设计语言

尽管汇编语言比机器语言用起来方便多了,但是汇编语言与人类自然语言或数学式子还相差甚远。到了20世纪50年代中期,人们又创造了高级程序设计语言。所谓高级语言是一种用表达各种意义的"词"和"数学公式"按照一定的"语法规则"编写程序的语言,也称高级程序设计语言或算法语言,这里的"高级",是指这种语言与自然语言和数学式子相当接近,而且不依赖于计算机的型号,通用性好。

高级语言的使用,大大提高了编写程序的效率,改善了程序的可读性。用高级语言编写的程序称为高级语言源程序,同样,计算机是不能直接识别和执行的,也要用翻译的方法把高级语言源程序翻译成等价的机器语言程序(称为目标程序)才能执行。

对于高级语言来说。把高级语言源程序翻译成机器语言程序的方法有两种:

一种称为"解释"。早期的 BASIC 源程序的执行就采用这种方式。它调用机器配备的 BASIC"解释程序",在运行 BASIC 源程序时,逐条把 BASIC 的源程序语句进行解释和执行,它不保留目标程序代码,即不产生可执行文件。这种方式速度较慢,每次运行都要经过"解释",边解释边执行,效率比较低。其过程如图 1-30(a)所示。

另一种称为"编译",它调用相应语言的编译程序,把源程序变成目标程序(以.OBJ 为扩展名),然后再用连接程序,把目标程序与各种的标准库文件相连接形成可执行文件。尽管编译的过程复杂一些,但它形成的可执行文件(以.EXE 为扩展名)可以反复执行,速度较快。源程序编译执行的过程如图 1-30(b)所示。运行程序时只要键入可执行程序的文件名,再按 ENTER 键即可。

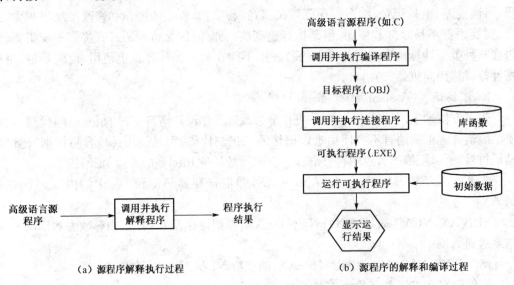

(a) 源程序解释执行过程　　　　(b) 源程序的解释和编译过程

图 1-30　源程序的解释和编译过程

对源程序进行解释和编译任务的程序,分别叫做解释程序和编译程序。如 BASIC、LISP 等高级语言,使用时需要相应的解释程序。目前流行的高级语言如 C、C++、Visual C++、Visual Basic 等都采用编译的方法。它是用相应语言的编译程序先把源程序编译成机器语言的目标程序,然后再把目标程序和各种的标准库函数连接装配成一个完整的可执行的机器语言程序才能执行。简单地说,一个高级语言源程序必须经过"编译"和"连接装配"两步后才能成为可执行的机器语言程序。

1.5.3 应用软件

应用软件是为了解决各种实际问题而设计、开发的程序,通常由计算机用户或专门的软件公司开发。应用软件的分类方法有很多,主要有如下两种。

1. 从其服务对象的角度,可分为通用软件和专用软件两类

(1) 通用软件

这类软件通常是为解决某一类问题而设计的,而这类问题是很多人都要遇到和解决的。例如:文字处理、表格处理、电子演示、电子邮件收发等是企事业等管理单位或日常生活中常见的问题。WPS Office 2002 办公软件、Microsoft Office 2010 办公软件是针对上述问题而开发的。后面各章将详细介绍 Microsoft Office 2010 办公软件的应用。

此外,如:针对机械设计制图问题的绘图软件(AutoCAD),以及图像处理软件(Photoshop)等等都是适于解决某一类问题的通用软件。

(2) 专用软件

在市场上可以买到通用软件,但有些具有特殊功能和需求的软件是无法买到的。比如某个用户希望有一个程序能自动控制厂里的车床,同时也能将各种事务性工作集成起来统一管理。因为它对于一般用户来说太特殊了,所以只能组织人力专门开发。当然开发出来的这种软件也只能专用于这种情况。

2. 根据解决问题的不同,应用软件可以分为很多种

(1) 字处理软件

字处理软件主要用于对文件进行编辑、排版、存储、打印。目前常用的字处理软件有 Microsoft Word、WPS 等软件。

WPS 是我国金山公司研制的自动化办公软件,它具有文字处理、多媒体演示、电子邮件发送、公式编辑、表格应用、样式管理、语音控制等多种功能。

(2) 辅助设计软件

目前计算机辅助设计已广泛用于机械、电子、建筑等行业。常用的辅助设计软件有:AutoCAD、Protel 等。

AutoCAD 是美国 Auto Desk 公司推出的计算机辅助设计与绘图软件,它提供了丰富的作图和图形编辑功能,它功能强、适用面广、便于二次开发,是目前国内使用广泛的绘图软件。

Protel 是具有强大功能的电子设计 CAD 软件,它具有原理图设计、印制电路板(PCB)设计、层次原理图设计、报表制作、电路仿真以及逻辑器件设计等功能,是电子工程师进行电子设计的最常用的软件之一。

(3) 图形图像、动画制作软件

图形图像、动画制作软件是制作多媒体素材不可缺少的工具,目前常用的图形图像软件有:Adobe 公司发布的 PhotoShop、PageMaker、MacroMedia 发布的 Freehand 和 Corel 公司的 CorelDraw 等。动画制作软件有:3D MAX、Softimage 3D、Maya、Flash 等。

计算机应用基础

（4）网页制作软件

目前微机上流行的网页制作软件有：FrontPage 和 Dreamweaver。

Dreamweaver 是一个专业的编辑与维护 Web 网页的工具。它是一个"所见即所得"式的网页编辑器，不仅提供了可视化网页开发工具，同时又不会降低对 HTML 源代码的控制。它能让用户准确无误地切换于预览模式与源代码编辑器之间。Dreamweaver 是一个针对专业网页开发者的可视化网页设计工具。

（5）网络通信软件

目前网络通信软件的主要功能是浏览 WWW（万维网）和收发电子邮件（E-mail）。常用的 WWW 浏览器有：Microsoft 公司的 Internet Explorer 和 Netscape 公司的 Netscape Navigator，它们都具有浏览信息、收发邮件、网上聊天等功能。常用的电子邮件收发程序有：Outlook、Internet Mail 等软件。这些软件的使用方法，将在第六章中详细介绍。

（6）常用的工具软件

微机中常用的工具软件很多，主要有：压缩/解压缩软件（WinZip、WinRAR）；杀毒软件（金山毒霸、瑞星杀毒软件、KV3000）；翻译软件（金山词霸、东方快车）；多媒体播放软件（超级解霸、Real Play、Winamp）；图形图像浏览软件（ACDSee）；下载软件（迅雷、FlashGet）、系统工具软件（Ghost、优化大师、超级兔子）等。

1.6 多媒体技术简介

计算机工业中近几年发展最快的一个方面就是多媒体技术，多媒体技术是集文字、声音、图形、图像、视频和计算机技术于一体的综合技术，在教育、宣传、训练、仿真等方面得到了广泛的应用，是当前信息技术研究的热点问题之一。

1.6.1 多媒体的概念

所谓媒体（Media）就是信息的表示和传输的载体，通常指广播、电视、电影和出版物等。从广义上讲，媒体每时每地都存在，而且每个人随时都在使用媒体，同时也在被当作媒体使用，即通过媒体获得信息或把信息保存起来。但是，这些媒体传播的信息大都是非数字的，而且是相互独立的。比如说，我们只能捧着报纸看报，拿着收音机听广播，坐在电视机前看电视，而不能在一个电器前同时做两件事。即使被视为高技术产品的计算机，先前也只能处理文字和图形，不能处理视频和音频信息。

随着计算机技术和通信技术的不断发展，可以把上述各种媒体信息数字化并综合成一种全新的媒体——多媒体（Multimedia）。多媒体的实质是将以不同形式存在的各种媒体信息数字化，然后用计算机对它们进行组织、加工，并以友好的形式提供给用户使用。这里所说的不同的信息形式包括文本、图形、图像、音频和视频，所说的使用不仅仅是传统形式上的被动接受，还能够主动地与系统交互。

与传统媒体相比多媒体有几个突出的特点：

（1）数字化

传统媒体信息基本上是模拟信号，而多媒体处理的信息都是数字化信息，这正是多媒体信息能够集成的基础。

(2) 集成性

所谓集成性是指将多种媒体信息有机地组织在一起，共同表达一个完整的多媒体信息，使文字、图形、声音、图像一体化。如果只是将不同的媒体存储在计算机中，而没有建立媒体间的联系，比如只能实现对单一媒体的查询和显示，则不是媒体的集成，只能称为图形系统或图像系统。

(3) 交互性

指人能与系统方便地进行交流，这是多媒体技术最重要的特征。传统媒体只能让人们被动接受，而多媒体则利用计算机的交互功能可使人们对系统进行干预。比如，电视观众无法改变节目播放顺序，而多媒体用户却可以随意挑选光盘上的内容播放。

(4) 实时性

多媒体是多种媒体的集成，在这些媒体中有些媒体(如声音和图像)是与时间密切相关的，这就要求多媒体必须支持实时处理。

多媒体的众多特点中，集成性和交互性是最重要的，可以说它们是多媒体的精髓。从某种意义上讲，多媒体的目的就是把电视技术所具有的视听合一的信息传播能力同计算机系统的交互能力结合起来，产生全新的信息交流方式。

1.6.2 多媒体元素

多媒体元素是指多媒体应用中可显示给用户的媒体组成，包括文本、图形、图像、音频、视频、动画、虚拟现实。

1. 文本(Text)

文本是信息世界最基本的媒体。文本分为非格式化文本文件和格式化文本文件。非格式化文本文件是指只有文本信息没有其他任何有关格式信息的文件，又称为纯文本文件，如".TXT"文件。格式化文本文件是指带有各种文本排版信息等格式信息的文本文件，如".DOC"文件。

2. 图形(Graphic)

图形一般指用计算机绘制的几何形状，如直线、圆、圆弧、矩形、任意曲线和图表等，也称矢量图。矢量图文件的后缀常常是 CDR、AI 或 FHx，它们一般是直接用软件程序制作的，这些软件有 CORELDRAW、FREEHAND 等。

矢量图采用的是一种计算的方法，它记录的是生成图形的算法。图形的重要部分是节点，相邻的节点之间用特性曲线连接；曲线由节点本身具有的角度特性经过计算得出。我们还可以用算法在封闭曲线之间填充颜色。

3. 静态图像(Image)

静态图像不像 AVI 影片那样扣人心弦，也不像 CD 音乐那样美妙动听，它只是静静地，带给我们一种永恒的感受。静态图像是指由输入设备捕捉的实际场景画面，如用扫描仪对照片等进行扫描，或直接由数字相机拍摄的照片，也可以用视频采集设备截取录像带或电视中的图像，我们也可以通过绘图程序手工制作以数字化形式存储的任意画面。图像不像图形那样有明显规律的线条，因此在计算机中基本上只能用点阵来表示，图上的一个点称之为像素，这种图也称为位图。

因为矢量图形文件保存的只是节点的位置和曲线、颜色的算法，所以产生的文件非常小,而对于同一幅图来说,用位图表达则会产生很大的文件。但电脑每次显示矢量图时都要通过重新计算生成,所以矢量图的显示速度没有位图快。但矢量图可以进行随意的放大和缩小,它的图像质量不会有损失。矢量图的这种优越性可以体现在打印中,无论你如何放大图形,打印出来的图像都不会失真。位图细致稳定,偏重于写实;矢量图比较灵活,更富于创造性;它们共同为多媒体创造出奇异多彩的图形世界。

图像文件在计算机中的存储格式有多种,如 BMP、PCX、TIF、TGA、GIF、JPG 等。

图像处理时要考虑三个因素,即分辨率、图像深度与显示深度、图像文件大小。

(1) 分辨率。分为三种,即屏幕分辨率、图像分辨率、像素分辨率:

- 屏幕分辨率是指显示器屏幕上的水平与垂直方向的像素个数。
- 图像分辨率是指数字化图像的大小,即该图像的水平与垂直方向的像素个数。
- 像素分辨率是指像素的宽和高之比,一般为 1∶1。

(2) 图像深度和显示深度

- 图像深度(也称图像灰度、颜色深度)表示数字位图图像中每个像素上用于表示颜色的二进制数字位数。

如 4 位二进制数可以表示 2 的 4 次方即 16 色,在 16 色下显示黑白的文本或简单的色彩线条是非常正常的,但如果我们要想看多于 16 种颜色的画片,就得用 256 色或更多的色彩了。256 种颜色要用 8 位二进制数表示,即 2 的 8 次方,因此我们也把 256 色图像叫做 8 位图;如果每个像素的颜色用 16 位二进制数表示,我们就叫它 16 位图,它可以表达 2 的 16 次方即 65 536 种颜色;还有 24 位彩色图,可以表达 16 777 216 种颜色,我们叫它真彩色。

- 显示深度表示显示器上每个点用于显示颜色的二进制数字位数。若显示器的显示深度小于数字图像的深度,就会使数字图像颜色的显示失真。

(3) 图像文件大小

图像文件的大小是指图像在磁盘中所占用磁盘的存储空间。用字节表示图像文件大小时,一幅未经压缩的数字图像数据量非常庞大,所以往往对图像文件进行压缩。有多种图像压缩的方法,形成不同格式的文件,常用的有:

① JPG 文件

JPEG 就是联合图像专家组格式(Joint Photographic Experts Group),文件后缀名为".jpg"或".jpeg"。JPEG 是一种有损压缩格式,但支持 24 位真彩色。使用过高的压缩比例,将使图像质量明显降低,如果追求高品质图像,不宜采用过高压缩比例。JPEG 的压缩比率通常在 10∶1 到 40∶1 之间,压缩比越大,品质就越低;相反地,压缩比越小,品质就越好。因此,用户要在图像质量与图像大小之间权衡。由于 JPEG 图像文件比较小,便于从网上下载,是当今 Internet 中使用最为广泛的格式之一。常用的位图软件有 PHOTOSHOP、PAINTSHOP 等。

② GIF 文件

GIF 就是图像交换格式(Graphics Interchange Format),按照 CompuServe 公司研制的标准,基于 LZW 算法的连续色调的压缩的文件,采用无损压缩存储,在不影响图像质量的情况下,可以生成很小的文件,其压缩率一般在 50%左右。它有以下几个特点:它支持透明色,可以使图像浮现在背景之上;可以制作动画;只支持 256 色以内的图像。

GIF 文件的众多特点恰恰适应了 Internet 的需要,于是它成了 Internet 上最流行的图像格式,它的出现为 Internet 注入了一股新鲜的活力。GIF 文件的制作也与其他文件不太相同。首先,我们要在图像处理软件中作好 GIF 动画中的每一幅单帧画面,然后再用专门的制作 GIF 文件的软件把这些静止的画面连在一起,再定好帧与帧之间的时间间隔,最后再保存成 GIF 格式就可以了。制作 GIF 文件的软件也很多,我们比较常见的有 Animagic GIF、GIF Construction Set、GIF Movie Gear、Ulead Gif Animator 等。

4. 音频(Audio)

音频除包括音乐、语音外,还包括各种音响效果。将音频信号集成到多媒体应用中,可以获得其他任何媒体不能取代的效果,不仅能烘托气氛,而且可以增加活力,增强对其他类型媒体所表达的信息的理解。通常,声音用一种模拟的连续波形表示,如图 1-31 所示。

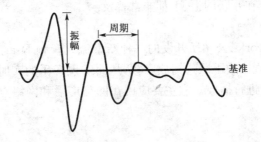

图 1-31 声音波形

声音波形可以用两个参数来描述,即振幅和频率。振幅的大小表示声音的强弱,频率的大小反映了音调的高低。频率的单位为 Hz(赫兹),1 Hz 表示每秒振动 1 次。

由于声音是模拟量,需要将模拟信号数字化后计算机才能处理。数字化就是以固定的时间间隔对模拟信号的幅度进行测量并变换为二进制值记录下来。这个过程将形成波形声音(.WAV)文件,这类文件比较庞大,不利于传输和存储,一般要将其压缩。播放时,首先将压缩文件解压缩,根据文件中的幅度记录以同样的时间间隔重构原始波形,通过扬声器等设备播放出来。声音数字化的质量与以下参数相关:

● 采样频率(Sampling Rate),将模拟声音波形转换为数字时,每秒钟所抽取声波幅度样本的次数,单位是 Hz(赫兹)。

● 量化数据位数(也称采样位数),每个采样点能够表示的数据范围,位数越多,对幅度值的描述越精细。

● 声道数,记录声音时,如果每次生成一个声波数据,称为单声道;每次生成两个以上声波数据,称为立体声(多声道)。

采样频率越高,量化级越大,声道数越多,声音质量就越好,而数字化后数据量就越大。采样后的声音以文件方式存储,声音文件有多种格式,常用的有 5 种:

(1) 波形音频文件(WAV)

是 PC 机常用的声音文件,它实际上是通过对声波(wave)的高速采样直接得到的,无论声音质量如何,该文件所占存储空间都很大。

(2) 数字音频文件(MID)

MIDI(Musical Instrument Digital Interface,音乐设备数字接口)指音乐数据接口,这是 MIDI 协会设计的音乐文件标准。MIDI 文件并不记录声音采样数据,而是包含了编曲的数据,它需要具有 MIDI 功能的乐器(例如 MIDI 琴)的配合才能编曲和演奏。由于不存声音采样数据,所以所需的存储空间非常小。

(3) 光盘数字音频文件(CD-DA)

其采样频率为 44.1 kHz,每个采样使用 16 位存储信息。它不仅为开发者提供了高质量的音源,还无需硬盘存储声音文件,声音直接通过光盘由 CD-ROM 驱动器中特定芯片处理后发出。

(4) 压缩存储音频文件(MP3)

MP3(MPEG-1 audio layer-3)是根据 MPEG-1 视像压缩标准中,对立体声伴音进行第三层压缩的方法所得到的声音文件,它保持了 CD 激光唱盘的立体声高音质,压缩比达到 12:1。MP3 音乐现今在互联网上、下都非常普及。

(5) 流式音频(ra)

ra 格式是 RealNetworks 公司所开发的一种新型流式音频 Real Audio 文件格式,也称流媒体。在数据传输过程中边下载边播放声频,从而实现音乐的实时传送和播放。客户端通过 Real Player 播放器进行播放。它主要应用在网络广播和网络点歌以及网络的语音教学上。

5. 视频(Video)

视频图像是一种活动影像,它与电影(Movie)和电视原理是一样的,都是利用人眼的视觉暂留现象,将足够的画面(Frame,帧)连续播放,只要能够达到每秒 20 帧以上,人的眼睛就察觉不出画面之间的不连续性。活动影像如果帧率在 15 帧/秒之下,则将产生明显的闪烁甚至停顿;相反,若提高 50 帧/秒甚至 100 帧/秒,则感觉到图像极为稳定。

视频的每一帧,实际上是一幅静态图像,所以图像信息存储量大的问题在视频中就显得更加严重。因为播放一秒钟视频就需要 20~30 幅静态图像。幸而,视频中的每幅图像之间往往变化不大,因此可以对视频信息进行压缩。

视频影像文件的格式在微型计算机中主要有四种:

(1) AVI

AVI(Audio Video Interleaved,声音/影像交错),这是微软公司推出的视频格式文件,不需要特殊的设备就可以将声音和影像同步播出。它应用广泛,是目前视频文件的主流。这种格式的文件随处可见,比如一些游戏、教育软件的片头,多媒体光盘中,都会有不少的 AVI。它自己的格式也有好几种,最常见的有 Intel Indeo(R) Video R3.2、Microsoft Video 等。在资源管理器里选中 AVI 文件,点右键,再点"详细资料",就能看到这种文件的格式,其中包括了播放时间、声音特性、播放窗口大小等等,最后一个就是它的格式了。在资源管理器里,只要你双击一个 AVI 的文件,就能自动播放了。但这种格式的数据量较大。

(2) MPG

MPG 是 MPEG(Motion Photographic Experts Group,活动图像专家组)制定出来的压缩标准所确定的文件格式,供动画和视频影像用,这种格式数据量较小。MPEG 分为 MPEG-1、MPEG-2 两种数据压缩标准。目前的 VCD、DVD 即是分别采用 MPEG-1、MPEG-2 标准。MPG 的压缩率比 AVI 高,画面质量却比它好。

(3) MOV

MOV 是 MOVIE 的简写,它原来是苹果电脑中的视频文件格式,自从有了 QuickTime

驱动程序后,我们也能在 PC 机上播放 MOV 文件了。将 QuickTime 安装完成后,可以看到,QuickTime 建立了自己的程序组,而且会自动启动它的一个例行文件 Sample.mov,点中间的播放键就能播放了。但在实际操作中,我们一般都在资源管理器中打开.mov 的文件,因为装完 QuickTime 后,.mov 的文件就被关联起来了,这样可以直接播放。

(4) ASF

ASF(Advanced Stream Format)是微软公司采用的流式媒体播放的格式,比较适合在网络上进行连续的视像播放。

6. 动画

动画也是一种活动影像,最典型的是"卡通"片。它与视频影像不同的是视频影像一般是指生活上所发生的事件的记录,而动画通常指人工创作出来的连续图形所组合成的动态影像。

动画也需要每秒 20 幅以上的画面,每个画面的产生可以是逐幅绘制出来的(例如卡通画片),也可以是实时"计算"出来的(如中央电视一台新闻联播节目片头)。前者绘制工作量大,后者计算量大。二维动画相对简单,而三维动画就复杂得多,它要经过建模(指产生飞机、人体等三维对象的过程)、渲染(指给以框架表示的动画贴上材料或涂上颜色等)、场景设定(定义模型的方向、高度,设定光源的位置、强度等)、动画产生等过程,常需要高速的计算机或图形加速卡及时地计算出下一个画面,才能产生较好的立体动画效果。

3D 动画的制作原理:实质上,一个 3D 动画是由计算机用特殊的动画软件给出一个虚拟的三维空间,通过建造物体模型,把模型放在这个三维空间的舞台上,从不同的角度用灯光照射,然后赋予每个部分动感和强烈的质感。用三维电脑软件表现质感一般受两个因素影响,一是软件本身,二是软件使用者的经验。一般经常使用的是 3DS MAX 软件,它完成的物体质感非常强烈,光线反射、折射、阴影、镜像、色彩都非常清楚。当然,这需要在三维建模、材质渲染方面的相当熟练的技巧。

计算机设计动画有两种,一种是帧动画,一种是造型动画。帧动画是由一幅幅位图组成的连续画面,就如电影胶片或视频画面一样要分别设计每屏幕显示的画面。造型动画是对每一个运动的物体分别进行设计,赋予每个动元一些特征,然后用这些动元构成完整的帧画面,动元的表演和行为由制作表组成的脚本来控制。

存储动画的文件格式有 GIF、FLASH、FLC、MMM 等。

7. 虚拟现实(VR)

在现实生活中,我们一般将虚拟现实简称为 VR(Virtual Reality),那么究竟什么是 VR?它把人类的梦想引申到了什么地方?虚拟现实采用各种技术,来营造一个能使人有置身于现实世界感觉的环境。也就是要能使人产生和置身于现实世界中相同的视觉、听觉、触觉、嗅觉、味觉等。其实大家最关心的,也是工作做得最多的还是在视觉和听觉两方面。随着 Internet 的飞速发展及 3D 技术的日益成熟,人们已经开始在 Internet 上应用虚拟现实技术了。

这里我们来介绍一下久负盛名而且在网络中经常应用的苹果公司的 QuickTime VR。Quick Time VR 虚拟技术有两大表现方式:

● 感受周围的环境:从一个固定的位置去看你周围的环境,也可以由固定的位置拉近或放远地看某一个场景。你会感觉到好像在真实空间里一样,你将可做 360°空间旋转、感受周围的环境及 3D 的视觉效果,让你真正体会身临其境的感受。

● 观察某个物体:当 Quick Time VR 与物件完美结合时,你可以从不同的角度去观察一个物体,利用这一点,我们能充分运用到产品的介绍和销售等方面,如电脑软件展示、电脑硬件展示或其他商品展示等。

1.6.3 多媒体计算机

多媒体个人计算机(Multimedia Personal Computer,MPC)是一种能对多媒体信息进行获取、编辑、存取、处理和输出的计算机系统。20 世纪 80 年代末 90 年代初,几家主要 PC 厂商联合组成的 MPC 委员会制定过 MPC 的三个标准,按当时的标准,多媒体计算机除应配置高性能的微机外,还需要配置的多媒体硬件有:CD - ROM 驱动器、声卡、视频卡和音箱(或耳机)。显然,对于当前的 PC 机来讲,这些已经都是常规配置了,可以说,目前的微型机都属于多媒体计算机。

对于从事多媒体应用开发的行业来说,实用的多媒体计算机系统,除较高的微机配置外,还要配备一些必需的插件,如视频捕获卡、语音卡等。此外,也要有采集和播放视频、音频信息的专用外部设备,如数码相机、数字摄像机、扫描仪和触摸屏等等。

当然,除了基本的硬件配置外,多媒体系统还应配置相应的软件:首先是支持多媒体的操作系统(如 Windows 98/2000/XP 等),它负责多媒体环境下多任务的调度、保证音频、视频同步控制以及信息处理的实时性,提供多媒体信息的各种基本操作和管理;具有对设备的相对独立性与可扩展性。其次是多媒体开发工具(如 Authorware、Microsoft 的 PowerPoint 等)及压缩和解压缩软件等。顺便指出,声音和图像数字化之后会产生大量的数据,一分钟的声音信息就要存储 10 MB 以上的数据,因此必须对数字化后的数据进行压缩,即去掉冗余或非关键信息,而后播放时再根据数字信息重构原来的声音或图像,就是解压缩。

1.6.4 多媒体技术的应用

随着多媒体技术的飞速发展,多媒体计算机已成为人们朝夕相伴的良师益友。现在,多媒体技术已逐渐渗透到各个领域,并且其涉及领域也在不断拓宽。在文化教育、技术培训、电子图书、旅游娱乐、商业及家庭等方面,已如潮水般地出现了大量的以多媒体技术为核心的多媒体产品,备受用户的欢迎。多媒体之所以能博得用户如此的厚爱,其原因是它能使图片、动画、视频片段、音乐以及解说等多种媒体统一为有机体,以生动的形式展现给用户,并使用户自始至终处于主导地位,更接近人们自然的信息交流方式和人们的心理需求。

多媒体技术的最终产品是存放在 CD - ROM 上的多媒体软件。下面简单介绍几种应用。

(1) 教育和培训

目前在国内,多媒体教学已经成为一个广为应用的领域。利用多媒体的集成性和交互性的特点,编制出的计算机辅助教学 CAI(Computer Assisted Instruction)软件,能给学生创造出图文并茂、有声有色、生动逼真的教学环境,激发学生的学习积极性和主动性,提高学习兴趣和效率。多媒体课件集丰富教学经验于一软件,提高教学效果。这类软件为学员提供了不依赖教室和训练指导人员以及严格的教学计划的自主学习的独立性。

(2) 商业和服务行业

现在,模拟复杂动作和仿真的虚拟现实技术已经可在高档 PC 上实现了。所以,多媒体技术越来越广泛地应用到商业、服务行业中,如:产品的广告、商品的查询和展示系统、各种查询服务系统、旅游产品的促销演示等。

(3) 家庭娱乐、休闲

家庭娱乐和休闲产品如音乐、影视和游戏是多媒体技术应用较广的领域。

(4) 影视制作

视频制作是另一种需求多媒体技术较多的应用,它要用到视频捕获,图像压缩、解压缩,图像编辑和转换等特殊效应,还有音频同步,添加字幕和图形重叠等。

(5) 电子出版业

多媒体技术和计算机的普及大大促进了电子出版业的发展。以 CD‐ROM 形式发行的电子图书具有容量大、体积小、重量轻、成本低等优点,而且集文字、图画、图像、声音、动画和视频于一身,这是普通书籍所无法比拟的。

(6) Internet 上的应用

多媒体技术在 Internet 上的应用,是其最成功的表现之一。不难想象,如果 Internet 只能传送字符,就不会受到这么多人的青睐了。

多媒体技术集声音、图像、文字于一体,集电视录像、光盘存储、电子印刷和计算机通信技术之大成,将把人类引入更加直观、更加自然、更加广阔的信息领域。

1.6.5 多媒体计算机的发展

展望未来,网络和计算机技术相交融的交互式多媒体将成为 21 世纪多媒体的一个发展方向。所谓交互式多媒体是指不仅可以从网络上接收信息、选择信息,还可以发送信息,其信息是以多媒体的形式传输。利用这一技术,人们能够在家里购物、点播自己喜欢的电视节目,在家里工作、学习以及共享全球一切资源等。

多媒体正在以迅速的、意想不到的方式进入人们生活的方方面面,大的趋势是各个方面都将朝着当前新技术综合的方向发展,这其中包括:大容量光碟存储器、国际互联网、交互电视和电子商务等。这个综合正是一场广泛革命的核心,它不仅影响信息的包装方式、运用方式、通信方式,甚至势必影响人类的生存方式。

1.7 计算机系统安全

随着计算机的不断普及与应用,通过计算机系统进行犯罪的案例不断增多,计算机系统的安全问题成为现在人们关注的焦点。

1.7.1 计算机系统安全概念

目前,国际上没有一个权威、公认的关于计算机系统安全的标准定义,随着时间推移,计算机系统安全的概念与内涵也不相同。计算机系统安全主要包括:实体安全、信息安全、运行安全及系统使用者的安全意识。

1. 实体安全

实体安全是指保护计算机设备、设施(含网络)免遭破坏的措施、过程。造成实体不安全的因素主要有:人为破坏、雷电、有害气体、水灾、火灾、地震、环境故障。实体安全范畴是指环境安全、设备安全。计算机实体安全的防护是系统安全的第一步。

2. 信息安全

信息安全是指防止信息财产被故意地和偶然地泄漏、更改、破坏或使信息被非法系统识别、控制。信息安全的目标是保证信息的保密性、完整性、可用性、可控性。信息安全范围主要包括操作系统安全、数据库安全、网络安全、病毒防护、访问控制、加密、鉴别等几个方面。

3. 运行安全

运行安全是指信息处理过程中的安全。运行安全范围主要包括系统风险管理、审计跟踪、备份与恢复、应急4个方面的内容。系统的运行安全检查是计算机信息系统安全的重要环节,以保证系统能连续、正常地运行。

4. 安全意识

系统使用者的安全意识主要是指计算机工作人员的安全意识、法律意识、安全技能等。除少数难以预知、抗拒的天灾外,绝大多数灾害是人为的,由此可见安全意识是计算机信息系统安全工作的核心因素。安全意识教育主要是法规宣传、安全知识学习、职业道德教育和业务培训等。

1.7.2 计算机病毒

目前,计算机病毒是对计算机系统安全构成威胁的一个重要方面。

1. 什么是计算机病毒

当前,计算机安全的最大威胁是计算机病毒(Computer Virus)。计算机病毒实质上是一种特殊的计算机程序。这种程序具有自我复制能力,可非法入侵并隐藏在存储媒体的引导部分、可执行程序或数据文件中。当病毒被激活时,源病毒能把自身复制到其他程序体内,影响和破坏程序的正常执行和数据的正确性。有些恶性病毒对计算机系统具有极大的破坏性。计算机一旦感染病毒,病毒就可能迅速扩散,这种现象和生物病毒侵入生物体,并在生物体内传染一样,"病毒"一词就是借用生物病毒的概念。

在《中华人民共和国计算机信息系统安全保护条例》中,计算机病毒被明确定义为:"编制或者在计算机程序中插入的破坏计算机功能或者破坏数据,影响计算机使用并且能够自我复制的一组计算机指令或者程序代码。"

计算机病毒一般具有如下主要特点:

(1) 寄生性。它是一种特殊的寄生程序,不是一个通常意义下的完整的计算机程序,而是寄生在其他可执行的程序中,因此,它能享有被寄生的程序所能得到的一切权利。

(2) 破坏性。破坏是广义的,不仅仅是指破坏系统,删除或修改数据,甚至格式化整个磁盘,而且包括占用系统资源,降低计算机运行效率等。

(3) 传染性。它能够主动地将自身的复制品或变种传染到其他未染毒的程序上。通过这些程序的迁移进一步感染其他计算机。

(4) 潜伏性。病毒程序通常短小精悍,寄生在别的程序上使得其难以被发现。在外界激发条件出现之前,病毒可以在计算机内的程序中潜伏、传播。

(5) 隐蔽性。当运行受感染的程序时,病毒程序能首先获得计算机系统的监控权,进而能监视计算机的运行,并传染其他程序,但发作时机不到,整个计算机系统看上去一切正常。其隐蔽性使广大计算机用户对病毒失去应有的警惕性。

计算机病毒是计算机科学发展过程中出现的"污染",是一种新的高科技类型犯罪。它可以造成重大的政治、经济危害。

2. 计算机感染病毒的常见症状

计算机病毒虽然很难检测,但是,只要细心留意计算机的运行状况,还是可以发现计算机感染病毒的一些异常情况的。例如:

(1) 磁盘文件数目无故增多,出现大量来历不明的文件。

(2) 系统的内存空间明显变小,经常报告内存不够。

(3) 文件的日期/时间值被修改成新近的日期或时间(用户自己并没有修改)。

(4) 感染病毒后的可执行文件的长度通常会明显增加。

(5) 正常情况下可以运行的程序却突然因 RAM 区不足而不能装入。

(6) 程序加载时间或程序执行时间比正常的明显变长。

(7) 计算机经常出现死机现象或不能正常启动系统。

(8) 显示器上经常出现一些莫名其妙的信息或异常现象。

(9) 从有写保护的软盘上读取数据时,发生写盘的动作,这是病毒往软盘上传染的信号。

(10) 键盘或鼠标无端地锁死时,要特别留意"木马"。

(11) 系统运行速度慢可能是病毒占用了内存和 CPU 资源,在后台运行了大量非法操作。

随着制造病毒和反病毒双方较量的不断深入,病毒制造者的技术越来越高,病毒的欺骗性、隐蔽性也越来越好。只有在实践中细心观察才能发现计算机的异常现象。

3. 计算机病毒的分类

目前,常见的计算机病毒按其感染的方式可分为如下五类:

(1) 引导区型病毒

引导区型病毒感染软盘的引导区,通过软盘感染硬盘的主引导记录(MBR),当硬盘主引导记录感染病毒后,病毒就企图感染每个插入计算机的进行读写的软盘片的引导区。这类病毒常常用其病毒程序替代 MBR 中的系统程序,并将原引导区的内容移到软盘的其他存储区中。引导区病毒总是先于系统文件装入内存储器,获得控制权并进行传染和破坏。

(2) 文件型病毒

文件型病毒主要感染扩展名为.COM、.EXE、.DRV、.BIN、.OVL、.SYS 等可执行文件。它通常寄生在文件的首部或尾部,并修改程序的第一条指令。当染毒程序执行时就先跳转去执行病毒程序,进行传染和破坏。这类病毒只有当带毒程序执行时,才能进入内存,一旦符合激发条件,它就发作。文件型病毒种类繁多,且大多数活动在 DOS 环境下,但也有些文件病毒可以感染 Windows 下的可执行文件,如 CIH 病毒就是一个文件型病毒。

(3) 混合型病毒

这类病毒既可以传染磁盘的引导区,也可以传染可执行文件,兼有上述两类病毒的特点。

（4）宏病毒

宏病毒与上述其他病毒不同，它不感染程序，只感染 Microsoft Word 文档文件（.DOC）和模板文件（.DOT），与操作系统没有特别的关联。它们大多以 Visual Basic 或 Word 提供的宏程序语言编写，比较容易制造。它能通过软盘文档的复制、E-mail 下载 Word 文档附件等途径蔓延。当对感染宏病毒的 Word 文档操作时（如打开文档、保存文档、关闭文档等操作），它就进行破坏和传播。Word 宏病毒的主要破坏是：不能正常打印；封闭或改变文件名称或存储路径，删除或随意复制文件；封闭有关菜单；最终导致无法正常编辑文件。

（5）Internet 病毒（网络病毒）

Internet 病毒大多是通过 E-mail 传播的，破坏特定扩展名的文件，并使邮件系统变慢，甚至导致网络系统崩溃。"蠕虫"病毒是典型的代表，它不占用除内存以外的任何资源，不修改磁盘文件，利用网络功能搜索网络地址，将自身向下一地址进行传播。

"我爱你"病毒（又叫"爱虫"病毒）是一种蠕虫类病毒，它与 1999 年的"Melissa"病毒相似。这个病毒是通过 Microsoft Outlook 电子邮件系统进行传播的，邮件的主题为"I LOVE YOU"，并包含一个附件。一旦在 Microsoft Outlook 里打开这个邮件，系统就会自动复制并向地址簿中的所有邮件地址发送这个病毒。这个病毒可以改写本地及网络硬盘上面的某些文件。当用户机器染毒后，邮件系统将会变慢，并可能导致整个网络系统崩溃。

根据病毒造成的危害，一般可以分为良性病毒和恶性病毒两大类：

① 良性病毒只具有传染的特点，或只会干扰系统的运行，而不破坏程序和数据信息。如"两只老虎"病毒发作时，只会不断唱歌干扰。这样只是造成系统运行速度降低，干扰计算机的正常工作。

② 恶性病毒则具有强大的破坏能力，能使计算机系统瘫痪，数据信息被盗窃或删除，甚至能破坏硬件部分（BIOS），如宏病毒、蠕虫病毒、木马病毒等。

4. 计算机病毒的防治

（1）计算机病毒的传染途径

要预防病毒的侵害，首先要清除病毒传染的途径。

① 通过外部存储设备传染：这种传染方式是最普通的传染途径，由于使用带病毒的外部存储设备，首先计算机（如硬盘、内存）感染病毒，并传染给未被感染的其他的外部移动存储设备（如软盘、光盘、U 盘或移动硬盘）。这些感染上病毒的外部存储设备在其他计算机上使用时，同样，可造成其他计算机被感染。因此，应尽量避免随便使用外部移动存储设备，如果的确需要使用，应在运行文件之前，进行查毒处理，如果没有病毒，再继续使用。

② 通过网络传染：这种传染扩散得极快，能在很短的时间内使网络上的计算机受到感染。病毒会通过网络上的各种服务对网络上的计算机进行传染，比如电子邮件、RPC 漏洞等。因此，在安装操作系统时，应首先断开网络连接，然后安装杀毒软件，再打开网络连接。

（2）计算机病毒的预防

像"讲究卫生，预防疾病"一样，对计算机病毒采取"预防为主"的方针是合理、有效的。预防计算机病毒应从切断其传播途径入手。

人们从工作实践中总结出一些预防计算机病毒的简易可行的措施，这些措施实际上是要求用户养成良好的使用计算机的习惯。具体归纳如下：

① 在开机工作时,一要打开个人防火墙,特别是在联网浏览时,避免木马病毒入侵,防止帐号被盗;二要打开杀毒软件的实时监控,它能及时发现病毒并根据用户的指令实施杀毒;三要及时打系统补丁,利用系统漏洞的病毒层出不穷,如果能及时打好补丁就可以防止此类病毒攻击。

② 专机专用:制定科学的管理制度,对重要任务部门应采用专机专用,禁止与任务无关人员接触该系统,防止潜在的病毒罪犯。

③ 慎用网上下载的软件。通过 Internet 传播是病毒传播的主要途径,对网上下载的软件最好检测后再用。此外,不要随便从网络上下载一些来历不明的软件,也不要随便阅读不相识人员发来的电子邮件。

④ 分类管理数据。对各类数据、文档和程序应分类备份保存。

⑤ 建立备份。定期备份重要的数据文件,以免遭受病毒危害后无法恢复;创建系统的镜像文件,以便系统遭受破坏时能恢复到初始状态。

⑥ 定期检查。定期用杀病毒软件对计算机系统进行检测,发现病毒及时消除。

(3) 计算机病毒的清除

一旦发现电脑染上病毒,一定要及时清除,以免造成病毒扩散、破坏。清除病毒的方法有两类,一是手工清除,二是借助反病毒软件消除病毒。

用手工方法消除病毒不仅繁琐,而且对技术人员素质要求很高,只有具备较深的电脑专业知识的人员才能采用。

用反病毒软件消除病毒是当前比较流行的方法。它既方便,又安全。通常,反病毒软件只能检测出已知的病毒并消除它们。此外,用反病毒软件消除病毒,一般不会破坏系统中的正常数据。特别是优秀的反病毒软件都有较好的界面和提示,使用相当方便。遗憾的是,反病毒软件只能检测出已知病毒并消除它们,不能检测出新的病毒或病毒的变种。所以,各种反病毒软件的开发都不是一劳永逸的,而是随着各式新病毒的出现不断升级,作为用户要及时通过网络升级反病毒软件的病毒库版本。目前较著名的反病毒软件都有实时检测系统驻留在内存中,随时检测是否有病毒入侵。我国病毒的清查技术已经成熟,市场上已出现的世界领先水平的杀毒软件有:Kill、江民杀毒软件、瑞星杀毒软件、金山毒霸等。

感染病毒以后用反病毒软件检测和消除病毒是被迫的处理措施。况且已经发现相当多的病毒在感染之后会永久性地破坏被感染程序,如果没有备份将无法恢复。

计算机病毒的防治宏观上讲是一项系统工程,除了技术手段之外还涉及诸多因素,如法律、教育、管理制度等。尤其是教育,是防止计算机病毒的重要策略。通过教育,使广大用户认识到病毒的严重危害,了解病毒的防治常识,提高尊重知识产权的意识,增强法律、法规意识,不随便复制他人的软件,最大限度地减少病毒的产生与传播,更不能设计病毒。

1.7.3 黑客及防范

随着计算机网络的广泛应用,保证网络数据的安全变得尤为重要。在国际上几乎每 20 秒就有一起黑客事件发生,仅美国每年由黑客所造成的经济损失就高达 100 亿美元。"黑客攻击"在今后的电子对抗中可能成为一种重要武器。随着互联网的日益普及和在社会经济活动中的地位不断加强,互联网安全性得到更多的关注。因此,有必要对黑客现象、黑客行为、黑客技术、黑客防范进行分析研究。

1. 什么是黑客

黑客(hacker)，源于英语动词 hack，意为"劈、砍"，引申为"干了一件非常漂亮的工作"。在早期麻省理工学院的校园俚语中，"黑客"则有"恶作剧"之意，尤指手法巧妙、技术高明的恶作剧。在日本《新黑客词典》中，对黑客的定义是"喜欢探索软件程序奥秘，并从中增长了其个人才干的人。他们不像绝大多数电脑使用者那样，只规规矩矩地了解别人指定了解的狭小部分知识"。由这些定义中，我们还看不出太贬义的意味。他们通常具有硬件和软件的高级知识，并有能力通过创新的方法剖析系统。"黑客"能使更多的网络趋于完善和安全，他们以保护网络为目的，而以不正当侵入为手段找出网络漏洞。

另一种入侵者是那些利用网络漏洞破坏网络的人。他们往往做一些重复的工作(如用暴力法破解口令)，他们也具备广泛的电脑知识，但与黑客不同的是他们以破坏为目的。这些群体成为"骇客"。

事实上，"黑客"并没有明确的定义，它具有"两面性"。黑客在造成重大损失的同时，也有利于系统漏洞发现和技术进步。

2. 常见的黑客攻击手段

(1) 特洛伊木马

简单地说，特洛伊木马是包含在合法程序中的未授权代码，执行不为用户所知的功能。国际著名的病毒专家 Alan Solomon 博士在他的《病毒大全》一书中给出了另一个恰当的定义：特洛伊木马是超出用户所希望的，并且有害的程序。一般来说，我们可以把特洛伊看成是执行隐藏功能的任何程序。

(2) 拒绝服务

2000 年 2 月，美国的网站遭到黑客大规模的攻击。由于商务网站的动态性和交互性，黑客们在不同的计算机上同时用连续不断的服务器电子邮件请求来轰炸 Yahoo 等网站。在袭击的最高峰，网站平均每秒钟要遭受 1 000 兆字节数量的猛烈攻击，这一数据相当于普通网站一年的数据量，网站因此陷入瘫痪。这就是所谓的"拒绝服务"(Denial Of Service)攻击。

(3) 网络嗅探器

嗅探器(Sniffer)，有时又叫网络侦听，就是能够捕获网络报文的设备。嗅探器的正当用处在于监视网络的状态、数据流动情况以及网络上传输的信息，分析网络的流量，以便找出网络中潜在的问题。嗅探器程序在功能和设计方面有很多不同，有些只能分析一种协议，而另一些则能够分析几百种协议。例如，如果网络的某一段运行得不是很好，报文的发送比较慢，又不知道问题出在什么地方，此时就可以用嗅探器来作出精确的问题判断。因此嗅探器既指危害网络安全的网络侦听程序，也指网络管理工具。

(4) 扫描程序

扫描程序(Scanner)是自动检测主机安全脆弱点的程序。通过使用扫描程序，一个洛杉矶用户足不出户就可以发现在日本境内服务器的安全脆弱点。扫描程序通过确定下列项目，收集关于目标主机的有用信息：当前正在进行什么服务、哪些用户拥有这些服务、是否支持匿名登录、是否有某些网络服务需要鉴别。

(5) 字典攻击

字典攻击是一种典型的网络攻击手段，简单地说它就是用字典库中的数据不断地进行用户名和口令的反复试探。一般黑客都拥有自己的攻击用字典,其中包括常用的词、词组、数字及其组合等,并在进行攻击的过程中不断充实丰富自己的字典库,黑客之间也经常会交换各自的字典库。

3. 黑客的防范

(1) 安装操作系统时要注意

因为现在的硬盘越来越大,许多人在安装操作系统时,希望软件安装越多越好。岂不知装得越多,所提供的服务就越多,而系统的漏洞也就越多。如果只是要作为一个代理服务器,只需安装最小化操作系统和代理软件、杀毒软件、防火墙即可,不要安装任何应用软件,更不可安装任何上网软件用来上网下载,甚至输入法也不要安装,更不能让别人使用这台服务器。

(2) 安装补丁程序

及时下载各种软件的最新补丁程序,可较好地完善系统和防御黑客利用漏洞攻击。

(3) 关闭无用端口

计算机要进行网络连接就必须通过端口,而"黑客"要种上"木马",控制我们的电脑也必须要通过端口。所以我们可以关闭一些对于我们暂时无用的端口。

(4) 删除 Guest 帐号

Windows 系统的 Guest 帐号一般是不能更改和删除的,只能"禁用",但是可以通过 net 命令(net user guest/active)将其激活,所以它很容易成为"黑客"攻击的目标,最好的方法就是将其"删除"。

(5) 安装防火墙

防火墙的本义原是指房屋之间防止火灾蔓延的墙。这里所说的防火墙不是指物理上的防火墙,而是指隔离本地网络与外界网络的一道防御系统,是这一类防范措施的总称。在互联网上防火墙是一种非常有效的网络安全模型,通过它可以隔离风险区域(即 Internet 或有一定风险的网络)与安全区域(局域网)的连接,同时不会妨碍人们对风险区域的访问。防火墙可以防止不希望的、未授权的通信进出被保护的网络。一般防火墙都可以达到以下目的:

① 控制不安全的服务

防火墙可以控制不安全的服务,从而大大提高网络安全性,并通过过滤不安全的服务来降低子网上主系统所冒的风险,因为只有经过授权的协议和服务才能通过防火墙。例如,防火墙可以禁止某些易受攻击的服务(如 NFS)进入或离开受保护的子网,其好处是可以防止这些服务不会被外部攻击者利用。同时,允许在大大降低被外部攻击者利用的风险情况下使用这些服务。对局域网特别有用的服务(如 NFS 或 NIS)因此可得到共用,并减轻主系统管理负担。

防火墙还可以防止和保护基于路由器选择的攻击。例如,源路由选择和企图通过 ICMP 改向,把发送路径转向要损害的网点,防火墙可以排斥所有源点发送的包和 ICMP 改向,然后把偶发事件通知管理人员。

② 控制访问网点

防火墙还提供对网点的访问控制。例如,可以允许外部网络访问某些主机系统,而其他主系统则能有效地封闭起来,防止非法访问。除了邮件服务器或信息服务器等特殊情况外,网点可以防止外部对其主机系统的访问。

由于防火墙不允许访问不需要访问的主机系统或服务,它在网络的边界形成了一道关卡。如果某一用户很少需要网络服务,或几乎不与别的网点打交道,防火墙就是他保护自己的最后选择。

③ 集中安全性

对一个机构来说,防火墙实际上可能并不昂贵,因为所有的或大多数经过修改的软件和附加的安全性软件都放在防火墙上,而不是分布在很多主机系统上,尤其是一次性口令。系统和其他附加验证软件可以放在防火墙上,而不是放在每个需要访问因特网的系统上。其他的网络安全性解决方案,如 Kerberos,要对每个主系统都进行修改。尽管 Kerberos 和其他技术有很多优点值得考虑,而且在某些情况下可能要比防火墙更适用,但是,防火墙往往更易实施,因为只有防火墙不需要运行专门的软件。

④ 增强保密性

对某些网点来说,保密是非常重要的,因为,一般被认为无关大局的信息实际上可能含有对攻击者有用的线索。使用防火墙后,就可以封锁某些服务,如 Finger 和域名服务。Finger 显示有关用户的信息,如最后注册时间、有无存读邮件等。但是,Finger 可能把有关信息泄露给攻击者,如系统多少时间使用一次,系统有没有把现有用户接上,系统能不能遭到攻击而不引起注意等。

防火墙还可用来封锁有关网点系统的 DNS 信息。因此,网点系统名字和 IP 地址都不要提供给因特网主系统。有观点认为,通过封锁这种信息,可以把对攻击者有用的信息隐藏起来。

⑤ 提供网络日志及使用统计

如果对因特网的往返访问都通过防火墙,那么,防火墙可以记录各次访问,并提供有关网络使用率等有价值的统计数字。如果一个防火墙能在可疑活动发生时发出音响报警,则可提供防火墙和网络是否被试探或攻击的细节。

采集网络使用率统计数字和试探的证据最为重要的是可知道防火墙能否经得住试探和攻击,并确定防火墙上的控制措施是否得当。网络使用率统计数字也可作为网络需求研究和风险分析活动的数据。

⑥ 策略的执行

防火墙可以提供实施和执行网络访问策略的工具。事实上,防火墙可向用户和服务提供访问控制。因此,网络访问策略可以由防火墙执行。如果没有防火墙,这样一种策略完全取决于用户的协作。网点也许能依赖其自己的用户进行协作,但是,它一般不可能也不应该依赖网络用户。

事实上,在 Internet 上超过三分之一的 Web 网站都由某种形式的防火墙加以保护,这是对黑客防范最严,安全性较强的一种方式。任何关键性的服务器,都建议放在防火墙之后。

(6) 安装入侵检测系统

防火墙等网络安全技术属于传统的网络安全技术,是建立在经典安全模型基础之上的。但是,传统网络安全技术存在着与生俱来的缺陷,主要体现在两个方面:程序的错误与配置的错误。由于牵涉过多的人为因素,在网络实际应用中很难避免这两种缺陷带来的负面影响。

在网络安全领域,还存在着另外一个重要的局限性因素。传统网络安全技术最终转化为产品都遵循"正确的安全策略→正确的设计→正确的开发→正确的配置与使用"的过程,但是由于技术的发展、需求的变化决定了网络处于不断发展之中,静止的分析设计不能适应网络的变化;产品在设计阶段可能是基于一项较为安全的技术,但当产品成型后,网络的发展已经使得该技术不再安全,产品本身也相对落后了。也可以说,传统的网络安全技术是属于静态安全技术,无法解决动态发展的网络中的安全问题。

在传统网络安全技术无法全面、彻底地解决网络安全这一客观前提下,入侵检测系统(Intrusion Detection System)应运而生。

入侵检测是用来发现外部攻击与内部合法用户滥用特权的一种方法,它还是一种增强内部用户的责任感及提供对攻击者的法律诉讼武器的机制。这不仅反映了入侵检测技术在网络安全技术领域的价值,同时也说明了入侵检测的社会应用价值与意义。

入侵检测是一种动态的网络安全技术,因为它利用各种不同类型的引擎,实时地或定期地对网络中相关的数据源进行分析,依照引擎对特殊的数据或事件的认识,将其中具有威胁性的部分提取出来,并触发响应机制。入侵检测的动态性反映在入侵检测的实时性,对网络环境的变化具有一定程度上的自适应性,这是以往静态安全技术无法具有的。

入侵检测所涵盖的内容分为两大部分:外部攻击检测与内部特权滥用检测。外部攻击与入侵是指来自外部网络非法用户的威胁性访问或破坏,外部攻击检测的重点在于检测来自于外部的攻击或入侵;内部特权滥用是指网络的合法用户在不正常的行为下获得了特殊的网络权限并实施威胁性访问或破坏,内部特权滥用检测的重点集中于观察授权用户的活动。

1.7.4 计算机使用安全常识

计算机及其外部设备的核心部件主要是集成电路,由于工艺和其他原因,集成电路对电源、静电、温度、湿度以及抗干扰都有一定的要求。正确的安装、操作和维护不但能延长设备的使用寿命,更重要的是可以保障系统正常运转,提高工作效率。下面从工作环境和常用操作等方面提出一些建议。

1. 电源要求

微型机一般使用 220 V、50 Hz 交流电源。对电源的要求主要有两个:一是电压要稳;二是微机在工作时供电不能间断。为防止突然断电对计算机工作的影响,在断电后机器还能继续工作一小段时间,使操作员能及时保存好数据和进行必要的处理,最好配备不间断供电电源UPS,其容量可根据微型机系统的用电量选用。此外,要有可靠的接地线,以防雷击。

2. 环境洁净要求

微机对环境的洁净要求虽不像其他大型计算机机房那样严格,但是保持环境清洁还是必要的。因为灰尘可能造成磁盘读写错误,还会减少机器寿命。

3. 室内温度、湿度要求

微机的合适工作温度在 15~35℃。低于 15℃可能引起磁盘读写错误,高于 35℃则会影响机内电子元件正常工作。为此,微机所在之处要考虑散热问题。

相对湿度一般不能超过 80%,否则会使元件受潮变质,甚至漏电、短路,以致损害机器。

相对湿度低于20%,则会因过于干燥而产生静电,引发机器的错误动作。

4. 防止干扰

计算机应避免强磁场的干扰。计算机工作时,应避免附近存在强电设备的开关动作,那样会影响电源的稳定。

5. 注意正常开、关机

对初学者来说,一定要养成良好的计算机操作习惯。特别要提醒注意的是不要随意突然断电关机,因为那样可能会引起数据的丢失和系统的不正常。结束计算机工作,最好按正常顺序先退出各类应用软件,然后利用Windows的"开始"菜单正常关机。

另外,计算机不要长时间搁置不用,尤其是雨季。磁盘、光盘片应存放在干燥处,不要放置于潮湿处,也不要放在接近热源、强光源、强磁场处。

1.7.5 计算机道德与法规

计算机在信息社会中充当着越来越重要的角色,但是,不管计算机怎样功能强大,它也是人类创造的一种工具,它本身并没有思想,即使计算机具有某种程度的智能,也是人类赋予它的。因此,在使用计算机时,我们一定要遵守道德规范,同各种不道德行为和犯罪行为作斗争。

1990年9月,我国颁布了《中华人民共和国著作权法》,把计算机软件列为享有著作权保护的作品;1991年6月,颁布了《计算机软件保护条例》,规定计算机软件是个人或者团体的智力产品,同专利、著作一样受法律的保护,任何未经授权的使用、复制都是非法的,按规定要受到法律的制裁。

人们在使用计算机软件或数据时,应遵照国家有关法律规定,尊重其作品的版权,这是使用计算机的基本道德规范。

计算机信息系统是由计算机及其相关配套设备、设施(包括网络)构成,为维护计算机系统的安全,防止病毒的入侵,我们应该注意:

① 不要蓄意破坏和损伤他人的计算机系统设备及资源。

② 不要制造病毒程序,不要使用带病毒的软件,更不要有意传播病毒给其他计算机系统(传播带有病毒的软件)。

③ 要采取预防措施,在计算机内安装防病毒软件;要定期检查计算机系统内文件是否有病毒,如发现病毒,应及时用杀毒软件清除。

④ 维护计算机的正常运行,保护计算机系统数据的安全。

⑤ 被授权者对自己享用的资源负有保护责任,口令密码不得泄露给外人。

此外,计算机网络正在改变着人们的行为方式、思维方式乃至社会结构,它对于信息资源的共享起到了无与伦比的巨大作用,并且蕴藏着无尽的潜能。但是网络的作用不是单一的,在它广泛的积极作用背后,也有使人堕落的陷阱,这些陷阱产生着巨大的反作用。因此,我们在网络上一定要遵循以下规范:

① 尽量不在Internet上传送大型文件和直接传送非文本格式的文件,避免造成网络资源浪费。

② 不利用电子邮件作广播性的宣传,这种强加于人的做法会造成别人的信箱充斥无用的信息而影响正常工作。

③ 不私自使用他人的计算机资源,除非你得到了准许并且作出了补偿。

④ 不利用计算机去伤害别人。

⑤ 不私自阅读他人的通讯文件(如电子邮件),不私自拷贝不属于自己的软件资源。

⑥ 不去窥探他人的计算机,不蓄意破译他人计算机的口令。

习　题

一、选择题

1. 计算机应用最早,也是最成熟的应用领域是＿＿＿＿。
   A. 数值计算　　　B. 数据处理　　　C. 过程控制　　　D. 人工智能

2. 冯·诺依曼计算机工作原理的核心是＿＿＿＿和"程序控制"。
   A. 顺序存储　　　B. 存储程序　　　C. 集中存储　　　D. 运算存储分离

3. 微型计算机使用的主要逻辑部件是＿＿＿＿。
   A. 电子管　　　　　　　　　　　　B. 晶体管
   C. 固体组件　　　　　　　　　　　D. 大规模和超大规模集成电路

4. 与十六进制数 AB 等值的十进制数是＿＿＿＿。
   A. 171　　　　　B. 173　　　　　C. 175　　　　　D. 177

5. CPU 与其他部件之间传送数据是通过＿＿＿＿实现的。
   A. 数据总线　　　　　　　　　　　B. 地址总线
   C. 控制总线　　　　　　　　　　　D. 数据、地址和控制总线三者

6. 根据软件的功能和特点,计算机软件一般可分为＿＿＿＿。
   A. 系统软件和非系统软件　　　　　B. 系统软件和应用软件
   C. 应用软件和非应用软件　　　　　D. 系统软件和管理软件

7. 计算机的存储容量常用 KB 为单位,这里 1KB 表示＿＿＿＿。
   A. 1 024 个字节　　　　　　　　　B. 1 024 个二进制信息位
   C. 1 000 个字节　　　　　　　　　D. 1 000 个二进制信息位

8. 数字字符"1"的 ASCII 码的十进制表示为 49,那么数字字符"8"的 ASCII 码的十进制表示为＿＿＿＿。
   A. 56　　　　　　B. 58　　　　　　C. 60　　　　　　D. 54

9. 多媒体计算机是指＿＿＿＿。
   A. 具有多种外部设备的计算机　　　B. 能与多种电器连接的计算机
   C. 能处理多种媒体的计算机　　　　D. 借助多种媒体操作的计算机

10. 下列关于计算机病毒的四条叙述中,有错误的一条是＿＿＿＿。
    A. 计算机病毒是一个标记或一个命令
    B. 计算机病毒是人为制造的一种程序
    C. 计算机病毒是一种通过磁盘、网络等媒介传播、扩散,并能传染其他程序的程序
    D. 计算机病毒是能够实现自身复制,并借助一定的媒体存的具有潜伏性、传染性和破坏性的程序

二、思考题

1. 在计算机系统中,为什么所有数据都采用二进制形式表示?
2. 计算机中常用的数制有哪些,如何书写?
3. 什么是计算机指令、指令系统、程序?
4. 什么是 ASCII 码,用 ASCII 如何在计算机内部表示字符?
5. 汉字编码为什么比英文字符编码复杂?
6. 什么是交换码、输入码、机内码、字形码,它们之间是什么关系?
7. 计算机系统由哪些部分构成,它们之间具有什么样的层次关系?
8. 如何合理的选购计算机?
9. 简述微处理器的组成及各部分的功能,常用技术参数有哪些,各是什么含义。
10. 内存分为哪几种,各有什么特点?
11. 常用的外存有哪些,它们各自的优、缺点是什么?
12. 为什么存储系统要划分层次,存储系统的层次结构是什么样的?
13. 微机主板上主要包括哪些部件?
14. 微型计算机的配置中一般包括哪些部件?
15. 计算机是如何被组装在一起的?
16. 计算机应用软件有哪些?

第 2 章 Windows 7 操作系统

PC 系列微机所使用的操作系统,一直被美国微软公司开发的操作系统(从 DOS 到 Windows)所垄断。目前,微软(Microsoft)公司的 Windows(视窗)操作系统在个人计算机领域中占有重要的地位。本章就以应用广泛的中文 Windows 7 操作系统为例,介绍操作系统的环境及使用方法。通过本章的学习,应掌握:
1. 桌面、窗口、菜单、任务栏和对话框的基本操作。
2. 使用"资源管理器"管理文件和文件夹。
3. 使用控制面板中的应用程序进行系统设置和管理的基本方法。
4. Windows 7 系统维护与优化。

2.1 操作系统概述

2.1.1 常用操作系统简介

随着微型计算机硬件技术的不断发展,微型计算机的操作系统已不断更新。以下简要介绍微机常用的操作系统及其发展。

1. DOS 操作系统

IBM 公司在 1981 年推出个人电脑的同时,也推出了其 DOS 操作系统(Disk Operating System,磁盘操作系统)PC - DOS 1.0。此后陆续推出多个版本,1994 年推出 MS DOS 6.22 后停止发展。DOS 操作系统是基于字符界面的单用户、单任务的操作系统。它只有一个黑底白字的字符操作界面,在这种界面下操作计算机,需要输入有严格语法规定的命令,使用电脑须记忆大量的命令,使电脑成了高深莫测、难学难用的机器。

DOS 的核心启动程序有 Boot 系统引导程序、IO.SYS、MSDOS.SYS 和 COMMAND. COM。它们是构成 DOS 系统最基础的几个部分,有它们系统就可以启动了。

2. Windows 操作系统

微软公司推出的 Windows 系列操作系统以窗口的形式显示信息,它提供了基于图形的人机对话界面,从此开始了 GUI(Graphical user interfaces,图形化用户界面)时代。用户操作计算机时只需要轻点鼠标,无需记忆复杂的命令。这种简便的操作方式,也极大地推动了计算机在各种行业、各种应用场合的普及。与早期的 DOS 操作系统相比,Windows 更容易操作,更能充分有效的利用计算机的各种资源。

Microsoft 公司 1985 年推出第一个 Windows 1.0 操作系统版本,1987 年推出了 Windows 2.0,1990 年推出了 Windows 3.0,1992 年推出了 Windows 3.1,最早推向中国的是 Windows 3.2 中文版。Windows 3.x 是基于图形界面的 16 位的单用户、多任务操作系

统。但其内核是 DOS，必须与 DOS 共同管理系统硬件资源和文件系统，因此还不能算是一个完整的操作系统。

1995 年 Microsoft 公司推出真正的 32 位操作系统 Windows 95，它已摆脱了 DOS 的限制，提供了全新的桌面形式，对系统各种资源的浏览和操纵变得更加容易；提供了"即插即用"功能和允许长文件名；支持抢先式多任务和多线程；在网络、多媒体、打印机、移动计算等方面具有了较强的管理功能。

以后又陆续推出了 Windows 98/Me/2000/XP/Vista/7 等，不断增强功能和提高性能。

- Windows NT 是 Microsoft 公司 1993 年推出的 32 位的多用户、多任务的操作系统，主要安装在服务器上，它包括 Windows NT Server 和 Windows NT Workstation。
- Windows 98 是微软公司发行于 1998 年 6 月 25 日的混合 16 位/32 位混合的 Windows 操作系统，是基于 Windows 95 编写的，改良了对硬件标准的支持。
- Windows Me 是 Microsoft 公司 2000 年推出的一个 16 位/32 位混合的 Windows 系统。其名字有三个意思，一是纪念 2000 年，Me 是英文中千禧年(Millennium)的意思；另外也是指自己，Me 在英文中是"我"的意思；此外 Me 还有多媒体应用的意义，多媒体英文为 multimedia。
- Windows 2000 原名 Windows NT 5.0。它结合了 Windows Me 和 Windows NT 4.0（服务器操作系统）的很多优良的功能于一身，超越了 Windows NT。Windows 2000 有两大系列：Professional(专业版) 及 Server 系列(服务器版)，包括 Windows 2000 Server、Windows 2000 Advanced Server 高级服务器版和 Windows Data Center Server 数据中心服务器版。Windows 2000 可进行组网，因此它又是一个网络操作系统。
- WindowsXP 是 2001 年继 Windows 2000 后的又一个 Windows 系列产品，其中 XP 是 Experience(体验)的缩写。2003 年，微软发布了 Windows 2003，增加了支持无线上网等功能。
- Windows Vista(Windows 2005)是微软 2005 年推出的 Windows 操作系统的最新版本。根据微软表示，Windows Vista 包含了上百种新功能，其中较特别的是新版的图形用户界面和称为"Windows Aero"的全新界面风格、加强后的搜寻功能(Windows indexing service)、新的多媒体创作工具(例如 Windows DVD Maker)，以及重新设计的网络、音频、输出(打印)和显示子系统。Vista 使用点对点技术(peer-to-peer)提升了计算机系统在家庭网络中的通信能力，在不同计算机或装置之间分享文件与多媒体内容变得更简单。针对开发者方面，Vista 使用.NET Framework 3.0 版本，比起传统的 Windows API 更能让开发者简便地写出高品质的程序。微软也在 Vista 的安全性方面进行了改良。

Windows Vista 分为家庭版和企业版两个大类。家庭/消费类用户版包含四种版本：Windows Vista Starter、Windows Vista Home Basic、Windows Vista Home Premium、Windows Vista Ultimate。企业用户版包含三种版本：Windows Vista Ultimate、Windows Vista Business、Windows Vista Enterprise。与 Windows 7 相同，Vista 同样有 32 位和 64 位两个版本。但是 Vista 目前存在的问题是兼容不理想，一些软件还不能运行，此外要求硬件配置比较高。

- Windows 7 在硬件性能要求、系统性能、可靠性等方面，都颠覆了以往的 Windows 操作系统,是继 Windows 95 以来微软的另一个非常成功的产品。

Windows 7 可以在现有计算机平台上提供出色的性能体验,1.2 GHz 双核心处理器、1 GB 内存、支持 WDDM 1.0 的 DirectX 9 显卡就能够让 Windows 7 顺畅地运行,并满足用户日常使用需求,它对硬盘空间的占用是 Windows Vista 的 2/3,因此用户会更容易接受。虽然 Windows 7 可以在低配置或较早的平台中顺畅运行,但这并不代表 Windows 7 缺少对新兴硬件的支持。

Windows 7 是第二代具备完善 64 位支持的操作系统,面对当今配备 8~12 GB 物理内存、三核多线程处理器,Windows XP 已无力支持,Windows 7 全新的架构可以将硬件的性能发挥到极致。

3. Linux 操作系统

Linux 操作系统是目前全球最大的一个自由软件,具有完备的网络功能,且具有稳定性、灵活性和易用性等特点。Linux 最初由芬兰赫尔辛基大学学生 Linus Torvalds 开发,其源程序在 Internet 上公布以后,引起了全球电脑爱好者的开发热情,许多人下载该源程序并按照自己的意愿完善某一方面的功能,再发回到网上,Linux 也因此被雕琢成一个很稳定、很有发展前景的操作系统。

Linux 版本众多,厂商们利用 Linux 的核心程序,再加上外挂程序,就变成了现在的各种 Linux 版本。现在主要流行的版本有 Red Hat Linux、Turbo Linux、S. u. S. E Linux 等。我国自行开发的有红旗 Linux、蓝点 Linux 等。

4. Unix 操作系统

Unix 操作系统是在 1969 年由 AT&T 贝尔实验室的 Ken Thompson、Dennis Ritchie 和其他研究人员开发的,是一个交互式的多用户、多任务的操作系统。自问世以来,迅速在全球范围内推广。该操作系统安全性、可靠性、可移植性高,可用于网络、大型机和工作站。缺点是缺乏统一的标准,应用程序不够丰富,并且不易学习,这些都限制了 Unix 的普及应用。

5. OS/2

1987 年,IBM 公司在推出 PS/2 的同时发布了为 PS/2 设计的操作系统——OS/2。在 20 世纪 90 年代,OS/2 的整体技术水平超过了当时的 Windows 3.x,但因为缺乏大量应用软件的支持而失败。

6. Mac OS

Mac OS 是在苹果公司的 Power Macintosh 机及 Macintosh 一族计算机上使用的。它是最早成功的基于图形用户界面的操作系统。它具有较强的图形处理能力,广泛应用于平面出版和多媒体应用等领域。Macintosh 的缺点是与 Windows 缺乏较好的兼容性,因而影响了它的普及。

7. Novell NetWare

Novell NetWare 是一种基于文件服务和目录服务的网络操作系统,主要用于构建局域网。

2.1.2 Windows 7 操作系统

计算机从最初为解决复杂数学问题而发明的计算工具到今天成为全能的信息处理设

备,已经深深地影响着人们的整个生活。很难想象没有计算机,社会将变成什么样。在操作系统市场,Windows 操作系统占据近 90% 的份额。其中,Windows 7 是微软新推出的 PC 操作系统,它的市场份额已经超过 50%。

2009 年 10 月 23 日微软公司产品 Windows 7 操作系统正式在全球发布。"Your PC, simplified",Windows 7 的宣传语简单而朴素,但它将为人们带来卓越的新体验。

1. Windows 7 的版本

同以往的 Windows 一样,Windows 7 也包含了许多版本。它共有 6 个版本:

(1) Windows 7 Starter(初级版):用户可以通过系统集成或 OEM,计算机上预装获得,功能最少。

(2) Windows 7 Home Basic(家庭普通版):简化的家庭版,限制了部分 Aero 特效,不支持 Windows 媒体中心,不能创建家庭网络组。

(3) Windows 7 Home Premium(家庭高级版):主要面向家庭用户,满足家庭娱乐的各种需求。

(4) Windows 7 Professional(专业版):主要面向系统爱好者和小企业用户,满足日常办公的需要,包含了加强的网络功能,还具有网络备份、位置感知打印、加密文件系统、演示模式以及 Windows XP 模式等功能。

(5) Windows 7 Enterprise(企业版):面向企业市场的高级版本,满足企业数据共享、管理、安全等需求。包含多语言包、UNIX 应用支持以及分支缓存等功能。

(6) Windows 7 Ultimate(旗舰版):拥有企业版所有功能,与企业版基本相同,仅在授权方式及相关应用和服务上有所区别。

2. Windows 7 主要功能

操作系统是管理计算机软硬件资源、控制程序运行、改善人机界面和为应用软件提供支持的系统软件。它是计算机系统中必不可少的基本系统软件,其层次最靠近硬件(裸机),它把硬件裸机改造成为功能更加完善的一台虚拟机器,使得计算机系统的使用和管理更加方便,计算机资源的利用率更高,它为上层的应用程序提供更多的功能上的支持,为用户提供更友好的人机界面。

Windows 7 作为操作系统,也具有这些功能。Windows 7 的主要功能是管理计算机的全部软硬件资源,提供简单方便的用户操作界面。Windows 7 的内部实现机制是很复杂的,但其基本操作又是很简单的。从用户操作的角度看,Windows 7 主要有如下功能:

(1) 程序的启动和关闭;应用程序窗口切换等——作业管理。

(2) 操作环境的定制和修饰——操作环境管理。

(3) 文件的建立、复制、移动、删除、恢复、磁盘操作等——文件资源管理。

(4) 软硬件的安装、卸载、属性设置等——系统管理。

本章各节主要围绕完成以上功能的基本操作进行讨论,如需了解 Windows 编程、高级的系统优化和配置等,还需要学习更深入的课程。

3. Windows 7 操作系统的新体验

Windows 7 使用的界面给用户带来一种水晶玻璃般的视觉冲击,让人感到简洁亮丽,半透明的 Windows Aero 外观为用户带来了新的操作体验,增加了对主题的支持,除了设置窗口的颜色和背景,还包括音效设置、屏幕保护程序、显示方式等。

Windows 7 使电脑操作变得前所未有的简单。任务栏比以往有较大改变,完善的缩略图预览,更易于查看的图标,使用户实现快速切换窗口;快速锁定功能通过将程序锁定到任务栏,使程序打开更加方便,只需单击一次鼠标即可;Jump List 是按打开程序分组的图片、歌曲、文本等文件的列表,方便用户直接从打开关联程序的任务栏打开所需文件。

Windows 7 中的资源管理器让用户有一种全新的感觉。地址栏采用级联按钮,可以快捷的实现目录跳转;搜索栏提供的筛选器可以轻松设置检索条件,缩小搜索范围,还可以查找程序,在搜索结果中直接打开程序。

在以往的 Windows 操作系统中大多数用户总是以树状结构来组织和管理计算机中的各类数据。为了帮助用户有效的管理硬盘上的各种文件,Windows 7 提供了新的文件管理方式:库。库在 Windows 7 里是用户指定的特定内容集合,和文件夹管理方式相互独立,它可将分散在硬盘不同位置的数据,用一种特殊的规则集合起来,便于用户查看、使用。

Windows 7 还提供了一些实用小工具,为用户带来便利和乐趣。右键单击桌面空白处,在弹出的快捷菜单单击"小工具",拖拽小工具到桌面。

4．Windows 7 的运行环境

Windows 7 功能强大,同时,对使用环境的要求也相对较高。为了充分发挥系统性能,计算机硬件应满足以下基本要求:

处理器:1 GHz 32 位(x86)或 64 位(x64)处理器。

内存:1 GB 物理内存(32 位)或 2 GB 物理内存(64 位)。

硬盘:16 GB 可用硬盘空间(32 位)或 20 GB 可用硬盘空间(64 位)。

显卡:支持 DirectX 9.0 的显卡,128 MB 显存(WDDM 1.0 或更高版本的驱动程序)。

显示器:屏幕纵向分辨率不低于 768 像素。

5．Windows 7 的基本术语

应用程序:是一个完成指定功能的计算机程序。

文档:是由应用程序所创建的一组相关的信息的集合,也是包含文件格式和所有内容的文件。它被赋予一个文件名,存储在磁盘中。文档可以是一篇报告、一幅图片等,其类型可以是多种多样的。

文件:是一组信息的集合,以文件名来存取。它可以是文档、应用程序、快捷方式和设备,可以说文件是文档的超集。

文件夹:用来存放各种不同类型的文件,文件夹中还可以包含下一级文件夹。相当于 MS-DOS 的目录和子目录。

对象:对象是指系统直接管理的资源,如驱动器、文件、文件夹、打印机、系统文件夹(控制面板、我的电脑、网上邻居、回收站)等。

选定:选定一个项目通常是指对该项目做一标记,选定操作不产生动作。

组合键:两个(或三个)键名之间常用"+"连接表示。如:Ctrl+C 表示先按住 Ctrl 键不放,再按 C 字符键,然后同时放开;又如组合键 Ctrl+Alt+Del 表示同时先按住 Ctrl 键和 Alt 键不放,再按 Del 键,然后同时放开。

注意:Ctrl 键和 Alt 键只有与其他键配合使用才会起作用。

库:在 Windows XP 时代,文件管理的主要形式是以用户的个人意愿,用文件夹的形式

计算机应用基础

作为基础分类进行存放,然后再按照文件类型进行细化。但随着文件数量和种类的增多,加上用户行为的不确定性,原有的文件管理方式往往会造成文件存储混乱、重复文件多等情况,已经无法满足用户的实际需求。而在 Windows 7 中,由于引进了"库",文件管理更方便,可以把本地或局域网中的文件添加到"库",把文件收藏起来。

简单地讲,Windows 7 文件库可以将我们需要的文件和文件夹统统集中到一起,就如同网页收藏夹一样,只要单击库中的链接,就能快速打开添加到库中的文件夹——而不管它们原来深藏在本地电脑或局域网当中的任何位置。另外,它们都会随着原始文件夹的变化而自动更新,并且可以以同名的形式存在于文件库中。

2.2 Windows 7 的基本操作

Windows 环境下大多数软件具有规范的窗口格式,基本操作方法相同或相似,所以学习本节,不止是掌握 Windows 7 的基本操作,更重要的是要掌握 Windows 7 环境下应用软件共同的操作方法和特点。

2.2.1 Windows 7 的启动和关闭

Windows 7 作为一个独立的磁盘操作系统。一般情况下,Windows 7 会随着计算机的打开而自动运行;随着计算机的关闭而退出。启动和关闭 Windows 7 的过程其实就是开、关机的过程。

了解 Windows 7 的启动之前,必须先了解计算机的启动过程。计算机的启动是非常关键的步骤,因为如果无法正常启动,功能再强劲的计算机也只是一堆废铁。所以,了解如何正确地启动计算机非常重要。

1. 计算机的启动过程

计算机的启动是非常复杂的过程,但由于这个过程基本上都是计算机自动完成的,所以一般来说并不需要了解这 1 分钟左右的时间计算机在做什么。但为了更好地了解 Windows 7 的启动,下面简单地讲解下计算机的启动过程。

(1) 当用户依次按下计算机显示器和主机箱上的电源按钮后,计算机的主板上的基本输入输出系统(BIOS)会进行加电自检(Power-On Self Test,POST)。执行 POST 主要是检测关键的硬件设备是否能够正常工作,例如 CPU、显示卡、内存、硬盘等设备。这个步骤通常来说都是非常短暂的。

(2) 在加电自检完成后,主板 BIOS 将会查找其他关键设备的 BIOS。其他设备的 BIOS 将对相应的设备进行初始化,这时会在显示器上显示一些设备的相关信息。初始化完成之后会检测 CPU、内存等设备,并检测系统所安装的标准硬件设备,例如光驱、硬盘等。

(3) 在完成标准设备检测后,BIOS 会将这些信息在显示器上输出,让用户大致了解计算机硬件设备的相关信息,如图 2-1 所示,一般不需用户干涉。然后 BIOS 将会执行最后的扩展系统配置数据(Extended System Configuration Data,ESCD),之后 BIOS 将执行权交由 Windows 7 的启动管理器来负责。

(4) 这时 Windows 7 启动管理器读取引导文件中的信息,来完成操作系统的启动。如果计算机只装有一个操作系统,会直接调用这个系统的加载器来完成系统的加载。

第 2 章　Windows 7 操作系统

（5）加载器开始加载系统，并且加载相应硬件的驱动程序。完成这个步骤之后，就可以看到如图 2-2 所示的 Windows 7 的登录界面了。

（6）在登录界面中选择用户帐户，并输入密码，计算机便正常启动了。如果系统中只有一个用户帐户，并且没有设置密码，则会直接登录。

图 2-1　自检信息

图 2-2　选择帐户并登录

2. 启动计算机的方式

随着计算机行业的发展，用户需要更多的方式来启动计算机，来满足工作、日常的需求。为了更好地了解 Windows 的启动，下面列出不同的启动方式。

● 硬盘启动：最常见的启动方式应该是从硬盘引导完成操作系统的启动，大多数计算机都是用这种方式启动。当用户在计算机中安装好 Windows 操作系统后，一般都是使用这种方式来启动计算机的。

● 光驱启动：使用这种方式启动一般是由于计算机中的系统有损坏，或者需要离线对系统的一些关键文件进行操作。通常使用这种方式为新组装的计算机安装操作系统，一些系统可以直接运行在光盘上，非常方便。

● U 盘启动：这种方式的启动一般用得比较少，Windows 7 支持使用 U 盘进行安装。也就是说只需将 Windows 7 安装光盘中的文件复制到 U 盘中，便可使用 U 盘引导来为新计算机安装操作系统，这样的好处是无须刻录光盘。需要注意的是，制作 Windows 7 的安装 U 盘需要按照特定的步骤将文件复制到 U 盘中。

● 网络启动：网络启动一般适用于服务器，日常办公用户使用得比较少。这是因为一方面技术门槛比较高，另一方面需要专门的网络服务器支持。使用这种方式启动会直接通过网卡接收网络服务器上的数据来启动或检查计算机。

了解了通常的计算机启动方式后，用户可以根据不同的计算机环境、运行状态使用不同的方式启动计算机。

3. 关闭计算机

正确启动计算机是重要的步骤，正确地关闭计算机也是非常重要的步骤。操作系统是计算机最底层的软件系统，关闭操作系统后，就无法再对计算机进行操作，所以关闭操作系统其实就是关机的过程。

在关闭和重新启动计算机之前，一定要先退出 Windows 7，否则可能会破坏一些没有保

79

存的文件和正在运行的程序。

在 Windows 7 中,系统允许用户自定义设置多种关闭计算机的方式,并且提供了两种节能状态作为关闭计算机的方式,用户可以根据需要来选择。

(1) Windows 7 的关闭

Windows 7 的关闭过程相比以前的 Windows 变得更加简单,并且在关闭速度上也更加迅速。为了帮助读者了解 Windows 的关闭,下面简单地讲解 Windows 7 的关闭过程。

① 关闭所有正在运行的应用程序。

② 单击任务栏上的"开始"按钮,打开"开始菜单",然后单击"关机"按钮,Windows 7 的 Winlogon.exe 便开始工作,为关闭 Windows 做准备。

③ Winlogon.exe 会向各个进程发送关机命令,并监测这些进程的反馈。

④ 当所有进程结束后,Windows 会话管理器会结束当前会话,并显示 Windows 安全桌面。

⑤ Windows 保存用户文档,并进行注销,然后完成 Windows 的关闭。最后主机会自动关闭,然后再关闭显示器并切断电源。

完成上面几个步骤后,Windows 便完全关闭了。也有一种情况,将会阻止 Windows 关闭,那就是系统中运行了需要用户进行保存的程序,Windows 会询问用户是否强制关机或者取消关机,如图 2-3 所示。

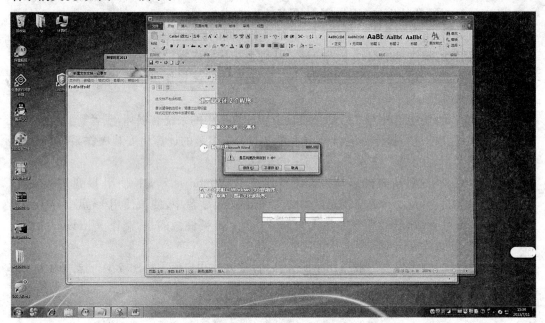

图 2-3 关闭计算机对话框

(2) 正确关闭计算机

在使用完计算机后,正确地关闭计算机不仅仅是为了节能,更多的是确保计算机中的数据、文件得到保存,这使得计算机更加安全。Windows 7 中的关机方式也是多种多样的,用户可以根据需要进行选择。最通常的关机方式是单击"开始"按钮,然后单击"关机"按钮,如图 2-4 所示。

第 2 章　Windows 7 操作系统

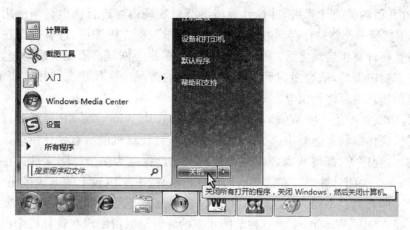

图 2-4　"开始"菜单中的"关机"按

计算机长时间连续运行,可能造成运行速度下降和一些运行错误,用户可以通过"重新启动"计算机,让系统先进行关闭计算机操作,然后自动重新启动计算机,来恢复计算机的良好状态。如果不想关闭计算机,而是想重新启动计算机,可以单击"关机"按钮右边的小箭头,然后选择"重新启动"选项,如图 2-5 所示。

在单击"关机"按钮或选择"重新启动"选项后,如果没有阻止系统关闭的程序,系统将在短时间内进入 Windows 退出界面,并在这个界面显示关机进度,如注销、保存、关机等信息。

关于关机还有一种特殊情况,被称为"非正常关机"。就是当用户在使用电脑的过程中突然出现了"死机"、"花屏"、"黑屏"等情况,不能通过"开始"菜单关闭电脑了,此时用户只能持续地按主机机箱上的电源开关按钮几秒钟,片刻后主机会关闭,然后关闭显示器的电源开关就可以了。

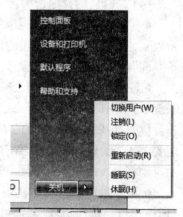

图 2-5　"关机"按钮的其他选项

正确退出 Windows 7 的操作虽说简单但也很重要。用户切不可随意采用直接关闭电源的方法来退出 Windows 7。由于 Windows 7 的多任务特性,在运行时可能需要占用大量磁盘空间临时保存信息,在正常退出时,Windows 7 将做好退出前的准备工作,如删除临时文件、保存设置信息等,保证不浪费磁盘资源。而且在退出系统时,Windows 7 系统还会重新更新注册表。如果在终止运行的应用程序前,强行切断电源,非正常退出系统,将会使 Windows 7 来不及处理这些工作,从而导致设置信息的丢失、硬盘空间的浪费,也会引起后台运行程序的数据和结果的丢失,还可能发生系统错误,影响 Windows 7 操作系统再次正常启动。

(3) 计算机的节能状态

在 Windows 7 中,除了正常地关闭计算机外,还可以将计算机转入两种节能状态。使用这两种节能状态可以帮助用户快速关闭以及恢复计算机的状态。

● **睡眠**:睡眠是从 Windows Vista 开始便有的一种节能状态,通过将计算机转换到睡眠状态,能够在几秒内关闭计算机,并让计算机继续对物理内存进行供电。当前用户所打开的窗口、IE 浏览器等都将被保存。在需要恢复时单击鼠标左键即可,计算机会在几秒内完成启动。并且在计算机启动之后,关闭前的窗口、程序将会恢复。需要明确的是,这种状态的计算机是需要电源的,适合短时间内离开计算机的情况。这种状态的耗电非常少,仅仅对功耗很低的物理内存进行供电。

● 休眠:休眠并不是一项 Windows 7 中的新功能,从 Windows XP 延续到现在。通过将计算机转换到休眠状态能够快速关闭计算机,停止对计算机的所有硬件供电。当前用户所打开的窗口、程序等,都将从物理内存中复制到硬盘保存为一个休眠文件。在保存好休眠文件之后,完全关闭计算机。在需要启动计算机时,按下主机箱上的电源按钮,计算机将像正常启动一样开启。不同的是这时在启动 Windows 时是将休眠文件从硬盘复制到内存中,显示为"正在恢复 Windows"。这种节能状态的好处是保留用户在计算机中已打开的程序和窗口,完全关闭计算机,但整体的启动速度仍然比正常的冷启动快,适合长时间内不使用计算机这种情况。

(4)"关机"的其他选项含义:

● 锁定:当用户有事情需要暂时离开,但是计算机还在进行某些操作不方便停止,也不希望其他人查看自己电脑里的信息时,就可以通过这一功能来使电脑锁定,恢复到"用户登录界面",再次使用时只有输入用户密码才能开启电脑进行操作。

● 注销:Windows 7 与之前的操作系统一样,允许多用户共同使用一台计算机上的操作系统,每个用户都可以拥有自己的工作环境并对其进行相应的设置。当需要退出当前的用户环境时,可以通过"注销"的方式来实现。"注销"功能和"重新启动"相似,在进行该动作前要关闭当前运行的程序,保存打开的文档,否则会造成数据的丢失。进行此操作后,系统会自动将个人信息保存到硬盘,并快速地切换到"用户登录界面"。

● 切换用户:通过"切换用户"也能迅速地退出当前的用户,并回到"用户登录界面"。"切换用户"与"注销"二者都可以快速地回到"用户登录界面",但是"注销"要求结束程序的操作,关闭当前用户;而"切换用户"则允许当前用户的操作程序继续进行,不会受到影响。

2.2.2 鼠标和键盘的操作

Windows 7 环境下的操作主要依靠鼠标和键盘来执行。因此熟练掌握鼠标和键盘操作可以提高工作效率。

1. 鼠标操作

Windows 7 支持两键模式的鼠标。安装了鼠标,并成功启动 Windows 7 后,会发现屏幕中央有一个 ▷ 型的指针,这是鼠标指针,鼠标指针会随着鼠标的移动在屏幕上移动位置,可以把鼠标指针对准屏幕上的特定目标。随着用户的操作,鼠标指针在窗口的不同位置(或不同状态下)会有不同形状,显示系统运行的一些状态。此外,鼠标的指针形状也可以通过设置而采用不同的方案。表 2-1 列出了在 Windows 标准方案下鼠标指针的常见形状及其操作说明。

第2章 Windows 7 操作系统

表 2-1 鼠标指针的常见形状及其操作说明

鼠标指针的形状	操作说明
↖	标准选择。鼠标指向桌面、窗口、菜单、工具栏、滚动条、图标、按钮等对象,代表正常选择状态
I	文字选择。鼠标指向文本区域
⌛	等待。表示系统正忙,此时只能等待,不能进行操作
↖⌛	后台运行。代表有程序在后台运行
+	精确定位
✥	移动。通过鼠标的拖放操作,可以改变对象的位置
↖ ↗ ↔ ↕	调整大小。通过鼠标的拖放操作,可以改变对象的大小
☝	链接选择。通过单击,可以打开相应的主题
⊘	不可用
↑	其他选择
↖?	帮助选择

鼠标的外观各有不同,但结构和功能大同小异,一般都包括左、右两个按键和一个中间滚轮。

鼠标用法:一般用右手握住鼠标,食指和中指分别放在左键和右键上,具体操作分为如下几种:

● 指向:拖动鼠标,鼠标指针随之改变位置,移动鼠标指针到目标位置(某一对象上),即为指向该目标。

● 单击(或称左击):指向屏幕上的对象,然后快速按下并立即释放鼠标左键。左键单击一般用于选中对象。

● 右单击(或称右击):指向屏幕上的对象,然后快速按下并立即释放鼠标右键。右键单击一般会弹出快捷菜单。

● 双击:指向屏幕上的对象,快速地连续两次按下并立即释放鼠标左键。一般用于程序的执行。

- 拖动:将鼠标指针移到屏幕上的对象上,按住鼠标左键不放,移动鼠标位置,对象随之被拖拽到新位置,然后释放鼠标左键。
- 右拖动:按住鼠标右键不放,移动鼠标到另一地方松开。
- 滚轮滚动:使用食指推动中间滚轮转动,一般用于向上或向下滚动屏幕显示内容。

注意:本书中如无特殊说明,"单击"、"双击"和"拖动"指的都是使用鼠标左键,当要使用右键时,会用"右单击"、"右拖动"来明确表示。

2. 键盘操作

键盘不仅可以用来输入文字或字符,而且使用组合键还可以替代鼠标操作,例如:组合键 Alt+Tab 可以完成任务之间的切换,相当于用鼠标单击任务按钮。后面将结合鼠标操作介绍常用的相应键盘操作。

2.2.3 Windows 7 桌面的组成

Windows 相对于以前的 DOS 操作系统表现出简单易用的特点,主要体现在它的图形界面上。

1. 桌面

Windows 7 启动计算机登录到系统后所显示的整个屏幕界面称为桌面,如图 2-6 所示。它是用户和计算机进行交流的窗口,上面可以存放用户经常用到的应用程序和文件夹图标,并可以根据自己的需要在桌面上添加各种快捷图标。

图 2-6 Windows 桌面

Windows 7 的一切操作都从桌面开始,用户通过对桌面上的图标、任务栏和开始菜单的操作完成 Windows 7 的最基本操作。

2. 桌面图标

图标通常是由代表 Windows 7 的各种组成对象的小图形并配以文字说明而组成。每个图标代表一个对象,如文档、应用程序、文件夹、磁盘驱动器、控制面板、打印机等都用一个形象化的图标表示。在 Windows 7 中,图标应用很广,它可以代表一个应用程序、一个文档或一个设备,也可以是一个激活"窗口控制菜单"的图标。如果把鼠标放在图标上停留片刻,桌面上就会出现对图标所表示内容的说明或者是文件存放的路径,双击图标就可以打开相应的内容。

初次安装的 Windows 7,通常桌面上默认的图标只有"回收站",有的版本甚至一个图标也没有。随着应用软件的安装,会添加新的图标。用鼠标左键单击某一个图标,该图标周围的颜色改变,表示此图标被选中。双击桌面上的图标是最快捷的启动应用程序和打开文档的方式,为了操作快捷方便,也可以把经常使用的程序和文档放在桌面上或在桌面上手工为它们建立若干个快捷方式图标。

如果想恢复系统默认的图标,可执行下列操作:

(1) 右击桌面,在弹出的快捷菜单中选择"个性化"命令中的"更改桌面图标"。

(2) 弹出"桌面图标设置"对话框,如图 2-7 所示。

图 2-7 "桌面图标设置"对话框

(3) 在"桌面图标"选项组中选中"计算机"、"用户的文件"等复选框,单击"还原默认值"按钮。

(4) 单击"应用"按钮,然后关闭该对话框,这时就可以看到系统默认的图标了。

随着电脑使用时间的增加,桌面上的图标可能会越来越多,凌乱的堆在一起,不易查找,这个时候就需要对图标进行排列。Windows 系统有多种排列桌面图标的方式。可在桌面的空白处右击,在弹出的快捷菜单中选择"排序方式"命令,在子菜单项中包含了名称、大小、项目类型和修改日期等排序方式,可将桌面上的图标进行位置调整,按预期规则排列,如图 2-8 所示。

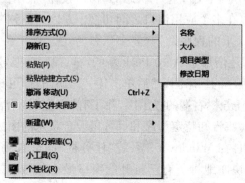

图 2-8 "排序方式"命令

提示：

若取消如图 2-9"查看"命令中"显示桌面图标"前的"√"标志，桌面上将不显示任何图标。

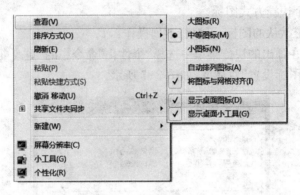

图 2-9　"查看"命令

3. 任务栏

任务栏是位于屏幕底部的水平长条。与桌面不同的是，桌面可以被打开的窗口覆盖，而任务栏几乎始终可见。如图 2-10 所示，它有四个主要部分：

图 2-10　任务栏

(1) "开始"按钮：单击此按钮可以打开 Windows 7 的"开始"菜单。这是执行程序最常用的方式。通常位于桌面底部任务栏的最左端，名为"开始"，意味着从这里开始运行计算机程序。"开始"菜单中包含了 Windows 7 的全部功能，只要是计算机上正常安装的程序都可以在这里找到，并开始运行。后面将详细介绍之。

(2) 中间部分：显示已打开的程序和文件，并可以在它们之间进行快速切换。若要切换到另一个窗口，单击它的任务栏按钮即可。每一个正在运行的应用程序都会在任务栏上显示相应的按钮。当每次启动一个应用程序或打开一个窗口后，"任务栏"上就有代表该程序或窗口的一个"窗口按钮"，其中处于按下状态的"窗口按钮"表示当前活动的应用程序。单击所需的"窗口按钮"可以在多个应用窗口之间切换。总之，任务栏中的所有任务按钮显示了当前运行在 Windows 7 下的程序。

Windows 7"任务栏"还增加了 Aero Peek 新的窗口预览功能，用鼠标指向任务栏图标，可预览已打开文件或者程序的缩略图，然后单击任一缩略图，即可打开相应的窗口。

(3) 通知区域：位于任务栏右端的提示区，除了有"音量"、"语言指示器"、"网络"和"系统时钟"等按钮，还包括一些告知特定程序和计算机设置状态的图标（小图片）。

(4) "显示桌面"按钮：在 Windows 7 系统"任务栏"的最右侧增加了既方便又常用的"显示桌面"按钮，作用是快速地将所有已打开的窗口最小化，这样查找桌面文件就会变得很方便。在以前的系统中，它被放在快速启动栏中。

第 2 章　Windows 7 操作系统

鼠标指向该按钮,所有已打开的窗口就会变成透明,显示桌面内容;鼠标移开,窗口则恢复原状;单击该按钮则可将所有打开的窗口最小化。如果希望恢复显示这些已打开的窗口,也不必逐个从"任务栏"中单击,只要再单击"显示桌面"按钮,所有已打开的窗口又会恢复为显示的状态。

虽然在 Windows 7 中取消了"快速启动",但是"快速启动"功能仍在,用户可以把常用的程序添加到"任务栏"上,以方便使用。

4. 窗口

Windows 7 的操作主要是在系统提供的不同窗口中进行的,每个运行的程序和打开的文档都以窗口的形式出现,Windows 意即窗口(Window)的集合。

2.2.4　Windows 7 的窗口

标准的窗口是一个具有标题、菜单、工具按钮等图形符号的矩形区域。窗口为用户提供多种工具和操作手段,是人机交互(输入、输出信息)的主要界面。

1. 窗口类型

Windows 7 中的窗口各式各样,其中包含的内容和提供的功能也不尽相同,主要分为以下几种:

(1) 文件夹窗口

Windows 管理系统时所用的一种特殊窗口,显示一个文件夹的下属文件夹和文件的主要信息。Windows 7 将文件夹窗口和 Internet Explorer(IE)浏览器的窗口格式统一起来,通过浏览器可以浏览本机的文件夹信息,从文件夹窗口也可以直接浏览网页。

(2) 应用程序窗口

运行任何一个需要人机交互的程序都会打开一个该程序特有的"程序窗口",应用程序窗口表示一个正在运行的程序,一般关闭程序窗口就关闭了程序。

(3) 文档窗口

隶属于应用程序的子窗口。有的应用程序可以同时打开多个文档窗口,称为多文档界面(MDI - Multiple Document Interface)软件。

(4) 对话框

对话框可看成一种特殊的窗口,用来输入信息或进行参数设置。对话框与以上三类窗口的形式和包含的元素有较大区别,后面专门介绍。

2. 窗口组成

当打开一个文件或者是应用程序时,都会出现一个窗口,窗口是我们进行操作时的重要组成部分,熟练地对窗口进行操作,将提高用户的工作效率。

Windows 7 窗口是屏幕中一种可见的矩形区域,周围有个边框。各种窗口间会有差别,但大多数窗口都有以下共同的组件。下面以"C:"窗口为例介绍这些组件,如图 2-11 所示为 Windows 窗口的组成。

(1) 地址栏

显示文件和文件夹所在路径,使用地址栏可以导航至不同的文件夹或库,或返回上一文件夹或库,还可以访问因特网中的资源。

(2)"后退"和"前进"按钮

使用"后退"按钮和"前进"按钮可以导航至已打开的其他文件夹或库,而无须关闭当前窗口。

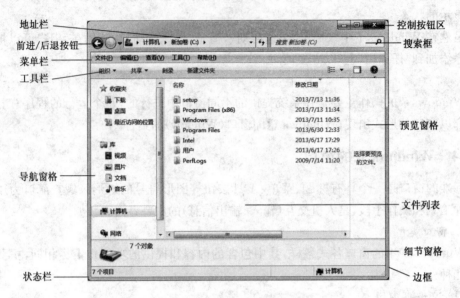

图 2-11 Windows 窗口的组成

(3) 菜单栏

一些应用程序会将菜单栏隐藏,原因是这些菜单中的很多操作都能在快捷菜单中完成。例如,在安装 Windows 7 操作系统的计算机中,当打开 Windows 资源管理器、Internet Explorer 浏览器时,都看不到窗口顶部的菜单栏。这是由于在资源管理器、浏览器中,窗口顶部菜单栏中的项,大多都在快捷菜单中。用户不需要在窗口顶部菜单的子菜单中来选择操作,单击右键,即可选择这些菜单项。

对于 Windows 资源管理器,有的时候用户需要将这些菜单显示出来。按下"Alt"键,资源管理器中的窗口顶部菜单栏会临时出现,用户操作完后,会继续隐藏,或者在使用完后通过再次按下"Alt"键来隐藏菜单栏。

如果想要使 Windows 资源管理器中的菜单栏永久显示,可以在工具栏单击"组织"下拉按钮,然后选择菜单中的"布局"项,从子菜单中选择"菜单栏"选项即可。

菜单栏一般位于地址栏的下边一行,在这条形区域中列出了可选用的菜单项。其中所列的菜单项分类汇总了该窗口的全部操作功能,每个菜单项都有一个下拉菜单,给出该菜单项下的各种操作命令。不同系统菜单栏的项目数量不同。

鼠标单击菜单项可打开对应的下拉菜单,再单击某一选项可进行相应的操作。

(4) 工具栏

工具栏通常位于菜单栏之下,使用鼠标单击按钮便能直接执行相应的操作。使用工具栏可以执行一些常见任务,如更改文件和文件夹的外观,将文件刻录到 CD 或启动数字图片的幻灯片放映。工具栏的按钮可更改为仅显示相关的任务。

(5) 导航窗格

使用导航窗格可以访问库、文件夹、保存的搜索结果,甚至可以访问整个硬盘。使用

"收藏夹"部分可以打开最常用的文件夹和搜索;使用"库"部分可以访问库。还可以展开"计算机"文件夹浏览文件夹和子文件夹。

(6) 状态栏

许多窗口都有状态栏,它位于窗口底端,显示一些当前系统状态信息或与当前操作有关的解释性信息。可以单击"查看"菜单上的"状态栏"命令来关闭或打开状态栏。

(7) 控制按钮区

位于窗口右上角的三个按钮,其含义分别为"最小化"按钮、"最大化"按钮和"关闭"按钮,用于窗口的调整及关闭。鼠标单击按钮可进行相应的操作。最大化和还原共用一个按钮位置,最大化(窗口充满整个桌面)后,该按钮变为还原按钮,还原后,变为最大化按钮。

(8) 搜索框

在搜索框中键入词或短语可查找当前文件夹或库中的项。一开始键入内容,搜索就开始了。因此,例如,当您键入"B"时,所有名称以字母 B 开头的文件都将显示在文件列表中。

(9) 预览窗格

使用预览窗格可以查看大多数文件的内容。如果看不到预览窗格,可以单击工具栏中的"预览窗格"按钮打开预览窗格。

(10) 文件列表

此为显示当前文件夹或库内容的位置。如果是通过在搜索框中键入内容来查找文件,则仅显示与当前视图相匹配的文件(包括子文件夹中的文件)。

(11) 细节窗格

使用细节窗格可以查看与选定文件关联的最常见属性。文件属性是关于文件的信息,如作者、上一次更改文件的日期,以及可能已添加到文件的所有描述性标记。

(12) 边框

每个窗口都有一个双线边界框,标识出窗口的边界。当鼠标指针指向某个边框时,鼠标指针会变成垂直或水平的双向箭头,此时,沿箭头所指方向拖动鼠标就可改变窗口的大小。

(13) 边角

边角是窗口的四个边角,拖动它可以控制以二维坐标为准的窗口大小(即可以同时改变窗口水平和垂直方向的大小)。

(14) 水平和垂直滚动条

当窗口的内容无法同时在窗口内全部显示时,窗口的底端或(和)右端会分别出现水平和垂直滚动条。滚动条是一个长方形框,在每个滚动条上有一个滑块,鼠标拖动滑块或单击滑块左右(上下)空白处,或单击滚动条两头的箭头,来滑动滑块,使窗口中内容上下或左右滚动,以便查看当前窗口尚未显示出来的内容。滑块的位置表示窗口当前显示信息所在区段,长度表示窗口中当前显示信息占全部信息的比例,即其长度是变动的。无论纵向或横向,当要显示信息的长度或宽度能被窗口容纳时,该方向的滚动条会自动消失。

(15) 库窗格

仅当在某个库(例如文档库)中时,库窗格才会出现。使用库窗格可自定义库或按不同的属性排列文件。

(16) 列标题

使用列标题可以更改文件列表中文件的整理方式。

3. 窗口操作

窗口操作在 Windows 系统中是很重要的,可以通过鼠标使用窗口上的各种命令来操作,也可以通过键盘来使用快捷键操作。

窗口的基本操作包括窗口的打开、移动、缩放、最大化及最小化、切换和关闭窗口等。

(1) 打开窗口

打开窗口有下列方法:

① 选中要打开的窗口图标,然后双击。

② 在选中的图标上右击,在弹出的快捷菜单中选择"打开"命令,如图 2-12 所示。

(2) 移动窗口

可以将窗口从一个位置移动到另一个位置。用鼠标时,可以通过拖动窗口标题栏来实现,用键盘时,可以通过控制菜单上的"移动"命令来移动窗口。具体如下:

用鼠标移动窗口的操作如下:

① 将鼠标指针指向窗口标题栏,拖动鼠标到所需要的地方,此时窗口轮廓虚框也随着移动。

② 松开鼠标左键,窗口即被移动到指定位置。如想取消本次窗口移动,那么只要在松开鼠标左键前,按一下 Esc 键即可。

用键盘移动窗口的操作如下:

① 如果需要精确地移动窗口,则可以在标题栏上右击,在弹出的快捷菜单中选择"移动"命令,对于应用程序窗口,也可以按组合键 Alt+空格键打开控制菜单,如图 2-13 所示;对于文档窗口,按组合键 Alt+连字符键打开控制菜单。

图 2-12 右击图标弹出的快捷

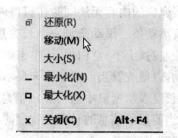

图 2-13 右击标题栏弹出的快捷

② 按 M 键选择控制菜单中的"移动"命令。这时屏幕上鼠标指针变成十字箭头形,

表示四个可移动的方向。

③ 按键盘上的方向键即上、下、左、右箭头键移动窗口,此时窗口轮廓虚框也随着移动。

④ 当移到所需合适的位置时,用鼠标单击或者按 Enter 键表示确认。在按 Enter 键之前,可按 Esc 键取消本次移动。

注意:所移动的窗口指的是当前窗口;如果要移动的窗口是非活动窗口时,移动前应激活它;最大化的窗口是不能移动的。

(3) 缩放窗口

当窗口处于非最大化状态时,用户可以根据需要随意改变桌面上窗口的大小,将其调整到合适的尺寸。用鼠标时,可以通过拖动窗口边框或边角来调整窗口的大小;用键盘时,可以通过控制菜单上的"大小"命令来改变窗口的大小。

用鼠标改变窗口大小的操作如下:

① 当需要改变窗口宽度(或高度)时,可以把鼠标指针放在窗口的垂直(或水平)边框上,当鼠标指针变成双向箭头时,可以任意拖动。

② 当需要对窗口进行等比缩放时,可以把鼠标指针放在边框的任意角上进行拖动,直到窗口变成所需的大小为止。

③ 松开鼠标左键。如想取消本次窗口的改变,那么只要在松开鼠标左键前按一下 Esc 键即可。

用键盘改变窗口大小的操作如下:

① 激活要改变大小的窗口。

② 打开窗口控制菜单。

③ 按 S 键选择控制菜单中的"大小"命令。用户也可以用鼠标和键盘的配合来完成。在标题栏上右击,在弹出的快捷菜单中选择"大小"命令,这时鼠标指针变成十字箭头形,表示四个可改变大小的方向。

④ 通过按键盘上的方向键即上、下、左、右箭头键,将鼠标指针移到要改变大小的窗口边框上,来调整窗口的高度和宽度。

⑤ 按相应的箭头键改变窗口到所需的大小,按 Enter 键或者用鼠标单击确认。如想取消本次窗口的改变,那么只要在按 Enter 键前,按一下 Esc 键即可。

注意:代表用鼠标操作,代表用键盘操作。

(4) 最大化、最小化、还原和关闭窗口

用户可以根据自己的需要将应用程序窗口扩大到填满整个桌面,将文档窗口扩大到填满整个应用程序窗口的工作区,以便有较大的工作区域。也可以将窗口缩小成一任务按钮或只有一标题栏的小窗口。用鼠标时,可以通过单击标题栏右端的"最小化"、"最大化/还原"、"关闭"按钮来实现;用键盘时,可以通过控制菜单上的"最大化"、"最小化"和"还原"命令来实现。具体如下:

用鼠标最大化、最小化、还原和关闭窗口

窗口最小化:在暂时不需要对窗口操作时,可以直接在标题栏上单击"最小化"按钮。此时,激活的窗口会以按钮的形式缩小到任务栏。

窗口最大化:单击"最大化"按钮,活动窗口扩大到整个桌面,即铺满整个桌面,这时不能再移动或缩放窗口,此时"最大化"按钮变成"还原"按钮。

窗口还原:对于应用程序窗口,单击"还原"按钮 或任务按钮,可以将最大化(或最小化)的窗口还原成原窗口的大小;对于文档窗口,单击"还原"按钮或双击标题栏,可以将最大化(或最小化)的窗口恢复原来打开时的初始状态。

在窗口上部双击可以进行最大化与还原两种状态之间的切换。

窗口关闭有下面几种方式:

① 直接在标题栏上单击"关闭"按钮 。
② 双击控制菜单按钮。
③ 单击控制菜单按钮,在弹出的控制菜单中选择"关闭"命令。
④ 使用 Alt+F4 组合键。
⑤ 如果打开的窗口是应用程序,可以在文件菜单中选择"退出"命令,关闭窗口。
⑥ 如果所要关闭的窗口处于最小化状态,可以右击任务栏上该窗口的按钮,在弹出的快捷菜单中选择"关闭窗口"命令。
⑦ 在关闭窗口之前要保存所创建的文档或者所做的修改,如果忘记保存,当执行了"关闭"命令后,会弹出一个对话框,询问是否要保存所做的修改,单击"是"按钮则保存后关闭;单击"否"按钮则不保存即关闭;选择"取消"则不关闭窗口,可以继续使用该窗口。

以上这几种方法都可以关闭窗口。每个人可以根据个人习惯选择使用,一般来说掌握一种自己喜欢的方式即可。对于应用程序,关闭窗口导致应用程序运行结束,其任务按钮也从任务栏上消失;关闭文档窗口时,如果用户还没有保存对文档的修改,那么,应用程序会提示用户保存文件。

注意:"窗口最小化"和"关闭窗口"是两个决然不同的概念。应用程序窗口最小化后,它仍然在内存中运行,占据系统资源,而关闭窗口表示应用程序结束运行,退出内存。

用键盘最小化、最大化、还原窗口的操作如下:

① 激活要最小(大)化的窗口。
② 可以通过快捷键 Alt+空格键来打开控制菜单。
③ 然后根据菜单的提示,在键盘上输入相应的字母,比如最小化输入字母 N(或 X 或 R)键,选择控制菜单中的"最小化(最大化或恢复)"命令,通过这种方式可以快速完成相应的操作。

用键盘关闭窗口的操作如下:

① 激活要关闭的窗口。
② 打开控制菜单。
③ 按 C 键选择控制菜单中的"关闭"命令。

注意:对于应用程序窗口,可以直接按控制菜单的快捷键 Alt+F4 关闭它,而不必打开控制菜单。

(5) 切换(激活)窗口

桌面上可以同时打开多个窗口,需要在各个窗口之间进行切换,总有一个窗口位于其他窗口之前。在 Windows 环境下,用户当前正在使用的窗口为活动窗口(或称前台窗口),位于最上层。其他窗口为非活动窗口(或称后台窗口),但可随时激活所需的窗口。

可用鼠标或键盘切换(激活)窗口,其具体方法如下:

第 2 章　Windows 7 操作系统

用鼠标切换

将鼠标指针移至任务栏中的某个程序按钮上时，在该按钮的上方会显示与该程序相关的所有打开的窗口的预览窗口，如图 2-14 所示，单击其中某一个预览窗口即可切换至该窗口。

图 2-14　切换窗口

用键盘切换

应用程序窗口：反复按组合键 Alt＋Tab 或 Alt＋Esc。具体方法是：先按住键盘上的"Alt"键，然后按"Tab"键，屏幕上会出现切换任务栏，在其中列出了当前正在运行的窗口，被框住的图标为即将切换到的程序窗口。用户这时可以按住"Alt"键不要松开，然后在键盘上每按一次"Tab"键，改变一次方框的位置，从切换任务栏中选择所要打开的窗口，方框移动到合适的图标上后，松开"Alt"键，选择的窗口即成为当前窗口，完成应用程序窗口的切换，如图 2-15 所示。

文档窗口：反复按组合键 Alt＋F6。

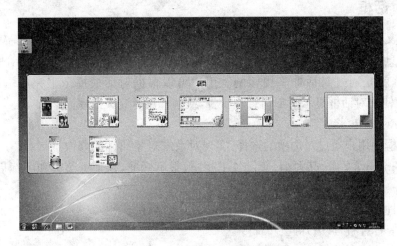

图 2-15　按 Alt＋Tab 键切换任务

（6）窗口内容的滚动和复制

将鼠标指针指向窗口滚动条的滚动块上，按住左键拖动滚动块，即可滚动窗口中的内容。另外，单击滚动条上的上箭头按钮▲或下箭头按钮▼，可以上滚或下滚一行窗口内容。若希望把某个窗口的内容复制到另一些文档或图像中去，可按 Alt＋PrintScreen 组合键将整个窗口放入剪贴板，再进入处理文档或图像的窗口，进行"粘贴"，剪贴板中存放的窗口内容就粘贴到这个文件中了。如果想复制整个桌面的内容,可按 PrintScreen 键实现。

(7) 排列窗口

在对窗口进行操作时若打开了多个窗口,桌面会显得非常凌乱,而且全部处于全显示状态,这就涉及排列的问题,系统为我们提供了层叠窗口、横向平铺窗口和纵向平铺窗口这样三种排列的方案。

具体操作是:在任务栏的空白区右击,会弹出一个快捷菜单,如图 2-16 所示。

在选择了某项排列方式后,在任务栏快捷菜单中会出现相应的撤销该选项的命令,例如,用户选择了"层叠窗口"命令后,任务栏的快捷菜单会增加一项"撤销层叠"命令,如图 2-17 所示。当用户选择此命令后,窗口恢复原状。

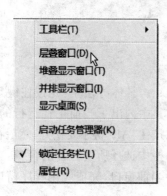
图 2-16 任务栏快捷菜

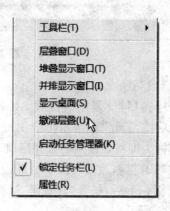
图 2-17 选择"层叠窗口"命令后的快捷

2.2.5 对话框

顾名思义,对话框是主要用作人与计算机系统之间信息交流的窗口。它是 Windows 和用户进行信息交流的一个界面。为了执行某些菜单命令,Windows 需要请求用户输入信息或设置选择,就是通过对话框来提问的。用户可以根据对话框提示来完成输入或设置。Windows 也使用对话框显示附加信息和警告,或解释没有完成的原因。

1. 启动对话框

在对话框中用户通过对选项的选择,实现对系统对象属性的修改或者设置。对话框广泛应用于 Windows 7 中,其大小、形状各不相同,很不标准,它是继菜单和图标后进一步提供用户的又一种人机对话的窗口。

下面几种情况可能会出现对话框:
- 单击带有省略号(…)的菜单命令。
- 按相应的组合键,如 Ctrl+O。
- 执行程序时,系统出现对话框,提示操作和警告信息。
- 选择帮助信息。

2. 对话框元素的定位操作

一个对话框中通常要求用户输入多种信息,有些信息之间还有某种关联。为了操作方便,将这些内容分门别类、相对集中地摆放在一起,称为对话框的元素。对这些元素操作时首先要将光标移动到该位置,即通过光标移动来选择要操作的元素,这就是元素的定位操作。

操作方法：

🖱 鼠标操作：直接单击。

⌨ 键盘操作：Tab、Shift＋Tab 移动光标；Alt＋选项字母直接定位。

3. 对话框的组成元素及使用

除桌面外，窗口和对话框的操作是最基本的。对话框的组成和窗口有相似之处，例如都有标题栏；不同的是对话框没有菜单栏、工具栏和控制菜单图标，但要比窗口更简洁、直观，更侧重于与用户的交流。对话框的大小是固定的，不能改变。一般不关闭对话框就不能进行本应用程序的其他操作。对话框的形态不一，有很简单的，也有很复杂的。它一般包含有标题栏、选项卡、文本框、列表框、命令按钮和复选框等几部分，如图 2-18 所示。

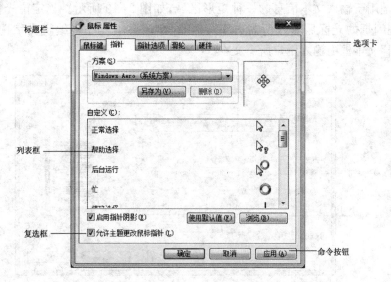

图 2-18 "鼠标属性"对话框

(1) 标题栏

位于对话框的最上方，系统默认的是深蓝色，左侧标明了对话框的名称，右侧有关闭按钮。用鼠标拖动标题栏可以移动对话框。

(2) 选项卡

在系统中有很多对话框都是由多个选项卡构成的，选项卡上写明了标签，以便于区分，用户可以通过各个选项卡之间的切换来查看不同的内容。在选项卡中有不同的选项组，可用鼠标单击选项卡的标签或按选项卡名后的英文字母键来切换；也可以按 Ctrl＋Tab 或 Ctrl＋Shift＋Tab 键打开下一个或前一个选项卡。

(3) 单选按钮

它通常是一个小圆形，其后面有相关的文字说明，当选中后，在圆形中间会出现一个小圆点。在对话框中通常是一个选项组中包含多个单选按钮，当选中其中一个后，别的选项就不可以选中了。它是一组相互排斥的选项。

(4) 复选框

复选框列出可选择的任选项，它通常是一个小正方形，在其后面也有相关的文字说明，可以根据需要选择一个或多个任选项。复选框被选中后在小方框中会出现一个"√"标志,再单击一次被选中的复选框就将取消该选中,"√"消失。它是可以任意选择的。

(5) 列表框

列表框是一个显示多个选项的小窗口,用户可以从中选择一项或几项。当选项一次不能全部显示在列表框中时,系统会提供滚动条帮助用户快速查看。

(6) 下拉列表框

用来显示可供选择的多行列表信息,单击下拉列表框右端的下拉按钮▼或定位光标到该项后按键盘上的↓键都可以打开下拉列表,用鼠标单击或用↑、↓键,然后回车可选择一项。列表关闭时,框内所显示的就是选中的信息。

(7) 文本框

文本框是用于输入文本信息的一种矩形区域,如图 2-19 所示。当定位光标到文本框时,框中出现闪烁的光标后输入所需文字。例如,在记事本程序中编辑文字选择"页面设置",在"页眉"文本框中输入用户所需文本。

图 2-19 "页面设置"对话框

(8) 数值框

用于输入数字信息,它是调节数字的按钮,由向上和向下两个箭头组成,用户在使用时分别单击向上或向下箭头即可增加或减少数字,或定位光标后按↑、↓键也可以改变数值大小,还可直接输入。

(9) 滑标

又称滑动按钮,鼠标拖动或单击两侧可以快速地改变数值大小,一般用于调整参数;光标定位到滑标后,用光标移动键也可达到同样效果。

(10) 命令按钮

是指对话框中圆角矩形并且带有文字的按钮,单击命令按钮可立即执行一个命令。如果一个命令按钮呈灰色,表示该按钮是不可选的;如果一个命令按钮后跟有省略号(…),表示打开另一个对话框。常用的有"确定"、"取消"和"应用"等按钮。

(11) 关闭对话框

① 若选择了命令按钮,如选"确定"按钮,则对话框自动关闭,所选择的命令生效。

② 若想不执行任何命令,直接关闭对话框,可选择"取消"按钮,或选择"关闭"按钮,或

按 Esc 键,或按"Alt+F4"键。

2.2.6 菜单和工具栏的操作

菜单是一张命令列表,它是应用程序与用户交互的主要方式。用户可从中选择菜单上所需的命令来指示应用程序执行相应的动作。

在 Windows 7 中仍配有三种经典菜单形式:"开始"菜单、下拉式菜单和弹出式快捷菜单。菜单主要的操作是:打开菜单、选择菜单命令和关闭菜单。

1. "开始"菜单

(1) "开始"菜单的打开

"开始"菜单又称系统菜单,"开始"菜单是计算机程序、文件夹和设置的主门户。之所以称之为"菜单",是因为它提供一个选项列表,就像餐馆里的菜单那样。至于"开始"的含义,在于它通常是要启动或打开某项内容的位置。

使用"开始"菜单可执行这些常见的活动:

- 启动程序。
- 打开常用的文件夹。
- 搜索文件、文件夹和程序。
- 调整计算机设置。
- 获取有关 Windows 操作系统的帮助信息。
- 关闭计算机。
- 注销 Windows 或切换到其他用户。

打开"开始"菜单的方法有:

单击屏幕左下角的"开始"按钮 ,可打开"开始"菜单。

按组合键 Ctrl+Esc 也可打开"开始"菜单。

在 Windows 键盘中,按键盘上的 Windows 徽标键 (此键位于 Ctrl 键和 Alt 键之间),也可打开它。

打开"开始"菜单后,便可运行程序、打开文档及执行其他常规任务,用户要求的所有功能几乎都可以由"开始"菜单提供。"开始"菜单的便捷性简化了频繁访问程序、文档和系统功能的常规操作方式。

"开始"菜单由三个主要部分组成:程序列表、搜索框、常用系统文件夹和系统命令。

① 程序列表

"开始"菜单左边的大窗格显示计算机上程序的一个短列表,如图 2-20 所示。计算机制造商可以自定义此列表,所以其确切外观会有所不同。单击"所有程序"可显示程序的完整列表。

"开始"菜单最常见的一个用途是打开计算机上安装的程序。若要打开"开始"菜单左边窗格中显示的程序,只要单击它,该程序就打开了,并且"开始"菜单随之关闭。

如果看不到所需的程序,可单击左边窗格底部的"所有程序"。左边窗格会按字母顺序显示完整的程序长列表,后跟一个文件夹列表。单击程序列表中的任一命令项将运行其对应的应用程序。

② 搜索框

左边窗格的底部是搜索框,通过键入搜索项可在计算机上查找程序和文件。

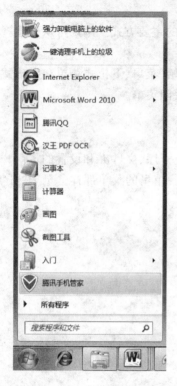

图 2-20 "开始"菜单左边窗格

图 2-21 "开始"菜单右边窗格

搜索框是在计算机上查找项目的最便捷方法之一。

若要使用搜索框,请打开"开始"菜单并开始键入搜索项。键入之后,搜索结果将显示在"开始"菜单左边窗格中的搜索框上方。

对于以下情况,程序、文件和文件夹将作为搜索结果显示:

● 标题中的任何文字与搜索项匹配或以搜索项开头。

● 该文件实际内容中的任何文本(如字处理文档中的文本)与搜索项匹配或以搜索项开头。

● 文件属性中的任何文字(例如作者)与搜索项匹配或以搜索项开头。

单击任一搜索结果可将其打开。或者单击"清除"按钮  清除搜索结果,并返回到主程序选择列表。还可以单击"查看更多结果"以搜索整个计算机。

除可搜索程序、文件和文件夹以及通信之外,搜索框还可搜索 Internet 收藏夹和访问过的网站的历史记录。如果这些网页中的任何一个包含搜索项,则该网页会出现在名为"文件"的标题下。

③ 常用系统文件夹和系统命令

右边窗格提供对常用文件夹、文件、设置和功能的访问。如图 2-21 所示。在这里还可注销 Windows 或关闭计算机。

"开始"菜单的右边窗格中包含可能经常使用的部分 Windows 链接。从上到下有:

- Administrator(个人文件夹)。打开个人文件夹(它是根据当前登录到 Windows 的用户命名的)。
- 文档。打开"文档"库,可以在这里访问和打开文本文件、电子表格、演示文稿以及其他类型的文档。
- 图片。打开"图片"库,可以在这里访问和查看数字图片及图形文件。
- 音乐。打开"音乐"库,可以在这里访问和播放音乐及其他音频文件。
- 游戏。打开"游戏"文件夹,可以在这里访问计算机上的所有游戏。
- 计算机。打开一个窗口,可以在这里访问磁盘驱动器、照相机、打印机、扫描仪及其他连接到计算机的硬件。
- 控制面板。打开"控制面板",可以在这里自定义计算机的外观和功能、安装或卸载程序、设置网络连接和管理用户帐户。
- 设备和打印机。打开一个窗口,可以在这里查看有关打印机、鼠标和计算机上安装的其他设备的信息。
- 默认程序。打开一个窗口,可以在这里选择要让 Windows 运行的用于诸如 Web 浏览活动的程序。
- 帮助和支持。打开 Windows 帮助和支持,可以在这里浏览和搜索有关使用 Windows 和计算机的帮助主题。

右窗格的底部是"关机"按钮。单击"关机"按钮关闭计算机。

单击"关机"按钮旁边的箭头可显示一个带有其他选项的菜单,可用来切换用户、注销、重新启动或关闭计算机。

需要调整"开始"菜单的设置时,右击任务栏的空白处或右击"开始"按钮,在弹出的快捷菜单中选择"属性"命令,就会打开"任务栏和「开始」菜单属性"对话框,在「开始」菜单"选项卡中单击"自定义"按钮,弹出"自定义「开始」菜单"对话框,在这里可以进行非常多的调整,完成后单击"确定"按钮。如图 2-22 所示。

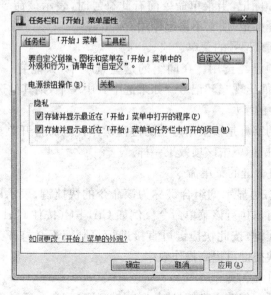

图 2-22 "任务栏和「开始」菜单属性"对话框

(2)"开始"菜单的关闭

关闭"开始"菜单的方法有：

🖱 单击桌面上"开始"菜单以外的任意处。

⌨ 按 Esc 键或 Alt 键或 F10 键可关闭"开始"菜单。

2. 下拉式菜单（或称一般菜单、固定菜单）

位于应用程序窗口标题下方的菜单栏，其中的菜单均采用下拉式菜单方式。菜单中通常包含若干条命令，这些命令按功能分组，分别放在不同的菜单项里，组与组之间用一条横线隔开。当前能够执行的有效菜单命令以深色显示。有些菜单命令前还带有特定图标，说明在工具栏中有该命令的按钮。菜单栏上的文字如"文件"、"编辑"、"帮助"等称为菜单名。每个菜单名对应一个由若干菜单命令组成的下拉菜单。

3. 弹出式快捷菜单（或称关联菜单）

这是一种随时随地为用户服务的"上下文相关的弹出菜单"。将鼠标指向某个选中对象或屏幕的某个位置，单击鼠标右键，即可打开一个弹出式快捷菜单。该快捷菜单列出了与用户正在执行的操作直接相关的命令，即根据单击鼠标时指针所指的对象和位置的不同，弹出的菜单命令内容也不同。例如，右键单击窗口空白处和任务栏空白处会弹出不同的快捷菜单。快捷菜单中包含了操作该对象的常用命令。

4. 菜单的约定

(1) 灰色字符的菜单命令

正常的菜单命令是用黑色字符显示，表示此命令当前有效，可以选用。用灰色字符显示的菜单命令表示当前情形下无效，不能选用。

(2) 带省略号（…）的菜单命令

表示选择该命令后，就弹出一个相应的对话框，要求进一步输入某种信息或改变某些设置。

(3) 名字前带有"√"记号的菜单命令

该符号是一个选择标记，当菜单命令前有此符号时，表示该命令有效。通过再次选择该命令可以删除此选择标记，使它不再起作用。

(4) 名字前带有"●"记号的菜单选项

这种选项表示该项已经选用。在同组的这些选项中，只能有一个且必须有一个被选用，被选用的菜单项前面出现"●"记号。如果选中其中一个，则其他选项自动失效。

(5) 名字后括弧中的字母

括弧中加下划线的字母是该菜单选项的键盘操作代码。打开菜单后，直接键入该字母即可执行相应操作，与鼠标单击该项效果一样。

(6) 名字后带有组合键的菜单命令

这种在菜单命令右边显示的组合键称为该命令的快捷键，表示用户可以不打开菜单，直接按下该组合键就可以执行该菜单命令。例如 Ctrl+C（按住 Ctrl 键的同时，敲击 C 键）就是"复制"命令的快捷键，按此快捷键可直接进行复制而不必打开菜单。在实际操作中，记住一些常用命令的快捷键可提高操作效率。

(7) 带符号"▶"的命令项

表示选中该命令项。如选中带符号"▶"的"排列图标"命令后弹出下一级子菜单。

(8) 向下的双箭头

Windows 7 对于不常用的菜单项实施自动隐藏，以保证常用菜单项目简单明了。当菜单中有许多命令没有显示时，就会出现一个双箭头 ⌄。当鼠标指向它时，会显示一个完整的菜单。

(9) 菜单的分组线

有时候，菜单命令之间用线条分开，形成若干菜单命令组。这种分组是按照菜单命令的功能组合的，主要是为了方便用户查找。

(10) 带有用户信息的菜单

此菜单中有最近用户的信息。鼠标单击"开始"按钮，鼠标指向"开始"菜单中的"Microsoft Word 2010"项，就会打开一个用户最近打开过的文件名列表（若文件仍存在，则单击就会打开相应的文件）。

5. 工具栏及其操作

大多数 Windows 7 应用程序都有工具栏，工具栏上的按钮都有对应的命令。当移动鼠标指针指向工具栏上的某个按钮时，稍停留片刻，应用程序将显示该按钮的功能名称。

2.3 Windows 7 文件管理

我们使用计算机可以编写文档、看电影、听音乐……使用计算机进行的很多操作都是对文件的操作。计算机的磁盘上存放着大量的各种各样的文件，如何有效的对这些文件进行管理？

"Windows 资源管理器"工具，它可以以分层的方式显示计算机内所有文件的详细图表，如图 2-23 所示。使用资源管理器可以更方便地实现浏览、查看、移动和复制文件或文件夹等操作，用户可以不必打开多个窗口，而只在一个窗口中就可以浏览所有的磁盘和文件夹，便于查看和管理计算机上的所有资源。

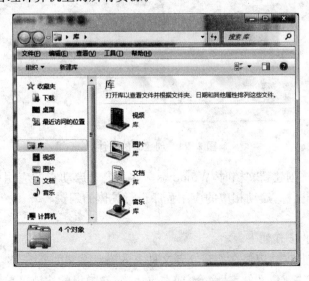

图 2-23 "Windows 资源管理器"窗口

启动"资源管理器"的方法:单击任务栏"Windows 资源管理器"图标,或右键单击"开始",在弹出的快捷菜单中,选择"打开 Windows 资源管理器"。

用户对计算机资源的管理通常是以文件为单位的,文件是一组逻辑上相互关联的信息集合,可以是文档、数据、图片、视频和程序等。文件名的格式为:[文件名.扩展名]。

Windows 下文件名最长可达 256 个字符,文件名不区分字母大小写,可包括汉字和空格,但不能包含\、/、:、*、?、<、>、|等字符。

为了便于管理文件,Windows 引入了文件夹的概念,用户将文件分门别类保存在不同的逻辑组中,这些逻辑组就是文件夹。文件夹可以存放文件也可以存放其他文件夹。

2.3.1 文件和文件夹的管理

利用"资源管理器"可以对文件夹或文件(统称为对象)进行新建、移动、复制、删除、恢复及更名等操作,这是使用"资源管理器"进行管理的常用操作。此外,它还具有查找文件和文件夹的功能。

1. 新建文件

通常可通过启动应用程序来新建文档。例如,在应用程序的新文档中写入数据,然后保存在磁盘上。也可以不启动应用程序,直接建立新文档。在桌面上或者某个文件夹中右键单击,在弹出的快捷菜单中选择"新建"命令,在出现的文档类型列表中,选择一种类型即可,如图 2-24 所示。每创建一个新文档,系统都会自动地给它一个默认的名字。

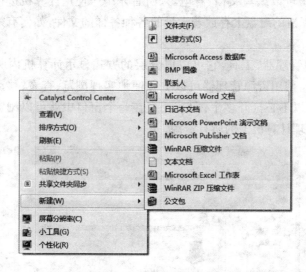

图 2-24 创建新的文件

当使用上述方法创建新文档时,Windows 7 并不自动启动它的应用程序。要想编辑该文档,可以双击文档图标,启动相应的应用程序进行具体的编辑。

2. 创建文件夹

创建新文件夹的步骤如下:

(1) 在资源管理器中,定位在要建立新文件夹的磁盘及文件夹。

(2) 选择工具栏"新建文件夹"命令,或右键单击,在弹出的快捷菜单中选择"新建/文件夹"命令即可新建一个文件夹。

(3) 在新建的文件夹名称文本框中输入文件夹的名称,按 Enter 键或用鼠标单击其他地方即可。

3. 文件夹的浏览

在如图 2-25 所示的窗口中,导航窗格显示了所有磁盘和文件夹的列表,右窗格用于显示选定的磁盘和文件夹中的内容。在导航窗格中,有的文件夹图标左边有一小三角标记,其中标有▲或▷,有的则没有。有三角标记的表示此文件夹下包含有子文件夹,而没有三角标记的表示此文件夹不再包含有子文件夹。标记▷表示此文件夹处于折叠状态,看不到其包含的子文件夹;标记▲表示此文件夹处于展开状态,可以看到其包含的子文件夹。单击标记▷可以展开此文件夹,显示其下的子文件夹,同时标记▷变为▲。反之,单击标记▲可以折叠此文件夹,同时标记▲变为▷。单击导航窗格(左窗格)的文件夹图标,则打开该文件夹,内容显示在文件列表(右窗格)中。

图 2-25 Windows 资源管理器窗口

提示:

"展开文件夹"和"打开文件夹"是两个不同的操作。"展开文件夹"操作仅仅是在左窗格中显示它的子文件夹,该文件夹并没有因"展开"操作而打开。

4. 文件夹内容的显示方式和排序方式、显隐性

在资源管理器里,可以用"查看"菜单中的命令来调整文件夹内容窗格的显示方式,如图 2-26 所示。

在"查看"菜单中有八种查看文件和文件夹的方式:"超大图标"、"大图标"、"中等图标"、"小图标"、"列表"、"详细信息"、"平铺"和"内容"。在"详细信息"方式下,通常默认显示文件和文件夹的名称、大小、类型及修改日期等详细信息。若还需要显示其他的详细信息,选择"查看"菜单中的"选择详细信息"命令,在"选择详细信息"对话框中进行设置,如图 2-27 所示。

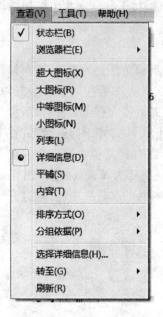

图 2-26 "查看"菜单

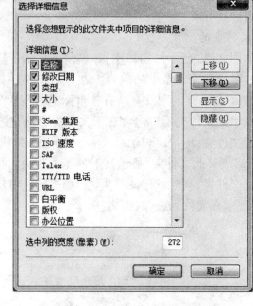

图 2-27 "选择详细信息"对话框

在显示详细资料时,单击右窗格中列的名称,就以该列递增或递减排序。如单击"名称",则按文件或文件夹名称的递减排序;若再单击"名称",则按文件夹或文件名称的递增排序。如单击"大小"、"类型"、"修改时间"等列名,同样进行递减或递增的排序。

选择"查看/刷新"命令,刷新资源管理器左、右窗格的内容,使之显示最新的信息。

5. 库

在以前版本的 Windows 中,管理文件意味着在不同的文件夹和子文件夹中组织这些文件。在 Windows 7 中,还可以使用库组织和访问文件,而不管其存储位置如何。库可以收集不同位置的文件,并将其显示为一个集合,而无需从其存储位置移动这些文件。

(1) 将计算机上的文件夹包含到库中的步骤

① 在任务栏中,单击"Windows 资源管理器"按钮。

② 在导航窗格(左窗格)中,导航到要包含的文件夹,然后单击该文件夹。

③ 在工具栏(位于文件列表上方)中,单击"包含到库中",然后单击某个库(例如,"文档")。

(2) 从库中删除文件夹的步骤

① 在任务栏中,单击"Windows 资源管理器"按钮。

② 在导航窗格(左窗格)中,右键单击要从中删除文件夹的库。

③ 在弹出的快捷菜单中,单击"从库中删除位置"。

提示:

从库中删除文件夹时,不会从原始位置中删除该文件夹及其内容。

6. 选取文件或文件夹

在管理文件等资源的过程中,若要对多个文件或文件夹进行操作,必须首先选取要操作的文件或文件夹。

第 2 章　Windows 7 操作系统

（1）选取多个连续对象

在"详细信息"显示方式下，如果所要选取的文件或文件夹的排列位置是连续的，则可单击第 1 个文件或文件夹，然后按住 Shift 键的同时单击最后一个文件或文件夹，即可一次性选取多个连续文件或文件夹，如图 2-28 所示。

（2）选取多个不连续对象

如果文件或文件夹在窗口中的排列位置是不连续的，则可以采用按下 Ctrl 键的同时，单击需要选取的对象的方法来实现，如图 2-29 所示。若取消选取，则再单击即可。

图 2-28　选取多个连续的文件或文件夹 　　　　图 2-29　选取多个不连续的文件或文件夹

（3）取消选定的对象

只需用鼠标在文件夹内容窗格中任意空白处单击一下，即可全部取消已选定的对象。

（4）选定全部对象

单击"编辑"菜单中的"全选"命令可选定当前文件夹中的（即文件夹内容窗格中的）全部文件和文件夹对象。

按"全选"命令的快捷键 Ctrl＋A，可以迅速全部选定文件夹内容窗格中的全部对象。

7. 数据交换的中间代理——剪贴板

"剪贴板"是程序和文件之间用于传递信息的临时存储区，它是内存的一部分。通过"剪贴板"可以把各种文件的部分正文、部分图像、部分声音粘贴在一起，形成一个图文并茂、有声有色的文档。同样在 Windows 中，也可以从一个程序的文稿中剪切或复制一部分内容，通过剪贴板贴到另一个程序文稿中，以实现不同应用程序之间的信息共享。

Windows 剪贴板是一种比较简单同时也是开销比较小的 IPC（InterProcess Communication，进程间通信）机制。Windows 系统支持剪贴板 IPC 的基本机制是系统预留一块全局共享内存，用来暂存在各进程间进行交换的数据：提供数据的进程创建一个全局内存块，并将要传送的数据移到或复制到该内存块；接收数据的进程（也可以是提供数据的进程本身）获取此内存块的句柄，并完成对该内存块数据的读取。

当选定数据并选择"组织"菜单中的"复制"或"剪切"命令时，所选定的数据就被存储在"剪贴板"中。"剪贴板"是在数据交换过程中，用于保留交换数据的内存区域。选择"编辑"

菜单中的"粘贴"命令，"剪贴板"中的数据就被复制或移动到目的文档中。粘贴有如下两种实现方式：

（1）"嵌入"交换实现

以 Word 文档为例，选定对象，选择"开始/剪贴板"中的"复制"或"剪切"命令，切换到目的位置，选择"开始/剪贴板/粘贴选项/选择性粘贴"命令，打开"选择性粘贴"对话框，选择"粘贴"单选框，通常，在"选择性粘贴"对话框中的"形式"列表框中，可以进行嵌入的形式选择，选中"HTML 格式"，单击"确定"。如图 2-30 所示。

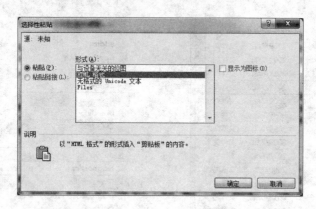

图 2-30 "选择性粘贴"对话框

（2）"链接"交换实现

以 Word 文档为例，选定对象，选择"开始/剪贴板"菜单中的"复制"或"剪切"命令，切换到目的位置，选择"开始/剪贴板/粘贴选项/选择性粘贴"命令。打开"选择性粘贴"对话框，选择"粘贴链接"单选框，选中"HTML 格式"，单击"确定"。这样，就创建了一个与源文档的链接。

（3）把整个屏幕或某个活动窗口图像复制到剪贴板

复制整个屏幕图像：按 Print Screen 键。

复制窗口图像：按组合键 Alt+Print Screen。

8．移动和复制文件或文件夹

移动文件或文件夹就是将文件或文件夹放到其他地方，执行移动命令后，原位置的文件或文件夹消失，出现在目标位置；复制文件或文件夹就是将文件或文件夹复制一份，放到其他地方，执行复制命令后，原位置和目标位置均有该文件或文件夹。

（1）用鼠标"拖放"的方法移动和复制文件或文件夹

复制和移动文件或文件夹对象，最简单的方法就是直接用鼠标把选中的文件图标拖放到目的地。拖放文件或文件夹默认执行复制操作。若拖放文件时按下 Shift 键则执行移动操作。

注意：

复制或移动文件夹操作，实际上是向目的位置文件夹增添了一个文件夹，并且也将该文件夹中包含的所有文件和子文件夹一同复制或移动到目的位置文件夹中。

（2）使用剪贴板复制和移动文件或文件夹

复制和移动文件或文件夹的常规方法是菜单命令操作。通过"组织"菜单中的"复制"或"剪切"命令,借助"剪贴板"来复制和移动文件和文件夹。

① 首先选取要复制的一个或多个文件或文件夹。

② 选择"组织/复制"命令。

③ 打开目的文件夹。

④ 选择"组织/粘贴"命令,或右击,在弹出的快捷菜单中选择"粘贴"命令,即可将那些文件或文件夹复制到目的文件夹中。

系统并不是真正地把文件或文件夹的内容复制到"剪贴板"中,同时,这样做也是不现实的,因为"剪贴板"中可能根本就没有这么大的空间。系统只是简单地把选中对象的名字复制到"剪贴板"中,建立一个特殊的列表。当发出"粘贴"命令时,系统就会根据这个文件列表把文件或文件夹复制到目的文件夹中。

同理,可以选择"组织/剪切"命令,实现移动文件或文件夹的操作。系统也不是真正地把文件或文件夹的内容剪切到"剪贴板"中,而是对这些文件作了剪切标记,只有选择了目的文件夹,并且执行了"粘贴"命令后,系统才真正地把它们移到新的目的地;否则,将重新标记那些文件,恢复原样。

9. 重命名文件或文件夹

重命名文件或文件夹就是给文件或文件夹设定一个新的名称,使其更符合用户的要求。重命名文件或文件夹的方法有以下三种:

(1) 菜单方式:选中文件或文件夹后,从菜单栏中选择"组织/重命名"命令。

(2) 右键方式:选中文件或文件夹后,右击选定的对象,在弹出的快捷菜单中选择"重命名"命令。

(3) 二次选择方式:选中文件或文件夹后,再在文件或文件夹名字位置处单击(注意不要快速单击两次,以免变成双击操作)。

采用上述三种方式之一的操作后,文件或文件夹的名称将处于编辑状态(蓝色反白显示),直接输入新的名字后,按下 Enter 键即可。

注意:

在 Windows 中,每次只能修改一个文件或文件夹的名字。重命名文件时,不要轻易修改文件的扩展名,以便使用正确的应用程序来打开。

10. 删除文件或文件夹

当不再需要某个文件或文件夹时,可将其删除掉,以利于对文件或文件夹的管理。删除后的文件或文件夹将被放到"回收站"中,删除的方法有如下三种:

(1) 选定要删除的文件或文件夹,选择"组织/删除"命令,或右击,在弹出的快捷菜单中选择"删除"命令。

(2) 选定要删除的文件或文件夹,按 Delete 键删除。

(3) 选定要删除的文件或文件夹,用鼠标直接拖入"回收站"。

若不经过"回收站"直接删除当前文件,则按住 Shift 键再执行上述三种操作中的任意一种,在弹出"删除文件/文件夹"对话框中,单击"是"按钮,则删除;否则单击"否"按钮。

注意:

● 如果删除的对象是文件夹,就是将该文件夹中的文件和子文件夹一起删除。

● 如果删除的对象是在硬盘上，那么删除时被送到"回收站"文件夹中暂存起来，以备随时恢复使用。

● 如果删除的对象是在可移动媒体上（U盘或网络上），那么删除时不送入回收站，也就是说删除的项目被彻底删除了，是不能还原的。

11. 保护文件或文件夹

根据需要对"文件夹选项"进行修改，可以改变"资源管理器"中文件以及文件名的显示方式。为了防止他人查看用户私人文件，用户可以将文件或文件夹隐藏起来。隐藏文件或文件夹的操作步骤如下：

（1）右键单击目标文件或文件夹，在弹出快捷菜单中选择"属性"。

（2）在弹出的属性对话框中，选择"常规"选项卡中的"属性"栏中勾选"隐藏"，如图2-31所示。

图2-31 "属性"对话框　　　　图2-32 "文件夹选项"对话框

（3）单击"确定"。弹出"确认属性更改"对话框，单击"确定"。

选择"工具"菜单中的"文件夹选项"命令，打开"文件夹选项"对话框，可以在其对话框的"查看"选项卡里设置显示所有文件或不显示隐藏的文件、文件扩展名显示或隐藏、显示完整路径；设置桌面的风格、在同一窗口或不同的窗口浏览文件夹等。

显示文件或文件夹的操作步骤如下：

（1）选择"开始/控制面板/所有控制面板项/文件夹"，如图2-33所示，弹出"文件夹选项"对话框。

（2）在"查看"选项卡，"高级设置"列表框中，单击"显示隐藏的文件、文件夹和驱动器"，依次单击"应用"和"确定"，如图2-32所示。目标文件或文件夹显示出来。

（3）右键单击目标文件或文件夹，在弹出快捷菜单中选择"属性"。

（4）在弹出的属性对话框中，选择"常规"选项卡中的"属性"栏中取消勾选"隐藏"。

（5）单击"确定"。弹出"确认属性更改"对话框，单击"确定"

文件的扩展名决定文件类型，Windows 7 中对于已知的各种文件类型分配了不同的图标加以区分，同时为了文件图标显示清晰、整洁，默认情况下，把扩展名隐藏起来不显示。但这可能会影响到我们前面介绍的文件改名等操作，可以用鼠标单击去掉该选项前方格中的"√"标记，修改设置，使所有文件名都能完整显示。

图 2-33　所有控制面板项窗口

为了防止他人修改用户私人文件，用户可以将文件或文件夹设置为只读。其步骤如下：

(1) 右键单击目标文件或文件夹，在弹出快捷菜单中选择"属性"。
(2) 在弹出的属性对话框中，选择"常规"选项卡中的"属性"栏中勾选"只读"。
(3) 单击"确定"。弹出"确认属性更改"对话框，单击"确定"。

12. 删除或还原"回收站"中的文件或文件夹

"回收站"为用户提供了删除文件或文件夹的补救措施。用户从硬盘中删除文件或文件夹时，Windows 7 会将其自动放入"回收站"中，直到用户将其清空或还原到原位置。

双击桌面上的图标，若要删除"回收站"中所有的文件和文件夹，可选择"清空回收站"命令；若要还原删除的文件和文件夹，可在选取还原的对象后，再选择"还原此项目"命令。

右击"回收站"图标，在弹出的快捷菜单中选择"属性"命令，打开"回收站属性"对话框，如图 2-34 所示。Windows 为每个分区或硬盘分配一个"回收站"，如果硬盘已经分区，或者说计算机中有多个硬盘，则可以为每个分区或设备指定不同大小的"回收站"。因此从硬盘删除任何对象时，Windows 将该对象放在"回收站"中，而且"回收站"的图标从空变为满状态。从 U 盘或网络驱动器中删除的项目不受"回收站"保护，将被永久删除。

"回收站"中的对象仍然占用硬盘空间并可以被恢复或还原到原位置，这些对象将保留到用户决定从计算机中永久地将它们删除为止。当"回收站"满后,Windows 自动清除"回收站"中的空间以存放最近删除的文件或文件夹。

从图 2-34 中可以看出,如选中"不将文件移到回收站中。移除文件后立即将其删除。"单选框,删除文件或文件夹时可彻底删除,而不必放在"回收站"中。通常为安全起见,不使用该选项。回收站的默认空间是驱动器的 10%,是可调整的。

图 2-34 "回收站属性"对话框

2.3.2 搜索文件与文件夹

有时候用户需要查看某个文件或文件夹的内容,却忘记了该程序或文件(文件夹)存放的具体位置或具体名称,这时候 Windows 7 提供的"搜索程序和文件"功能就可以帮用户查找该程序或文件(文件夹)。

1. 使用"开始"菜单搜索文件和文件夹

若要使用"开始"菜单搜索文件和文件夹,执行下列操作:

(1) 单击"开始"按钮,然后在搜索框中键入字词或字词的一部分。

(2) 在搜索框中开始键入内容后,将立即显示搜索结果。键入后,与所键入文本相匹配的项将出现在"开始"菜单上。搜索结果基于文件名中的文本、文件中的文本、标记以及其他文件属性。

提示:

从"开始"菜单搜索时,搜索结果中仅显示已建立索引的文件。计算机上的大多数文件会自动建立索引。例如,包含在库中的所有内容都会自动建立索引。

2. 使用 Windows 资源管理器中的搜索框

通常用户可能知道要查找的文件位于某个特定文件夹或库中,使用已打开窗口顶部的搜索框。搜索框在当前视图搜索键入文本。搜索将查找文件名和内容中的文本,以及标记等文件属性中的文本。在库中,搜索包括库中包含的所有文件夹及这些文件夹中的子文件夹。例如：在"计算机"窗口直接搜索，搜索范围就是整个计算机，为了提高搜索准确度和搜索效率，应当缩小搜索范围，要找的"工作计划"文件在 D 盘，可以进入到 D 盘，再进行文件搜索。

例如：在 D 盘中查找"工作计划"文件夹，操作如下：

① 右键单击"开始"，在弹出的快捷菜单中，单击"打开 Windows 资源管理器"，在弹出的窗口单击"导航窗格"中"本地磁盘 D"。

② 在搜索框中键入"工作计划"。

搜索结果显示在"文件列表"中，如图 2-35 所示。

也可以在搜索框中使用其他搜索技巧来快速缩小搜索范围。例如，如果要基于文件的一个或多个属性（例如标记或上次修改文件的日期）搜索文件，则可以在搜索时使用搜索筛选器指定属性。或者，可以在搜索框中键入关键字以进一步缩小搜索结果范围。

图 2-35 文件或文件夹的搜索结果

(1) 将搜索扩展到特定库或文件夹之外

如果在特定库或文件夹中无法找到要查找的内容，则可以扩展搜索，以便包括其他位置。

① 在搜索框中键入文件或文件夹名。

② 滚动到搜索结果列表的底部。在"在以下内容中再次搜索"下，执行下列操作之一：

● 单击"库"，在每个库中进行搜索。

● 单击"计算机"，在整个计算机中进行搜索。这是搜索未建立索引的文件（例如系统文件或程序文件）的方式。但是请注意，这样的搜索会变得比较慢。

● 单击"自定义"，搜索特定位置。

● 单击 Internet，以使用默认 Web 浏览器及默认搜索提供程序进行联机搜索。

(2) 使用逻辑搜索词进行布尔筛选

表 2-2　逻辑搜索词

筛选器	举例	说明
AND	ABC AND DEF	查找名称既包含"ABC"又包含"DEF"的文件
OR	ABC OR DEF	查找名称包含"ABC"或包含"DEF"的文件
NOT	ABC NOT DEF	查找名称包含"ABC"但不包含"DEF"的文件

提示：输入布尔搜索时，逻辑搜索词必须大写。

Windows 7 搜索时支持通配符星号（*）和问号（?）。其中，"*"代替 0 个或多个任意字符，"?"代表一个任意字符。

2.3.3　创建快捷方式

Windows 7 的"快捷方式"是一个链接对象的图标，它是指向对象的指针，而不是对象本身。快捷方式文件内包含指向一个应用程序、一个文档或文件夹的指针信息，它以左下角带有一个小黑箭头的图标表示。

创建快捷方式就是建立各种应用程序、文件、文件夹、打印机或网络中的计算机等快捷方式图标，通过双击该快捷方式图标，即可快速打开该项目。创建快捷方式最简捷的方法是，在桌面上或者某个文件夹中右击要创建快捷方式的对象图标，在弹出的快捷菜单中单击"创建快捷方式"命令即可。

具体创建方法如下：

（1）在要创建快捷方式的位置，单击鼠标右键，再弹出的快捷菜单中，选择"新建/快捷方式"，弹出"创建快捷方式"对话框，如图 2-36 所示。

图 2-36　"创建快捷方式"对话框

（2）单击"浏览"，在弹出的"浏览文件或文件夹"中，选定要创建快捷方式的应用程序、文件、文件夹、打印机或计算机等，单击"确定"。

（3）单击"下一步"，在"键入快捷方式的名称"框，键入名称，单击"完成"。

提示：

快捷方式并不能改变应用程序、文件、文件夹、打印机或网络中计算机的位置，它也不是副本，而是一个指针，使用它可以更快地打开项目，并且删除、移动或重命名快捷方式均不会影响原有的项目。

2.3.4 "文件夹选项"对话框

"文件夹选项"对话框，是系统提供给用户设置文件夹的常规及显示方面的属性，设置关联文件的打开方式及脱机文件等的窗口。

打开"文件夹选项"对话框的方法有如下：

选择"开始/控制面板/外观个性化"命令，单击"文件夹选项"，打开"文件夹选项"对话框。

在该对话框中有"常规"、"查看"和"搜索"三个选项卡，分别介绍如下：

（1）"常规"选项卡

该选项卡用来设置文件夹的常规属性，如图 2-37 所示。

"浏览文件夹"选项组可设置文件夹的浏览方式，设定在打开多个文件夹时是在同一窗口中打开还是在不同的窗口中打开；"打开项目的方式"选项组用来设置文件夹的打开方式，可设定文件夹通过单击打开还是通过双击打开，通常选择"通过双击打开项目（单击时选定）"；该选项卡中的"导航窗格"选项组可设置显示所有文件夹。

图 2-37 "常规"选项卡

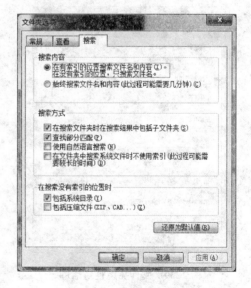

图 2-38 "搜索"选项卡

（2）"查看"选项卡

该选项卡用来设置文件夹的显示方式，如图 2-32 所示。

在该选项卡的"文件夹视图"选项组中，可单击"应用到所有文件夹"和"重置所有文件夹"两个按钮，对文件夹的视图显示进行设置。

在"高级设置"列表框中显示了有关文件和文件夹的一些高级设置选项，用户可根据实际选择需要的选项，然后，单击"应用"按钮既可完成设置。例如，是否显示隐藏文件和文件夹、是否隐藏已知文件类型的扩展名等。单击"还原为默认值"按钮，可还原为系统默认的选项设置。

(3)"搜索"选项卡

该选项卡用来更改搜索内容、方式以及没有索引位置时是否包括系统目录和压缩文件。如图2-38所示。

2.3.5 设置文件夹的共享

如果要使网络上的计算机使用其他计算机的资源，就必须共享计算机的一些文件和设备。设置共享本机资源时注意不要把重要的或私人的信息共享，假如要共享，也要设置用户权限。最好不要把本机的整个驱动器共享，因为这样当其他用户访问本机时会降低本机的速度。

在Windows 7中，设置文件夹的共享属性非常方便，在资源管理器中，只需选中该文件夹，选择工具栏中"组织/属性"（或者右键单击该文件夹，在弹出的快捷菜单中选择"属性"命令），在弹出的文件夹属性对话框中切换到"共享"选项卡即可进行设置。如图2-39所示。

单击"高级共享"按钮，在弹出的"高级共享"对话框中，我们可以轻松设置该共享文件夹的名称和同时共享的用户数量，当然还可以进一步设置"权限"和"缓存"，只需单击相应的按钮即可完成，如图2-40所示。

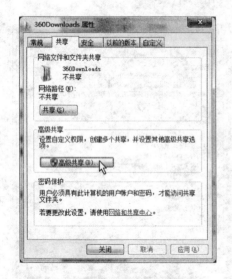

图2-39 文件夹属性对话框

图2-40 设置文件夹的高级共享

2.4 Windows 7个性化设置

Windows 7允许修改计算机和其自身几乎所有部件的外观和行为。这一节将介绍如何在Windows 7下进行个性化设置，以体现自己独特的个性特点。更重要的是可以使Windows 7更符合个人的工作习惯，提高工作效率。通常使用控制面板进行个性化环境设置。

2.4.1 设置桌面背景、屏幕保护及个性化主题

可以通过更改计算机的主题、颜色、声音、桌面背景、屏幕保护程序、字体大小和用户帐户图片来向计算机添加个性化设置。

1. 设置桌面背景

桌面背景是显示在桌面上的图片、颜色或图案。用户可以选择单一的颜色作为桌面的背景,也可以选择类型为 BMP、JPG、HTML 等位图文件作为桌面的背景图片。

设置桌面背景的操作步骤如下:

(1) 选择"开始/控制面板/外观个性化",单击"个性化",打开"个性化"窗口。

(2) 在"个性化"窗口中,单击"桌面背景",打开"桌面背景"窗口。如图 2-41 所示。

图 2-41 "桌面背景"窗口

(3) 在"桌面背景"窗口中可选择一幅喜欢的背景图片,或选择多个图片创建幻灯片。也可以单击"浏览"按钮,在本地磁盘或网络中选择其他图片作为桌面背景。在"图片位置"下拉列表框中有"填充"、"适应"、"居中"、"平铺"和"拉伸"五个选项,用于调整背景图片在桌面上的位置。

(4) 桌面背景选好再单击"保存修改"按钮即可。

2. 设置屏幕保护

屏幕保护程序是在指定时间内没有使用鼠标或键盘时,出现在屏幕上的图片或动画,以保护显示屏幕不被烧坏。

当用户在一段时间内不使用计算机时,可设置屏幕保护程序自动启动,以动态的画面显示于屏幕,这样可以减少屏幕的损耗并保障系统安全。设置屏幕保护的操作步骤如下:

(1) 选择"开始/控制面板/外观个性化",单击"个性化",打开"个性化"窗口。

(2) 在"个性化"窗口中,单击"屏幕保护程序",打开"屏幕保护程序设置"对话框。如图 2-42 所示。

（3）在对话框中，选择喜欢的屏幕保护程序，对其进行设置，预览，设置等待时间、更改电源设置。

（4）设置完成，单击"确定"按钮。

图 2-42 "屏幕保护程序设置"对话框

3. 更改主题

主题包括桌面背景、屏幕保护程序、窗口边框颜色和声音，有时还包括图标和鼠标指针。可以从多个 Aero 主题中进行选择。可以使用整个主题，或通过分别更改图片、颜色和声音来创建自定义主题的各个部分。

可以从 Windows 网站上的个性化库添加更多主题到收藏集。

更改主题的操作步骤如下：

（1）选择"开始/控制面板/外观个性化"，单击"个性化"，打开"个性化"窗口。

（2）在"个性化"窗口中，单击某个主题，即可应用该主题。

（3）如需更改，可单击"桌面背景"、"窗口颜色"、"声音"以及"屏幕保护程序"对其作相应更改。

在"个性化"窗口中用得较多的选项卡是"主题"、"桌面"和"屏幕保护程序"。在"窗口颜色"和"声音"选项卡中，用户可根据实际需要进行设置，是很容易操作的。

2.4.2 调整键盘和鼠标

键盘和鼠标是操作计算机过程中使用最频繁的设备之一，几乎所有的操作都要用到键盘或鼠标。在安装 Windows 7 时系统已自动对鼠标和键盘进行过设置，但这种默认的设置可能并不符合用户个人的使用习惯，用户可以按个人的喜好对鼠标和键盘进行一些调整。

1. 调整键盘

调整键盘的操作步骤如下：

（1）选择"开始/控制面板/所有控制面板项"命令，如图 2-43 所示。

(2) 单击"键盘",打开"键盘属性"对话框,如图 2-44 所示。切换到"速度"选项卡。

图 2-43 "所有控制面板项"窗口

图 2-44 "速度"选项卡

(3) 在该选项卡的"字符重复"选项组中,拖动"重复延迟"滑块,可调整在键盘上按住一个键需要多长时间才开始重复输入该键;拖动"重复速度"滑块,可调整输入重复字符的速率。在"光标闪烁速度"选项组中,拖动滑块,可调整光标的闪烁速度。

(4) 单击"应用"按钮,即可应用所作的设置。

提示:

打开"控制面板",在"查看方式"中选择"大图标"或"小图标","控制面板"将变为"所有控制面板项"。

2. 调整鼠标

调整鼠标的操作步骤如下:

(1) 选择"开始/控制面板/所有控制面板项"命令。单击"鼠标",打开"鼠标属性"对话框,如图 2-45 所示。

(2) 在"鼠标键"选项卡的"鼠标键配置"选项组中,系统默认左边的键为主要键,若选中"切换主要和次要的按钮"复选框,则设置右边的键为主要键。

在"双击速度"选项组中拖动滑块可调整鼠标的双击速度,双击旁边的文件夹可检验设置的速度。

在"单击锁定"选项组中,若选中"启用单击锁定"复选框,则在移动项目时不用一直按着鼠标键就可实现。单击"设置"按钮,在弹出的"单击锁定的设置"对话框中,可调整实现单击锁定需要按鼠标键或轨迹球按钮的时间,如图 2-46 所示。

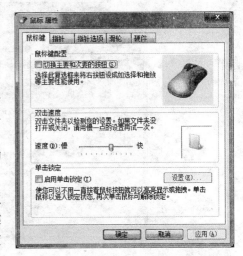

图 2-45 "鼠标属性"对话框

图 2-46 "单击锁定的设置"对话框

2.4.3 安装和删除应用程序

在 Windows 7 环境下可运行多种应用程序,在使用它们之前一般首先要进行安装,不再使用时,应该从系统中删除,以节约系统资源。现在的应用程序一般规模较大,功能很强,与操作系统的结合日益紧密,许多应用程序往往成为操作系统的一部分。这种情况给安装和删除应用程序带来了复杂性。

安装应用程序可以简单地从光盘中运行安装程序(通常是 SETUP. EXE 或 IN-STALL. EXE),但是删除应用程序最好不要通过直接打开文件夹,然后删除其中文件的方式来删除某个应用程序。因为这样一方面不可能删除干净,有些 DLL 文件安装在 Windows 目录中,另一方面很可能会删除某些其他程序也需要的 DLL 文件,导致破坏其他依赖这些 DLL 文件的程序。

在 Windows 7 的控制面板中,有一个添加和删除应用程序的工具。其优点是保持 Windows 7 对更新、删除和安装过程的控制,用此功能添加或删除程序不会因为误操作而造成对系统的破坏。选择"开始/控制面板/所有控制面板项"命令,打开"所有控制面板项"窗口。单击"程序和功能",弹出如图 2-47 所示的"卸载或更改程序"窗口,用于卸载或更改程序、查看已安装的更新和打开或关闭 Windows 功能。

图 2-47 "卸载或更改程序"窗口

2.4.4 设置多用户使用环境

在实际生活中,多用户使用一台计算机的情况经常出现,而每个用户的个人设置和配置文件等均会有所不同,这时用户可进行多用户使用环境的设置。当不同用户用不同身份登录时,系统就会应用该用户身份的设置,而不会影响到其他用户的设置。

设置多用户使用环境的具体操作如下:

(1) 选择"开始/控制面板"命令,打开"控制面板"窗口,如图 2-48 所示。

图 2-48 "控制面板"窗口

图 2-49 "用户帐户"窗口

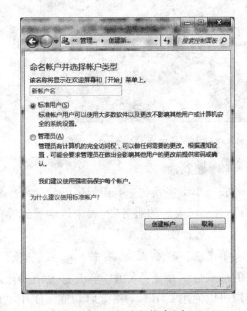

图 2-50 "创建新帐户"窗口

(2) 单击"添加或删除用户帐户",打开"选择希望更改的帐户"窗口,如图 2-49 所示。

(3) 单击"创建一个新帐户",在弹出的"创建新帐户"窗口(如图 2-50 所示),输入新帐户名,选中"标准用户"单选按钮,单击"创建帐户"按钮。此时,新帐户已创建好。

进行用户帐户的更改,可按下面步骤进行:
(1) 选择"开始/控制面板"命令,打开"控制面板"窗口。
(2) 单击"添加或删除用户帐户",打开"选择希望更改的帐户"窗口。
(3) 单击需要更改的帐户,可对帐户的名称、密码、图片帐户类型及帐户删除等进行更改。

2.4.5 Windows 中文输入法

随着计算机的发展,中文输入法也越来越多,掌握中文输入法已成为我们日常使用计算机的基本要求。根据汉字编码的不同,中文输入法可分为三种:字音编码法、字形编码法和音形结合编码法,Windows 7 提供了多种汉字输入法,用户可按自身情况选择输入法。

(1) 添加输入法

右键单击语言栏,在弹出的快捷菜单中选择"设置",打开"文字服务和输入语言"对话框,如图 2-51 所示。单击"添加"按钮,打开"添加输入语言"对话框,如图 2-52 所示。在下拉列表中选中所需输入法前的复选框,然后单击"确定"。

图 2-51 "文字服务和输入语言"对话框　　　图 2-52 "添加输入语言"对话框

(2) 删除输入法

右键单击语言栏,在弹出的快捷菜单中选择"设置",打开"文字服务和输入语言"对话框,在"已安装的服务"列表中选中要删除的输入法,单击"删除"按钮,然后单击"确定"。

(3) 选择中文输入法

单击语言栏按钮,在弹出的菜单中选择合适的中文输入法。语言栏可以以最小化按钮的形式显示在任务栏中,单击右上角的还原小按钮,它也可以独立显示于任务栏之外。用户可以使用 Ctrl+空格键启动或关闭中文输入法,或者使用 Ctrl + Shift 键在各种输入法之间切换。

2.4.6 更改日期和时间

在任务栏的右端显示有系统提供的日期和时间,将鼠标指针指向时间栏,稍作停顿即

会显示系统日期。若不想显示日期和时间,或需要更改日期和时间可按下面步骤进行操作:

1. 不想显示日期和时间

(1) 右键单击任务栏中的日期和时间,在弹出的快捷菜单中选择"属性"命令,打开"打开或关闭系统图标"窗口,如图 2-53 所示。

(2) 在"打开或关闭系统图标"选项组中,将系统图标"时钟"的"行为"设为"关闭"。

(3) 单击"确定"按钮即可。

图 2-53 "打开或关闭系统图标"窗口

图 2-54 "日期和时间"对话框

2. 更改日期和时间

(1) 选择"开始/控制面板/所有控制面板项"命令。单击"日期和时间",打开"日期和时间"对话框,如图 2-54 所示。或在"控制面板"窗口中,双击"日期和时间"图标。

(2) 在"日期和时间"选项卡,单击"更改日期和时间"按钮,打开"日期和时间设置"对话框,调节准确日期和时间。

(3) 更改完毕后,单击"确定"按钮即可。

2.4.7 设置 Windows 7 网络配置

与其他 Windows 操作系统一样,在 Windows 7 中准备好相关的硬件设备就可以通过操作系统连接到互联网。

1. 连接到宽带网络

(1) 单击"开始/控制面板/所有控制面板项"中的"网络和共享中心",打开"网络和共享中心"窗口,如图 2-55 所示。

(2) 单击"更改网络设置"下的"设置新的连接或网络",在弹出的"设置连接或网络"下拉列表中选择"连接到 Internet",单击"下一步",如图 2-56 所示。

(3) 在"连接到 Internet"对话框选中"宽带 PPPoE",在弹出的对话框中输入 ISP 提供的"用户名"、"密码"及"连接名称",单击"连接"。

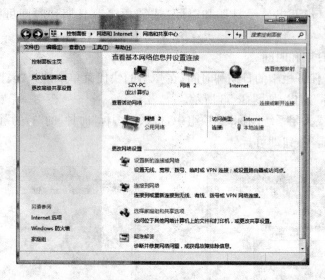

图 2-55 "网络和共享中心"窗口

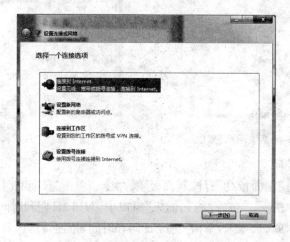

图 2-56 "连接到 Internet"对话框

2. 连接到无线网络

（1）单击任务栏中通知区域的网络图标，弹出"无线网络连接"。

（2）在"无线网络连接"列表框中双击需要连接的网络，在弹出的对话框中输入"安全关键字"，单击"确定"。

2.5 系统维护与优化

操作系统是计算机的软件平台，做好对操作系统的维护和优化，可提高系统的稳定性，使计算机使用起来更加顺畅。

1. 整理磁盘碎片

（1）选择"开始/所有程序/附件/系统工具"，单击"磁盘碎片整理程序"，弹出"磁盘碎片整理程序"窗口,如图 2-57 所示。

(2) 选中需要进行碎片整理的磁盘,单击"分析磁盘",稍后查看碎片所占比例。

(3) 如确定需要进行磁盘碎片整理,单击"磁盘碎片整理"。

图 2-57 "磁盘碎片整理程序"窗口

2. 磁盘清理工具

(1) 选择"开始/所有程序/附件/系统工具",单击"磁盘清理",弹出"磁盘清理:驱动器选择"对话框,如图 2-58 所示。

(2) 在"驱动器"下拉列表中选择要清理的磁盘驱动器,单击"确定"。

(3) 稍后弹出"(C:)的磁盘清理"对话框,选中要删除选项左侧复选框,单击"确定",如图 2-59 所示。

(4) 在弹出的对话框中单击"删除文件"。

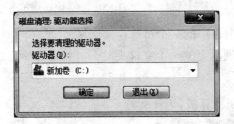

图 2-58 "磁盘清理:驱动器选择"对话框   图 2-59 "(C:)的磁盘清理"对话框

3. 系统优化

将系统优化可以通过下列方法：

(1) 自定义开机启动项，减少启动项。

① 选择"开始/控制面板/所有控制面板项/管理工具"，双击"系统配置"，打开"系统配置"对话框。

② 选择"启动"选项卡，如不希望开机启动，则清除复选框。

(2) 关闭小工具库这类资源占用大户。

(3) 关闭 Windows Aero 的特效，将 Windows 7 系统的主题设为 Windows 的经典主题。

习 题

一、选择题

1. 在 Windows 7 中，窗口的类型有文件夹窗口、应用程序窗口和_____。
   A. 我的电脑窗口　　B. 资源管理器窗口　C. 桌面　　　　　D. 文档窗口

2. 在菜单中，前面有"√"标记的项目表示_____。
   A. 复选选中　　　　B. 单选选中　　　　C. 有级联菜单　　D. 有对话框

3. 在菜单中，前面有"●"标记的项目表示_____。
   A. 复选选中　　　　B. 单选选中　　　　C. 有级联菜单　　D. 有对话框

4. 在菜单中，后面有"▶"标记的命令表示_____。
   A. 复选选中　　　　B. 单选选中　　　　C. 有级联菜单　　D. 有对话框

5. 在菜单中，后面有"…"标记的命令表示_____。
   A. 复选选中　　　　B. 单选选中　　　　C. 有级联菜单　　D. 有对话框

6. "控制面板"窗口_____。
   A. 是硬盘系统区的一个文件　　　　B. 是硬盘上的一个文件夹
   C. 是内存中的一个存储区域　　　　D. 包含一组系统管理程序

7. 快捷方式确切的含义是_____。
   A. 特殊文件夹　　　　　　　　　　B. 特殊磁盘文件
   C. 各类可执行文件　　　　　　　　D. 指向某对象的指针

8. 剪贴板是在_____中开辟的一个特殊存储区域。
   A. 硬盘　　　　　　B. 外存　　　　　　C. 内存　　　　　D. 窗口

9. 回收站是_____。
   A. 硬盘上的一个文件　　　　　　　B. 内存中的一个特殊存储区域
   C. 软盘上的一个文件夹　　　　　　D. 硬盘上的一个文件夹

二、思考题

1. 是否可以通过直接切断主机电源的方式关闭计算机，为什么？
2. 举例说明 Windows 7 中常见鼠标操作的种类和功能。
3. 快捷方式有什么作用，从图标上如何区别快捷方式和普通文件？
4. 什么是剪贴板？剪贴板在复制、移动文件的过程中起什么作用？

第 3 章　Word 2010 文字处理

　　Microsoft Office 2010 是微软公司推出的办公套装软件，主要包括 Word、Excel、PowerPoint、Access、Outlook 等应用程序。

　　Word 2010 是字处理程序，也是 Office 2010 中最常用的程序。在 Word 中，用户可以对文字、图形、表格、数学公式、艺术字等对象按所需要的格式进行排版，然后生成包括会议议程、书信、备忘录、日历、简历在内的多种文档，并且还可以将文档送入打印机进行打印输出，或者制成网页发送到 Internet 上。

　　本章主要内容安排如下：

　　1. 文档的基本操作。

　　2. 文本输入和基本编辑。

　　3. 文档的排版：介绍视图的概念，字符格式、段落格式设置，样式的创建与使用，分栏操作，页面排版等操作。

　　4. 表格的制作：介绍了表格的创建、编辑、设置，表格计算，表格与文本的转换等操作。

　　5. 图文混排，介绍了在文档中插入图片、艺术字、公式、自制图形、对象嵌入与链接等图文混排操作。

3.1　Word 2010 概述

3.1.1　Word 2010 的主要新增功能

　　Word 2010 提供了一系列新增和改进的工具。

　　1. 发现改进的搜索和导航体验

　　利用 Word 2010，可更加便捷地查找信息。现在，利用新增的改进查找体验，您可以按照图形、表、脚注和注释来查找内容。改进的导航窗格为您提供了文档的直观表示形式，这样就可以对所需内容进行快速浏览、排序和查找。

　　2. 与他人同步工作

　　Word 2010 重新定义了人们一起处理某个文档的方式。利用共同创作功能，您可以编辑论文，同时与他人分享您的思想观点。

　　3. 几乎可从任何地点访问和共享文档

　　联机发布文档，然后通过您的计算机在任何地方访问、查看和编辑这些文档。通过 Word 2010，您可以在多个地点和多种设备上获得一流的文档体验 Microsoft Word Web 应用程序。

4. 向文本添加视觉效果

利用 Word 2010，您可以对文本应用图像效果（如阴影、凹凸、发光和映像），也可以对文本应用格式设置，以便与您的图像实现无缝混合。操作起来快速、轻松，只需单击几次鼠标即可。

5. 将您的文本转化为引人注目的图表

利用 Word 2010 提供的更多选项，您可将视觉效果添加到文档中。您可以从新增的 SmartArt™ 图形中选择，以在数分钟内构建令人印象深刻的图表。SmartArt 中的图形功能同样也可以将点句列出的文本转换为引人注目的视觉图形，以便更好地展示您的创意。

6. 向文档加入视觉效果

利用 Word 2010 中新增的图片编辑工具，无需其他照片编辑软件，即可插入、剪裁和添加图片特效。您也可以更改颜色饱和度、色温、亮度以及对比度，以轻松将简单文档转化为艺术作品。

7. 恢复您认为已丢失的工作

您是否曾经在某文档中工作一段时间后，不小心关闭了文档却没有保存？没关系。Word 2010 可以让您像打开任何文件一样恢复最近编辑的草稿，即使您没有保存该文档。

8. 跨越沟通障碍

利用 Word 2010，您可以轻松跨不同语言沟通交流，翻译单词、词组或文档。可针对屏幕提示、帮助内容和显示内容分别进行不同的语言设置。您甚至可以将完整的文档发送到网站进行并行翻译。

9. 将屏幕快照插入到文档中

插入屏幕快照，以便快捷捕获可视图示，并将其合并到您的工作中。当跨文档重用屏幕快照时，利用"粘贴预览"功能，可在放入所添加内容之前查看其外观。

10. 利用增强的用户体验完成更多工作

Word 2010 简化了您使用功能的方式。新增的 Microsoft Office Backstage™ 视图替换了传统文件菜单，您只需单击几次鼠标，即可保存、共享、打印和发布文档。利用改进的功能区，您可以快速访问常用的命令，并创建自定义选项卡，将体验个性化为符合您的工作风格需要。

3.1.2 启动 Word 2010

Word 2010 的启动有多种方法，常用的有：

（1）常规方法

常规启动 Word 2010 的方法实际上就是在 Windows 下运行一个应用程序。具体步骤如下：

将鼠标指针移至屏幕左下角"开始"菜单按钮，执行"开始"→"所有程序"→"Microsoft Office"→"Microsoft Word 2010"命令。

（2）通过双击 Windows 桌面上的快捷方式 启动。

（3）双击文档名后缀为".docx"或"doc"的文档启动。

3.1.3 退出 Word 2010

结束 Word 2010 操作即退出 Word 2010 应用程序，有以下几种方法：

(1) 双击 Word 窗口左上角的"控制菜单"图标 W，或单击"控制菜单"图标，选择其中"关闭"命令。

(2) 单击 Word 窗口右上角的"关闭"按钮。

(3) 选择"文件"菜单的"退出"命令。

(4) 按快捷键 Alt＋F4。

注意：当执行退出 Word 操作时，如有文档输入或修改后尚未保存，那么 Word 将会提示是否保存文档，选择"保存"，则保存文档，选择"不保存"，将放弃当前的输入或修改，选择"取消"，则继续进行编辑工作。

3.2 Word 2010 的窗口的组成

3.2.1 Word 2010 窗口组成

启动 Word 2010 后，屏幕上将出现 Word 2010 应用程序窗口，如图 3-1 所示。它由标题栏、快速访问工具栏、文件选项卡、功能区、编辑区、状态栏、文档视图工具栏、显示比例控制栏、滚动条、标尺等组成。对窗口中各元素说明如下：

1. 标题栏

标题栏位于 Word 窗口最上方，标题栏中包含有：

(1) "控制菜单"图标。单击它可下拉出 Word 窗口的控制菜单，完成对 Word 窗口的最大化、最小化、还原、移动、改变大小和关闭等操作。双击它可以退出 Word。

(2) 窗口标题。用于显示文档名和应用程序名称 Microsoft Word。

(3) 最小化、最大化（或还原）和关闭按钮。实现窗口的最小化、最大化或还原显示，关闭按钮可关闭应用程序。

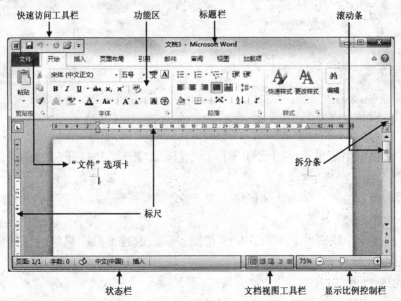

图 3-1　Word 窗口组成

2. 快速访问工具栏

快速访问工具栏默认位于 Word 窗口功能区上方,用户可以根据需要修改设置,使其位于功能区的下方。快速访问工具栏的作用是使用户能快速启动经常使用的命令。默认情况下,快速访问工具栏中只有数量较少的命令,用户可以根据需要,使用"自定义快速访问工具栏"命令添加或定义自己的常用命令。

Word 默认的快速访问工具栏包含"保存"、"撤销"、"重复"和"自定义快速访问工具栏"这 4 个命令按钮。如图 3-2 所示。

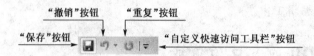

图 3-2　Word 默认的快速访问工具栏

3. "文件"选项卡

Word 2010 的"文件"选项卡取代了以前版本中的"文件"菜单并增加了新的功能。Word"文件"选项卡如图 3-3 所示。

图 3-3　Word 文件选项卡

"文件"选项卡中提供了一组文件操作命令,例如"新建"、"打开"、"关闭"、"另存为"、"打印"等。

"文件"选项卡的另一个功能是提供了关于文档、最近所用文件等相关信息,分别可通过执行其中的相关命令来实现。

"文件"选项卡中还提供了 Word 2010 帮助。可以通过本机中提供的相关帮助文档或联机帮助,解决实际操作中遇到的问题。

4. 功能区

Word 2010 与 Word 2003 及以前的版本相比,一个显著的不同就是用各种功能区取代了传统的菜单操作方式。在 Word 功能区中,看起来像菜单的名称其实是功能区的名称,当单击这些名称时并不会打开菜单,而是切换到与之相对应的功能区面板。每个功能区根据功能的不同又分为若干个命令组(子选项卡),这些功能区及其命令组涵盖了 Word 的各种功能。

用户可以根据需要,通过执行"文件"→"选项"→"自定义功能区"命令来定义自己的功能区。

Word 默认含有 8 个功能区,分别是:"开始"、"插入"、"页面布局"、"引用"、"邮件"、"审阅"、"视图"和"加载项"功能区。

(1)"开始"功能区

"开始"功能区包括剪贴板、字体、段落、样式和编辑等几个命令组,它包含了有关文字编辑和排版格式设置的各种功能。

(2)"插入"功能区

"插入"功能区包括页、表格、插图、链接、页眉和页脚、文本、符号和特殊符号等几个命令组,主要用于在文档中插入各种元素。

(3)"页面布局"功能区

"页面布局"功能区包括主题、页面设置、稿纸、页面背景、段落、排列等几个命令组,用于帮助用户设置文档页面样式。

(4)"引用"功能区

"引用"功能区包括目录、脚注、引文与书目、题注、索引和引文目录等几个命令组,用于实现在文档中插入目录、引文、题注等索引功能。

(5)"邮件"功能区

"邮件"功能区包括创建、开始邮件合并、编写和插入域、预览结果和完成等几个命令组,功能区的作用比较专一,专门用于在文档中进行邮件合并方面的操作。

(6)"审阅"功能区

"审阅"功能区包括校对、语言、中文简繁转换、批注、修订、更改、比较和保护等几个命令组,主要用于对文档进行审阅、校对和修订等操作,适用于多人协作处理大文档。

(7)"视图"功能区

"视图"功能区包括文档视图、显示、显示比例、窗口和宏等几个命令组,主要用于帮助用户设置 Word 操作窗口的查看方式、操作对象的显示比例等,以便于用户获得较好的视觉效果。

(8)"加载项"功能区

"加载项"功能区仅包括"菜单命令"一个组,加载项用于为 Word 配置附加属性,如自定义工具栏或其他命令等。

5. 标尺

标尺分为水平标尺和垂直标尺,用于显示文档中各种对象在窗口中的位置,以及用来设置制表位、段落、页边距尺寸、左右缩进、首行缩进等。标尺两端的灰色部分表示页边界。

有两种方法可以隐藏/显示标尺:

(1)执行"视图"→"标尺"复选框可以隐藏/显示标尺。

(2)单击位于滚动条滑块上方的"标尺"按钮,可以隐藏/显示标尺。

隐藏了功能区和标尺后,窗口的工作区达到了最大。

6. 文档编辑区

文档编辑区是指功能区以下和状态栏以上的一个区域。在 Word 窗口的编辑区中可以进行文档录入和编辑或排版等。Word 窗口的工作区中可以打开一个或多个文档,每个文档有一个独立的窗口。

7. 文档视图工具栏按钮

视图就是查看文档的方式。同一个文档可以在不同的视图下查看,虽然文档的显示方式不同,但是文档的内容是不变的。视图有页面视图、阅读版式视图、Web 版式视图、大纲视图、草稿视图。对文档操作需求的不同,可选择在不同的视图下浏览。通过单击各视图按钮可以在不同的视图下查看文档。

8. 状态栏

位于窗口的最下面,用于指示文档的当前状态。如当前编辑页码、总页数、光标所在行、列号和位置。位置值是指从页面顶端到光标的距离。状态栏右端的四个呈灰色的方框各表示一种工作方式,双击某个方框可以启动或关闭该工作方式。当启动该工作方式时,该方框中的文字即呈黑色。如插入/改写状态等。

9. 滚动条

滚动条分为水平和垂直滚动条。使用滚动条中的滑块或按钮滚动工作区内的文档,可以实现如表 3-1 的操作。

表 3-1　滚动条中滑块和按钮的操作

向上滚动一行	单击向上滚动箭头
向下滚动一行	单击向下滚动箭头
向上滚动一屏	在滚动块上方单击
向下滚动一屏	在滚动块下方单击
向左滚动	单击向左滚动箭头
向右滚动	单击向右滚动箭头

10. 显示比例控制栏

显示比例工具栏由"缩放级别"按钮和"缩放滑块"组成,用于更改正在编辑文档的显示比例。

3.2.2　Word 2010 的视图

Word 2010 中提供了多种视图模式供用户选择,这些视图模式包括"页面视图"、"阅读版式视图"、"Web 版式视图"、"大纲视图"和"草稿视图"五种视图模式。用户可以在"视图"功能区中选择需要的文档视图模式,也可以在 Word 2010 文档窗口的右下方单击视图按钮选择视图。

1. 页面视图

"页面视图"可以显示 Word 2010 文档的打印结果外观,主要包括页眉、页脚、图形对象、分栏设置、页面边距等元素,是最接近打印结果的页面视图,是进行文字输入、编辑和格式编排的默认视图。

2．阅读版式视图

"阅读版式视图"以图书的分栏样式显示 Word 2010 文档，"文件"按钮、功能区等窗口元素被隐藏起来。在阅读版式视图中，用户还可以单击"工具"按钮选择各种阅读工具。

3．Web 版式视图

"Web 版式视图"以网页的形式显示 Word 2010 文档，Web 版式视图适用于发送电子邮件和创建网页。

4．大纲视图

"大纲视图"主要用于 Word 2010 文档的设置和标题层级结构的显示，并可以方便地折叠和展开各种层级的文档。大纲视图广泛用于 Word 2010 长文档的快速浏览和设置。

5．草稿视图

"草稿视图"取消了页面边距、分栏、页眉页脚和图片等元素，仅显示标题和正文，是最节省计算机系统硬件资源的视图方式。当然现在计算机系统的硬件配置都比较高，基本上不存在由于硬件配置偏低而使 Word 2010 运行遇到障碍的问题。

3.3 Word 文档的基本操作

3.3.1 创建新文档

(1) 在刚启动 Word 2010 中文版时，Word 2010 中文版会自动建立一个空文档，并在标题栏上显示"文档 1 - Microsoft Word"。

(2) 单击"文件"选项卡中的"新建"命令，显示如图 3-4 所示的"新建"列表框，可单击不同的列表项，从而建立不同类型的新文档。通过单击"空白文档"列表项，并单击"创建"按钮创建空文档。

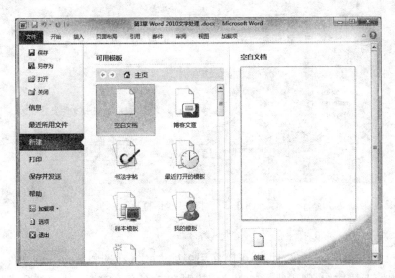

图 3-4　新建 Word 文档

Word 对"文档 1"以后新建的文档以创建的顺序依次命名为"文档 2"、"文档 3"、……每个新建文档对应有一独立的文档窗口,任务栏中也有一个相应的文档按钮与之对应。当新建文档数量多于一个时,这些文档按钮便以叠置的按钮组形式出现。将鼠标移至按钮(或按钮组)上停留片刻,便会展开为各自的文档窗口缩略图,单击文档窗口缩略图可实现文档间的切换。

3.3.2 打开已存在的文档

1. 打开一个或多个 Word 文档

打开一个或多个已存在的 Word 文档有下列三种常用的方法:

(1) 双击带有 Word 文档图标的文件名。

(2) 单击"文件"→"打开"命令。

(3) 直接按快捷键 Ctrl+O。

以上操作,Word 都会显示一个如图 3-5 所示"打开"对话框。

如果要打开的文件不在当前文件夹中,则首先在"打开"对话框左侧的"文件夹树"中单击所选定的驱动器,对话框右侧的"名称"列表框中就列出了该驱动器下包含的文件夹名和文件名,双击打开所选的文件夹,"名称"列表框中就列出了该文件夹中包含的文件夹名和文件名。重复这一操作,直到打开包含有要打开的文档名的文件夹为止。最后选择要打开的文件,并单击"打开"按钮打开文件。

2. 打开非 doc 或 docx 文档

默认打开的文档是以 doc 或 docx 为扩展名的。如果要打开其他类型的文档,如 txt 格式的文本文件,则需要在"文件类型"列表框中进行选择,如图 3-5 所示。

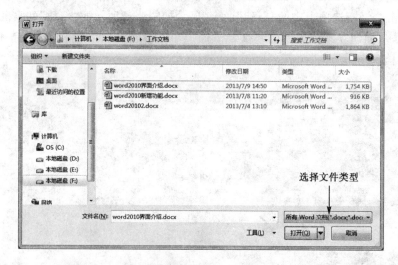

图 3-5 "打开"对话框

3. 以多种方式打开文档

在 Word 2010 中打开文件时,还可以使用多种方式。在选中要打开的文件后,单击"打开"按钮右侧的下拉按钮,则出现一个菜单,其中有 7 个命令菜单,其中部分常用菜单功能如下:

- "打开":单击此命令,以普通的方式打开所选文档。
- "以只读方式打开":单击此命令,以只读方式打开所选文档,即打开的文档属性是只读的。用户只能看不能进行修改。
- "以副本方式打开":单击此命令,以副本方式打开所选文档,即打开所选文档的复制品。
- "用浏览器打开":此命令只有当选中 HTML 文档(一种超文本语言,也就是人们常说的网页文档)时才有用,单击它后启动浏览器,如 IE 8.0。

4. 同时打开多个文档

如果在"打开"对话框中的文件列表框中,按下 Shift 键或 Ctrl 键的同时单击文件,则可以选中多个连续或不连续的文件,选中文件后,单击"打开"按钮,可以将选中的文件一一打开。

5. 打开最近使用过的文档

如果要打开的是最近使用过的文档,Word 提供了更快捷的操作方式,其中两种常用的操作方法如下:

(1) 执行"文件"→"最近所用文件"命令,在随后出现的如图 3-6 所示的"最近所用文件"命令菜单中,分别单击"最近的位置"和"最近使用的文档"栏目中所需要的文件夹和 Word 文档名即可打开用户指定的文档。

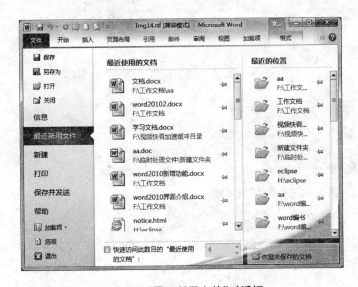

图 3-6 "最近所用文件"对话框

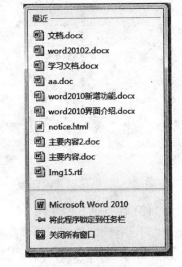

图 3-7 "最近"列表框

(2) 若当前已存在打开的一个(或多个)Word 文档,则鼠标右击任务栏中"已打开 Word 文档"按钮(或以叠置形式放置的"已打开 Word 文档"按钮组),此时会弹出一个名为"最近的列表框,如图 3-7 所示。列表框中含有最近使用过的 Word 文档,单击需要打开的文档名即可打开用户指定的文档。

默认情况下,"最近"列表框中保留 10 个最近使用过的 Word 档名。

3.3.3 文档的保存和保护

1. 文档的保存

（1）保存新建文档

文档输入完毕后，必须进行保存，以便今后的使用。为了永久保存所建立的文档，在退出 Word 前应将它作为磁盘文件保存起来。保存文档的方法有如下几种：

- 单击"快速访问工具栏"中的"保存"按钮 。
- 单击"文件"→"保存"命令。
- 直接按快捷键 Ctrl+S。

当对新建的文档第一次进行"保存"时，此时的"保存"命令相当于"另存为"命令，会出现如图 3-8 所示的对话框。在"另存为"对话框中，首先需要在与"保存位置"有关的列表框中选定一个要保存文件的文件夹，接着在"文件名"文本框中输入文件名，最后，在"保存类型"列表框中选择此文件要保存的类型，保存类型的默认设置是扩展名为 docx 的 Word 文档。完成以上操作后，单击"保存"按钮完成保存文件的操作。

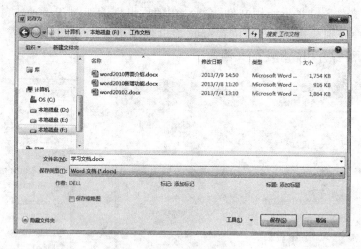

图 3-8 "另存为"对话框

（2）保存已有的文档

对已有的文件打开和修改后，同样可以用上述方法将修改后的文档以原来的文件名保存在原来的文件夹中。此时不再出现"另存为"对话框。

注意：输入或编辑一个大文档时，最好随时做好保存文档的操作，以免计算机的意外故障引起文档内容的丢失。

（3）用另一文档名保存文档

单击"文件"→"另存为…"命令可以把一个正在编辑的文档以另一个不同的名字保存在同一文件夹下，或保存到另一个文件夹下，而原来的文件内容不会被改变。

2. 文档的保护

（1）设置访问权限

如果所编辑的文档是一份机密的文件，不希望无关人员查看文档，则可以给文档设置"打开文件时的密码"，使别人在没有密码的情况下无法打开此文档；另外，如果所编辑的文档允许别人查看,但禁止修改,那么可以给这种文档加一个"修改文件时的密码"。对设置了"修改文件时的密码"的文档别人可以在不知道口令的情况下以"只读"方式查看它,但无法修改它。设置密码的方法如下:

① 单击"文件"→"另存为…"命令,打开"另存为"对话框。

② 在"另存为"对话框中,单击"工具"→"常规选项…"命令,打开标题为"常规选项"的对话框,如图3-9所示。

③ 在"打开文件时的密码"和"修改文件时的密码"文本框中可输入打开权限密码或修改权限密码。

④ 单击"确定"按钮,此时会出现一个如图3-10所示的"确认密码"对话框,要求用户再重复键入所设置的密码。

图3-9 "常规选项"对话框

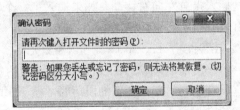

图3-10 "确认密码"对话框

⑤ 在"确认密码"对话框的文本框中重复键入所设置的密码并单击"确定"按钮。如果密码核对正确,则返回"另存为"对话框,否则出现"确认密码不符"的警示信息。此时只能重新设置密码。

当为文档设置了"打开文件时的密码"后,再一次打开它时,首先会出现"密码"对话框,要求用户输入密码以便核对,正确则可打开。否则无法打开该文档。而打开设置了"修改权限密码"的文档时,与其上所述类似,但此时"密码"对话框中会多一个"只读"按钮,供不知道密码的人以只读方式打开它。

如果想要取消已设置的密码,可首先用正确的密码打开该文档,再选择"文件"→"另存为"命令,在打开的对话框中选择"工具"→"常规选项…"命令,打开"常规选项"对话框,删除其中设置的密码即可。

(2) 对文档中的指定内容进行编辑限制

有些情况下,文档作者认为文档中的某些内容比较重要,不允许被其他人更改,但可以阅读或对其进行修订、审阅等操作,这时可进行"限制编辑"的设置。具体操作步骤如下:

① 选定需要保护的文档内容。

② 单击"审阅"→"保护"→"限制编辑"命令,打开"限制格式和编辑"窗格。

③ 在"限制格式和编辑"窗格中,勾选"仅允许在文档中进行此类型的编辑"复选框,并在"限制编辑"下拉列表框中从"修订"、"批注"、"填写窗体"和"不允许任何更改(只读)"四个选项中选定一项。

以后,对于这些被保护的文档内容,只能进行上述选定的编辑操作。

3.3.4 关闭文档

在不退出 Word 应用程序窗口的情况下,关闭 Word 文档,可单击文档窗口标题栏的关闭按钮或选择"文件"→"关闭"命令。对于修改后没有存盘的文档,系统会给出提示信息,选择"保存",则保存对文档的修改,并关闭 Word 文档;选择"不保存",则放弃对文档所作的修改,并关闭 Word 文档;选择"取消"则放弃本次操作回到应用程序窗口继续对文档进行编辑。

3.4 文本输入和基本编辑

3.4.1 输入文本

新建一个空白文档后,就可输入文本了。在窗口工作区的左上角有一闪烁着的小竖线,这是光标,它所在的位置称为插入点,我们输入的文字将会从那里出现。当输入文本时,插入点自左向右移动。如果输入了一个错误的字符或汉字,那么可以按 Backspace 键删除该错字,然后继续输入。

注意:按下 Backspace 键可以删除光标前的字符。也可以用 Delete 键删除光标后的字符。

Word 有自动换行的功能,当输入到达每行的末尾时不必按 Enter 键,Word 会自动换行,只有想要另起一个新的段落时才按下 Enter 键。按 Enter 键表示一个段落的结束,新段落的开始。

1. 光标的移动

输入或编辑文字时要注意光标的位置。可以用鼠标单击来改变光标的位置,还可以用键盘来改变,用键盘操作见表3-2。

表 3-2 插入点移动快捷键

键 盘	光 标 移 动	键 盘	光 标 移 动
←	光标左移一个字符	Ctrl+G	打开定位对话框
→	光标右移一个字符	Ctrl+←	光标左移一个字词
↑	光标上移一行	Ctrl+→	光标右移一个字词
↓	光标下移一行	Ctrl+↑	光标上移一段
Home	光标移至行首	Ctrl+↓	光标下移一段
End	光标移至行尾	Ctrl+Home	光标移至文件首
PgUp	光标上移一屏至当前光标处	Ctrl+End	光标移至文件尾
PgDn	光标下移一屏至当前光标处	Ctrl+PgUp	光标移至上页顶端
Shift+F5	返回上一位置	Ctrl+PgDn	光标移至下页顶端

Word 2010 提供了"即点即输"功能。只需在页面内需要输入文字处双击,光标即可到达新的输入点。

2. 设置"书签"移动光标

书签主要用于帮助用户在 Word 长文档中快速定位至特定位置,或者引用同一文档(也可以是不同文档)中的特定文字。在 Word 2010 文档中,文本、段落、图形图片、标题等都可以添加书签,并且在文档中可以插入多个书签。插入书签时由用户为书签命名。

(1) 插入/删除书签

具体操作步骤如下:

① 打开 Word 2010 文档窗口,选中需要添加书签的文本、标题、段落等内容。切换到"插入"功能区,在"链接"分组中单击"书签"按钮。

提示:如果需要为大段文字添加书签,也可以不选中文字,只需将插入点光标定位到目标文字的开始位置。

② 打开"书签"对话框,在"书签名"编辑框中输入书签名称(书签名只能包含字母和数字,不能包含符号和空格),并单击"添加"按钮即可。

若要删除已设置的书签,就在打开"书签"对话框中选择要删除的书签名,单击"删除"按钮。

(2) 光标快速移动到书签

用以下两种方法之一,可以将光标快速移动到指定的书签位置:

① 执行"插入"→"链接"→"书签"命令,在"书签"对话框的列表中选择要定位的书签名,单击"定位"按钮。

② 执行"开始"→"编辑"→"替换"命令,打开"查找与替换"对话框,单击"定位"选项卡,在"定位目标"列表框中选择"书签",在"请输入书签名称"栏中选择或键入要定位的书签名,单击"定位"按钮。

用书签不但可以快速定位到指定的位置,也可以用于建立指定位置的超链接。

3. 插入或改写

Word 有两种编辑状态:插入或改写(显示在状态栏中),可以通过键盘上的"Insert"键或用鼠标左键单击状态栏上的"改写"方框进行切换。"插入"状态下,随着新内容的输入,原内容后移;"改写"状态下,随着新内容的输入,光标后面的内容被覆盖。

注意:在已有文本中插入新的内容时,要注意其编辑状态,以免误操作。

4. 输入符号

Word 2010 中除了可以输入中英文,还可以输入一些符号,比如货币符号¥,摄氏温度℃等等。特殊符号可用下列方法之一输入:

(1) 选择"插入"→"符号"组中的"符号"按钮,打开符号列表,可以从中选择常用符号插入到文档中。或在打开的符号列表中选择"其他符号"按钮,打开"符号"对话框,如图 3-11 所示。在"字体"下拉列表中选择不同的字体,在符号列表中找到所需的符号,选中后,单击"插入"按钮即可。

(2) 使用输入法状态栏的小键盘。

用鼠标右键单击小键盘▦按钮,在弹出的菜单中选择相应的选项,例如要输入★○●◆☆等符号选择"特殊符号",输入(1)(2)等符号选择"数学序号"。输入完后,再单击小键

图 3-11 "符号"对话框

盘即可。

5. 插入日期和时间

在 Word 文档中,可以直接键入日期和时间,也可以使用"插入"→"文本"→"日期和时间"命令按钮,打开如图 3-12 所示的"日期和时间"对话框。

在"语言"下拉列表中选定"中文"或"英文",在"可用格式"列表框中选定所需的格式。如果选定"自动更新"复选框,则所插入的"日期和时间"会自动更新,否则保持原插入的值。单击"确定"按钮,完成插入。

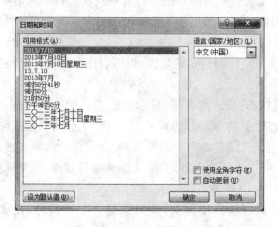

图 3-12 "日期和时间"对话框

6. 插入脚注和尾注

在编写文章时,常常需要对一些从别的文章中引用的内容、名词等加以注释,这称为脚注或尾注。Word 提供插入脚注和尾注的功能,可以在指定的文字处插入注释。脚注和尾注都是注释,其唯一的区别是:脚注是放在每一页的底端或文字下方,而尾注是放在整个文档的结尾处或节的结尾处。插入脚注和尾注的操作步骤如下:

(1) 将插入点移到需要插入脚注和尾注的文字之后。

(2) 单击"引用"→"脚注"命令组中右侧的箭头按钮,打开如图 3-13 所示的"脚注和尾注"对话框。

(3) 在"位置"区域选择是插入脚注或是尾注,在它们右边的下拉列表框中选择插入脚注或者尾注的位置。

(4) 在"格式"区域的"编号格式"下拉列表中选择一种编号的格式;在"起始编号"文本框中输入编号的数值;在"编号"下拉框中选择编号是连续编号还是每页或每节重新编号;还可以单击"符号"按钮自定义编号标记。

(5) 单击"插入"按钮即在插入点位置插入注释标记,并且光标自动跳转至注释编辑区,可以在编辑区输入注释内容。

如果要删除脚注或尾注,则选定正文中的脚注或尾注编号,再按 Delete 键即可删除。

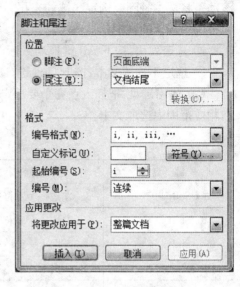

图 3-13 "脚注和尾注"对话框

7. 插入另一个文档

利用 Word 插入文件的功能,可以将几个文档连接成一个文档,其具体步骤如下:

(1) 将插入点移到需要插入另一个文档的位置。

(2) 单击"插入"→"文本"→"对象"命令按钮右边的下拉按钮,在打开的列表中选择"文件中的文字"按钮,打开"插入文件"对话框。在"插入文件"对话框中,选定要插入文档所在的文件夹和文档名。

(3) 单击"确定"按钮,就可以在插入点处插入所需的文档。

3.4.2 文档的编辑操作

在输入文本后,可以对其进行复制、移动、删除等操作,误删除后,还可以进行恢复。

1. 文本的选定

在复制、移动、删除操作之前要先选定要操作的文本,可以用鼠标或键盘来实现选定文本的操作。

(1) 用鼠标选定文本

① 选定一行或一段:将鼠标指针移到某一行左侧的空白栏(即文本选择区)中,光标变成向右倾斜的空心箭头时,单击鼠标选中当前行,双击鼠标选中一段,三击鼠标左键选中全部文本。

② 选定一句或一段:按住 Ctrl 键,将鼠标光标移到所要选句子的任意处单击一下,可选择一句。在段落中三击鼠标左键可以选中一个段落。

③ 选定任意大小的文本区:首先将"I"形鼠标指针移到所要选定文本区的开始处,然后拖动鼠标直到所要选定文本区的最后一个文字并松开鼠标左键,这样,鼠标所拖动过的区域被选定。

④ 选定大块文本:首先用鼠标指针单击选定区域的开始处,然后按住 Shift 键,再配合

滚动条将文本翻到要选定区域的末尾,再单击选定区域的末尾,后放开 Shift 键,则两次单击范围中包括的文本就被选定。

⑤ 选定列块:按下 Alt 键拖动鼠标,鼠标指针移过的列块被选中。

⑥ 选定不连续文本:按下 Ctrl 键,通过鼠标选择不同的不连续文本,进行追加选择。

(2) 使用键盘:把插入点置于要选定的文本之前(或之后),使用表 3-3 给出的组合键,在相应范围内选取文本。

表 3-3 键盘选定文本

键　盘	选定范围	键　盘	选定范围
Shift+←	左边一个字符	Ctrl+Shift+←	直至字词首
Shift+→	右边一个字符	Ctrl+Shift+→	直至字词尾
Shift+↑	向上一行	Shift+PgUp	向上一屏
Shift+↓	向下一行	Shift+PgDn	向下一屏
Shift+Home	直至行首	Ctrl+Shift+Home	直至文件首
Shift+End	直至行尾	Ctrl+Shift+End	直至文件尾
Ctrl+A	全部文本		

2. 移动文本

在编辑文档的时候,经常需要将某些文本从一个位置移动到另一个位置,以调整文档的结构。移动文本的方法有:

(1) 使用剪贴板移动文本

① 选中需要移动的文本,再选择"开始"→"剪贴板"→"剪切"命令按钮,或按快捷键 Ctrl+X,此时选定的内容暂存在剪贴板上。

② 再把光标移到文本要移动到的新的位置,选择"开始"→"剪贴板"→"粘贴"命令按钮,或按快捷键 Ctrl+V,所选定的文本便移动到指定的新位置上。

注意:使用剪贴板可以在不同的位置多次粘贴相同的内容。

(2) 鼠标拖动移动文本

当选定的文本离要移动到的目标位置较近时,可以用鼠标直接拖动来实现移动。

① 选中需要移动的文本。

② 将鼠标指针放在被选定的文本区内,按下鼠标左键直接拖动到目标区位置并松开实现移动;也可以用鼠标右键拖动到目标区,松开鼠标右键,然后选择打开的快捷菜单中的"移动到此位置"命令。

(3) 使用快捷菜单移动文本

① 选中需要移动的文本。

② 将鼠标指针移动到所选定的文本区,单击鼠标右键,在弹出的快捷菜单中单击"剪切"命令。

③ 再把光标移到文本将要移动到的新的位置,右击并在弹出的快捷菜单中选择"粘贴"命令,完成移动操作。

3. 复制文本

在编辑文档的时候,经常需要重复输入一些前面已输入过的文本,使用复制操作可以减少键入错误,提高效率。复制文本的方法有:

(1) 使用剪贴板复制文本

① 选中需要复制的文本,再选择"开始"→"剪切板"→"复制"命令按钮,或按快捷键 Ctrl+C,此时选定的内容暂存在剪贴板上。

② 再把光标移到文本要复制到的新的位置,选择"开始"→"剪切板"→"粘贴"命令按钮,或按快捷键 Ctrl+V,所选定的文本便复制到指定的新位置。

(2) 鼠标拖动复制文本:当选定的文本离要复制到的目标位置较近时可以用鼠标直接拖动来实现复制。

① 选中需要复制的文本。

② 将鼠标指针放在被选定的文本区内,先按下 Ctrl 键不松,再按下鼠标左键直接拖动到目标区位置并松开左键实现复制;也可以用鼠标右键拖动到目标区,松开鼠标右键,然后选择打开的快捷菜单中的"复制到此位置"命令。

(3) 使用快捷菜单复制文本

操作与移动相似,只是在快捷菜单中选择"复制",其他操作不变。

4. 删除文本

(1) 按 Delete 键,删除插入点右边的一个字符。

(2) 按 Backspace 键,删除插入点左边的一个字符。

(3) 如果要删除几行,或一大块文本,则先选择要删除的文本,然后按 Delete 键,或"开始"功能区的"剪切"按钮。

5. 撤销和恢复

当操作失误时,可以单击"快速访问工具栏"中的"撤销"按钮,进行恢复。可连续恢复多个操作。与"撤销"相对应,单击快速访问工具栏的"重复"按钮,可以将用户刚刚撤销的操作恢复。

3.4.3 查找与替换操作

利用 Word 的"查找和替换"功能,不但可以在文档中快速地搜索和替换文字,而且可以查找和替换指定格式,诸如段落标记、图形、域之类的特定项。

1. 查找

选择"开始"→"编辑"→"替换"命令,打开"查找和替换"对话框,选择"查找"选项卡,如图 3-14 所示。

图 3-14 "查找和替换"对话框的"查找"选项卡

在"查找内容"文本框中输入所要查找的文本,如"文档",单击"查找下一处"按钮开始查找,找到的文本会突出显示,单击此按钮可以继续查找下一个。

如果在查找前选定了部分文本,则首先在该部分文本中查找,搜索完毕后提示"Word已完成对所选内容的搜索,现在是否搜索文档的其余部分?",单击"是"继续搜索,单击"否"停止搜索。

除查找文本外,还可以查找特定的格式或符号。单击图 3-14 中的"更多"按钮,"查找和替换"对话框扩展为如图 3-15 所示的对话框。

(1)"搜索"下拉列表框用于指定搜索的范围和方向,包括:

① "向下":从插入点向文尾方向查找。

② "向上":从插入点向文首方向查找。

③ "全部":全文搜索。

(2)选中"区分大小写"复选框,只搜索大小写完全匹配的字符串。如"Am"和"am"不同,否则,忽略大小写。

(3)选中"全字匹配"复选框,搜索到的字是完整的词,而不是长单词的一部分。例如,查找"learn"不会找到"learning"。

(4)选中"使用通配符"复选框,可以用通配符查找文本,常用的通配符有"*"和"?",与在 Windows 中搜索文件时的用法一样。

(5)选中"同音"复选框,查找读音相同的单词。

(6)选中"查找单词的所有形式"复选框,查找单词的各种形式,如动词的进行时、过去时、名词复数形式等。

图 3-15　高级功能的"查找和替换"对话框的"查找"选项卡

(7)单击"格式"按钮,显示查找格式列表,包括"字体"设置(如大小、颜色等)、"段落"设置(如查找指定行距的段落)、"制表位"等,选定查找内容的文本格式。

(8)单击"特殊格式"按钮,可以选择要查找的特殊字符,如段落标记、制表符等。

(9)单击"不限定格式"按钮,可以取消对所查文本的格式限制。

2. 替换

替换操作用于在当前文档中搜索指定文本,并用其他文本将其替换。

选择"开始"→"编辑"组→"替换"命令,或单击"查找和替换"对话框中的"替换"选项卡,显示如图 3-16 所示对话框。

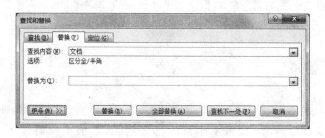

图 3-16 "查找和替换"对话框的"替换"选项卡

替换操作是在查找的基础上进行的,因此"替换"选项卡和"查找"选项卡的大部分内容相同。所不同的是,需要在"替换为"文本框内输入替换后的新文本。

单击"查找下一处"按钮,Word 会按指定的搜索方式(范围、大小写、格式等)查找,若不希望对搜索到的文本进行替换,可继续单击该按钮;单击"替换"按钮,可替换已搜索到的文本;单击"全部替换"按钮,则对搜索到的文本全部替换。

3. 高级替换

例如要将文本中的"文档"一词替换为红色、加粗字形的"文档"。这部分操作需要用到"替换"对话框中的"更多"按钮。

(1) 首先输入不带格式的文字。

(2) 然后单击"更多"按钮,把光标移到"替换为"后面的文本框,单击"格式"按钮,选择弹出的菜单列表中的"字体…"选项。

(3) 在"查找字体"对话框中设置"红色"、"加粗"(操作方法参见 3.6 节),单击"确定"按钮返回。"替换"对话框如图 3-17 所示。

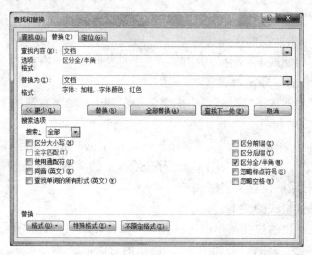

图 3-17 高级功能的"查找和替换"对话框的"替换"选项卡

与查找一样,如果在替换前选定了部分文本,则首先在该部分文本中查找替换,搜索完毕后提示"Word 已完成对所选内容的搜索,现在是否搜索文档的其余部分?"单击"是"继续搜索,单击"否"停止。

注意:如果要将文本替换为某种格式的文本时,则所设置的格式应该出现在"替换为"文本框下,如出现在"查找内容"文本框下,可以通过单击"不限定格式"按钮,撤销所做的设置。

3.5 文档的排版

文档经过编辑、修改成为一篇正确、通顺的文章后,还需进行排版,使之成为一篇图文并茂、赏心悦目的文章。Word 提供了丰富的排版功能,本节主要讲述了字符格式的设置、段落格式的设置、页面设置、分栏等排版技术。

3.5.1 文字格式的设置

文字的格式设置包括字体、字号、字形、颜色、字符边框和底纹等。设定文字的格式主要使用两种方法:一种是利用"开始"功能区"字体"组中各命令按钮来设置文字的格式。另一种是在文本编辑区的任意位置单击右键,在随之打开的下拉菜单中选择"字体"命令,打开如图 3-18 所示的对话框设置文字格式。

Word 默认的字体格式:汉字为宋体、五号,西文为 Times News Roman、五号。

注意:在设置文字格式时,必须先把需要设置格式的文本选中,再单击功能区"字体"组上相应的按钮或选择快捷菜单的"字体"命令,在其中进行各种文字格式的设置。如果不选中文本,就进行格式设置,则所作的格式设置对光标后新输入的文本有效,直到出现新的格式设置为止。

1. 设置字体、字形、字号、颜色

(1) 用"开始"功能区 "字体"组中各按钮设置文字的格式

① 选中需要设置格式的文本。

② 单击"开始"功能区下"字体"组中的"字体"列表框 宋体(中文正▼ 右端的下拉按钮,在打开的字体列表中单击所需的字体。

③ 单击"开始"功能区下"字体"组中的"字号"列表框 五号 ▼ 右端的下拉按钮,在打开的字号列表中单击所需的字号。

④ 单击"开始"功能区下"字体"组中的字体颜色列表框 A ▼ 右端的下拉按钮,在打开的颜色列表中单击所需的颜色。

⑤ 如果需要,则可单击"开始"功能区下"字体"组中的"加粗"、"倾斜"、"下划线"、"字符边框"、"字符底纹"、"字符缩放"、"上标"等按钮,给选定的文本设置各种格式。

(2) 用"字体"对话框设置文字格式

① 选中需要设置格式的文本。

② 单击右键在弹出的快捷菜单中选择"字体"命令,或通过单击"开始"功能区下"字体"组中右下角的 "字体"按钮,打开如图 3-18 所示的对话框。

③ 单击"字体" 选项卡,可以对字体进行设置。

第3章 Word 2010 文字处理

④ 单击"中文字体"列表框的下拉按钮,打开中文字体列表并选定所需字体。
⑤ 单击"西文字体"列表框的下拉按钮,打开英文字体列表并选定所需的英文字体。
⑥ 在"字形"、"字号"列表框中选定所需的字形和字号。
⑦ 单击"字体颜色"列表框的下拉按钮,打开颜色列表并选定所需的颜色。
⑧ 在预览框中查看所设置的字体,确认后单击"确定"按钮。

提示:在所选文本中,如有中文又有英文,则可分别设置中文和英文字体,以避免英文字体按中文字体来设置。

2. 给文本添加下划线、着重号

给文本加下划线或着重号的操作步骤如下:

(1) 选中需要加下划线或着重号的文本。

(2) 单击右键在弹出的快捷菜单中选择"字体"命令,或通过单击"开始"功能区下"字体"组中右下角的"字体"按钮,打开如图 3-18 所示的对话框。

图 3-18 "字体"对话框的"字体"选项卡

(3) 单击"字体"选项卡,可以对字体进行设置。

(4) 在"字体"选项卡中,单击"下划线线型"列表框的下拉按钮,打开下划线列表并选定所需的下划线。

(5) 在"字体"选项卡中,单击"下划线颜色"列表框的下拉按钮,打开下划线颜色列表并选定所需的颜色。

(6) 单击"着重号"列表框的下拉按钮,打开着重号列表并选定着重号。

(7) 在预览框中查看,确认后单击"确定"按钮。

注:在"字体"选项卡中,还有一组如删除线、双删除线、上标、下标等等"效果"的复选框,选定某复选框可以使字体格式得到相应的效果,图 3-19 列举了几种设置字体、字形、字号和效果格式后其相应的预览效果。

3. 字符间距设置

单击"字体"对话框中的"高级"选项卡,可以设置文档中字符之间的距离,如图 3-20 所

五号宋体常规 *四号隶书倾斜加粗* 三号华文行楷

Arial Black Times New Roman

下划线下划波浪线着重号上^{标}下$_{标}$

删除线双删除线

字符缩放 150%字 符 间 距 加 宽 2 磅

字符底纹 字符加边框 位置提升4磅

图3-19 字体、字号、字形和效果示例

示。其中：

- "缩放"下拉列表框：用于按文字当前尺寸的百分比横向扩展或压缩文字。
- "间距"下拉列表框：用于加大或缩小字符间的距离，可选择标准、加宽、紧缩；右侧的"磅值"文本框内可输入间距值。
- "位置"下拉列表框：用于将文字相对于基准点提高或降低指定的磅值。

其设置效果参见图3-19相应部分。

图3-20 "字体"对话框的"高级"选项卡

4．用"边框和底纹"对话框给文本添加边框和底纹

给文本添加边框和底纹的操作步骤如下：

（1）选中需要加边框和底纹的文本。

（2）单击"页面布局"→"页面背景"组→"页面边框"按钮，打开"边框和底纹"对话框，如图3-21所示。

（3）选择"边框"选项卡，在选项卡中对"设置"、"样式"、"颜色"、"宽度"等列表中的参数进行设置。

（4）在"应用于"列表框中应选定为"文字"。

(5) 在预览框中查看,确认后单击"确定"按钮。

如果要给文字加"底纹",则单击图 3-21 所示的"边框和底纹"对话框中的"底纹"选项卡,做类似以上的操作,分别在"填充"、"图案"中设置颜色和式样,在"应用范围"列表框中应选定为"文字"。单击"确定"完成操作。

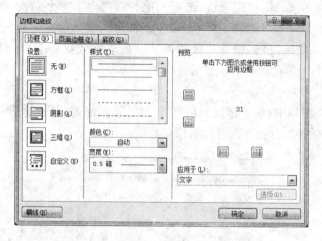

图 3-21 "边框和底纹"对话框

也可以单击"开始"功能区"字体"组中"字符边框"按钮和"字符底纹"按钮,给选定的文本设置边框和底纹,只是样式单一。

5. 快速复制格式("格式刷"的使用)

对于已设置好的文字格式,若有其他文本采用与此相同的格式,可以用"开始"→"剪切板"组→格式刷按钮快速复制格式。

操作方法:选定一段带有格式的文本,单击格式刷按钮,选中需要设置格式的文本,即可将格式复制到新文本上;如果多个地方需要复制格式,双击格式刷按钮,逐个选中需要复制格式的文本,复制完成后,再次单击格式刷按钮或按键盘上的"Esc"键,即可取消格式复制状态。另外,格式刷按钮格式刷也可快速复制段落格式。

6. 格式的清除

如果对于所设置的格式不满意,可以清除所设置的格式,恢复到 Word 默认的状态。清除格式的具体步骤如下:

(1) 选中需要清除格式的文本。

(2) 单击"开始"→"样式"组中的"其他"按钮,打开"样式"列表框,在样式列表框中单击"清除格式"命令,或单击"开始"→"字体"组中的"清除格式"按钮即可清除所选文本的格式。

还有一种同时清除样式和格式的方法,也可以实现对格式的清除,具体步骤如下:

(1) 选中需要清除格式的文本。

(2) 单击"开始"→"样式"组中右下角的"样式"按钮,打开"样式"列表框,在样式列表框中单击最前面的"全部清除"命令,即可清除所选文本的所有样式和格式。

3.5.2 段落格式设置

在 Word 2010 中,当用户键入回车键后,则插入了一个段落标记↵,即"段标",表示一个段落的结束。一段可以包含多行,也可以只含一行。在一行输入完后,如果后面不是段的结束,则可按"Shift+Enter"组合键,结束当前行而产生下一个新行,同时插入一个换行符↓。"段标"不但标记了一个段落,而且记录了该段落的格式信息。复制段落的格式,只需要复制其段标,删除段标,也就删除了段落格式。段落格式排版主要有段落对齐方式、缩进、行间距、段间距、段落的边框和底纹等。

1. 段落边界

在 Word 2010 窗口中,水平标尺包括有首行缩进、左缩进、悬挂缩进和右缩进等。它们的位置表示了段落的左、右边界及首行的位置(如图 3-22 所示)。

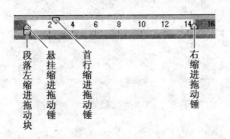

图 3-22 利用"水平标尺"设置段落缩进

2. 段落缩进的设置

Word 中的缩进包括首行缩进、悬挂缩进、左缩进、右缩进四种。

首行缩进是中国人的传统,即段落的第一行缩进,一般为两个字符。悬挂缩进和首行缩进正相反,除了第一行不缩进,其他行都缩进。左右缩进就是所有行都左或右缩进。

设置缩进的方法:

(1) 利用"水平标尺"设置段落缩进,如图 3-22 所示。拖动相应的标志,可以设置段落的缩进。这么做很方便,但不精确。

(2) 单击"开始"功能区中的"段落"命令组右下角的"段落"按钮,打开"段落"对话框,如图 3-23 所示。选择"缩进和间距"选项卡,在"特殊格式"下拉列表框中选择"无"、"首行缩进"或"悬挂缩进"。在"缩进"组的左侧、右侧文本框中设置左、右缩进量。

(3) 在"段落"命令组中单击"增加缩进量"按钮或"减少缩进量"按钮,来增加或减少段落的左缩进。

3. 设定段间距和行间距

所谓段间距是指中间的段落和位于其上下的段落间的距离。段间距分为段前距(本段首行与上段末行间的距离)、段后距(本段末行与下段首行间的距离)。所谓行间距就是指段落中的行与行之间的垂直距离。

(1) 设定段落间距

设置段间距的方法如下:

① 选中要改变段间距的段落。

② 单击"开始"功能区中的"段落"命令组中右下角的"段落"按钮,打开"段落"对话

框,如图3-23所示。选择"缩进和间距"选项卡,单击"间距"组的"段前"和"段后"文本框右端的增减按钮,设定间距,每按一次增加或减少0.5行。也可在文本框中直接输入值和单位(如厘米或磅)。

③ 在预览框中查看,确认后单击"确定"按钮。

(2) 设定行间距

所谓行间距就是指段落中的行与行之间的垂直距离。行间距可在"行距"下拉列表框选择,其中最小值、固定值、多倍行距选项需要在右边的"设置值"数字栏内输入或调整数字。最小值、固定值以磅为单位,多倍行距则是基本行距的倍数值。

① 选中要改变行间距的段落。

② 单击"开始"功能区中的"段落"命令组中右下角的"段落"按钮,打开"段落"对话框,如图3-23所示。

③ 选择"缩进和间距"选项卡,单击"缩进和间距"选项卡中"行距"列表框下拉按钮,选择所需要的行距选项。各行距选项的含义如下:

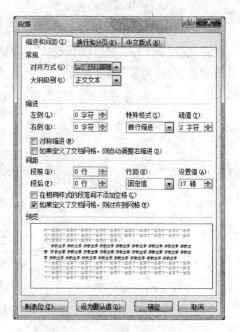

图3-23 "段落"格式设置对话

- "单倍行距"选项:设置每行的高度为可容纳这行中最大的字体,并上下留有适当的空隙。
- "1.5倍行距"选项:设置每行的高度为可容纳这行中最大的字体高度的1.5倍。
- "2倍行距"选项:设置每行的高度为可容纳这行中最大的字体高度的2倍。
- "最小值"选项:能容纳本行中最大字体或图形的最小行距。
- "固定值"选项:设置成固定的行距。
- "多倍行距"选项:允许行距设置成带小数的倍数,如0.75倍等。

④ 在预览框中查看,确认后单击"确定"按钮。

也可以通过单击"段落"命令组中的"行和段落间距"按钮,来设置行距、段前、段后间距。

4. 设置段落对齐方式

"对齐方式"下拉列表框用于设置段落在页面中的显示方式。包括:左对齐、右对齐、居中对齐、两端对齐、分散对齐。

(1) 用如图3-24所示的"段落"组命令按钮设置对齐方式:先选中要设置的段落,再点击相应的对齐按钮。

(2) 用"开始"→"段落"命令组中右下角的"段落"按钮设置:选中要设置的段落,然后打开如图3-23所示的"段落"对话框,单击"缩进和间距"选项卡中"对齐方式"列表框下拉按钮,选择所需要的对齐方式选项,并单击"确定"按钮完成操作。

注意:在设置段落格式之前要将光标置于需要设置格式的段落,如果要对多个段落同时进行相同的段落格式设置,应先选中这些段落。

5. 给段落加边框和底纹

有时为了使某些重要的段落能突出和醒目,可以给它们加上边框和底纹。给段落加边框和底纹与给文字加边框和底纹的方法相同,唯一要注意的是在打开的"边框和底纹"对话框中的"应用范围"列表框中应选定为"段落"。

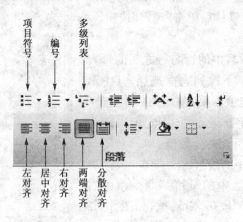

图 3-24 "段落"命令组对齐等命令按钮

6. 项目符号和编号

为文档中的列表添加项目符号或编号,可以使文档条理清晰,更易于阅读和理解。Word 2010 可以快速地在现有文本行中添加项目符号或编号,也可以在键入文本时自动创建项目符号和编号列表。

(1) 输入文本时自动创建项目符号或编号

键入"1."或"*"后,再按空格键或"Tab"键,然后键入任何所需文字,当按下"Enter"键添加下一列表项时,Word 会自动插入下一个项目符号或编号。按两次"Enter"键或"BackSpace"键删除列表中的最后一个项目符号或编号,结束列表输入。

注意:如果要取消自动插入项目符号和编号的功能,可通过以下步骤将其去掉:

① 单击"文件"选项卡,在展开的菜单中选择"选项"命令,打开"Word 选项"对话框,在左侧列表中选择"校对"选项,在右侧单击"自动更正选项"按钮。

② 打开"自动更正"对话框,切换到"键入时自动套用格式"选项卡,在"键入时自动应用"选项组中撤销"自动项目符号列表"、"自动编号列表"复选框。

(2) 对已有文本添加项目符号或编号

① 选定要添加段落编号(或项目符号)的各段落。

② 单击"开始"功能区中"段落"命令组中的"项目符号"⋮≡ ▼按钮(或"编号"⋮≡ ▼按钮)完成操作。

③ 或者选择"段落"命令组中的"项目符号"⋮≡ ▼按钮(或"编号"⋮≡ ▼按钮)右侧的下拉菜单按钮,打开如图 3-25(a)所示的"项目符号"列表框(或如图 3-25(b)所示的"编号"列表框)。选择所需要的"项目符号"或"编号"项。

图 3-25(a) "项目符号"列表框

图 3-25(b) "编号"列表框

注意:如果"项目符号"或"编号"列表中没有所需要的项目符号(或编号),可以单击列表中的"定义新项目符号…"(或"定义新编号格式")命令,打开如图 3-26 所示的"定义新项目符号"(或如图 3-27 所示的"定义新编号格式")对话框,定义新项目符号或编号。对于"项目符号"可以单击"图片"按钮选择图片文件作为项目符号;对于"编号"可以单击"编号样式"、"字体"下拉列表框来改变列表编号的样式和字体。

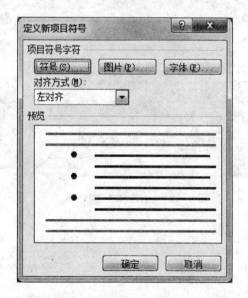

图 3-26 "定义新项目符号"对话框

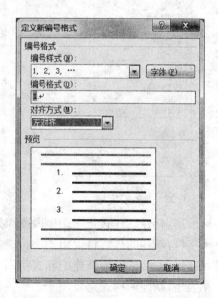

图 3-27 "定义新编号格式"对话框

7. 样式

样式是一套预先调整好的文本格式,专门用于设置文本的文字格式、段落格式等。样式可以应用于一段文本,也可以应用于几个字,所有格式的设置是一次性完成的。

样式可以分为内置样式和自定义样式,系统自带的样式为内置样式,用户无法删除

Word 内置的样式,但可以修改内置样式。用户还可以根据需要创建新样式,也可以将新建的样式删除。

(1) 快速使用现有的样式

Word 中内置了很多样式,用户可以直接使用这些内置的样式。如果要使用字符类型的样式,可以在文档中选择要套用样式的文本块;如果要应用段落类型的样式,只需将光标定位到要设置段落范围内。

选择要设置样式的内容后,切换到"开始"功能区,单击"样式"命令组中右下角的"样式"按钮,从打开的"样式"窗格中选择需要的样式即可。"样式"窗格如图 3-28 所示。

(2) 创建新样式

① 打开 Word 2010 文档窗口,在"开始"功能区的"样式"命令组中单击"显示样式窗口"按钮。

② 在打开的"样式"窗格中单击"新建样式"按钮。

③ 打开"根据格式设置创建新样式"对话框,如图 3-29 所示。在"名称"编辑框中输入新建样式的名称。然后单击"样式类型"下拉三角按钮,在"样式类型"下拉列表中包含五种类型:

图 3-28 "样式"窗格　　　　　图 3-29 "新建样式"对话框

- 段落:新建的样式将应用于段落级别。
- 字符:新建的样式将仅用于字符级别。
- 链接段落和字符:新建的样式将用于段落和字符两种级别。
- 表格:新建的样式主要用于表格。
- 列表:新建的样式主要用于项目符号和编号列表。

选择一种样式类型,例如"段落"。

④ 单击"样式基准"下拉三角按钮,在"样式基准"下拉列表中选择 Word 2010 中的某一种内置样式作为新建样式的基准样式。

⑤ 单击"后续段落样式"下拉三角按钮,在"后续段落样式"下拉列表中选择新建样式的

后续段落样式。

⑥ 在"格式"区域,根据实际需要设置字体、字号、颜色、段落间距、对齐方式等段落格式和字符格式。如果希望该样式应用于所有文档,则需要选中"基于该模板的新文档"单选框。设置完毕单击"确定"按钮即可。

注意: 如果用户在选择"样式类型"的时候选择了"表格"选项,则"样式基准"中仅列出表格相关的样式提供选择,且无法设置段落间距等段落格式。如果在选择"样式类型"的时候选择"列表"选项,则不再显示"样式基准",且格式设置仅限于项目符号和编号列表相关的格式选项。

(3) 修改样式

可以对已有样式进行修改,方法是将鼠标移到"样式"窗格中已有的样式上,并右击该样式,在弹出的菜单中选择"修改…"命令,打开"修改样式"对话框,如图 3-30 所示。重新更改格式设置,并选中"自动更新"复选框,然后单击"确定"按钮,退出"修改样式"对话框,那么所有已应用该样式的文本块,其格式将全部自动更新。

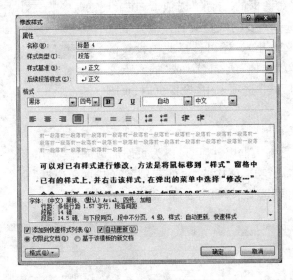

图 3-30 "修改样式"对话框

(4) 删除样式

对于不使用的样式,可以将其删除。例如要删除"样式 1"样式,可打开"样式"窗格,单击"样式 1"样式名右侧的下拉按钮,或右击"样式 1"样式名,在下拉菜单中选择"删除 样式 1…"命令,即可将该样式从当前文档中删除。

3.5.3 页面的格式设置

1. 页面设置

可以使用"页面布局"功能区中"页面设置"组的各命令按钮如"设置文字方向"按钮、"页边距"按钮、"纸张方向"按钮、"纸张大小"按钮等进行页面设置。也可以通过"页面设置"对话框来设置以上内容。

(1) 页边距

页边距是页面版心四周边沿到纸张边沿的距离。通常在页边距内编辑文字和图形。也可以将某些内容放置在版心之上(页眉)或版心之下(页脚)。

页边距的设置：单击"页面布局"功能区中的"页面设置"命令组右下角的"页面设置"按钮，打开"页面设置"对话框，如图 3-31 所示，选择"页边距"选项卡。

根据需要设置上、下、左、右边距、装订线的位置，以及在"方向"中设置打印文档时纸张横向放置还是纵向放置等。

(2) 纸张大小

纸张大小是指打印文档时纸张的大小，常用的有 A4、B5、16 开、32 开等。

选择"页面设置"对话框的"纸张"选项卡，在"纸张大小"下拉列表中选择需要的纸型或直接输入纸张的宽度和高度(自定义大小)。还可选择此项设置的应用范围，可以是"整篇文档"或"本节"或"插入点之后"。另外还可以在"版式"选项卡中，设置页眉、页脚到纸张边沿的距离等。

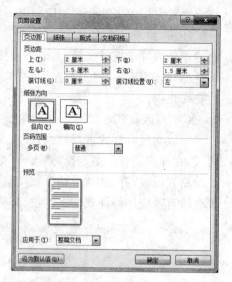

图 3-31 "页面设置"对话框

2. 为页面加边框

除了为文字和段落加边框以外，还可以为页面加边框，其操作步骤如下：

(1) 单击"页面布局"功能区中的"页面背景"组的"页面边框"命令，打开"边框和底纹"对话框，选择"页面边框"选项卡，如图 3-32 所示。

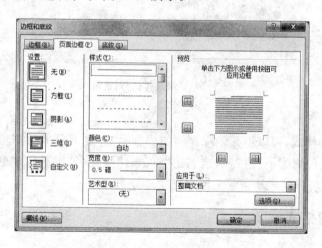

图 3-32 "页面边框"设置对话框

(2) 在对话框中的"设置"处选择页面边框的类型(如果选择"无"则取消页面边框)；在"样式"列表框中选择页面边框线的线型；在"宽度"下拉列表框中选择边框线的宽度；在"颜色"下拉列表框中选择边框线的颜色；还可以在"艺术型"下拉列表框中选择一种艺术线型；

最后还应在"应用于"下拉列表框中选择此次设置的有效范围。

（3）单击"确定"按钮关闭对话框。

3. 页眉和页脚

页眉指的是出现在每页顶部的页的上边距与页的上边界之间的一些说明性信息。页脚则是出现在每页底部的页的下边距与页的下边界之间的一些说明性信息。页眉和页脚通常用于添加说明性文字或美化版面，可以包括页码、日期、公司徽标、文档标题、文件名或作者名等文字或图形。可以将文档中的全部页，设置为具有相同的页眉和页脚；也可以使得文档中不同部分的页，具有不同的页眉和页脚，后一项功能的实现建立在将文档分节的基础上，将在下一小节中再述。页眉和页脚只能在页面视图和打印预览方式下看到。

页眉的建立方法和页脚的建立方法是一样的，都可以使用"插入"功能区的"页眉"和"页脚"组中的相应命令或功能来实现。

（1）建立页眉/页脚

建立页眉和页脚的操作非常类似，为简单起见，下面仅说明建立页眉的过程。建立页眉的操作步骤如下：

① 单击"插入"功能区"页眉和页脚"组中的"页眉"按钮，打开内置"页眉"版式列表，如图3-33所示。如果在草稿视图或大纲视图下执行此命令，那么Word会自动切换到页面视图。

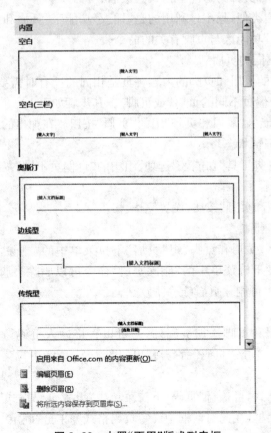

图3-33　内置"页眉"版式列表框

② 在内置"页眉"版式列表中选择所需的页眉版式,并键入页眉内容。当选定页眉版式后,Word 窗口中会自动添加一个名为"页眉和页脚工具"的功能区并使其处于激活状态,如图 3-34 所示为"页眉和页脚工具"功能区的局部。此时,仅能对页眉内容进行编辑操作,而不能对正文进行编辑操作。若要退出页眉编辑状态,单击"页眉和页脚工具"功能区"关闭"组的"关闭页眉和页脚"按钮即可。

图 3-34 "页眉和页脚工具"功能区

③ 如果内置"页眉"版式列表中没有所需的页眉版式,可以单击内置"页眉"版式列表下方的"编辑页眉"命令,直接进入"页眉"编辑状态并输入页眉内容,且在"页眉和页脚工具"功能区中设置页眉的相关参数。

④ 单击"关闭页眉和页脚"按钮,完成设置并返回文档编辑区。

这样,整个文档的各页都具有同一格式的页眉。

页脚的建立与页眉类似,只不过利用的是"插入"功能区"页眉和页脚"组中的"页脚"按钮及"页眉和页脚工具"功能区与页脚有关的命令。

(2) 建立奇偶页不同的页眉

通常情况下,文档的页眉和页脚的内容各页是相同的。有时需要建立奇偶页不同的页眉。Word 允许建立奇偶页不同的页眉(或页脚)。其步骤如下:

① 单击"插入"功能区"页眉和页脚"组的"页眉"按钮。在弹出的下拉列表中单击"编辑页眉"命令,进入页眉编辑状态。

② 选中"页眉和页脚工具"功能区"选项"组中的"奇偶页不同"复选框,这样就可以分别编辑奇、偶页的页眉内容了。

③ 单击"关闭页眉和页脚"按钮,设置完毕。

(3) 页眉、页脚的删除

执行"插入"功能区"页眉和页脚"组"页眉"下拉菜单中的"删除页眉"命令可以删除页眉;类似地,执行"页脚"下拉菜单中的"删除页脚"命令可以删除页脚。另外,选定页眉(或页脚)并按 Delete 键,也可删除页眉(或页脚)。

4. 插入页码

除了通过设置页眉和页脚添加页码外,还可以直接插入页码:选择"插入"功能区,在"页眉和页脚"命令组中单击"页码"命令,弹出如图 3-35 所示下拉菜单,根据所需在下拉菜单中选定页码的位置。

如果要更改页码格式,可执行"页码"下拉菜单中"设置页码格式"命令,打开如图 3-36 所示的"页码格式"对话框,在此对话框中设定页码格式并单击"确定"按钮即可完成。

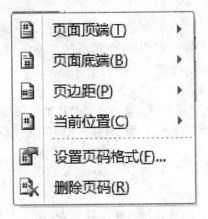

图 3-35 "页码"下拉菜单

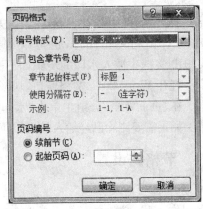

图 3-36 "页码格式"对话框

5．插入分页符

Word 具有自动分页的功能。也就是说，当键入的文本或插入的图形满一页时，Word 会自动分页。当编辑排版后，Word 会根据情况自动调整分页的位置。有时为了将文档的某一部分内容单独形成一页，可以插入分页符进行人工分页。插入分页符的步骤如下：

（1）将插入点移到将要分成新的一页的开始位置。

（2）按组合键 Ctrl+Enter。也可以单击"插入"→"页"命令组中的"分页"命令按钮；或者单击"页面布局"功能区中"页面设置"组中的"分隔符"按钮，在打开的"分隔符"列表中单击"分页符"命令插入人工分页符。

注意：在文档编辑过程中，经常需要对文档中分页符、分节符、段落标记进行查看，以便进行删除等操作，这时可以选择"开始"功能区中的"段落"组，单击"显示和隐藏编辑标记"按钮，即可显示或隐藏插入的分页符。如果想删除人工分页符，只要选中它，按 Delete 键即可。

6．首字下沉

在阅读报纸时，会遇到首字下沉的格式，这种效果容易引起读者的注意。在 Word 文档中，也可以实现。具体操作如下：

（1）先选择需要设置首字下沉的段落或将插入点移到要设置的段落中。

（2）单击"插入"功能区"文本"组中"首字下沉"命令，在打开的"首字下沉"下拉列表中，从"无"、"下沉"和"悬挂"三种首字下沉格式选项中选定一种。

（3）如果需要设置更多"首字下沉"格式参数，可以单击下拉列表中的"首字下沉选项"命令，打开"首字下沉"对话框，如图 3-37 所示，选择"下沉"或"悬挂"，在"选项"框中设置"首字下沉"文字的"字体"，"下沉行数"及"距正文的距离"。

图 3-37 "首字下沉"对话框

（4）单击"确定"按钮，即可使本段实现首字下沉。

7. 水印

通过插入水印,可以在 Word 2010 文档背景中显示半透明的标识(如"机密"、"草稿"等文字)。水印既可以是图片,也可以是文字,并且 Word 2010 内置有多种水印样式。在 Word 2010 文档中插入水印的步骤如下所述:

(1) 打开 Word 2010 文档窗口,切换到"页面布局"功能区。

(2) 在"页面背景"分组中单击"水印"按钮,在打开的水印面板中选择合适的水印即可。

(3) 如果需要删除已经插入的水印,则再次单击水印面板,并单击"删除水印"按钮即可。

3.5.4 节格式设置

1. 分节符的插入

在制作一些文档时,可能需要对文档中某一部分的格式做一些特殊处理,使其具有与其他部分不同的外观。例如,将文档中一部分文本分成若干栏显示而其他部分不分栏显示;为一个文档的不同部分设置不同的页眉和页脚等。Word 所提供的实现这一功能的手段便是通过插入若干分节符而将文档分成若干节,对其中的某一节可以设置不同于其他节的一些特殊格式。

每个文档最初是被系统当作一节来看待的。如果在文档中间的某处插入一个分节符,则将该文档分成两节,若再插入一个分节符则将文档分成了三节。Word 的一节指的是两个分节符之间的内容,或者文档开始到第一个分节符之间的内容,或者最后一个分节符到文档末尾之间的内容。节的长度可以是任意的,短的可以只有一行,长的则可以是整个文档。分节符允许插入到一个段落的中间。

插入分节符的操作步骤如下:

(1) 移动插入点到准备插入分节符的位置。

(2) 单击"页面布局"→"页面设置"→"分隔符",显示如图 3-38 所示的"分隔符"下拉菜单。

(3) 在"分节符"下方选择插入分节符的方式,也即设定新插入的分节符下方的文档显示的起始位置。

(4) 单击"确定"按钮。

插入分节符后其下方文档显示的起始位置可以有四种选择:

- 下一页:在下一页上开始新节。
- 连续:在同一页上开始新节。
- 偶数页:在下一偶数页上开始新节。
- 奇数页:在下一奇数页上开始新节。

注意:分节符可以由用户采用上述方法手工插入,也可以在做分栏操作时由系统自动插入。

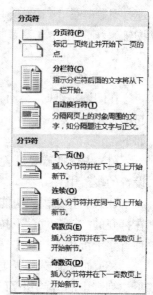

图 3-38 插入分节符

2. 分节符的删除

当需要取消分节时只要删除分节符即可。删除分节符步骤如下:

(1) 选择"开始"功能区中的"段落"组,单击"显示和隐藏编辑标记"按钮 ,即可显示或隐藏插入的分节符,使之处于选中状态。

(2) 选定欲删除的分节符。

(3) 按"Delete"键或"Backspace"键删除选定的分节符。

3. 分栏显示

分栏排版是将一个版面上的文字分在几个竖栏中,是报纸杂志经常采用的样式。Word的分栏操作是对一节的内容而言的。

(1) 创建分栏

对文档进行分栏的操作步骤如下:

① 先选中需要分栏的文本,再单击"页面布局"功能区中"页面设置"组中的"分栏"按钮,在打开的如图 3-39 所示的"分栏"下拉菜单中,单击所需格式的分栏命令即可。

② 若"分栏"下拉菜单中所提供的分栏格式不能满足要求,则可单击菜单中"更多分栏"按钮,打开如图 3-40 所示的"分栏"对话框。其中各设置属性含义如下:

● "栏数":输入或选择预设栏数。

● "宽度和间距":设置栏的宽度和栏间的距离;要分别设置各栏的宽度,则取消"栏宽相等"复选框。要在栏间加分隔线,选中"分隔线"复选框。

图 3-39 "分栏"下拉菜单

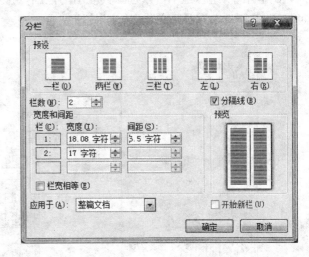

图 3-40 "分栏"对话框

● "应用于":可从中选择"整篇文档"、"插入点之后"或"所选文字"(如果事先已选中要分栏的文字)等。

③ 单击"确定"按钮。

(2) 取消分栏

选定已分栏的文本,打开"分栏"对话框,在"预设"栏内选择"一栏",单击"确定"按钮,即可对选定的内容取消分栏。

注意:取消分栏并不能删除其产生的分节符,可以手动删除分节符。

4. 节的页眉和页脚设置

Word 允许为一节中包含的所有的页设置与其他节不同的页眉或页脚。其设置步骤如下:

(1) 将文档分节。

(2) 将插入点移到欲设置页眉和页脚的节中。

(3) 执行"插入"→"页眉和页脚"组中的"页眉"或"页脚"命令。输入页眉和页脚的内容并设定有关格式。

(4) 单击"页眉和页脚工具"功能区中"导航"组的"链接到前一条页眉"按钮,使其处于非按下状态,并单击"关闭页眉和页脚"按钮。

3.5.5 特殊排版格式设置

除了一般的排版格式,Word 还提供了一些特殊的排版格式,很多是中文排版特有的格式。

1. 竖排文字

方法一:选择要设置文字方向格式的文本块,单击"页面布局"功能区"页面布局"命令组中的"文字方向"按钮,打开如图 3-41 所示的下拉菜单,从中选择一种文字方向格式。

方法二:单击"页面布局"功能区"页面设置"命令组中的"文字方向"按钮,在打开的下拉菜单中选择"文字方向选项"命令,打开"文字方向"对话框,如图 3-42 所示,选择文字的方向,在"应用于"组合框中可以选择其应用的范围,可以作用于"整篇文档"或"所选文字",也可作用于"所选节",最后单击"确定"按钮完成。

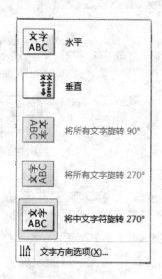

图 3-41 "文字方向"下拉菜单

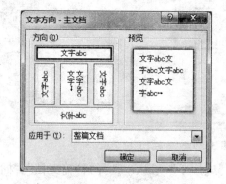

图 3-42 "文字方向"对话框

2. 拼音指南

选中文档中要设置拼音的文字,例如"计算机",选择"开始"功能区中"字体"组中的"拼音指南"命令,打开"拼音指南"对话框,如图 3-43 所示,可以查看所选文字的拼音;选择好"对齐方式"、"字体"、"字号"后,单击"确定"按钮,可在选中的文字上方添加拼音。

3. 带圈字符

选择"开始"功能区"字体"组中"带圈字符"按钮,打开"带圈字符"对话框,如图 3-44 所示。选择好圈的样式、圈的形状,在"文字"框中输入要带圈的字符或汉字(最多 2 个半角字符或一个汉字),也可在下面的列表框中选择,然后单击"确定",可在插入点处插入带圈字符。如果先选定了一个汉字或字符,可对选定的文本加圈。

图 3-43 "拼音指南"对话框

图 3-44 "带圈字符"对话框

4．纵横混排

如果在横排文本中有几个要竖排的文字，或在竖排文本中有几个要横排的文字，可以使用此功能。方法是：在文档中选中要变化排版方向的文字，选择"开始"功能区"段落"组中"中文版式"按钮，在弹出的下拉子菜单中选择"纵横混排"命令，打开"纵横混排"对话框，如图 3-45 所示，单击"确定"按钮。如果选择的字数较多，需要清除"适应行宽"复选框。图中右侧是在竖排文本中将"2008"横排。

图 3-45 "纵横混排"对话框

5．合并字符

合并字符是指将选定的多个字或字符组合为一个字符。

选择要合并的字符(最多为 6 个汉字)，选择"开始"功能区"段落"组中"中文版式"按钮，在弹出的下拉子菜单中选择"合并字符"命令，打开"合并字符"对话框，如图 3-46 所示，单击"确定"按钮。例如：将"合并字符"四个字符合并为一个字符"合并字符"。

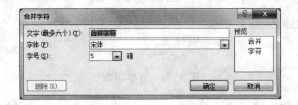
图 3-46 "合并字符"对话框

6．双行合一

在 Word 2010 中可以直接把一组文字排成两行，放在一行中编排。

先选中要排成两行的语句,选择"开始"功能区"段落"组中"中文版式"按钮,在弹出的下拉子菜单中选择"双行合一"命令,打开"双行合一"对话框,如图 3-47 所示,单击"确定"按钮。例如:一组文字排成两行,放在一行中编排。与后续文字放到一行中。

图 3-47 "双行合一"对话框

3.6 表格的制作

表格由不同行列的单元格组成,可以在单元格中填写文字和插入图片,是一种简明、概要的表达方式。其结构严谨,效果直观,往往一张表格可以代替许多说明文字。因此,在文档编辑过程中,常常用到表格。Word 有很强的表格功能,特别是 Word 2010 表格功能比以前版本的 Word 有很大提高。

Word 中的典型表格如图 3-48 所示。

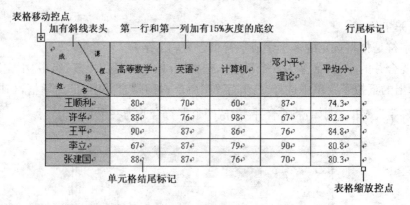

图 3-48 表格组成

表格中每个方格称为单元格。默认情况下,表格将显示 0.5 磅的黑色单实线边框。如果删除边框,在单元格边界处仍然可以看到虚框,虚框不会被打印。单元格和行的结束标记是不可打印的字符,与虚框一样,只能在屏幕上显示。使用表格移动控点可以选择表格、移动表格到页面的其他位置,使用表格缩放控点可以更改表格的大小。

3.6.1 表格的创建

在一个文档中创建表格可以采用多种方法,使用"表格"按钮方便快捷,使用"插入表格"对话框可附带设置某些表格属性,手工绘制可灵活方便地添加、删除表格线,适合对表格的修改。表格中可以再嵌入表格,也可以插入图片。

1. 使用"插入"功能区"表格"组中的"插入表格"按钮创建表格

(1) 将光标放在要创建表格的位置。

(2) 单击"插入"功能区"表格"组中的"插入表格"按钮,弹出如图 3-49 所示的"插入表格"下拉菜单。

(3) 在表格框内按下鼠标左键向右拖动指针选定所需行数、向下拖动指针选定所需列数。

(4) 松开鼠标左键,Word 将在当前插入点处插入一个表格。

2. 使用"插入表格"对话框创建表格

如果要在创建表格的同时指定表格的列宽,可以使用"插入表格"对话框。方法如下:

(1) 将光标放在要创建表格的位置。

(2) 单击"插入"功能区"表格"组中的"插入表格"按钮,弹出如图 3-49 所示的"插入表格"下拉菜单。

(3) 在"插入表格"下拉菜单中选择"插入表格…"命令,打开如图 3-50 所示的"插入表格"对话框。在"列数"框中输入表格的列数,在"行数"框中输入表格的行数。

(4) 在"自动调整"操作栏选定一种操作:

① "固定列宽":可在后面的数值框中输入列宽的数值,也可使用默认的"自动"选项,这时将在各列间平均分配页面宽度。

② "根据内容调整表格":列宽自动适应内容的宽度。

③ "根据窗口调整表格":表示表格的宽度与页面宽度一致。当页面宽度改变时,表格宽度随之改变。

(5) 如果选中"为新表格记忆此尺寸"复选框,则"插入表格"对话框现在的设置将成为以后新建表格的默认格式。

图 3-49 "插入表格"菜单

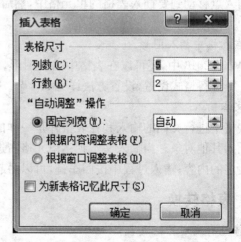

图 3-50 "插入表格"对话框

(6) 单击"确定"按钮,将在文档中插入一个空白表格。

3. 手工绘制表格

前面两种方法创建的表格都是规则的表格,有时用户需要创建不规则表格,甚至要画斜线,Word 2010 也给我们提供了这个功能。

(1) 单击"插入"功能区"表格"组中的"插入表格"按钮,弹出如图 3-49 所示的"插入表格"下拉菜单。

(2) 在"插入表格"下拉菜单中选择"绘制表格"命令,此时鼠标指针变为笔形,表明鼠标处于"手动制表"状态。

(3) 将笔形指针移到文本区中,从要创建的表格的一角开始按下鼠标并拖动至其对角,松开鼠标左键,可以确定表格的外围边框。当绘制了第一个表格框线后,屏幕上会新增一个"表格工具"功能区,并处于激活状态。该功能区分为"设计"和"布局"两组,如图 3-51 所示。

图 3-51 "表格工具"功能区

(4) 在创建的外框或已有表格中,可以利用笔形指针绘制横线、竖线、斜线、绘制表格的单元格。

(5) 如果要擦除框线,单击"表格工具"功能区"设计"选项卡中最右侧的"擦除"按钮,鼠标指针变成橡皮擦形,将鼠标指针在要擦除的框线上拖动,就可将其删除。在 Word 2010 中,可以一次删除多个线条。

4. 嵌套表格

所谓嵌套表格,就是在表格的一个单元格内插入其他表格。

将插入点移动到要插入表格的单元格中,然后按照在文档中插入表格的方法即可在该单元格中插入表格。

5. 在表格中插入图形

在 Word 2010 中,还可以在表格中插入图形。图形插入表格后,可以像插入到文本中的图形一样进行格式设置,设置方法详见 3.8 节。

6. 文本输入

在表格中进行文档的输入和在表格外是一样的。将插入点放入单元格后,就可以输入文本或插入其他对象。当输入文本到达单元格右边线时会自动换行,并且会自动加大行高以容纳更多的内容;输入过程中按回车键,可以另起一段。

3.6.2 表格转换

1. 将现有文本转换成表格

如果想用表格的形式来表示一段规整的文字,可直接将文字转换为表格。方法如下:

(1) 在文本中添加分隔符来说明文本要拆分成的行和列的位置。例如,用制表符来分列,用段落标记表示行的结束。

(2) 选定要转换的文本。

(3) 单击"插入"功能区"表格"组中的"插入表格"按钮,弹出如图 3-49 所示的"插入表格"下拉菜单。

(4) 在"插入表格"下拉菜单中选择"文本转换成表格…"命令,出现"将文字转换成表格"对话框,如图 3-52 所示。

(5) 在"文字分隔位置"区中选定已定义的分隔符号,如果没有选用的符号,可在"其他字符"框中输入。Word 自动检测文字中的分隔符,计算列数。

(6) 选定"自动调整"操作区各选项,其各选项意义同 3.7.1 节所述。单击"确定"按钮,就将文本转换为表格。

2. 将表格转换成文本

Word 不仅可以将文字转换为表格,也可以将表格转换成文字,可以指定逗号、制表符、段落标记或其他字符作为转换后分隔文本的字符。方法如下:

(1) 选定要转换成文本的表格,可以是表格的一部分,也可以是整个表格。

(2) 选择"表格工具"功能区中"布局"选项卡,在"数据"组中单击"转换为文本"命令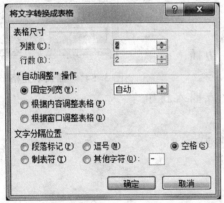,出现"表格转换成文本"对话框,如图 3-53 所示。

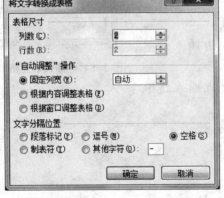

图 3-52 "将文字转换成表格"对话框

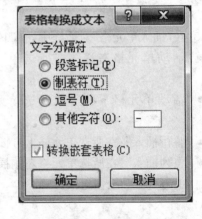

图 3-53 "表格转换成文本"对话框

(3) 在"文字分隔符"栏选定替代列边框的分隔符。Word 规定用段落标记分隔各行。

(4) 单击"确定"按钮,就将表格转换为文字。

3.6.3 表格编辑

1. 选定单元格、行、列、整个表格

在对表格进行删除、添加颜色或其他属性设置之前,应先选定要操作的部分,选定部分会变成加强显示。

(1) 选中单元格

把鼠标移到单元格的左下角,指针变为右向黑色箭头,单击鼠标左键则选中该单元格。

(2) 选中行

选中行的方法和编辑文档中选中一行一样,把鼠标移到一行的左面(即文本选择区),指针变为右向白色箭头,单击鼠标左键,选中一行;按下鼠标左键拖动,选中多行。

(3) 选中列

鼠标指向一列的顶部,指针变为向下的黑色箭头↓,单击鼠标左键即可选中该列;按下鼠标左键左右拖动,可选中多列。

(4) 选中多个连续的单元格

按住鼠标左键拖动,经过的单元格、行、列、直至整个表格都可以被选中。

(5) 选定整个表格

当鼠标移过表格时,表格左上角会出现"表格移动控点"⊞,单击该控点可选定整个表格。

2. 插入单元格、行、列

建立表格之后,可能需要修改。Word 2010 可以在表格中插入单元格、行或列。

(1) 插入单元格

① 在要插入新单元格的位置选定一个或多个单元格(与要插入的单元格数目一致)。

② 选择"表格工具"功能区"布局"选项卡中"行和列"命令组内右下角"表格插入单元格"命令按钮,出现"插入单元格"对话框,如图3-54所示。

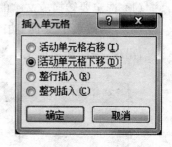

图 3-54 "插入单元格"对话框

③ 在"插入单元格"对话框中,有四个选项:
- "活动单元格右移":在所选单元格左边插入新单元格。
- "活动单元格下移":在所选单元格上方插入新单元格。
- "整行插入":在所选单元格上方插入新行。
- "整列插入":在所选单元格左侧插入新列。

④ 单击"确定"按钮返回。

(2) 插入行

① 在要插入新行的位置选定一行或多行,所选的行数与要插入的行数一致。

② 选择"表格工具"功能区"布局"选项卡,在"行和列"命令组中单击"在上方插入"或"在下方插入"命令。

如果想在表尾添加一行,可将插入点移到表格最后一行的最后一个单元格中,然后按Tab键。

(3) 插入列

① 在要插入新列的位置选定一列或多列,所选的列数与要插入的列数一致。

② 选择"表格工具"功能区"布局"选项卡,在"行和列"命令组中单击"在左侧插入"或"在右侧插入"命令。

3. 删除单元格、行、列、表格

和插入相对应,可以删除表格中的单元格、行或列。

(1) 删除单元格

① 选定要删除的一个或多个单元格。

② 选择"表格工具"功能区"布局"选项卡,在"行和列"命令组中单击"删除"命令,出现"删除表格"下拉菜单,如图 3-55 所示。

③ 在下拉菜单中选择"删除单元格…"命令,打开"删除单元格"对话框,如图 3-56 所示,其中有四个选项:

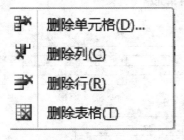

图 3-55 "删除表格"下拉菜单　　图 3-56 "删除单元格"对话框

- "右侧单元格左移":删除选定单元格,其右侧的单元格左移填补被删除的区域。
- "下方单元格上移":删除选定单元格,其下方的单元格上移填补被删除的区域。
- "删除整行":选择该选项,删除所选单元格所在的整行。
- "删除整列":删除所选单元格所在的整列。

④ 单击"确定"按钮返回。

(2) 删除行或列

① 选定要删除的一行(或列)或多行(或列)。

② 选择"表格工具"功能区"布局"选项卡,在"行和列"命令组中单击"删除"命令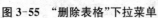,出现"删除表格"下拉菜单。

③ 在下拉菜单中选择"删除行"(或"删除列")命令。

(3) 删除表格

将光标放在表格中的任意单元格,单击"删除"命令,选择"删除表格"下拉菜单中的"删除表格"命令。

提示:选定表格后,若按"Delete"键,只会清除表格中的内容,不会删除表格。

4. 单元格的合并与拆分

可以把一行或多行中的两个或多个单元格合并成一个单元格,也可以将单元格拆分成几部分。

(1) 合并单元格

① 选定要合并的单元格,如图 3-57(a)所示。

② 选择右键快捷菜单的"合并单元格"命令,或选择"表格工具"功能区"布局"选项卡,单击"合并"命令组的"合并单元格"按钮,就可清除所选定单元格之间的分隔线,使其成为一个大单元格,如图 3-57(b)所示。

(2) 拆分单元格

要将单元格拆成几部分,可按如下步骤进行:
① 选定要拆分的一个或多个单元格,如图 3-58(a)所示。

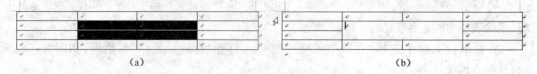

图 3-57　合并单元格

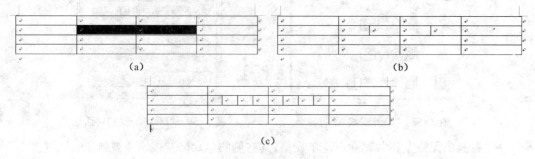

图 3-58　拆分单元格

② 选择"表格工具"功能区"布局"选项卡,单击"合并"命令组的"拆分单元格"命令,出现如图 3-59 所示的"拆分单元格"对话框(如果选中一个单元格,可选择右键快捷菜单的"拆分单元格"命令)。

③ 在"列数"文本框中输入要拆分的列数,在"行数"文本框中输入要拆分的行数。

④ 如果选中"拆分前合并单元格",则整个选定的区域被分成输入的列数和行数,如图 3-58(b)所示;否则所选中的每个单元格被分成输入的列数和行数,拆分后的单元格如图 3-58(c)所示。

图 3-59　"拆分单元格"对话框

5. 表格的拆分和合并

(1) 表格的拆分

① 插入点移到拆分后要作为新表格的第一行。

② 选择"表格工具"功能区"布局"选项卡,单击"合并"命令组的"拆分表格"命令,即可将表格一分为二。

把插入点放在第一行的单元格中,选择"表格"菜单中的"拆分表格"命令,可在表格前方插入一个空行。

(2) 表格的合并:把两个表格间的段落标记删除,就可以将表格进行合并。

6. 缩放表格

单击表格,表格的右下角会出现一个"表格缩放控点"(如图 3-48 所示),将鼠标指针指向该控点,鼠标指针变为斜向的双向箭头,按住鼠标左键拖动,在拖动过程中,出现一个虚框表示改变后表格的大小,拖动到合适位置释放鼠标左键就可改变表格大小。

3.6.4 表格的属性设置

1. 设置行高、列宽

（1）使用鼠标拖动

① 鼠标指针移到要调整行高、列宽的表格边框线上，使鼠标指针变成 ⇕ 或 ⇔ 形状。

② 按住鼠标左键，出现一条虚线表示改变后的表格线，拖动鼠标，可改变列宽、行高。

如果想看到当前的列宽或行高数据，那么只要在拖动鼠标时按住 Alt 键，水平标尺或垂直标尺上就会显示列宽或行高。

提示：

如果按住 Shift 键的同时拖动鼠标，只调整左列的列宽，右列的宽度保持不变。

如果选定了单元格，当鼠标拖动选定的单元格的左或右列框线时，只影响选定的单元格的列宽度，其他不变。

（2）使用"表格属性"对话框

要设定精确的列宽、行高值，需要使用"表格属性"对话框：

① 选定需调整宽度的列或行，如果只调整一行或一列，插入点置于该行或列中即可。

② 选择"表格工具"功能区"布局"选项卡，单击"表格"命令组的"属性"命令，或单击"单元格大小"组中右下角的"表格属性"命令 ，打开"表格属性"对话框，选择"行"或"列"选项卡，如图 3-60、3-61 所示。

图 3-60　"表格属性"对话框的"行"选项卡　　　图 3-61　"表格属性"对话框的"列"选项卡

③ 选中"指定高度"或"指定宽度"复选框，在后面的文本框中键入指定值。单击"上一行"或"前一列"等按钮可逐行、逐列设置。

在"行高值是"列表框中，有两个选项。"最小值"表示行的高度是适应内容的最小值，单元格的内容超过最小值时，自动增加行高。"固定值"选项表示行的高度是固定值，即使单元格的内容超过了设置的行高，也不进行调整。

④ 单击"确定"按钮。

(3) 自动调整行高列宽

一个表格经过多次修改后,可能使表格的各列宽度不等,影响美观。Word 提供了自动调整表格功能。

① 平均分布各行、各列
- 选定要调整的几个相邻的单元格。
- 选择"表格工具"功能区"布局"选项卡,单击"单元格大小"命令组的"分布行"命令或"分布列"命令,即可实现选定区域的行高或列宽相等。

如果不选中区域,仅将光标置于表格的任意单元格中,可实现整个表格的调整。

② 按照单元格的内容自动调整宽度
- 光标置于表格的任意单元格中。
- 选择"表格工具"功能区"布局"选项卡,单击"单元格大小"命令组的"自动调整"按钮,在弹出的下拉菜单中选择"根据内容自动调整表格"命令,可实现按实际内容宽度调整表格各列宽度。

③ 根据窗口调整单元格宽度
- 光标置于表格的任意单元格中。
- 选择"表格工具"功能区"布局"选项卡,单击"单元格大小"命令组的"自动调整"按钮,在弹出的下拉菜单中选择"根据窗口自动调整表格"命令,可使表格宽度与页面版心等宽。

2. 设置表格的对齐和环绕方式

表格宽度较小时,有时不希望它占用整行,这时可将它调整到页面的左边或右边,并让文字环绕它。设置的方法是:

(1) 光标置于表格的任意单元格中。

(2) 选择"表格工具"功能区"布局"选项卡,单击"表格"命令组的"属性"命令,或单击"单元格大小"组中右下角的"表格属性"命令 ,打开"表格属性"对话框,选择"表格"选项卡,如图 3-62 所示。

图 3-62 "表格"选项卡

(3) 在"对齐方式"区中,选择一种对齐方式;在"文字环绕"区中,选择一种"文字环绕"方式。若选择"左对齐"、"无",在"左缩进"文本框中还可以精确设置表格与页左边界的距离。

(4) 单击"选项"按钮,打开"表格选项"对话框,如图3-63所示,可设置单元格的间距和边距。

也可以通过选择"表格工具"功能区"布局"选项卡,单击"对齐方式"命令组的"单元格边距"命令,打开"表格选项"对话框,设置单元格的间距和边距。

3. 单元格中文本的对齐方式

如果要改变表格单元格中文本的对齐方式,可按如下步骤进行:

(1) 选定要改变文本对齐方式的表格单元格,如果是一个单元格,只需将插入点置于该单元格内。

(2) 选择"表格工具"功能区"布局"选项卡,单击"对齐方式"命令组的9种对齐方式命令中的一种,如图3-64所示,可以设置单元格中文本在垂直、水平方向的对齐方式。

4. 设置表格的边框和底纹

制作一个新表时,Word 2010默认用0.5磅单实线作表格的边框。可以为表格设置各种不同类型的边框和底纹,使表格更美观。

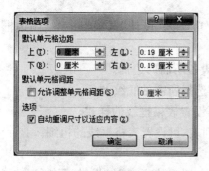

图3-63 "表格选项"对话框

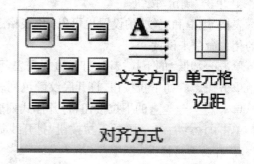

图3-64 "对齐方式"命令组

(1) 用"边框和底纹"对话框设置表格边框

① 选中需要设置边框的单元格,选择右键快捷菜单的"边框和底纹"命令,或选择"表格工具"功能区"设计"选项卡,单击"绘图边框"组中右下角的"边框和底纹"按钮,显示"边框和底纹"对话框,在对话框中选择"边框"选项卡,如图3-65所示。

图3-65 "边框和底纹"对话框中的"边框"选项卡

② 在"设置"区内选中所需要的边框形式，在预览区内将显示表格边框线的效果。也可以单击预览区周围的按钮来增加或减少表格的边框线。

要改变线型，在"样式"列表框中选择表格边框线的类型。

如果要改变线的宽度，从"宽度"列表框中选择一个宽度值。

在"颜色"列表框中可以选择边框线的颜色。

在"应用于"列表框中选择"表格"或"单元格"。

③ 单击"确定"按钮。

(2) 设置底纹

可以对表格的单元格添加不同的颜色和图案来美化表格，方法如下：

① 选定要设置底纹的单元格。

② 打开"边框和底纹"对话框，选中"底纹"标签。

③ 在"填充"区中选定单元格要填充的颜色；在"图案"区选定需要的图案，右边预览区将显示底纹的效果。

在"应用于"内选定应用区域：选择"单元格"，设置仅应用于选定的单元格；选择"表格"，设置将应用于整个表格；选择"段落"，则底纹将仅应用于单元格内插入点所在的段落。

④ 单击"确定"按钮。

表格"边框和底纹"的设置也可以用"表格工具"功能区"设计"选项卡中"绘图边框"组中的相关命令来设置。

单击 边框 的下拉按钮，打开边框列表，可以设置所需的边框。

单击 底纹 的下拉按钮，打开底纹颜色列表，可选择所需的底纹颜色。

单击 ———— 的下拉按钮，打开样式列表，可设置表格框线的样式。

单击 1.0磅 ———— 的下拉按钮，打开线宽度列表，可设置表格框线的粗细。

5. 自动套用格式

在 Word 2010 "表格工具"功能区"设计"选项卡中，"表格样式"组提供了许多内置的表格样式来设置表格的格式。该功能还提供修改表格样式，预定义了许多表格的格式、字体、边框、底纹、颜色供选择，使表格的排版变得很轻松。自动套用格式可以应用在新建的空表上，也可以应用在已经输入数据的表格上。具体操作步骤如下：

(1) 光标置于表格的任意单元格中。

(2) 选择"表格工具"功能区"设计"选项卡，单击"表格样式"组中内置的"其他"按钮，打开如图 3-66 所示的"表格样式"列表框。

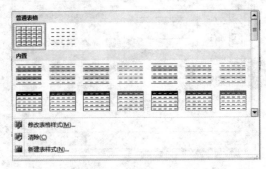

图 3-66 "表格样式"列表框

(3) 在"表格样式"列表框中选择所要应用的样式即可。

如果要清除表格的自动套用格式,将插入点置于要清除自动套用格式的表格内;打开"表格样式"列表框,从"表格样式"列表框中选择"网络型"或"普通表格"选项。

6. 重复标题行

如果一个表格行数很多,可能横跨多页,需要在后继各页重复表格标题。可按如下步骤进行设置:

(1) 选定要作为表格标题的一行或多行文字,选定内容必须包括表格的第一行。

(2) 选择"表格工具"功能区"布局"选项卡,单击"数据"组中的"标题行重复"按钮。

这样,Word 就能够自动在新的一页上重复表格标题。

3.6.5 表格的计算和排序功能

在平常应用中,经常要对表格的数据进行计算,如求和、求平均值等。Word 具有一些基本的计算功能。这些功能是通过"域"处理功能实现的,我们只需利用它即可方便地对表格中的数据进行各种运算。

1. 表格中单元格的引用

(1) 引用单元格

在表格中进行计算时,可以用 A1、A2、B1、B2 这样的形式引用表格中的单元格。其中的字母代表列,数字代表行。"D2"表示第二行第四列上的单元格;"B2,C3,C4"表示 B2、C3、C4 三个单元格;"B3:C4"表示 B3、C3、B4、C4 四个单元格,如图 3-67 所示。

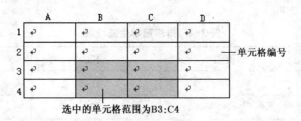

图 3-67 单元格标示

(2) 引用整行或整列

使用只有字母或数字的区域表示整行和整列,例如,1:1 表示表格的第一行;b:b 表示表格的第 b 列。

2. 在表格中进行计算

(1) 单击要放置计算结果的单元格。

(2) 选择"表格工具"功能区"布局"选项卡"数据"组中的"公式"按钮,显示如图 3-68 所示对话框。

如果 Word 提议的公式非您所需,请将其从"公式"框中删除,但不要将"="号删除。

(3) 在"粘贴函数"框中选择所需的公式。例如,要求和,选择"SUM"。

(4) 在公式的括号中键入单元格引用。例如,要

图 3-68 "公式"对话框

计算单元格 A1 和 B4 中数值的和,应建立这样的公式:＝SUM(a1,b4)。

(5) 在"编号格式"框中选择数字的格式。例如,要以带小数点的百分比显示数据,选择"0.00%"。

提示:Word 是以域的形式将结果插入选定单元格的。如果所引用的单元格发生了更改,请选定该域,然后按 F9 键,即可更新计算结果。

常用的函数有以下四个:

SUM——求和。

MAX——求最大值。

MIN——求最小值。

AVERAGE——求平均值。

常用的参数有:

ABOVE——插入点上方各数值单元格。

LEFT——插入点左侧各数值单元格。

例如:SUM(ABOVE),求插入点以上各数值和。

AVERAGE(B2:B6),求 B2 到 B6 五个单元格的平均值。

SUM(B2,C3,D4),求 B2、C3、D4 三个单元格的和。

3. 表格内数据的排序

Word 还能对表格中的数据进行排序。下面以对表 3-4 排序前学生成绩表为例介绍排序操作。排序要求是:按英语成绩进行递减排序,当两个学生的英语成绩相同时,再按数学成绩递减排序。

表 3-4 排序前学生成绩表

姓名	英语	语文	数学
李明	78	67	79
张强	80	86	90
王勇	80	87	92

(1) 将插入点置于要排序的学生成绩表中。

(2) 执行"表格工具"功能区"布局"选项卡"数据"组中的"排序"命令,打开如图 3-69 所示的对话框。

图 3-69 "排序"对话框

(3) 按要求在对话框中进行如图所示的设置,并按"确定"按钮完成操作。

3.7 Word 的图文混排功能

图文混排是 Word 的特色功能之一。在 Word 文档中,除了可以输入文字外,还可以插入图片、图表、公式等对象,也可以插入用 Word 提供的绘图工具绘制的图形,以使 Word 文档更加多姿多彩,生动活泼,大大增强文档的吸引力。

3.7.1 插入图片

这里"图片"是指 Word 2010 内置的剪贴画和外部图片文件。

1. 插入剪贴画

Microsoft Office 在"剪辑库"中预置了大量的剪贴画,这些专业设计的图片可以帮助用户轻松地增强文档的效果。在"剪辑库"中可以找到从风景背景到地图,从建筑物到人物的各种图像。在文档中插入剪贴画的方法如下:

(1) 将光标置于要插入剪贴画的位置。

(2) 选择"插入"功能区"插图"组中的"剪贴画"命令,显示"剪贴画"任务窗格,如图 3-70 所示。

(3) 在"搜索文字"编辑框中输入准备插入的剪贴画的关键字(例如"建筑"),单击"结果类型"下拉三角按钮,类型列表中仅选中"插图"复选框。

(4) 单击"搜索"按钮。如果被选中的收藏集中含有指定关键字的剪贴画,则会显示剪贴画搜索结果。

(5) 单击合适的剪贴画,或单击剪贴画右侧的下拉三角按钮,并在打开的菜单中单击"插入"按钮,所选定的剪贴画就插入到文档中了。

2. 插入图片文件

实际上我们在 Word 中用的图片大部分都是来自外部文件,在 Word 中可直接插入的文件类型有:增强型图元文件(.emf)、静态压缩格式文件(.jpg)、便携式网络图形文件

图 3-70 "剪贴画"任务窗格

(.png)、Windows 位图文件(.bmp、.rle、.dib)、GIF 文件(.gif)以及 Windows 图元文件(.wmf)等。若插入其他类型的图形,则需要安装图形过滤器。

插入来自文件的图片的操作步骤如下:

(1) 将光标置于要插入图片的位置。

(2) 选择"插入"功能区"插图"组中的"图片"命令,弹出如图 3-71 所示的对话框。

(3) 在对话框左边窗格中选择文件所在位置,在右边列表框中选定要打开的文件。

(4) 单击"插入"按钮后面的箭头,可以在弹出的菜单中选择是插入文件还是链接文件,或是插入和链接文件。如果要插入文件,直接单击"插入"按钮即可。

在 Word 2010 中,插入的对象分为嵌入和链接两种形式,它们是利用 OLE(Object Linking and Embedding)技术实现的。从对象存储的角度来看,嵌入对象是将对象的一个

图 3-71 "插入图片"对话框

副本插入到文档中,对原对象文件的修改不会影响插入的对象;链接对象是将对象的一个文件地址插入到文档中,而不是对象文件本身,文档中显示的是对象文件的内容,不难想象,对象文件发生变化,Word 文档中显示的内容也跟着变化,当然这样可以节省存储空间。

默认情况下,Word 在文档中嵌入图片。通过链接图片,可以减少文件大小。在"插入图片"对话框中,单击图片,单击"插入"按钮右边的箭头,然后单击"链接文件"。尽管不能编辑该图片,但是可在文档中看到它,并在打印文档时打印它。

3.7.2 设置图片格式

当单击选定图片后,图片周围出现 8 个空心小方块,拖动这 8 个控制点可以改变图片大小。

设置图片格式最常见的方法有如下两类:

方法一:利用"图片工具"功能区。选中一个图片后,Word 窗口中会自动增加一个"图片工具"功能区,利用"图片工具"功能区可以设置图片的环绕方式、大小、位置和边框等。

方法二:利用快捷菜单。选中一个图片,并单击鼠标右键,这时会打开一个快捷菜单,利用这个快捷菜单也可以设置图片的环绕方式、大小、位置和边框等。

下面介绍利用快捷菜单或"图片工具"功能区"格式"选项卡设置图片格式的操作方法。

1. 改变图片的大小和移动图片位置

改变图片的大小和位置的具体操作如下:

(1) 单击选定的图片,图片周围出现 8 个黑色(或空心)小方块。

(2) 将鼠标指针移到图片中的任意位置,指针变成十字箭头时,拖动它可以移动图片到新的位置。

(3) 将鼠标移到小方块处,此时鼠标指针会变成水平、垂直或斜对角的双向箭头,按箭头方向拖动指针可以改变图片水平、垂直或斜对角方向的大小尺寸。

2. 图片的剪裁

改变图片的大小并不改变图片的内容,仅仅是按比例放大或缩小。如果要裁剪图片中某一部分的内容,可以使用"图片工具"功能区"大小"组中的"裁剪"按钮,具体步骤如下:

(1) 单击选定需要裁剪的图片(**注意**:图片应为非嵌入型环绕方式),图片四周出现 8 个空心小方块。

（2）单击"图片工具"功能区"大小"组中的"裁剪"按钮，此时图片的四个角会出现四个黑色直角线段、图片四边中部出现四个黑色短线，共计8个黑色线段。

（3）将鼠标移到图片四周的8个黑色线段的任何一处，按下鼠标左键向图片内侧拖动鼠标，可裁去图片中不需要的部分。如果拖动鼠标的同时按住Ctrl键，那么可以对称裁去图片。

3. 文字的环绕

Word将文档分为三层：文本层、文本上层、文本下层。文本层，即我们通常的工作层，同一位置只能有一个文字或对象，利用文本上层、文本下层可以实现图片和文本的层叠。

按照文档的层次，图片的环绕方式及版式有四种选择：

（1）嵌入型：此时图片处于"文本层"，插入的剪贴画或图片默认的版式为"嵌入型"，选中这种版式的图片时其8个控制柄是实心方块。它既不能随意移动位置，也不能在其周围环绕文字，是作为一个字符出现在文档中，用户可以像处理普通文字那样处理此图片。可以重新设置图片的版式，使图片的周围可以环绕文字，例如"四周型"。

（2）浮于文字上方：此时图片处于"文本上层"，图形覆盖文字。

（3）衬于文字下方：此时图片处于"文字下层"，可实现水印的效果。

（4）环绕方式：图片所占位置没有文字，文字环绕图片的方式有多种。选中环绕方式的图片时，其8个控制柄是空心方块。通常，图片插入文档后像字符一样嵌入到文本中。当改变图片为非嵌入型环绕方式，并调整图片的大小和位置后，可以利用"布局"对话框中的"文字环绕"选项卡提供的"文字环绕"功能使文字环绕在图片周围，其操作步骤如下：

① 鼠标右击图片，打开图片设置快捷菜单，单击其中的"大小和位置"命令，打开如图3-72所示的"布局"对话框。

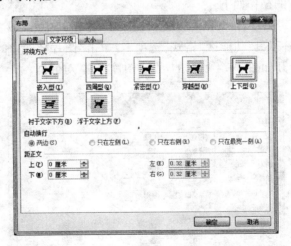

图3-72 "布局"对话框"文字环绕"选项卡

② 单击"文字环绕"选项卡，在"环绕方式"选项组中选定所需的环绕方式并单击之。

也可通过选择"图片工具"功能区"格式"选项卡，单击"排列"组"位置"下拉列表或"自动换行"下拉列表中相关选项设置所需的文字环绕。

在"文字环绕"选项卡中，当文字环绕设置为非嵌入式环绕时，还可以设置图片上、下、左、右各边与文字之间的距离。

4. 设置图片大小

在"布局"对话框中选择"大小"选项卡，如图 3-73 所示，可以设置图片的大小（实际大小或百分比）。选中"锁定纵横比"，改变图片的高，宽度属性会随之变化，反之亦然，保证图片的高宽比例不发生变化。单击"重置"按钮，可以恢复图片的原始尺寸。

图片的大小还可以通过"图片工具"功能区"格式"选项卡"大小"组中的相关命令按钮来进行设置，也可直接拖动图片四周的 8 个句柄来调整。

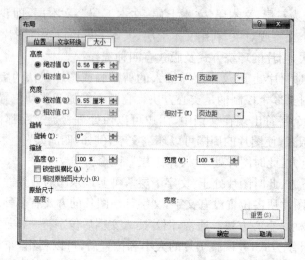

图 3-73 "布局"对话框"大小"选项卡

5. 为图片添加边框

为图片添加边框的操作如下：

（1）右键单击选定图片，打开图片设置快捷菜单，单击其中的"设置图片格式"命令；或选中图片并选择"图片工具"功能区"格式"选项卡，单击"图片样式"命令组右下角的"设置形状格式" 按钮，打开如图 3-74 所示的"设置图片格式"对话框。

图 3-74 "设置图片格式"对话框

(2) 执行"设置图片格式"对话框中的"线条颜色"命令,从"无线条"、"实线"、"渐变线"中选择一种。

(3) 执行"设置图片格式"对话框中的"线型"命令,并在"宽度"文本框中键入边框线的宽度(单位默认为磅),以及"复合类型"、"短划线类型"、"线端类型"等参数。

也可直接单击"图片工具"功能区中"图片样式"组中的相关按钮来设置图片的格式。如线型、样式、颜色等。

3.7.3 绘制图形

Word 提供了一套绘制图形的工具,利用它可以创建各种图形。只有在页面视图方式下可以在 Word 文档中插入图形。所以在创建图形前,应把视图切换到页面视图方式。

1. 绘图工具栏介绍

Word 提供了六大类 135 种自选图形。选择"插入"功能区,"插图"组,单击"形状"下拉列表,选择想要的形状,如图 3-75 所示。将"十"字形鼠标指针移到要绘制图形的位置,拖动鼠标即可绘出选定的图形。激活"绘图工具"功能区中的"格式"选项卡,如图 3-76 所示。绘图"格式"包含"插入形状"、"形状样式"、"阴影效果"、"三维效果"、"排列"和"大小"六个组。通过功能区为图形添加文本、填充颜色、更改形状、添加阴影、制造三维立体效果、更改图形的排列以及精确绘制图形大小。

图 3-75 "形状"下拉列表

图 3-76 "绘图工具"功能区"格式"选项卡

2. 图形的创建

选择"插入"功能区"插图"组,单击"形状"下拉列表选择想要的图形,将"十"字形鼠标指针移到要绘制图形的位置,单击并拖动鼠标即可绘出选定的图形。单击要更改的形状,在"格式"选项卡上的"形状样式"组中,单击"编辑形状"按钮,然后在下拉菜单中选择"更改形状"子菜单,选择所需形状。

使用这些简单图形,加上控制大小和位置就可组合出复杂的图形。

3. 图形中添加文字

Word 提供在封闭的图形中添加文字的功能。这对绘制示意图是非常有用的。其具体操作步骤如下:

(1) 将鼠标指针移到要添加文字的图形中。

(2) 右击该图形,弹出快捷菜单。执行快捷菜单中的"添加文字"命令。此时插入点移到图形内部。激活"文本框工具"窗口中的"格式"选项卡。

(3) 在插入点之后键入文字即可。

图形中添加的文字将与图形一起移动。同样,可以用前面所述的方法,对文字格式进行编辑和排版。

4. 图形的颜色、线条、三维效果

利用绘图工具栏中的"形状填充"、"主题颜色"、"彩色填充"、"阴影效果"和"三维效果"等按钮,可以在封闭图形中填充颜色,给图形的线条设置线型和颜色,给图形对象添加阴影或产生立体效果。也可以通过右击图形在打开的快捷菜单中选择"设置形状格式"命令,打开如图 3-77 所示"设置形状格式"对话框,设置图形的格式。

图 3-77 "设置形状格式对话框"

5. 图形的叠放次序

当两个或多个图形对象重叠在一起时,最近绘制的那一个总是覆盖其他的图形。选择"绘图工具"功能区"格式"选项卡,在"排列"组中单击"上移一层"或"下移一层"可以调整各图形之间的叠放关系。具体步骤如下:

(1) 选定要改变叠放关系的图形对象。

(2) 选择"绘图工具"功能区"格式"选项卡的"排列"组,单击"上移一层"(或"下移一层")

6. 多个图形的组合

当用许多简单的图形构成一个复杂的图形后,实际上每一个简单图形还是一个独立的对象,这对移动整个图形来说将变得非常困难。有可能操作不当而破坏刚刚构成的图形。为此,Word 提供了多个图形组合的功能。利用组合功能可以将许多简单的图形组合成一个整体的图形对象,以便图形的移动和旋转。多个图形的组合步骤如下:

(1) 按下 Ctrl 键或 Shift 键的同时,单击要组合的各对象。

(2) 单击鼠标右键,打开绘图快捷键,选择菜单中的"组合"命令就可完成图形的组合。

另外:按下 Ctrl 键或 Shift 键的同时,再一次单击已选择的对象可撤销对对象的选择。图 3-78 展示了组合示例。

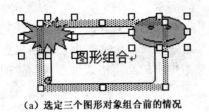 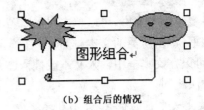

(a) 选定三个图形对象组合前的情况　　　　(b) 组合后的情况

图 3-78　图形组合示例

组合后的所有图形成为一个整体的图形对象,可整体移动或旋转或改变大小等。这一组合图形也可通过"绘图"快捷菜单中的"取消组合"命令来取消组合。

3.7.4　插入艺术字

1. 添加艺术字

Word 内置了一些艺术字的效果,可作为图片插入到文档中。插入艺术字的操作步骤如下:

(1) 把光标移到要插入艺术字的位置。

(2) 在"插入"功能区上的"文本"组中,单击"艺术字"按钮。

(3) 打开"艺术字"下拉列表,单击任一艺术字样式,然后开始键入文字内容,即可插入一组艺术字。

2. 更改艺术字

(1) 单击要更改的艺术字文本中的任意位置。

(2) 在"绘图工具"下的"格式"选项卡上,单击任一选项。

例如,通过单击"文本"组中的"文字方向"并为文本选择新方向,可以更改艺术字文本的方向。

3. 添加或删除文字效果

通过选择"绘图工具"下的"格式"选项卡中的"艺术字样式"组中的相关按钮,可以更改文字的填充,更改文字的边框,或者添加诸如阴影、映像、发光或三维(3D)旋转或棱台之类的效果,可以更改艺术字文字的外观。单击"文本效果"按钮,可弹出文字效果下拉菜单,如图 3-79 所示,可设置"阴影"、"映像"或"发光"等文字效果。

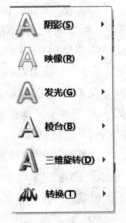

图 3-79　"文字效果"下拉菜单

3.7.5　文本框

文本框是一个独立的对象,框中的文字和图片可随文本框移动,它与给文字加边框是不同的概念。可以像处理图形对象一样来处理文本框,比如可以与别的图形组合叠放,可以设置三维效果、阴影、边框类型和颜色、填充颜色和背景等,因此利用文本框可以对文档进行灵活的版面设置。

文本框有两种,一种是横排文本框,一种是竖排文本框,它们没有什么本质上的区别,只是文本方向不一样而已。

1. 绘制文本框

如果要绘制文本框,可以单击"插入"功能区"文本"组的"文本框"按钮,打开"文本框"下拉列表框,单击所需的文本框,即可在当前插入点处插入一个文本框。将插入点移至文本框中,可以在文本框中输入文本或插入图片。文本框中的文字格式设置与前述的文字格式设置方法相同。

2. 改变文本框的位置、大小和环绕方式

(1) 移动文本框:鼠标指针指向文本框的边框线,当鼠标指针变成 I 形状时,单击文本框,将鼠标指针移向框线,按下左键并拖动文本框,实现文本框的移动。

(2) 复制文本框:选中文本框,按 Ctrl 键的同时用鼠标拖动文本框,可实现文本框的复制。

(3) 改变文本框的大小:首先单击文本框,在该文本框四周出现 8 个控制大小的小方块,向内/外拖动文本框边框线上的小方块,可改变文本框的大小。

(4) 改变文本框的环绕方式:文本框环绕方式的设定与图片环绕方式的设定基本相同。另外,用与设置图形叠放次序类似的方法,也可以改变文本框的叠放次序。

3. 文本框格式设置

如果想改变文本框边框线的颜色或给文本框填充颜色,则可采取如下步骤:

(1) 选定要操作的文本框。

(2) 单击鼠标右键,打开"文本框"快捷菜单。

(3) 单击快捷菜单中"设置形状格式"命令,可以打开"设置形状格式"对话框。

(4) 在"设置形状格式"对话框中可以使用"填充"、"线条颜色"、"线型"、"阴影"和"三维格式"等命令,为文本框填充颜色,给文本框边框设置线型和颜色,给文本框对象添加阴影或产生立体效果等。

4. 文本框的链接

文本框的链接就是把两个以上的文本框链接在一起,不管它们的位置相差多远,如果文字在上一个文本框中排满,则在链接的下一个文本框中接着排下去。

(1) 创建链接

创建文本框链接的方法如下:

① 创建一个以上的文本框。

② 选中第一个文本框,其中内容可以空,也可以非空。

③ 选择"绘图工具""格式"选项卡,单击"文本"组中"创建链接"按钮 。

④ 此时鼠标变成 形状,把鼠标移到另一空文本框上面单击鼠标左键即可创建链接,注意目标文本框必须是空的。

⑤ 如果要继续创建链接,可以继续以上操作。

⑥ 按 Esc 键即可结束链接的创建。

提示:横排文本框与竖排文本框之间不能创建链接。

可以看到,链接后的两个文本框中,第一个文本框排不下的文字,会自动放到第二个文本框中去。

(2) 断开链接

每个文本框仅有一个前向和后向链接。可断开任意两个文本框之间的链接。

要断开两个文本框的链接,选择上一个文本框,单击"文本"组中"断开链接"按钮 即可。断开后的文本框,排在下一个文本框中的文字将移到上一个文本框中。

3.7.6 插入公式和图表对象

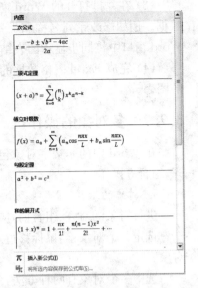

Word 2010 中除了插入以上所述的图片、图形、艺术字、文本框外,还可以插入很多非文字的对象,如公式、图表等。

1. 插入公式

(1) 将光标放在要创建公式的位置。

(2) 单击"插入"功能区"符号"组中的"公式"按钮 π,弹出如图 3-80 所示的"公式"内置下拉列表。

(3) 在列表内选定所需的公式类型,或单击"插入新公式"命令,创建指定的公式或自定义新的公式。

图 3-80 "公式"内置下拉列表

(4) 此时将显示"公式工具"功能区的"设计"选项卡,如图 3-81 所示,可以根据要求调整或新建公式。

图 3-81 "公式工具"功能区

2. 插入图表

通过选择"插入"功能区中"插图"组的"图表"命令,可以插入图表。

在 Word 2010 文档中创建图表的步骤如下:

(1) 打开 Word 2010 文档窗口,切换到"插入"功能区。在"插图"分组中单击"图表"按钮。

(2) 打开如图 3-82 所示的"插入图表"对话框,在左侧的图表类型列表中选择需要创建的图表类型,在右侧图表子类型列表中选择合适的图表,并单击"确定"按钮。

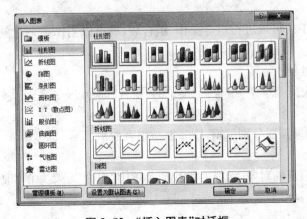

图 3-82 "插入图表"对话框

（3）在并排打开的 Word 窗口和 Excel 窗口中，用户首先需要在 Excel 窗口中编辑图表数据。例如修改系列名称和类别名称，并编辑具体数值。在编辑 Excel 表格数据的同时，Word 窗口中将同步显示图表结果。

（4）完成 Excel 表格数据的编辑后关闭 Excel 窗口，在 Word 窗口中可以看到创建完成的图表。

3.7.7 多对象的操作

在 Word 中的非文字对象包括图片、图形、文本框和公式等，多个对象之间可以进行对齐、组合等操作。

1. 对象的选择

进行对象的对齐、组合前，应先选中对象。

选定一个对象：当鼠标移过对象时，指针会变为十字箭头状，单击鼠标左键即可选定对象。

选中多个对象有两种方法：

● 按住"Ctrl"或"Shift"键不放，依次单击各个对象（**提示**：嵌入型的图片要转换为其他环绕方式才能与其他对象同时选中）。

● 单击"绘图工具"或"图片工具"功能区"选择"组的"选择窗格"按钮，弹出"选择和可见性"窗格，在列表中会显示此页上的所有对象，可以按下 Ctrl 键的同时单击鼠标选定需要的一个或多个对象。当对象处于文字下方时，只能用此方法选定。

2. 对象的层次调整

当对象间有重叠时，有时需要调整对象的覆盖顺序。方法是：右键单击对象，选择快捷菜单中"置于顶层"或"置于底层"子菜单的相应命令。

3. 对象的对齐

多个对象在选中后可以进行"对齐"操作。

操作方法：

（1）选中多个对象。

（2）选择"绘图工具"功能区"排列"组中"对齐"命令，在打开的下拉列表中选择对齐方式，可以设置对象间水平或垂直等对齐方式。

4. 对象的组合

多个对象在选中后可以进行组合操作，组合后，就可以当作一个对象来使用了。

操作方法：

（1）选中多个对象。

（2）选择右键快捷菜单中"组合"子菜单的"组合"命令。

5. 对象的分解

组合的对象，如果需要分别编辑，则需要把组合取消。

操作方法：

右键单击已经组合的对象，选择右键快捷菜单中"组合"子菜单的"取消组合"命令。

3.8 文档的打印

当文档编辑、排版完成后,就可以打印输出了。打印前可以利用打印预览功能先查看一下排版是否理想,如果满意则打印,否则可继续修改排版。文档打印操作可以使用"文件"→"打印"命令实现。

3.8.1 文档的打印与预览

1. 打印预览

执行"文件"→"打印"命令,在打开的"打印"窗口面板右侧就是打印预览内容,如图 3-83 所示。

图 3-83 "打印"窗口面板

2. 打印文档

通过"打印预览"查看满意后,就可以打印了。打印前,最好先保存文档,以免意外丢失。

Word 提供了许多灵活的打印功能。可以打印一份或多份文档,也可以打印文档的某一页或几页。

常见的操作说明如下:

(1) 打印一份文档

打印一份当前文档的操作最简单,只要单击"打印"窗口面板上的"打印"按钮即可。

(2) 打印多份文档副本

如果要打印多份文档副本,那么应在"打印"窗口面板上的"份数"文本框中输入要打印的文档份数,然后单击"打印"按钮。

(3) 打印一页或几页

如果仅打印文档中的一页或几页,则应单击"打印所有页"右侧的下拉列表按钮,在打开列表的"文档"选项组中,选定"打印当前页",那么只打印当前插入点所在的一页;如果选定"自定义打印范围",那就可以进一步设置需要打印的页码或页码范围。

3.8.2 打印机的选择与设置

1. 打印机的选择

如果需要将文件由打印机打印输出,首先必须在安装操作系统时或者之后安装所用打印机的打印驱动程序。如果一台电脑安装有多种型号的打印机,这时就需要选择其中一种型号的打印机为默认打印机。

执行菜单命令"文件"→"打印",在如图 3-83 所示的"打印"窗口面板上的"打印机"下拉列表中选择一种打印机作为默认打印机。

2. 打印机的设置

打印机设置的项目包括纸张规格、打印方向、进纸方式、打印分辨率、打印品质等。执行菜单命令"文件"→"打印",在如图 3-83 所示的"打印"窗口面板上,选择"打印机属性"按钮。打开"打印机属性"对话框,进行打印机属性的设置。

习　　题

一、选择题

1. Word 具有的功能是_____。
   A. 表格处理　　　B. 绘制图形　　　C. 自动更正　　　D. 以上三项都是
2. Word 程序启动后就自动打开一个名为_____的文档。
   A. Noname　　　B. Untitled　　　C. 文件 1　　　D. 文档 1
3. 在 Word 中,按 Shift+Enter 键将产生一个_____。
   A. 分节符　　　B. 分页符　　　C. 段落结束符　　　D. 换行符
4. 在 Word 文档中选定文档的某行内容后,用鼠标拖动方法将其复制时,配合的键是____。
   A. 按住 Esc 键　　　B. 按住 Ctrl 键　　　C. 按住 Alt　　　D. 不做操作
5. 在 Word 编辑状态下,利用_____可快速、直接调整文档的左右边界。
   A. 格式栏　　　B. 工具栏　　　C. 菜单　　　D. 标尺
6. 要重复上一步进行过的格式化操作,可选择_____。
   A. "撤销键入"按钮　　　　　　B. "重复键入"按钮
   C. "复制"按钮　　　　　　　　D. "粘贴"按钮
7. Word 的查找和替换功能很强,不属于其中之一的是_____。
   A. 能够查找和替换带格式或样式的文本
   B. 能够查找图形对象
   C. 能够用通配字符进行快速、复杂的查找和替换

D. 能够查找和替换文本中的格式
8. ＿＿＿＿＿视图方式能显示出页眉和页脚。
   A. 草图　　　　　B. 页面　　　　　C. 大纲　　　　　D. Web 版式
9. 插入点位于某段落内时,从"样式"窗格列表中选择了某种样式,这种样式将对＿＿＿＿起作用。
   A. 该字符　　　　B. 当前行　　　　C. 当前段落　　　D. 所有段落
10. Word 编辑状态下,"格式刷"可以复制＿＿＿＿＿＿。
    A. 段落的格式和内容　　　　　　B. 段落和文字的格式和内容
    C. 文字的格式和内容　　　　　　D. 段落和文字的格式

二、思考题

1. Word 2010 中有几种视图,有什么区别?
2. 如何为文档设置密码?
3. 格式刷和样式有什么区别? 如何使用格式刷多次复制字符的格式?
4. 段落排版中,有几种缩进方式?
5. 如何给文档分节、分页?
6. 如何设置奇、偶页不同的页眉和页脚?
7. 页眉和页脚如何进行设置?
8. 如何用手工方式创建项目符号和编号?
9. 如何将文档中的最后一段分栏?
10. 表格如何拆分和合并?
11. 浮动式图片与嵌入式图片有何区别? 两者之间如何相互转换?
12. 在文本框的边框和文本框中的右键快捷菜单有什么区别?
13. 打印 Word 文档时,如何只打印一部分?
14. 如何在 Word 中输入数学物理公式?

第 4 章　Excel 2010 电子表格

Excel 2010 是微软办公软件 Office 2010 中的一员。是一个集快速制表、图表处理、数据共享和发布等功能于一身的集成化软件,并具有强大的数据库管理、丰富的函数及数据分析等功能,被广泛应用于财务、行政、金融、统计、审计、管理等使用各种"表格"数据的领域。

本章将详细介绍 Excel 2010 的基本概念、基本功能和使用方法。通过本章的学习,应掌握:

(1) Excel 的基本概念、工作表和工作簿的创建、编辑和保存。
(2) 工作表的数据录入及公式与函数的应用。
(3) 工作表中单元格格式、行列属性、套用表格格式、条件格式等格式设置。
(4) 工作表的新建、改名、移动、复制、删除等管理操作。
(5) Excel 数据安全设置:工作表和工作簿的隐藏、工作表和工作簿的保护。
(6) Excel 图表的建立、修改和格式设置。
(7) 工作表中数据清单的排序、筛选、分类汇总、数据透视表和数据合并等数据库管理操作。
(8) 工作表的页面设置、打印预览和打印操作。
(9) Excel 使用超链接、共享工作簿等网络应用。

4.1　Excel 2010 概述

4.1.1　Excel 2010 的基本功能

Excel 2010 常用的基本功能有以下几个方面:

1. 方便的表格制作

Excel 以电子表格的形式供用户输入、编辑数据,并提供了丰富的格式化命令,方便用户进行数字显示格式、文本对齐、字体格式、数据颜色、边框底纹等美化表格的格式化操作。

2. 强大的计算能力

Excel 提供财务、日期与时间、数学与三角、统计、查找引用、数据库、文本、逻辑、信息、工程、多维数据集、兼容性十二类函数,利用这些函数可以完成各种复杂的计算。

3. 丰富的图表表现

Excel 提供了强大的图表功能,使用图表,可以将一组或多组数据取值的特点、数据间的关系、数据的分类以及数据发展趋势等非常直观、生动地形象化展示出来,满足用户的日常工作需要。

4. 快速的数据库管理

Excel 和 Access 这些数据库管理系统软件一样,具备数据的排序、筛选、分类汇总等数据库管理功能。

5. 数据共享与发布

利用 Excel 的数据共享功能,可以实现多个用户共享同一个工作簿,进行协作;Excel 工作表可以保存为 Web 页发布在网络上,用户不需在计算机上安装 Excel 软件,通过浏览器就可以访问 Excel 中的数据。

4.1.2 Excel 2010 的启动与退出

1. Excel 2010 的启动

Excel 启动方法与 Word 2010 等 Windows 应用程序一样。常用以下几种方法:

(1) 打开"开始"菜单,选择"所有程序"- Microsoft Office - Microsoft Excel 2010。

(2) 双击扩展名为.xls 或.xlsx 的 Excel 文档。

(3) 双击桌面上的快捷方式"Microsoft Excel 2010"启动。

2. Excel 2010 的退出

同样,Excel 的退出与 Word 2010 类似。常用以下几种方法:

(1) 单击"标题栏"右端的"关闭"按钮 ⊠。

(2) 选择功能区"文件"选项卡中的"退出"命令。

(3) 按组合键"Alt+F4"。

(4) 单击标题栏左边的 ⊠ 图标,选其中"关闭"选项,或直接双击标题栏的 ⊠ 图标。

为了保护用户的劳动成果,如果还没存过盘,退出时系统会给出存盘提示,用户根据需要选择"保存"(存盘后退出);"不保存"(不存盘退出);"取消"(不作任何操作,重新返回编辑窗口)。

4.1.3 Excel 2010 窗口的组成

Excel 2010 窗口由标题栏、快速访问工具栏、功能区、编辑栏、工作簿窗口、状态栏等组成,如图 4-1 所示。

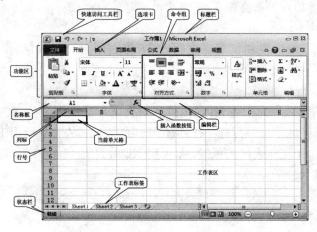

图 4-1 Excel 2010 窗口

1. 标题栏

显示程序名和当前工作簿文件名,并提供窗口的还原、移动、最小化、最大化、关闭等操作。

2. 快速访问工具栏

快速访问工具栏位于标题栏的左边,是一个可自定义的工具栏,提供保存、撤销、恢复三个默认按钮,单击它右边的下拉列表箭头,可以添加命令按钮,也可以将它移到功能区的下边。

3. 功能区

Excel 2010 取消了传统的菜单操作方式,而代之以功能区。功能区包含一组选项卡,主要包括文件、开始、插入、页面布局、公式、数据、审阅、视图等,各选项卡内均含有若干命令组,每组里包含若干命令。

使用时,先单击选项卡名称,然后在命令组中选择所需命令,Excel 将自动执行该命令。

4. 编辑栏

编辑栏在功能区的下方。其中左边是名称框,显示活动单元格地址,也可以直接在里面输入单元格地址,定位该单元格;右边为编辑框,用来输入、编辑和显示活动单元格的数据和公式;中间三个按钮分别是:取消按钮(✕)、输入按钮(✓)、插入函数按钮(fx)。平时只显示插入函数按钮(fx),在输入和编辑过程中才会显示取消按钮(✕)、输入按钮(✓),用于对当前操作的取消或确认。

5. 状态栏

窗口的最下方是状态栏,显示当前命令执行过程中的有关提示信息及一些系统信息。

(1) 显示当前工作状态:输入数据时显示"输入",完成后显示"就绪",在编辑时显示"编辑"。

(2) 自动计算功能:中间部分用于显示选择区的平均值、计数、求和的自动计算结果。自动计算也可执行其他类型的计算。右键单击状态栏时,就会显示一个快捷菜单,用户可以添加"最大值"、"最小值"。

(3) 视图设置:可以进行普通页面、页面布局、分页浏览三种视图的切换和工作表的缩放比例设置等操作。

注意:自动计算的结果不会保存,只供临时试算。

6. 工作簿窗口

工作簿窗口位于编辑栏和状态栏之间,由工作表区、行号、列标、滚动条、工作表标签组成。

(1) 工作表区、行号、列标

画有网格线的区域称为工作表区,由行和列交叉形成一个个独立的单元格,是当前工作表的输入和编辑区域。每一行有一行号,位于工作表区的左侧,行用 1 至 1048576 表示,每一列有一列标,位于工作表区的顶端,从 A 到 XFD,共有 16384 列。当选择单元格时,行号和列标会高亮显示。

(2) 滚动条

(3) 工作表标签

工作簿窗口底部的工作表标签上显示工作表的名称,当前显示在屏幕上的工作表称为活动工作表或当前工作表,图 4-1 中"Sheet1"为活动工作表,用白底黑字显示。单击工作表标签可在工作表间进行切换。如果工作表太多,工作表标签中没有显示出来,则可通过标签左边的四个箭头按钮，单击来滚动选择。

4.1.4 Excel 2010 的基本概念

1. 工作簿与工作表

Excel 2010 中存储、处理数据的文件称为工作簿,文件的默认扩展名是".xlsx",系统将新建工作簿自动命名为工作簿 1、工作簿 2……每个工作簿可以包含多张工作表,新建的工作簿默认有三张工作表,分别为 Sheet1、Sheet2、Sheet3。

在 Excel 2010 工作簿窗口内由水平方向的行和垂直方向的列构成的表格称为工作表,用来存储、处理数据。每张工作表包括 1048576 行和 16384 列。

使用工作表可以显示和分析数据,可以同时在多张工作表上输入并编辑数据,并且可以对不同工作表的数据进行汇总计算。在创建图表之后,既可以将其置于源数据所在的工作表上,也可以放置在单独的图表工作表上。

2. 单元格与区域

每个行列交叉形成的小格称为单元格,它是基本的数据输入、编辑单位。每个单元格由列标(从 A 到 Z,再从 AA 、AB ……XFD)和行号(1、2、3、4 …)标示,称为单元格地址,例如:"B2"就表示"B"列、第"2"行的单元格。正在用于输入或编辑数据的单元格称为活动单元格或当前单元格,同时在名称框中会显示该单元格地址。活动单元格由粗边框包围,在右下角有个小方块,称为填充柄。

要区分不同工作表的单元格,在其单元格地址前面加上工作表的名称。例如,"Sheet1!B2"表示"Sheet1"工作表的"B2"单元格。注意,工作表和单元格之间必须用"!"号分隔。

所谓区域,是指多个相邻或不相邻的单元格组成的单元格范围,单元格地址间用以下几个符号来组合表示区域:

(1) 冒号(:)

区域运算符,表示矩形区域。例如:B2:C3 表示一个矩形区域,包括 B2、B3、C2、C3 四个单元格。

(2) 逗号(,)

联合运算符,多个不连续矩形区域间的分隔符。例如 B5:C15,D5:E15 包括两个矩形区域的所有单元格。

4.2 Excel 2010 基本操作

4.2.1 工作簿的创建、保存、打开

1. 创建新工作簿

启动 Excel 后,自动建立一个"工作簿 1.xlsx"的空白工作簿,除此之外,还可以用以下几种方法建立新工作簿:

(1) 创建空白工作簿

选择"文件"选项卡中的"新建"命令,在"可用模板"下,双击"空白工作簿",如图4-2所示。要快速新建空白工作簿,也可以按组合键"Ctrl+N"。

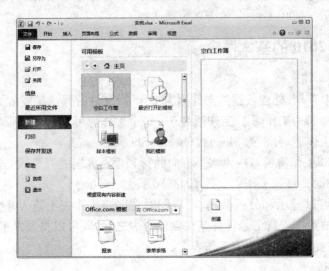

图4-2 创建空白工作簿

(2) 根据现有内容新建工作簿

在"可用模板"下单击"根据现有内容新建",打开"根据现有工作簿新建"对话框,找到要作为模板的工作簿,然后单击"新建"按钮。

(3) 基于模板创建新工作簿

若要使用某个 Excel 默认安装的样本模板,可在"可用模板"下,单击"样本模板",在"可用模板"下列出已有的样本模板,双击要使用的模板。

若要使用自己过去创建的模板,可在"可用模板"下,单击"我的模板",打开"新建"对话框,在"个人模板"选项卡上列出了已创建的模板,双击要使用的模板。

如果这些模板还不足,在"Office.com 模板"下单击 Office 网站上的模板,双击要使用的模板,下载并打开。

对于新建的工作簿,系统都会自动命名。

2. 保存工作簿

工作簿中输入的数据,只是临时保留在内存中,必须进行存盘操作,执行以下命令可以进行存盘操作。

(1) 保存

单击"快速访问工具栏"中的"保存"按钮, 或选择"文件"选项卡中的"保存"命令,或按组合键"Ctrl+S"。

如果当前文档是已保存过的旧文件,将在磁盘中的原位置、以原文件名保存,存盘后继续编辑。

如果是没保存过的新文件,将打开"另存为"对话框,在"文件夹"列表框中选择保存的文件位置(某个磁盘中的某个文件夹),在"文件名"框中输入文件名,在"保存类型"列表中选择工作簿的保存类型,单击"保存"按钮,将把当前文档保存在指定的位置,如图4-3所示。

注意：保存类型默认为"Excel 工作簿"，扩展名为.xlsx，如果想要在老版本如 Excel 2003 中使用，保存类型要选择"Excel 97‐2003 工作簿"。

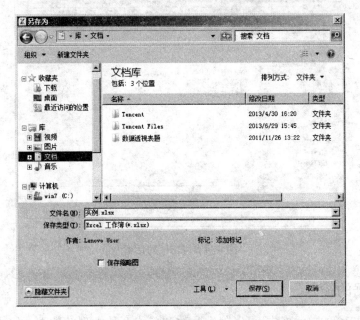

图 4-3 "另存为"对话框

(2) 另存为

如果现在编辑的旧文件需要更换保存位置或文件名，可选择"文件"选项卡中的"另存为"命令，打开如图4-3所示的"另存为"对话框，重新调整"保存位置"或输入新"文件名"，单击"保存"按钮，把当前文件重新保存，并将另存后的文件作为当前的编辑文件。原文件仍然存在，内容不变。

(3) 定时保存

在使用电脑工作时常会发生一些异常情况，导致文件无法响应、死机等，如果此时正在编辑文件却没能及时保存怎么办？可通过在 Excel 2010 中设置"定时保存"解决这个问题。

在"文件"选项卡中单击"选项"命令，打开"Excel 选项"对话框，选择"保存"选项，在右窗格"保存自动恢复信息时间间隔"中设置所需要的时间间隔，时间越短自动保存"自动恢复信息"就越多。如果文件没保存，在打开文件时可保存恢复文件来取代原始文件。

注意："自动恢复"功能不能代替常规的文件保存操作。如果选择在打开文件之后不保存恢复文件，则该文件会被删除，并且未保存的更改会丢失。

3. 打开工作簿文件

在文件夹窗口中双击工作簿文件名可以在启动 Excel 2010 的同时打开该工作簿文件。还可以在启动 Excel 后，通过以下两种方法打开工作簿文件：

(1) 选择"文件"选项卡中的"最近所用文件"选项，在"最近使用的工作簿"下双击最近编辑过的文件。

(2) 选择"文件"选项卡中的"打开"命令，或按组合键"Ctrl+O"，打开"打开"对话框，指定要打开工作簿所在的文件夹，选择工作簿，然后单击"打开"按钮，或直接双击工作簿文件名,如图 4-4 所示。

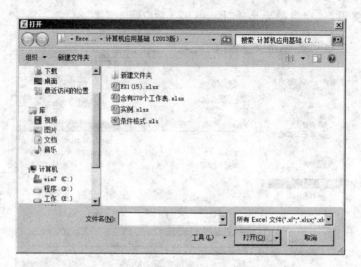

图 4-4 "打开"对话框

4.2.2 数据的输入

在 Excel 2010 的单元格中,可以输入常数和公式两种类型的数据。输入数据时,先单击目标单元格,使之成为活动单元格,然后输入数据。

1. 输入文本

Excel 2010 文本指字符串数据,包括文字、数字串、符号、空格或其组合等字符。默认情况下,文本在单元格中靠左对齐。输入完毕后按 Enter 回车键(或右光标键"→"),输入内容保存在当前单元格中,同时当前单元格下移(或右移),可继续输入其他数据;也可以单击编辑栏中的"√"按钮,确认刚才的输入。

如果输入的数据不正确,可以按 Esc 键,或单击编辑栏中的"×"按钮,取消刚才的输入。

(1) 数字文本的输入

对于像电话号码、邮政编码这样无须计算的纯数字串,将数字当作文本输入(即数字串),应先键入一个单引号(')再输入数字;或是先输入等号,再在数字前后加上双引号。例如输入数字串:'051087139018,该数字串左对齐显示。

注意:单引号和双引号都为英文标点符号。

也可以先直接输入这些数字,以后再在单元格格式的"数字"选项卡"分类"列表中设置为"文本",具体可见 4.4.1 节中的"设置数字格式"。

(2) 长文本的输入

如果输入的文本超过单元格的宽度,系统根据其右侧单元格是否为空将有两种不同的处理方式:

(1) 若右侧单元格为空,则长文本将一直延伸到右侧单元格,将右侧单元格临时占用;

(2) 若右侧单元格有内容,则长文本超出单元格宽度的字符将隐藏,可以用以下几种方法解决:

① 调整单元格的宽度,直到字符完整显示;具体操作见 4.4.2 节。
② 单元格宽度不变,让长文本在单元格中分成多行显示(换行显示)。
a. 在"开始"选项卡中,单击"对齐方式"选项组中的"自动换行"按钮。
b. 也可以按 ALT+Enter 键将文本强制性换行。

2. 输入数值

Excel 2010 数值是指用来计算的数据,只能是下列字符:0-9 数字字符和小数点、正负号"+ -"、半角括号"( )"、逗号","和"/ $ ％ E e"符号。数值输入后默认靠右对齐。

当输入一个较长数据时,将自动转换成科学计数法(指数格式)。如输入"12345678912345",则显示为"1.23457E+13"。

输入负数:在数字前加"-"号,也可以将数字放置在圆括号中输入。如(100)表示-100。

输入真分数:先输入 0(零)和半角空格,再输入分数。如 0 1/2 。注意,如果直接输入 1/2,系统将认为输入的是日期:1 月 2 日。

输入带分数:先输入整数和半角空格,再输入分数。如 1 1/2 。

输入百分数:先输入数字,再输入百分号"％",并按 Enter 键即可。

3. 输入日期和时间

默认情况下,时间和日期在单元格中靠右对齐。

日期可以用年-月-日、年/月/日、? 年? 月? 日等格式输入;如 2013-9-1、2013/9/1、2013 年 9 月 1 日。

默认情况下,Excel 2010 以 24 小时制显示时间,可以用时:分:秒格式输入,若用 12 小时制,可以用时:分:秒 AM 或时:分:秒 PM 格式输入。如 20:30、8:30PM、20 时 30 分、下午 8 时 30 分。

要输入当前系统日期,可同时按下 Ctrl+;(分号)键;要输入当前系统时间,可同时按下 Ctrl+Shift+;键。

日期和时间也可在同一单元格中输入,只要日期和时间两者之间隔一个半角空格即可。如果时间是在原日期后输入的,则后面的时间不能显示,这时只要日期和时间同时输入,或重新设置"单元格格式"里的"日期"格式即可。

注意:当输入的数据宽度超过单元格的宽度时,单元格内显示一串"＃"号,此时只需将单元格宽度加大即可恢复正常显示。

4. 输入批注

批注是对单元格的注释说明,批注平时隐藏,加批注的单元格的右上角会有一个红色三角标志,当鼠标移至该单元格上时,批注就会在单元格右侧显示出来。

输入批注的方法如下:

(1) 选择需加批注的单元格。

(2) 在"审阅"选项卡中单击"新建批注"按钮,或右击鼠标,在弹出的快捷菜单中选择"插入批注"菜单项。在批注框中输入批注文本。

5. 智能填充功能

在数据输入过程中,可能需要在一些连续的单元格中输入相同数据或具有某种规律的数据,可以使用 Excel 提供的智能填充功能快速输入。填充实际上就是一种智能复制,系统会根据原数据的类型决定填充的结果,同时填充来的单元格数据将替换被填充单元格中原有的数据或公式,格式也同时被复制。

(1) 使用填充柄自动填充

选定单元格或区域的右下角的小黑块称为填充柄。将鼠标指向填充柄时,鼠标的形状变为黑的细"+"字。拖动填充柄可以实现智能填充。

先选定包含需要复制数据的单元格,用鼠标拖动填充柄经过需要填充数据的单元格,然后释放鼠标左键。

① 对于一个单元格的文本或数值数据,填充的结果和原数据一样,就是数据复制。

② 对于一个单元格的日期数据,每拖一个单元格日期会增加一天。如 B1 中输入日期"2013-9-1",将 B1 的填充柄向下拖动 2 次,B2、B3 单元格中自动输入"2013-9-2"、"2013-9-3",如图 4-7 所示。

③ 对于一个单元格的时间数据,每拖一个单元格时间会增加一小时。如 C1 中输入时间"8:30:30",将 C1 的填充柄向下拖动 2 次,C2、C3 单元格中自动输入"9:30:30"、"10:30:30",如图 4-7 所示。

④ 对于一个单元格的已定义序列的数据,系统会按序列循环填充。如 D1 中输入"星期日",将 D1 的填充柄向下拖动至 D9,则自 D1-D9 依次为"星期日"、"星期一"、"星期二"、"星期三"、"星期四"、"星期五"、"星期六"、"星期日"、"星期一",如图 4-7 所示。

要想了解 Excel 有多少种序列,可参见后面如图 4-9 所示的"自定义序列"对话框,Excel 已定义了除"一等奖、二等奖、三等奖、四等奖"外的 11 种序列。而"一等奖、二等奖、三等奖、四等奖"序列是下面要讲的用户自定义的序列。

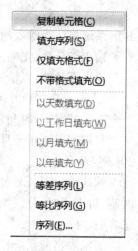

图 4-5 填充柄右键菜单

⑤ 对于两个含有趋势初始值的单元格区域,会根据其差值按等差序列填充。如 E1、E2 中输入 5、10,将这两个单元格区域的填充柄向下拖动至 E6,自 E1-E6 依次为 5、10、15、20、25、30。因 5、10 的差值为 5,所以后面的数据都等于前面数据+5。

如果要填充的是等比序列,则换成右键拖放,在弹出的右键快捷菜单中选择"等比序列"菜单项,如图 4-5 所示,将按等比序列填充。例如 F1、F2 中输入 1、0.5,将这两个单元格区域的填充柄右键向下拖动至 F6,自 F1-F6 依次为 1、0.5、0.25、0.125、0.0625、0.03125。

注意:如果要强制复制填充,可以按住 Ctrl 键时拖动填充柄填充。

(2) 使用"序列"对话框完成填充

如果填充规律复杂,可选择含有初始值的单元格区域列或行,选择"开始"选项卡"编辑"命令组"填充"命令,在打开的下拉列表中单击"系列"选项,弹出"序列"对话框,如图 4-6 所示,在对话框中可以选择填充类型和步长值等。

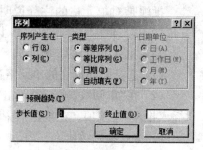

图 4-6 "序列"对话框

例如,在 G1-G8 中要输入等比序列 2、4、8、16、32、64、128、256,操作步骤为:
① 在 G1 单元格中输入初始值 2。
② 选择要填充的单元格 G1-G8(鼠标自 G1 拖至 G8)。
③ 单击"开始"选项卡"编辑"命令组"填充"命令,在打开的下拉列表中单击"系列"选项。
④ 打开如图 4-6 所示的"序列"对话框,选择类型:等比序列,输入步长值:2。
⑤ 单击"确定"按钮即可,结果如图 4-7 所示。

B	C	D	E	F	G
2013/9/1	8:30:30	星期日	5	1	2
2013/9/2	9:30:30	星期一	10	0.5	4
2013/9/3	10:30:30	星期二	15	0.25	8
		星期三	20	0.125	16
		星期四	25	0.0625	32
		星期五	30	0.03125	64
		星期六			128
		星期日			256
		星期一			

图 4-7　智能填充实例

(3) 自定义序列

用户也可以自定义序列,用于填充、排序等操作。下面我们以序列"一等奖、二等奖、三等奖、四等奖"为例说明添加自定义序列的方法:
① 在"文件"选项卡中单击"选项"命令,打开"Excel 选项"对话框,选择"高级"选项,如图 4-8 所示。

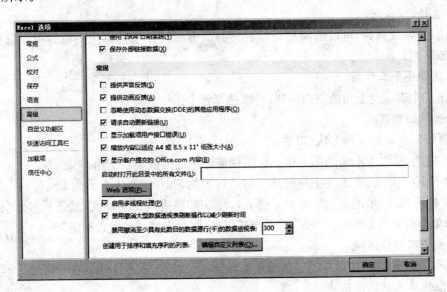

图 4-8　"Excel 选项"对话框"高级"选项

② 单击"编辑自定义列表"按钮,打开"自定义序列"对话框,如图 4-9 所示,在"自定义序列"列表框中选择"新序列"。
③ 在"输入序列"文本框中按顺序键入新建序列的各个条目"一等奖"、"二等奖"、"三等奖"、"四等奖",每个条目占一行,按"Enter"键换行。

④ 单击"添加"按钮,新建的序列会出现在"自定义序列"列表框中。
⑤ 单击"确定"按钮结束。

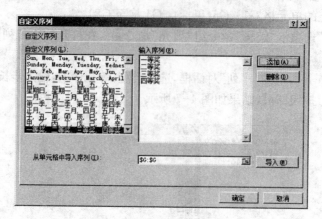

图 4-9 "自定义序列"对话框

4.2.3 选择单元格和区域

1. 选择单元格

用户可以用键盘上的方向键选择活动单元格;或直接用鼠标单击单元格使之成为活动单元格;还可以单击编辑栏中的"名称框",输入要移至的单元格地址,回车,该单元格成为活动单元格。

2. 选择行(或列)

单击行号(或列标)可以选择整行(或整列)。再沿行号或列标拖动鼠标可以选择相邻的多行或多列。

3. 选择整个工作表

单击工作表区左上角的空白按钮,可以选择整个工作表。

4. 选择矩形区域

选择矩形区域有 3 种方法(以选择 A1:D8 为例):

(1) 拖拽:单击左上角的单元格 A1,按住鼠标左键拖拽至右下角 D8。

(2) Shift+单击:单击左上角的单元格 A1,按住 Shift 键单击右下角 D8。

(3) 扩展模式:单击左上角的单元格 A1,按"F8"键进入扩展模式(状态栏显示"扩展式选定"),单击右下角 D8,再按"F8" 键退出扩展模式(状态栏"扩展式选定"消失)。

5. 选择不连续区域

按下 Ctrl 键选择,可以在已选区域中追加选择区域,构成不连续的选择区域。

6. 取消单元格选定区域

如果要取消某个单元格选定区域,只要单击工作表中任意一个单元格即可。

4.2.4 数据编辑

1. 编辑单元格数据

如果选择单元格后直接输入新的数据,将替换原来的数据。如果想修改原来的数据,可以用如下方法进入编辑状态：

（1）双击需要修改数据的单元格，则可以在该单元格内进行数据的修改。

（2）单击需要修改数据的单元格，再单击编辑栏，则可在编辑栏内进行数据的修改。

修改完毕后按 Enter 回车键（或"→"右光标键），输入内容保存在当前单元格中，同时当前单元格下移（或右移）；也可以单击编辑栏中的"√"按钮，确认刚才的输入。

如果输入的数据不正确，可以按 Esc 键，或单击编辑栏中的"×"按钮，取消刚才的输入。

注意：如果编辑结果已确认，可以单击"快速访问工具栏"中的"撤销"按钮撤销刚才的操作。

2. 数据的移动

数据的移动，就是将工作表中的数据连同单元格格式一起从一个单元格或区域移动到另一个单元格或区域中。数据移动的距离较远时，适合使用"开始"选项卡中的命令；数据移动的距离较近时，用鼠标拖放移动较为高效直观。

（1）使用"开始"选项卡或右键快捷菜单的命令移动

① 选择待移动数据所在的单元格或区域。

② 单击"开始"选项卡"剪贴板"命令组中的"剪切"按钮，或单击右键，选择右键快捷菜单中的"剪切"命令。

③ 单击要移动到的目标单元格或目标区域的左上角单元格。

④ 单击"开始"选项卡"剪贴板"命令组中"粘贴"按钮，或单击右键，选择右键快捷菜单中"粘贴选项"下的"粘贴"按钮。此时，数据原来所在的单元格变成空白单元格，目标区单元格中的原有数据被移动来的数据覆盖。

如果希望将包含数据的单元格移动到目标区域中现有单元格的左边或上面，则上述第④步单击右键，选择右键快捷菜单中"插入剪切的单元格"命令，在弹出"插入粘贴"对话框中选择"活动单元格右移"或"活动单元格下移"，单击"确定"按钮即可。

（2）使用鼠标拖放移动

① 选择待移动数据的单元格或区域。

② 将鼠标指针指向选中区域的边框上，使其变为带方向箭头的指针。

③ 沿着到目标区的方向拖移鼠标，鼠标指针上会增加一个框。

④ 当框到达目标区后，松开鼠标左键。

如果希望将数据移动插入到目标区，则在拖放过程中一直按住 Shift 键，把鼠标指针上出现的大"I"插入符号移到合适的位置后松开鼠标左键，再松开 Shift 键。

3. 复制数据

复制数据的方法与移动数据的方法基本相同。

（1）使用选项卡命令复制：只要将"剪切"换成"复制"。

（2）使用鼠标拖放复制：在鼠标拖放时按住 Ctrl 键。

4. 数据的清除

如果仅仅要删除单元格内的数据，则可选定单元格后，按下"Delete"键；若还要清除单元格中所含格式、批注、超链接或全部，可选择"开始"选项卡"编辑"命令组"清除"列表中的相应命令。

4.2.5 选择性粘贴

前面我们介绍的"粘贴"都只是粘贴数据或公式,Excel 还提供了一种有选择地将特定内容复制到单元格中的方法:"选择性粘贴"。例如,只复制单元格的格式或只复制公式的结果而不是公式本身等。

1. 操作方法

(1) 选定要复制的单元格或单元格区域。

(2) 单击"开始"选项卡"剪贴板"命令组中的"复制"按钮。

(3) 选定目标单元格或单元格区域的左上角单元格。

(4) 选择"开始"选项卡"剪贴板"命令组中"粘贴"命令,或单击右键,均可出现"选择性粘贴"选项,单击它,弹出"选择性粘贴"对话框,如图 4-10 所示。

(5) 从中选择粘贴的方式:

① "全部":将原始单元格的公式、数值、格式、批注等全部粘贴到目标位置;如果原始单元格中是公式,则 Excel 将自动调整公式中的相对地址。

② "公式":Excel 只粘贴原始单元格的公式,但是如果公式中单元格为相对引用,将自动调整单元格的引用。如果公式中单元格为绝对引用,则目标单元格的公式中的绝对地址将与原始单元格完全相同(公式复制的具体知识将在 4.3.2 节中详细介绍)。

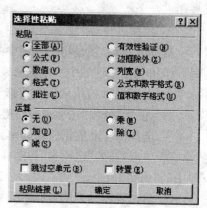

图 4-10 选择性粘贴

③ "数值":只复制原始单元格的数值,如果原始单元格是公式,仅复制公式的值。

④ "格式":只复制原始单元格的格式。

(6) 单击"确定"按钮。

2. 数据行列互换(转置)

利用"选择性粘贴"还可以实现数据行列互换。操作方法如下:

(1) 选择要行列互换的数据区域,单击"复制"按钮。

(2) 选择行列互换后的数据放置区域的第一个单元格(区域的左上角)。

(3) 选择"开始"选项卡"剪贴板"命令组"粘贴"命令列表中的"选择性粘贴"选项,弹出"选择性粘贴"对话框,如图 4-10 所示。

(4) 在"选择性粘贴"对话框中选中"转置"复选框。

(5) 单击"确定"按钮。

4.2.6 单元格或行、列的插入与删除

1. 插入单元格或行、列

(1) 插入单元格

① 选中要插入空白单元格的单元格或单元格区域。选中的单元格数量应与要插入的单元格数量相同。例如,要插入五个空白单元格,请选中五个单元格。

② 单击"开始"选项卡"单元格"命令组"插入"命令的下拉箭头,然后选择"插入单元格"选项。
③ 在弹出的"插入"对话框中选择当前单元格的移动方向:向右或向下。
④ 单击"确定"按钮。

(2) 插入行或列
① 右击要插入行(或列)所在的行号(或列标)。
② 在右键快捷菜单中选择"插入"菜单项,就可插入一空行(或一空列)。
如果选择多行(或多列),将同时插入多个空行(或多个空列)。

2. 删除单元格或行、列

选中要删除的单元格或行、列,执行"开始"选项卡"单元格"命令组"删除"命令中的选项。

注意:删除单元格与前面学过的清除数据是有区别的。将单元格删除后,单元格中的全部内容,包括数据、格式、批注等,连同单元格本身都将被删除。删除就像用剪刀,而清除好像是用橡皮。

3. 撤销与恢复

可以用快速访问工具栏的"撤销"按钮撤销刚才的操作,也可以用工具栏的"恢复"按钮再恢复被撤销的操作。利用工具栏的"撤销"、"恢复"按钮旁的下拉箭头,可以对最近的多次操作进行"撤销"或"恢复"。但并不是所有的操作都可以"撤销"、"恢复",例如删除工作表后就不能使用"撤销"功能恢复被删除的工作表。

4.2.7 查找与替换

操作方法与 Word 中的查找与替换相似,可以搜索要查找的特定文字或数字所在的单元格,并可以用其他数据替换查找到的内容。还可以选择包含相同数据类型(如公式)的所有单元格,或者也可以选择与查找内容不完全匹配的单元格。

1. 查找

(1) 选择"开始"选项卡"编辑"命令组"查找和选择"命令 ,单击"查找"选项,打开"查找和替换"对话框,如图 4-11 所示。

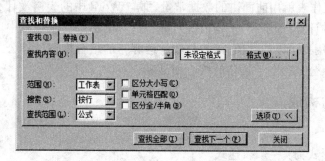

图 4-11 "查找和替换"对话框

(2) 在"查找内容"文本框中键入您要查找的文本或数字,或者单击"查找内容"文本框中的下拉箭头,然后在列表中单击一个最近的查找。

你可以在查找内容中使用通配符星号(*)或问号(?)。

使用星号(*)可查找任意字符串。例如 s*d 可找到"sad"和"started"。

使用问号(?)可查找任意单个字符。例如 s?t 可找到"sat"和"set"。

(3) 单击"选项"进一步定义查找

要在工作表或整个工作簿中搜索数据,请在"搜索范围"框中选择"工作表"或"工作簿"。

要在行或列中搜索数据,请在"搜索"框中选择"按行"或"按列"。

要查找带有特定详细信息的数据,请在"查找范围"框中选择"公式"、"值"或"批注"。

要查找区分大小写的数据,请选中"区分大小写"复选框。

默认查找部分匹配在"查找内容"文本框中键入的数据的单元格,若要查找只包含键入的数据(完全匹配),请选中"单元格匹配"复选框。

如果要搜索同时具有特定格式的文本或数字,请单击"格式",然后在"查找格式"对话框中进行选择。

如果要查找只符合特定格式的单元格,单击"格式"旁边的箭头,单击"从单元格选择格式"选项,然后单击想要搜索的格式的单元格。

如果不要查找格式,单击"格式"旁边的箭头,单击"清除查找格式"。

(4) 执行下列操作之一

单击"查找下一个",定位到包含查找数据的单元格。

单击"查找全部",搜索条件的每个匹配项都将被列出,并且单击列表中某个特定的匹配项,可以使特定的单元格成为活动的。可以通过单击列标题对搜索到的全部结果进行排序。

2. 替换

在查找条件设置好的基础上,选择"替换"选项卡,在"替换为"文本框中键入替换字符(或将此框留空以便将字符替换成空),然后单击"替换"或"全部替换"。

4.3 公式与函数

如果 Excel 工作表就用前面讲的数据常量,那与 Word 中的表格没什么两样,而实际工作中常要进行各种计算(如求和、平均值等),并将计算的结果反映在表中。Excel 提供了多种统计计算功能,用户可以用数值、函数与数学运算符的组合构造计算公式,系统将根据公式自动计算。所以公式是电子表格的核心和灵魂。

4.3.1 公式的构成

1. 公式的形式

公式的一般形式为:=<表达式>

公式用英文"="号开头,表达式是算术运算符、比较运算符、文本运算符和数字、文本、引用的单元格地址及括号组成的计算式。

2. 运算符

(1) 算术运算符:+(加)、-(减)、*(乘)、/(除)、%(百分号)、^(乘方)。

(2) 比较运算符:=(等号)、>(大于)、<(小于)、>=(大于等于)、<=(小于等于)、

<>(不等于)。比较运算的结果是逻辑值 TRUE(成立)或 FALSE(不成立)。

(3) 文本运算符：&(用于两个字符串的连接)。例如："计算机" & "网络技术"，结果为"计算机网络技术"。

3. 单元格引用

公式中要用到其他单元格中的数据，不是直接把数据输入公式中，而是采用单元格引用的方式。单元格引用是指在公式中用工作表上的单元格地址来指明公式中所使用的数据的位置。通过引用，可以在公式中使用工作表不同部分的数据，或者在多个公式中使用同一部分的数据，可以引用同一工作簿不同工作表的单元格。单元格引用的优点是，当引用的某个单元格中的数据修改后，公式会自动更新计算结果。

4. 公式的输入

我们以实例说明公式的输入方法。

例如，计算如图 4-12 所示"职工工资表"的实发工资，实发工资＝基本工资＋职务工资＋奖金－扣除。操作方法如下：

(1) 选择 G3 单元格。

(2) 输入英文半角"＝"号。

(3) 在"＝"号后输入公式：＝C3＋D3＋E3－F3(而不是直接输入＝600＋500＋300－20)，按 Enter 回车键或单击编辑栏中的"√"按钮，确认刚才输入的公式。

此时，编辑栏中显示的是公式，单元格中显示的是求和结果 1380.0。如果将 C3 中的 600 改为 700，G3 的结果会自动更新为 1480.0 。

输入中可以直接用键盘输入，也可以用键盘＋鼠标配合输入，如刚才的公式可以这样输入：输入半角"＝"号，再单击 C3 单元格，输入"＋"，然后单击 D3，输入"＋"，然后单击 E3，输入"－"，最后单击 F3。

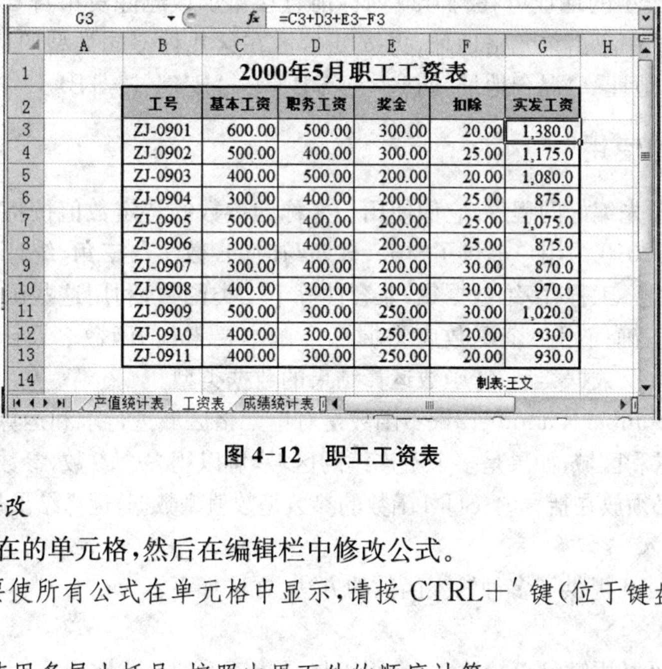

G3 =C3+D3+E3-F3

2000年5月职工工资表

工号	基本工资	职务工资	奖金	扣除	实发工资
ZJ-0901	600.00	500.00	300.00	20.00	1,380.0
ZJ-0902	500.00	400.00	300.00	25.00	1,175.0
ZJ-0903	400.00	500.00	200.00	20.00	1,080.0
ZJ-0904	300.00	400.00	200.00	25.00	875.0
ZJ-0905	500.00	400.00	200.00	25.00	1,075.0
ZJ-0906	300.00	400.00	200.00	25.00	875.0
ZJ-0907	300.00	400.00	200.00	30.00	870.0
ZJ-0908	400.00	300.00	300.00	30.00	970.0
ZJ-0909	500.00	300.00	250.00	30.00	1,020.0
ZJ-0910	400.00	300.00	250.00	20.00	930.0
ZJ-0911	400.00	300.00	250.00	20.00	930.0

制表:王文

产值统计表 工资表 成绩统计表

图 4-12 职工工资表

5. 公式的修改

单击公式所在的单元格，然后在编辑栏中修改公式。

注意：如果要使所有公式在单元格中显示，请按 CTRL＋' 键(位于键盘左侧，与"～"为同一键)。

Excel 允许使用多层小括号，按照由里而外的顺序计算。

4.3.2 公式的复制

单元格引用时,Excel 使用三种地址:相对地址、绝对地址、混合地址。含有单元格引用的公式实际上表现的是单元格之间的关系,复制公式只是将这个关系复制下来。不同的地址在公式复制时地址的变化也不同。

1. 相对地址

相对地址指的是一个相对的位置,用列标和行号(如 B4)表示。在公式中使用相对地址时,当将公式复制到其他单元格,复制后产生的新公式和引用的单元格地址间的相对位置关系,将和原公式所在地址和公式中原引用的单元格地址间的相对位置关系保持不变。

例如,我们继续如图 4-12 所示求其他职工的"实发工资"。已经求出了 G3 单元格,G3 = C3 + D3 + E3 − F3,下面的公式用不着一一输入,将 G3 中的公式用填充柄拖下去就行了(如果公式不相邻,就用"复制"、"粘贴"),结果是 G4 = C4 + D4 + E4 − F4,G5 = C5 + D5 + E5 − F5……即仍利用当前单元格左边的四个单元格计算。

2. 绝对地址

绝对地址指的是一个固定的位置,用列标和行号前加货币符号 $ 表示(如 $B$4)。在公式中使用绝对地址时,当将公式复制到其他单元格后,复制后产生的新公式中引用的地址不变。例如,C1 = A1 + $B$1,将 C1 中的公式复制到 C2 中时,C2 = A2 + $B$1,即公式中 B1 单元格不变。

3. 混合地址

介于相对地址和绝对地址之间,还有一种地址叫混合地址,即行可变列不变,或行不变列可变,如 B$4、$B4。

4. 地址切换

公式中不同类型的地址可在行号或列标前直接添加或删除货币符号 $ 来切换。还可以在编辑栏的公式中单击单元格地址,再按"F4"键在这几种不同类型的地址间循环切换:相对地址—》绝对地址—》混合地址,如 B4—》$B$4—》B$4—》$B4。

4.3.3 函数的使用

函数是一些预先编好的程序,它们使用一些称为参数的特定数值按特定的顺序或结构进行计算。Excel 2010 为用户提供了财务、日期与时间、数学与三角、统计、查找引用、数据库、文本、逻辑、信息、工程、多维数据集、兼容性等十二类函数,利用这些函数可以完成各种复杂的计算。要正确使用一个函数应掌握三个基本要素:①函数名及函数的基本功能;②函数的参数个数及数据类型;③函数运算结果的数据类型。

例如 SUM(number1,number2,…)函数是对单元格区域进行求和运算的函数;SUM 函数的参数是一个求和区域,如果是多个不连续的区域,可以用多个参数,参数之间用","(英文逗号)分隔,参数必须放在括号内;SUM 函数的参数是数值型数据,运算结果是一个数值。

1. 函数的输入

为了方便,Excel 提供了多种输入函数的方法,方法如下:

(1) 直接输入

函数的输入可以用键盘直接输入,常用于将函数插入到公式中。

（2）自动求和工具

Excel 为求和、平均值、统计个数、最大值、最小值等最常用的五个函数专门提供了一个自动求和工具。根据先选择的对象不同，操作有所差异。例如，求图 4-13“成绩单”中每位学生的总分。

	A	B	C	D	E	F	G	H	I	J
1		学生成绩单								
2										
3		学号	外语	数学	地理	语文	总分	平均分	名次	等级
4		XX10010	98	82	85	98	363	91	1	优
5		XX10005	97	98	45	90	330	83	2	良
6		XX10006	76	87	98	67.5	328.5	82	3	良
7		XX10011	77	87	67.5	89	320.5	80	4	良
8		XX10002	76	78	79	76.5	309.5	77	5	中
9		XX10003	79	67.5	78	78	302.5	76	6	中
10		XX10008	68	88	76	70	302	76	7	中
11		XX10004	98	45	67.5	91	301.5	75	8	中
12		XX10012	89	77	45	77	288	72	9	中
13		XX10001	76	87	57.5	65	285.5	71	10	中
14		XX10007	78	49.5	65	78	270.5	68	11	及格
15		XX10009	60	45	73	45	223	56	12	不及格

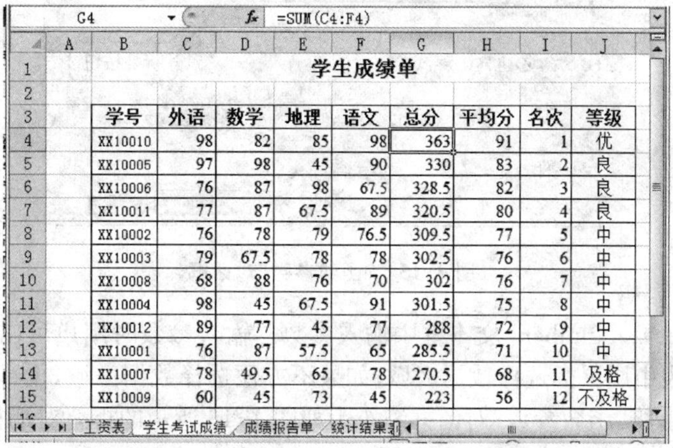

图 4-13　成绩单

● 先选择求和区域

① 选定 C4:F4 单元格区域。

② 单击“开始”选项卡“编辑”命令组的“自动求和”按钮 Σ ▾，系统自动在选区的边上 G4 单元格中插入公式：=SUM(C4:F4)，单击 G4 可以在编辑栏中看到求和公式。

● 先选择求和结果所在的单元格

① 单击 G4 单元格。

② 单击“开始”选项卡“编辑”命令组的“自动求和”按钮 Σ ▾，在编辑栏中出现求和公式：=SUM(C4:F4)，一虚线框围着 C4:F4 区域，该区域是系统自动判断的求和范围，如果不对，可以用鼠标选择新的数据区域。

③ 按 Enter 回车键或单击编辑栏中的“√”按钮，确认输入的公式。

Excel 2010 将常用的求平均值、计数、最大值和最小值四个函数也放在了自动求和工具中，单击按钮 Σ ▾ 的下拉箭头可以选择。

（3）使用“插入函数”对话框

对于更多的其他函数，主要使用“插入函数”对话框来完成函数的输入。

① 选择要输入公式的单元格。

② 单击编辑栏中的插入函数按钮 f_x，弹出“插入函数”对话框，如图 4-14 所示。

图 4-14　“插入函数”对话框

③ 在“或选择类别”下拉列表中选择函数类型，在“选择函数”框中选择函数；或在“搜索函数”框中输入函数名，按“ENTER”回车

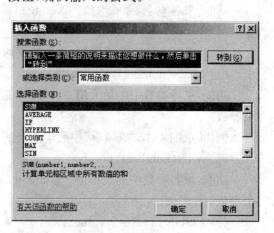

键,搜索到的相关函数会在"选择函数"框中列出,选择需要的函数。

④ 单击"确定"按钮,弹出"函数参数"对话框,如图 4-15 所示。

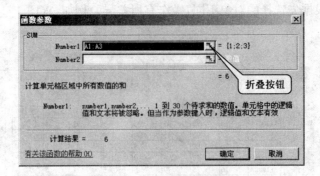

图 4-15 "函数参数"对话框

⑤ 在 Number1、Number2 文本框中输入参数。输入参数时用户可以在文本框内直接输入;或在工作表中用鼠标选择数据区域;如果不方便选择数据区域,也可以单击文本框右侧的折叠按钮,将"函数参数"对话框缩小为如图 4-16 所示的折叠对话框,然后用鼠标选择数据区域,选择完后,再单击折叠按钮展开。

图 4-16 折叠对话框

如果需要计算的数据单元格为一个连续的矩形区域,只需 Number1 参数即可。如果需要计算的数据单元格为多个不连续的单元格或单元格区域,可以按住 Ctrl 键选择多个区域,也可以将每一个连续的单元格区域作为一个参数,输入到 Number2 等文本框中。输入多个参数时,系统会自动弹出 Number3 等文本框,最多可达 255 个。

⑥ 单击"确定"按钮结束。

2. 常用函数

(1) AVERAGE(number1,number2,…)

功能:求各参数的平均值。Number1,number2,… 为要计算平均值的 1~255 个参数。

例如,求图 4-13"成绩单"中学生的平均分,则 H4 单元格=AVERAGE(C4:F4)。

(2) MAX(number1,number2,…)

功能:求各参数中的最大值。Number1,number2,… 为需要找出最大数值的 1 到 255 个参数。

例如,求图 4-13"成绩单"中数学成绩的最高分,则 D16 单元格=MAX(D4:D15)。

(3) MIN(number1,number2,…)

功能:求各参数中的最小值。Number1,number2,… 为需要找出最小数值的 1 到 255 个参数。

(4) COUNT(value1,value2,…)

功能:计算单元格区域中数值项的个数。Value1,value2,… 为包含或引用各种类型数据的参数(1～255 个)。

例如,求图 4-13“成绩单”中学生的人数,放在 C16 单元格中。则 C16＝COUNT(C4:C15)

注意:C4:C15 为数值型数据,对于文本型的 B4:B15,可以加入参数中,但不被计数。

(5) COUNTA(value1,value2,...)

功能:计算单元格区域中数据项的个数。Value1, value2, ... 为所要计数的值,参数个数为 1～255 个。参数值可以是任何类型,它们可以包括空字符(""),但不包括空白单元格。如果参数是单元格引用,则引用中的空白单元格将被忽略。如果不需要统计逻辑值、文字或错误值,请使用函数 COUNT。

例如,求图 4-13“成绩单”中学生的人数,放在 B16 单元格中。则 B16＝COUNTA(B4:B15)

注意:这里文本型的 B4:B15、数值型的 C4:C15 都可以统计个数。

(6) ABS(number)

功能:求参数的绝对值,参数绝对值是参数去掉正负号后的数值。

(7) INT(number)

功能:求不大于参数的最大整数。Number 为需要进行取整处理的实数。

(8) EXP(number)

功能:求底数 e 的幂。Number 为底数 e 的指数,如果要计算以其他常数为底的幂,可以用指数操作符(∧)。如:6∧5 表示 6 的 5 次幂。

(9) SIN(number)

功能:求给定角度的正弦值。Number 为需要求正弦的角度,以弧度表示。如果参数的单位是度,则可以乘以 PI()/180 将其转换为弧度。

(10) COUNTIF(range,criteria)

功能:统计满足条件的单元格数目。

Range :条件数据区,用于条件判断的单元格区域。

Criteria :条件,确定条件数据区中哪些单元格满足条件,其形式可以为数字、表达式或文本。例如,条件可以表示为 32、"32"、"＞32"、"apples"。

例如,求图 4-17“工资情况表”中工程师的人数,放在 C12 单元格中。

C12:＝COUNTIF(B3:B11,"工程师")　　结果为 4

(11) SUMIF(range,criteria,sum_range)

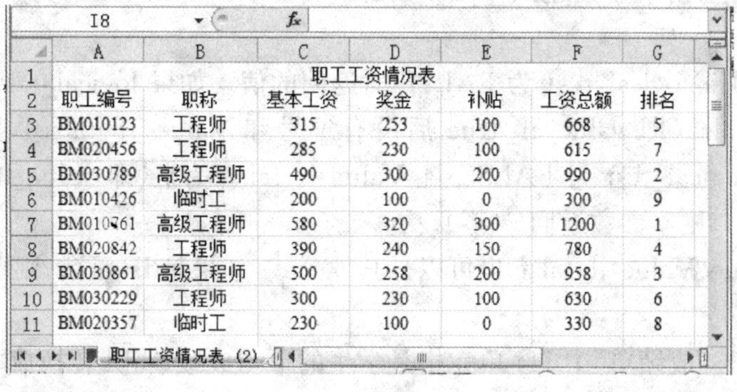

	A	B	C	D	E	F	G
1	职工工资情况表						
2	职工编号	职称	基本工资	奖金	补贴	工资总额	排名
3	BM010123	工程师	315	253	100	668	5
4	BM020456	工程师	285	230	100	615	7
5	BM030789	高级工程师	490	300	200	990	2
6	BM010426	临时工	200	100	0	300	9
7	BM010761	高级工程师	580	320	300	1200	1
8	BM020842	工程师	390	240	150	780	4
9	BM030861	高级工程师	500	258	200	958	3
10	BM030229	工程师	300	230	100	630	6
11	BM020357	临时工	230	100	0	330	8

图 4-17　工资情况表

功能：对满足条件的单元格求和。

Range：条件数据区，用于条件判断的单元格区域。

Criteria：条件，确定条件数据区中哪些单元格满足条件。

Sum_range：求和数据区，需要求和的实际单元格。只有当 Range 中的相应单元格满足条件时，才对 sum_range 中的单元格求和。如果省略 sum_rang，则直接对 Range 中满足条件的单元格求和。

例如，求图 4-17"工资情况表"中工程师的工资总额，放在 C13 单元格中。

C13：=SUMIF(B3:B11,"工程师",F3:F11)　　结果为 2693

这里"工程师"的单元格是 B3、B4、B8、B10，对应（同一行）的实际求和单元格（工资总额）是 F3、F4、F8、F10，值分别是 668、615、780、630，和为 2693。

例如，求图 4-17"工资情况表"中"补贴"大于 100 的总和，放在 C14 单元格中。

则 C14：=SUMIF(E3:E11,">100")　　结果为 850

这里第三个参数 sum_range 省略，所以直接求第一个参数 E3:E11 中大于 100 的和，其中 E5、E7、E8、E9 四单元格的值分别为 200、300、150、200，大于 100，和为 850。

(12) AVERAGEIF(range, criteria, average_range)

功能：对满足条件的单元格求平均值。

Range：条件数据区，用于条件判断的单元格区域。

Criteria：条件，确定条件数据区中哪些单元格满足条件。

Average_range：需要求平均值的实际单元格。只有当 Range 中的相应单元格满足条件时，才对 average_range 中的单元格求平均值。如果省略 average_range，则直接对 Range 中满足条件的单元格求平均值。

例如，求图 4-17"工资情况表"中工程师人均工资，放在 C15 单元格中。

C15：=AVERAGEIF(B3:B11,"工程师",F3:F11)　　结果为 673.25

(13) IF(logical_test, value_if_true, value_if_false)

功能：根据逻辑测试的真假值返回不同的结果。

Logical_test：表示计算结果为 TRUE 或 FALSE 的逻辑表达式。例如，A10=100 就是一个逻辑表达式，如果单元格 A10 中的值等于 100，表达式即为 TRUE，否则为 FALSE。本参数可使用任何比较运算符。

Value_if_true：logical_test 为 TRUE 时返回的值。如果 logical_test 为 TRUE 而 value_if_true 为空，则本参数返回 0（零）。如果要显示 TRUE，则请为本参数使用逻辑值 TRUE。

Value_if_false：logical_test 为 FALSE 时返回的值。如果 logical_test 为 FALSE 且忽略了 Value_if_false（即 value_if_true 后没有逗号和 Value_if_false），则会返回逻辑值 FALSE。如果 logical_test 为 FALSE 且 Value_if_false 为空（即 value_if_true 后有逗号，并紧跟着右括号），则本参数返回 0（零）。

Value_if_true、Value_if_false 也可以是其他公式，如果是 IF 函数，则形成嵌套，函数 IF 可以嵌套七层。

例如：图 4-13"成绩单"中 H4 单元格是学生的平均成绩，将其转换成"优、良、中、及格、不及格"五级制成绩放入 J4 单元格中。则 J4=IF(H4>=90,"优",IF(H4>=80,"良",IF

(H4>=70,"中",IF(H4>=60,"及格","不及格"))))

(14) RANK(number,ref,order)

功能：返回一个数值在一组数值中的排名，如成绩的名次。

Number：为需要找到排名的数值。

Ref：为包含一组数值的单元格区域。Ref 中的非数值型参数将被忽略。

Order：为一数字，指明排名的方式。order 为 0 或省略，按降序排列进行排名，即数值最大的排名为 1；order 不为零，按升序排列进行排名，即数值最小的排名为 1。

例如：在图 4-13"成绩单"中，根据每个学生的总分，求出他们的名次，放在 I4:I15 中。

单元格 I4 中的公式为＝RANK(G4,$G$4:$G$15)

Order 省略，按降序（由高到低）排名；Ref 为 $G$4:$G$15，用绝对地址便于用填充柄智能填充求出 I5 到 I15 的名次。

注意：Excel 2010 的排名函数增加了 RANK.EQ 和 RANK.AVG 两个，而在 Excel 2007（或之前）版本则只有 RANK 函数。

这 3 个函数都可用来排名，RANK.AVG 和 RANK.EQ 的差异是在遇到相同数值时的处理方法不同，RANK.AVG 会传回等级的平均值，RANK.EQ 则会传回最高等级；RANK 在 Excel 2010 仍可使用，其作用与 RANK.EQ 相同。这 3 个函数的异同点可参见图 4-18。

图 4-18　3 个排名函数的比较

4.3.4　关于错误信息

在单元格中输入或编辑公式后，如果公式不能正确计算出结果，Excel 将显示一个错误值。例如，在需要数字的公式中使用了文本，删除了被公式引用的单元格，或者使用了其宽度不足以显示结果的单元格时，将产生错误值。错误值可能不是由公式本身引起的。例如，如果公式产生 #N/A 或 #VALUE! 错误，则说明公式所引用的单元格可能含有错误。可以通过使用审核工具来找到向其他公式提供了错误值的单元格。下面我们将常见的几种错误信息及出错的原因列出。

1. #####！

如果单元格所含的数字、日期或时间数据比单元格宽度宽或者单元格的日期时间公式产生了一个负值，就会产生 #####！错误。解决方法：

(1) 增加列宽。可以通过拖动列标之间的边界来修改列宽。

(2) 应用不同的数字格式。在某些情况下，可以通过更改单元格的数字格式以使数字适合单元格的宽度。例如,可以减少小数点后的小数位数。

2. ♯VALUE!

当使用错误的参数或运算对象类型时,或者当公式自动更正功能无法更正公式时,将产生错误值 ♯VALUE!。解决方法:

确认公式或函数所需的运算符或参数正确,并且公式引用的单元格中包含有效的数值。例如,如果单元格 A5 包含一个数字,单元格 A6 包含文本"Not available",则公式 =A5+A6 将返回错误 ♯VALUE!。可以用 SUM 函数来将这两个值相加(SUM 函数忽略文本):

=SUM(A5:A6),结果为 A5 单元格的值。

3. ♯DIV/O!

当公式被 0(零)除时,会产生错误值 ♯DIV/O!。解决方法:

修改单元格引用,或者在用作除的单元格中输入不为零的值,或者排除除数的引用的单元格不能是空白单元格(Excel 将空白单元格解释为零值)。

4. ♯N/A

当在函数或公式中没有可用数值时,将产生错误值 ♯N/A。如果工作表中某些单元格暂时没有数值,请在这些单元格中输入"♯N/A"。公式在引用这些单元格时,将不进行数值计算,而是返回 ♯N/A。

5. ♯NAME?

在公式中使用 Excel 不能识别的文本时将产生错误值 ♯NAME?。根据下面的原因有针对性解决:

(1) 使用了不存在的名称。确认使用的名称确实存在。在"插入"菜单中指向"名称",再单击"定义"命令。如果所需名称没有被列出,请使用"定义"命令添加相应的名称。

(2) 名称的拼写错误。修改拼写错误。如果要在公式中插入正确的名称,可以在编辑栏中选定名称:指向"插入"菜单中的"名称",再单击"粘贴"命令。在"粘贴名称"对话框中,单击需要使用的名称,再单击"确定"按钮。

(3) 在公式中使用标志。单击"工具"菜单上的"选项",然后单击"重新计算"选项卡,在"工作簿选项"下,选中"接受公式标志"复选框。

(4) 函数名的拼写错误。修改拼写错误。使用公式选项板将正确的函数名称插入到公式中。如果工作表函数是加载宏程序的一部分,相应的加载宏程序必须已经被调入。

(5) 在公式中输入文本时没有使用双引号。Excel 将其解释为名称,而不会理会用户准备将其用作文本的初衷。将公式中的文本括在双引号中。

(6) 在区域引用中缺少冒号。确认公式中使用的所有区域引用都使用了冒号(:)。

6. ♯REF!

当单元格引用无效时将产生错误值 ♯REF!。

常见的原因是删除了由其他公式引用的单元格或将移动单元格粘贴到由其他公式引用的单元格中。解决方法:更改公式或者在删除或粘贴单元格之后立即单击"撤销"按钮以恢复工作表中的单元格。

7. ♯NUM!

当公式或函数中某个数字有问题时将产生错误值 ♯NUM!。根据下面的原因有针对

性解决:

(1) 在需要数字参数的函数中使用了不能接受的参数。确认函数中使用的参数类型正确。

(2) 使用了迭代计算的工作表函数,例如 IRR 或 RATE,并且函数不能产生有效的结果。为工作表函数试用不同的初始值。

(3) 由公式产生的数字太大或太小,Excel 不能表示。修改公式,使其结果在 $-1*10^{307}$ 和 $1*10^{307}$ 之间。

8. #NULL!

当试图为两个并不相交的区域指定交叉点时将产生错误值 #NULL!。

如果要引用两个不相交的区域,请使用联合运算符(,)逗号。例如公式要对两个区域求和,请确认在引用这两个区域时使用了逗号(SUM(A1:A10,C1:C10))。如果没有使用逗号,Excel 将试图对同时属于两个区域的单元格求和,但是由于 A1:A10 和 C1:C10 并不相交,它们没有共同的单元格。检查在区域引用中的键入错误。

4.4 格式化工作表

为了表格美观或数据处理的需要,用户常要修饰工作表。Excel 2010 提供了丰富的格式化方式,方便用户进行数字显示格式、文本对齐、字体格式、数据颜色、边框底纹等美化表格的格式化操作,这些工作可以通过"开始"选项卡中的命令实现,也可以通过"设置单元格格式"对话框实现。

4.4.1 设置单元格格式

选择"开始"选项卡,单击"字体"、"对齐方式"或"数字"命令组右下角的"对话框启动"按钮 ,弹出"设置单元格格式"对话框,其中有"数字"、"对齐"、"字体"、"边框"、"填充"、"保护"6 个选项卡,如图 4-19 所示,利用这些选项卡可以设置单元格的格式。

1. 设置数字格式

对于新的工作表,其单元格的默认数据格式是"常规"型,可以接受任意类型的数据,自动判断数据的类型并格式化。所以有时用户可能遇到这样的问题,如输入分数"1/2",但显示的却是日期"1 月 2 日",其实分数要这样输入"0 1/2"才正确,所以每种数据都有其规定的输入格式,这些我们在 4.2.2"数据的输入"章节中都已介绍过了。

设置单元格数字格式,一要设置数字类型,二要设置数字的显示格式。方法如下:

(1) 选中要设置的单元格或单元格区域。

(2) 单击"开始"选项卡"数字"命令组右下角的"对话框启动按钮"(或在右键快捷菜单中选择"设置单元格格式"),弹出"设置单元格格式"对话框,如图 4-19 所示。

(3) 在"设置单元格格式"对话框中选择"数字"选项卡。

(4) 在"分类"列表框中选择类别,从右侧框中出现的格式选项中选择设置。

数字格式分常规、数值、货币、会计专用、日期、时间、百分比、分数、科学记数、文本、特殊、自定义等 12 类,用户可以有选择地使用某类格式。

"数值"可以设置小数位数、是否要千位分隔符、负数的表示法。

"百分比"可以将单元格中数值＊100并加上百分号％、设置小数位数。
"文本"可以将数字串强制设置为文本格式。

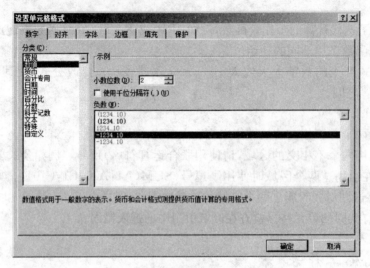

图 4-19 "设置单元格格式"对话框

2. 设置数据对齐方式

选择"设置单元格格式"对话框中的"对齐"选项卡，如图 4-20 所示。

"水平对齐"方式有：常规、靠左(缩进)、居中、靠右(缩进)、填充、两端对齐、跨列居中和分散对齐(缩进)。

"垂直对齐"方式有：靠上、居中、靠下、两端对齐、分散对齐。

"方向"设置栏：设置单元格内容的旋转方向。

"合并单元格"复选框：将相邻两个以上的选定单元格合并为一个单元格。

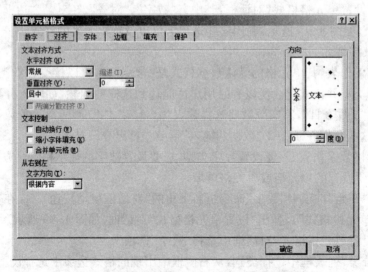

图 4-20 "设置单元格格式"对话框"对齐"选项卡

(1) 标题居中

合并后居中：水平选择几个单元格，然后单击"开始"选项卡"对齐方式"命令组的"合并后居中"按钮,将这几个单元格合并,同时将内容水平居中。

跨列居中:水平选择几个单元格,打开"设置单元格格式"对话框"对齐"选项卡,选择水平对齐中的"跨列居中"将标题居中。

两种标题居中的不同之处在于,"跨列居中"不合并单元格,只是临时占用一下选择的几个水平空白单元格。

(2) 换行显示

单元格中的内容超出单元格的宽度,可以调整单元格的宽度来显示超出的部分,有时单元格的宽度不想调整,可以选中如图 4-20"对齐"选项卡中"文本控制"栏的"自动换行"复选框,将之分几行显示。

3. 设置字体

单元格的字体格式可以利用"设置单元格格式"对话框的"字体"选项卡进行设置,也可以利用"开始"选项卡"字体"命令组进行设置。字体格式的设置和 Word 2010 中的"字体"格式类似,可以设置字体、字形、字号、下划线、颜色等格式及删除线、上标、下标等特殊效果。

4. 设置边框

(1) 网格线

Excel 的工作表本来就是用网格线构成的电子表格,若不希望显示网格线,可以用下面的方法让它消失:取消"页面布局"选项卡"工作表选项"命令组中"网格线"的"查看"复选框。或在"文件"选项卡中单击"选项"命令,打开"Excel 选项"对话框,选择"高级"选项,在"此工作表的显示选项"栏中单击"显示网格线"复选框,将"√"去掉。

(2) 边框

如果认为原先的网格线还不如意,可以用"设置单元格格式"对话框"边框"选项卡来设置边框。

① 先选择要加边框的单元格或单元格区域。

② 打开"设置单元格格式"对话框,选择"边框"选项卡。

③ 在"线条"栏中选择"样式"和"颜色"。

④ 单击"预置"栏中的"外边框"按钮给所选区加上外边框;"内部"按钮给所选区加上内部边框;"无"按钮取消所选区的边框。

在"边框"栏中可以给所选区的上、下、左、右、中间加上或去掉边框线,还可以加上或去掉斜线。

5. 设置图案

单元格还可以增加底纹图案和颜色来美化表格。方法如下:

(1) 选择要设置背景色的单元格。

(2) 打开"设置单元格格式"对话框,选择"填充"选项卡。

(3) 要设置单元格的背景色,单击"背景色"栏中的某一颜色;也可以单击"填充效果"按钮,打开"填充效果"对话框,选择渐变效果。

(4) 单击"图案样式"框旁的下拉箭头,选择一种填充图案样式;单击"图案颜色"框旁的下拉箭头,选择填充图案的颜色。

6. 工作表背景

如果要把图像作为背景添加到整个工作表中，犹如 Windows 的墙纸一样，可以按照以下步骤进行：

(1) 选择要添加背景图的工作表。
(2) 单击"页面布局"选项卡"页面设置"命令组中的"背景"命令。
(3) 打开"工作表背景"对话框，选择用于背景的图像文件。
(4) 单击"插入"按钮。

所选图像将作为背景平铺在工作表中。

对包含数据的单元格可以使用"设置单元格格式"中"填充"选项卡的纯色背景来加以区分。单元格格式中的背景色优先级高于工作表背景。

4.4.2 调整行高与列宽

调整行高与列宽可以使用鼠标或通过功能区的选项卡命令完成。

1. 用鼠标调整

将鼠标指针移至要调整宽度的单元格的列标右边界处，指针变成双向箭头时拖动至合适位置松开。双击列标右边的边界可以将该列调整为最适合列宽（列中能显示最宽内容的单元格的宽度）。

2. 通过选项卡命令调整

选定需要调整列宽的区域，单击"开始"选项卡"单元格"命令组中的"格式"按钮，在下拉列表中选择"列宽"命令，弹出"列宽"对话框，输入列宽值，可精确调整所选列的列宽。

选择"自动调整列宽"命令，则可将所选区域的列宽调整为最适合列宽。

选择"默认列宽"命令，弹出"标准列宽"对话框，输入标准列宽值，则凡是未调整过列宽的列均以该值作为列宽。

调整行高的方法与调整列宽相同。

4.4.3 套用表格格式

Excel 已为用户准备了几套现成的表格格式，方便用户格式化工作表。方法如下：

(1) 选取要套用格式的单元格区域。
(2) 单击"开始"选项卡"样式"命令组中的"套用表格格式"按钮，弹出表格格式列表。
(3) 单击一种合适的格式。

4.4.4 应用条件格式

使用条件格式可以帮助用户直观地查看和分析数据，可以突出显示所关注的单元格或单元格区域；强调异常值；使用数据条、颜色刻度和图标集来直观地显示数据。条件格式基于条件更改单元格区域的外观，如果条件为 True，则基于该条件的单元格区域设置相应的格式，否则保持其原格式。

Excel 2010 已定义了突出显示单元格规则、项目选取规则、数据条、色阶、图标集等多种规则，如表 4-1 所示。用户可以使用这些规则的默认设置格式化单元格，也可以根据需要自定义条件规则和格式进行设置，还可以在条件格式中使用公式设置复杂条件。

表 4-1　条件格式规则

条件格式类型	条件规则/作用	
突出显示单元格规则	大于、小于、介于、等于	对基于比较运算的单元格设置格式
	文本包含	对包含特定文本的单元格设置格式
	发生日期	对发生于特定日期/时间的单元格设置格式
	重复值	对重复值或唯一值设置格式
项目选取规则	值最大的10项、值最大的10%项、值最小的10项、值最小的10%项	对排名靠前或靠后的数值设置格式
	高于平均值、低于平均值	对高于或低于平均值的数值设置格式
数据条	数据条可帮助用户查看某个单元格相对于其他单元格的值。数据条的长度代表单元格中的值，数据条越长，表示值越高，数据条越短，表示值越低	
色阶	色阶作为一种直观的指示，可以帮助了解数据分布和数据变化 双色刻度使用两种颜色的渐变来帮助比较单元格区域。颜色的深浅表示值的高低 三色刻度使用三种颜色的渐变来帮助比较单元格区域。颜色的深浅表示值的高、中、低	
图标集	使用图标集可以对数据进行注释，并可以按阈值将数据分为三到五个类别。每个图标代表一个值的范围，例如，在三向箭头图标集中，绿色的上箭头代表较高值，黄色的横向箭头代表中间值，红色的下箭头代表较低值	
公式	使用逻辑公式确定要设置格式的单元格	

1. 设置条件格式

例如，将图 4-13 所示的"成绩单"中所有学生外语、数学、地理、语文四门课程中小于 60 的数据设置为"红色"。操作步骤如下：

(1) 选定要设置条件格式的单元格区域 C4：F15。

(2) 单击"开始"选项卡"样式"命令组中的"条件格式"按钮，在弹出的下拉列表中依次选择"突出显示单元格规则"/"小于"命令，弹出"小于"对话框。

(3) 在左边文本框中键入 60，如图 4-21 所示。

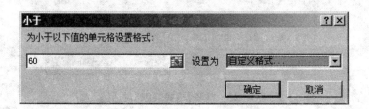

图 4-21　"小于"对话框

也可以单击某个单元格，以其值作为比较对象。

(4) 单击右边"设置为"的下拉箭头，在下拉列表中选择"自定义格式"，弹出"设置单元格格式"对话框。

(5) 选择"字体"选项卡，设置颜色为"红色"。单击"确定"按钮，返回"小于"对话框。

(6) 单击"确定"按钮。

以后如果这个区域中的数据小于60，则会自动设置为"红色"字体。

2. 更改条件格式

例如，将上例四门课程中小于60的数据设置为"红色"，并且要加粗。操作步骤如下：

(1) 选择含有要更改条件格式的单元格C4:F15。

(2) 单击"开始"选项卡"样式"命令组中的"条件格式"按钮，在弹出的下拉列表中选择"管理规则"命令，弹出"条件格式规则管理器"对话框，如图4-22所示。

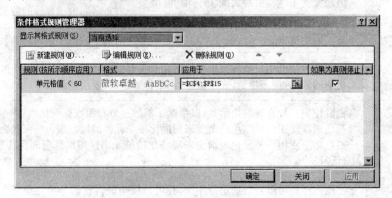

图4-22 "条件格式规则管理器"对话框

(3) 双击规则列表中的"单元格值＜60"规则，弹出"编辑格式规则"对话框，如图4-23所示。

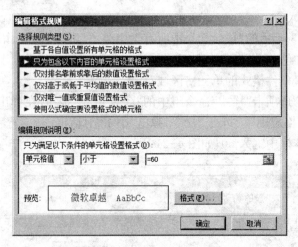

图4-23 "编辑格式规则"对话框

(4) 单击"格式"按钮，选择弹出的"设置单元格格式"对话框"字体"选项卡，设置字形为"加粗"。

(5) 单击"确定"按钮，返回"编辑格式规则"对话框。

如果需要，可以将"小于"改为"大于"等其他关系运算符。

(6) 单击"确定"按钮，退出"编辑格式规则"对话框。

(7) 单击"条件格式规则管理器"对话框的"确定"按钮。

3. 查找有条件格式的单元格

如果工作表的一个或多个单元格具有条件格式,则可以快速找到它们以便复制、更改或删除条件格式。可以使用"定位条件"命令查找具有特定条件格式的单元格。

(1) 查找所有具有条件格式的单元格

① 单击任意单元格。

② 在"开始"选项卡上的"编辑"命令组中,单击"查找和选择"按钮,在下拉列表中单击"条件格式"命令,具有条件格式的单元格都将处于选择状态。

(2) 只查找具有相同条件格式的单元格

① 单击有要查找的条件格式的单元格。

② 在"开始"选项卡上的"编辑"命令组中,单击"查找和选择"按钮,在下拉列表中单击"定位条件"命令,打开"定位条件"对话框。

③ 单击"条件格式"单选框。

④ 在"数据有效性"下面单击"相同"单选框。

⑤ 单击"确定"按钮。和被选单元格具有相同条件格式的单元格都将处于选择状态。

4. 清除条件格式

(1) 清除整个工作表的条件格式

① 选择要清除条件格式的工作表。

② 在"开始"选项卡上的"样式"命令组中,单击"条件格式"按钮,在下拉列表中依次单击"清除规则"/"清除整个工作表的规则"命令,则当前工作表中的条件格式都被清除。

(2) 清除所选单元格的条件格式

① 选择要清除条件格式的单元格区域。

② 在"开始"选项卡上的"样式"命令组中,单击"条件格式"按钮,在下拉列表中依次单击"清除规则"/"清除所选单元格的规则"命令,则所选单元格的条件格式都被清除。

注意:要删除选定单元格的所有条件格式和其他单元格格式,可单击"开始"选项卡"编辑"命令组中的"清除"按钮,在下拉列表中选择"清除格式"命令。

4.4.5 复制格式和应用样式

1. 复制格式

若工作表中的某些单元格格式与原有的单元格格式一样,可以把原单元格的格式复制到其他单元格上,大大提高工作效率。操作步骤如下:

(1) 选择源单元格。

(2) 单击"开始"选项卡上的"剪贴板"命令组中的"格式刷"按钮 ,鼠标指针右边增加一个刷子符号。

(3) 用刷子去单击目标单元格(单元格区域用鼠标拖曳),鼠标指针恢复原样,结束格式复制。

如果要刷多个不连续的目标单元格,则双击"格式刷"按钮 ;然后用刷子去刷目标单元格;再次单击"格式刷"按钮 ,鼠标指针恢复原样,结束格式复制。

2. 设置和应用样式

所谓样式,是指成组定义并保存的格式设置,包括数字格式、对齐方式、字体、边框、填充等。定义好的样式可以应用到目标单元格。对单元格应用样式,可以保证单元格具有一致的格式。Excel 提供了多种样式,用户可以使用这些样式将数字的格式设置为货币、百分比或以逗号为千位分隔符的格式,用户可以创建自己的样式。

(1) 创建样式

① 在"开始"选项卡上的"样式"命令组中,单击"单元格样式"按钮,在下拉列表中单击"新建单元格样式"命令。

② 弹出"样式"对话框,在"样式名"文本框中键入新样式的名称。

③ 单击"格式"按钮,弹出"设置单元格格式"对话框。

④ 在"设置单元格格式"对话框中的任一选项卡中,设置所需格式,然后单击"确定"按钮返回"样式"对话框。

⑤ 在"样式"对话框中清除不需要的格式类型的复选框。

⑥ 单击"确定"按钮。

(2) 修改样式

① 在"开始"选项卡上的"样式"命令组中,单击"单元格样式"按钮,在下拉列表中右击需要修改的样式名,在右键快捷菜单中单击"修改"菜单项。

② 弹出"样式"对话框。

下面几步与创建样式差不多。

样式修改后,应用过该样式的单元格会自动更新格式。

(3) 应用样式

① 选定要应用某样式的单元格或区域。

② 在"开始"选项卡上的"样式"命令组中,单击"单元格样式"按钮,在下拉列表中单击需要的样式名。

(4) 删除样式

在"开始"选项卡上的"样式"命令组中,单击"单元格样式"按钮,在下拉列表中右击需要删除的样式名,在右键快捷菜单中单击"删除"菜单项。

样式被删除后,所有应用过该样式的单元格的样式都将被清除。

4.5 工作表与工作簿管理

4.5.1 工作表的选择与更名

1. 工作表的选择

工作表的选择是指将一个或多个工作表设为活动工作表。选择一个工作表的操作很简单,只要单击该工作表的标签即可。

选择一组连续的工作表,先单击第一个工作表的标签,按住 Shift 键,再单击组中最后一个工作表的标签。

选择一组不连续的工作表,先单击一个工作表的标签,按住 Ctrl 键,再单击组中其他工作表的标签。

如果要选择工作簿中的所有工作表，可以右击某个工作表的标签，在弹出的快捷菜单中选择"选定全部工作表"菜单项即可。

选择一组工作表后，Excel 标题栏的工作簿文件名后会出现"[工作组]"，表示用户选择了一组工作表。这时，用户对工作表的所有操作，如数据输入、移动、复制、删除等都将作用于组中的所有工作表，相当于用复写纸写字。

如果用户想取消选定的工作表组，可以单击某个未被选中的工作表的标签，或右击组中某个工作表的标签，在弹出的快捷菜单中选择"取消组合工作表"菜单项即可。

2．工作表的更名

对工作表重命名，可以双击该工作表的标签，或右击该工作表的标签，在弹出的快捷菜单中选择"重命名"菜单项，工作表标签会反相显示，这时输入新的工作表名称，然后按下回车键或用鼠标在此标签外单击即可完成。

4.5.2　工作表的新建与删除

1．新建工作表

Excel 新建的工作簿中默认提供了 3 个工作表，用户还可以插入更多的工作表以满足需要，可以用下列 3 种方法实现。

（1）单击工作表标签右边的"插入工作表"按钮 ，在工作表标签最后插入一个新工作表。

（2）右击某个工作表的标签，在弹出的快捷菜单中选择"插入"菜单项，在弹出的"插入"对话框的"常用"选项卡中选择"工作表"，单击"确定"按钮，在当前工作表之前插入一个新工作表。

（3）单击"开始"选项卡"单元格"命令组中"插入"命令的下拉箭头，在下拉列表中单击"插入工作表"命令，在当前工作表之前插入一个新工作表。

2．删除工作表

可以用下列两种方法删除工作表。

（1）选择要删除的工作表，单击"开始"选项卡"单元格"命令组中"删除"命令的下拉箭头，在下拉列表中单击"删除工作表"命令。

（2）右击要删除的工作表标签，在弹出的快捷菜单中选择"删除"菜单项。

注意：删除工作表为永久删除，删除后不可恢复，所以系统弹出确认对话框，单击确认对话框上的"删除"按钮，即可将选定的工作表删除。

4.5.3　工作表的复制与移动

Excel 允许工作表在同一个工作簿中或不同的工作簿间移动或复制。

1．鼠标拖放

鼠标拖放适用于在同一个工作簿中移动或复制工作表。

选择要被移动或复制的工作表，用鼠标左键拖动标签，鼠标指针上会出现一个纸样的图标，标签上方会出现一个黑色倒三角形符号"▼"，表示工作表移到的位置，拖动图标使黑色倒三角形到合适的位置时，释放鼠标左键，即可实现工作表的移动。

若在松开鼠标之前,按下"Ctrl"键,此时鼠标指针纸样的图标上多一个"＋"号,表示进行复制操作。复制的新工作表名称为原工作表名称后加一个带括号的数字,表示是原工作表的第几个"复制品"。

2．使用菜单命令

适用于在不同的工作簿间移动或复制工作表。

选择要被移动或复制的工作表,可以用下列两种方法实现。

（1）单击"开始"选项卡"单元格"命令组中"格式"命令的下拉箭头,在下拉列表中单击"移动或复制工作表"命令,打开"移动或复制工作表"对话框,如图 4-24 所示。

（2）右击要移动或复制的工作表标签,在弹出的快捷菜单中选择"移动或复制工作表"菜单项,打开"移动或复制工作表"对话框。

在"工作簿"下拉列表中选择目标工作簿,不选则在当前工作簿中移动或复制。

在"下列选定工作表之前"列表中选择工作表的位置。

如果选中"建立副本"复选框,则复制工作表;否则移动工作表。

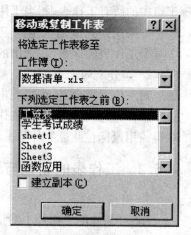

图 4-24 "移动或复制工作表"对话框

注意:目标工作簿必须预先打开。

4.5.4 工作表窗口的调整

工作表中数据量很大时,观察相距较远的两块数据会很不方便,通过对工作表窗口的有效调整,可使用户工作得更便捷,而不会影响工作表内的数据。

1．缩放显示比例

在"视图"选项卡"显示比例"命令组中,单击"显示比例"按钮,打开"显示比例"对话框,如图 4-25 所示。

默认为"100％",单击所需的显示比例单选框,或直接在"自定义"文本框中键入从 10 到 400 之间的数字。

如果要将选定区域扩大至充满整个窗口,可以选择图 4-25 中的"恰好容纳选定区域"单选框,或单击"视图"选项卡"显示比例"命令组中的"缩放到选定区域"按钮。

如果要恢复默认的 100％显示比例,可以单击"视图"选项卡"显示比例"命令组中的"100％"按钮。

图 4-25 "显示比例"对话框

注意:更改显示比例不会影响打印效果。只有更改了"页面设置"对话框中"页面"选项卡上的缩放比例才对打印效果有影响,否则工作表将按照默认的 100％ 的比例进行打印。

2．全屏显示

单击"视图"选项卡"工作簿视图"命令组中的"全屏显示"按钮,可以隐藏部分窗口元素（如功能区、状态栏）,从而在屏幕上显示更多的数据。

要恢复窗口原样,请单击窗口右上角的"向下还原"按钮,或按"Esc"键。

3. 工作表窗口的拆分

拆分工作表窗口是把当前工作表窗口拆分为 2 个或 4 个窗格,每个窗格相对独立,在每个窗格中都可以通过滚动条来显示工作表的每个部分,从而可以同时显示一张大工作表的多个区域。

拆分工作表窗口的具体操作是:

(1) 选项卡命令操作

首先将光标定位于某个单元格,单击"视图"选项卡"窗口"命令组中的"拆分"按钮,可把工作表拆分成 4 个窗格。

如果先选择了某行或某列,则工作表会被拆分为上、下或左、右两个窗格。

若要取消拆分,则再单击"拆分"按钮。

(2) 鼠标操作

将鼠标指针指向在垂直滚动条顶端或水平滚动条右侧的"拆分条"(如图 4-26 所示),当鼠标指针变为带双向箭头的拆分指针后,将拆分框向下或向左拖动,会出现分割条,拖至所需的位置,即可将窗口拆分成水平或垂直的两个窗格。将窗口中的分割条拖至窗口的边上(或双击分割条),可以取消拆分,将一分为二的两个窗格还原成一个窗口。

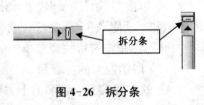

图 4-26 拆分条

4. 工作表的冻结

工作表较大时,在向下或向右滚动浏览时将无法保持行、列标题在窗口中固定,采用 Excel 提供的冻结功能,可以始终显示表的前几行或前几列。

如果要在窗口顶部生成水平冻结窗格,应选定要冻结行的下边一行。如要冻结第二行,则选择第三行。

如果要在窗口左侧生成垂直冻结窗格,应选定要冻结列的右一列。如要冻结第二列,则选择第三列。

如果要顶部和左侧同时生成冻结窗格,应单击冻结点处的单元格。如要同时冻结第一行和第一列,则选择 B2 单元格。

然后单击"视图"选项卡"窗口"命令组中的"冻结窗格"命令,在下拉列表中选择"冻结拆分窗格"。此时滚动窗口数据,冻结窗格中的数据固定不动。

若要取消冻结,可单击"冻结窗格"命令中的"取消冻结窗格"。

5. 同时显示多张工作表、工作簿

工作中经常需要同时浏览几个工作表作对比分析,可以作如下操作,在一个窗口中同时显示几个工作簿的多张工作表。

(1) 打开需要同时显示的工作簿

如果要同时显示当前工作簿中的多张工作表,单击"视图"选项卡"窗口"命令组中的"新建窗口"命令。新建的窗口标题栏中工作簿文件名后增加序号":2",原来的增加序号":1"。切换至新的窗口,单击需要显示的工作表。对其他需要同时显示的工作表重复以上操作。

(2) 单击"视图"选项卡"窗口"命令组中的"全部重排"命令,弹出"重排窗口"对话框。

(3) 在对话框的"排列方式"栏中选择所需的单选框：平铺、水平并排、垂直并排、层叠。

如果只是要同时显示当前工作簿中的工作表，请选中"当前活动工作簿的窗口"复选框。

注意：如果要将工作簿还原回整个窗口显示，单击工作簿窗口右上角的"最大化"按钮即可，同时将不要的窗口关闭。

4.5.5 保护数据

Excel 为数据的安全提供了有效的措施，从低级的隐藏到高级的密码设置，能把数据有效地保护起来。

1. 隐藏行、列和工作表

(1) 行或列的隐藏

① 选定需要隐藏的行或列。

② 单击"开始"选项卡"单元格"命令组中的"格式"命令，在弹出的下拉列表中依次选择"隐藏和取消隐藏"/"隐藏行"(或"隐藏列")。

也可以单击右键快捷菜单中的"隐藏"菜单项。

(2) 取消隐藏的行或列

① 选定隐藏行(或列)的上方和下方两行(或左侧和右侧两列)。

② 单击"开始"选项卡"单元格"命令组中的"格式"命令，在弹出的下拉列表中依次选择"隐藏和取消隐藏"/"取消隐藏行"(或"取消隐藏列")。

也可以单击右键快捷菜单中的"取消隐藏"菜单项。

注意：如何取消工作表首行或首列的隐藏？

① 在"编辑栏"的"名称框"中键入"A1"，按 Enter 回车键。

② 单击"开始"选项卡"单元格"命令组中的"格式"命令，在弹出的下拉列表中依次选择"隐藏和取消隐藏"/"取消隐藏行"(或"取消隐藏列")。

(3) 隐藏工作表

① 选定需要隐藏的工作表。

② 单击"开始"选项卡"单元格"命令组中的"格式"命令，在弹出的下拉列表中依次选择"隐藏和取消隐藏"/"隐藏工作表"。

也可以单击右键快捷菜单中的"隐藏"菜单项。该工作表将在标签栏中隐藏。

(4) 取消隐藏工作表

① 单击"开始"选项卡"单元格"命令组中的"格式"命令，在弹出的下拉列表中依次选择"隐藏和取消隐藏"/"取消隐藏工作表"。

也可以右键单击任一工作表标签，选择右键快捷菜单中的"取消隐藏"菜单项。

② 在弹出的"取消隐藏"对话框中选择要取消隐藏的工作表。

③ 单击"确定"按钮。该工作表将在标签栏中显示，并成为当前工作表。

2. 保护单元格、工作表

(1) 保护单元格和工作表

对工作表中数据的保护是通过保护单元格和工作表来实现的。

事实上，在默认情况下 Excel 已对工作表的全部单元格设置了"锁定"保护，防止他人对

- "禁用所有宏,并且不通知":宏及相关安全警报将被禁用。
- "禁用所有宏,并发出通知":宏将被禁用,但如果存在宏,则会显示安全警告。可根据情况启用单个宏。
- "禁用无数字签署的所有宏":宏将被禁用,但如果存在宏,则会显示安全警告。但是,如果受信任发布者对宏进行了数字签名,并且用户已经信任该发布者,则可运行该宏。如果用户尚未信任该发布者,则会通知用户启用签署的宏并信任该发布者。
- "启用所有宏(不推荐;可能会运行有潜在危险的代码)":运行所有宏。此设置使用户的计算机容易受到潜在恶意代码的攻击。

在 Excel 信任中心可以更改宏的安全设置,具体操作如下:

(1) 单击"文件"选项卡中的"选项"命令,打开"Excel 选项"对话框,如图 4-30 所示。

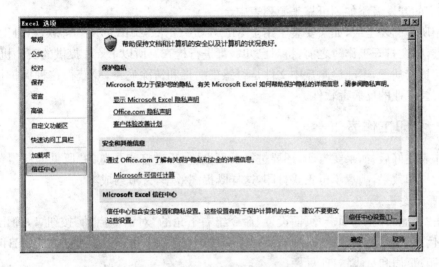

图 4-30 "Excel 选项"对话框

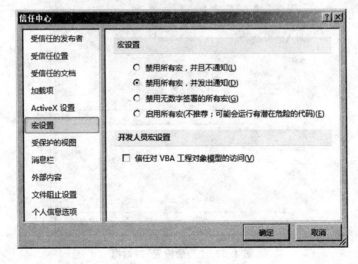

图 4-31 "信任中心"对话框

(2）单击"信任中心"命令，然后单击"信任中心设置"按钮，弹出"信任中心"对话框。

（3）单击"宏设置"，如图4-31所示。

（4）根据需要选择宏设置及开发人员宏设置。

（5）单击"确定"。

"信任对VBA工程对象模型的访问"：禁止或允许自动化客户端对Visual Basic for Applications（VBA）对象模型进行编程访问。此安全选项用于编写代码以自动执行Office程序并操作VBA环境和对象模型。此设置因每个用户和应用程序而异，默认情况下拒绝访问，从而阻止未经授权的程序生成有害的自我复制代码。要使自动化客户端能够访问VBA对象模型，运行该代码的用户必须授予访问权限。要启用访问，请选中该复选框。

如果认为可以信任某个特定来源的宏，则可以在打开该工作簿或装载含有加载宏程序时，将该宏的开发者添加到可靠来源列表中。

对于所有的安全级，如果安装了用于Microsoft Office 2010的反病毒软件，且工作簿中还包含宏，则在打开工作簿之前，将对已知病毒进行检查。所以Excel提供的安全机制只能被动的防护宏病毒，不能检测盘中文件是否感染病毒和清除病毒，要获得这种保护机制，用户只有安装专业的反病毒软件。

4.5.7 打印工作表

工作表建好后，如果要打印，还要进行页面设置，通过打印预览的"所见即所得"功能查看实际的打印效果，满意了再正式打印，这样既提高效率，又节约成本。

1. 页面设置

单击"页面布局"选项卡"页面设置"命令组右下角的"对话框启动"按钮，弹出"页面设置"对话框，如图4-32所示。在对话框中通过4个选项卡可以设置纸张大小、打印缩放比例、页边距、页眉和页脚、打印标题。

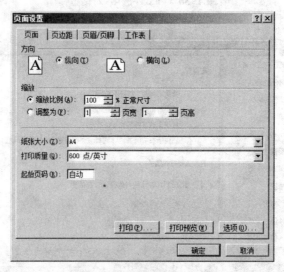

图4-32 "页面设置"对话框

（1）设置页面

选择"页面设置"对话框中的"页面"选项卡，如图4-32所示。

"方向"栏:选择纸张"纵向"或"横向"。

"缩放"栏:选中"缩放比例"单选框,输入或选择相对于正常尺寸的缩放比例。或选中"调整为"单选框,设置新的页宽、页高为正常页宽、页高的倍数。

"纸张大小"下拉列表:选择纸张大小。

"打印质量"下拉列表:选择打印质量。

"起始页码"文本框:输入起始打印页码,系统默认为"自动"。

(2) 设置页边距

选择"页面设置"对话框中的"页边距"选项卡,如图 4-33 所示。

设置页面的"上"、"下"、"左"、"右"、"页眉"、"页脚"距页面边界的距离,以厘米为单位。

在"居中方式"栏内,选中"水平"复选框,打印内容在页面水平居中;选中"垂直"复选框,打印内容在页面垂直居中。

(3) 设置页眉、页脚

选择"页面设置"对话框内的"页眉/页脚"选项卡,如图 4-34 所示。

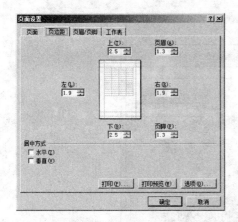
图 4-33 "页边距"选项卡

图 4-34 "页眉/页脚"选项卡

在"页眉"、"页脚"下拉列表中选择系统已定义的页眉、页脚形式。

用户也可以自定义页眉、页脚,单击"自定义页眉"按钮,打开"页眉"对话框,如图 4-35 所示。在"左"、"中"、"右"文本框中可以输入显示在页眉相应位置上的文本,具体操作方法在对话框中都有提示说明。

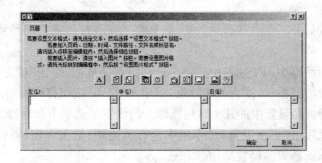
图 4-35 "页眉"对话框

页眉和页脚四个复选框的作用如下：

"奇偶页不同"：指定奇数页与偶数页使用不同的页眉和页脚。

"首页不同"：首页中的页眉和页脚与其他页的不同。

"随文档自动缩放"：页眉和页脚使用与工作表相同的字号和缩放比例。

"与页边距对齐"：页眉或页脚的边距与工作表的左右边距对齐。

"自定义页脚"与"自定义页眉"类似。

(4) 工作表的打印设置

工作表的打印设置包括打印区域、打印标题、打印质量、打印次序等项目的设置。

选择"页面设置"对话框内的"工作表"选项卡，如图4-36所示。

在"打印区域"栏内输入或选择打印区域，默认为整个工作表。

在"打印"栏内选择相应的打印项目。

"打印顺序"栏内选择有分页符时的页面打印顺序，选中"先列后行"或"先行后列"，从右侧的示例图中可以预览打印的顺序。

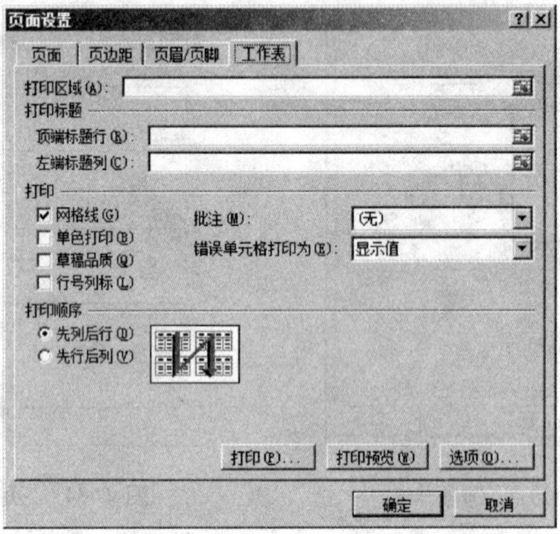

图4-36 "工作表"选项卡

在"打印标题"栏内输入或选择在打印时每页都打印的固定行和固定列。

例如，将第一、二两行设为顶端标题行，输入＄1：＄2；将A列设为左端标题列，输入＄A：＄A。

设置打印标题后并不能直接看到效果，只有将工作表打印或打印预览时才能看到打印标题。

"页面设置"对话框中四个标签中的项目全部设置完成后，单击"确定"按钮，完成设置。也可以单击"打印预览"按钮，观看打印效果，或单击"打印"按钮打印输出。

Excel 2010对页面设置中的几个常用操作专门设置了选项卡命令，如图4-37所示。可以在"页面布局"选项卡"页面设置"命令组中进行页边距、纸张方向、纸张大小、打印区域、分隔符、背景、打印标题等的设置操作。

第4章 Excel 2010 电子表格

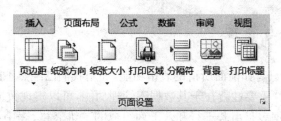

图 4-37 "页面布局"选项卡:"页面设置"

2. 打印预览

"打印预览"功能可以模拟显示实际的打印效果。选择"文件"选项卡的"打印"命令,在右侧"打印预览"窗格中可看到当前工作表的打印效果,如图 4-38 所示。

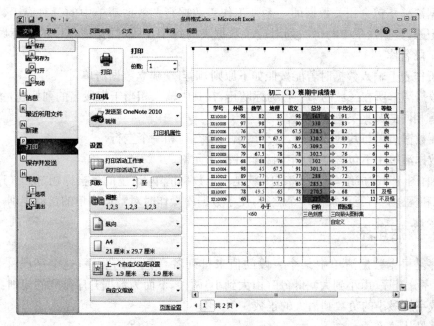

图 4-38 打印预览

要预览下一页和上一页,在"打印预览"窗格的底部单击"下一页"和"上一页"按钮。

注意:只有在选择了多个工作表,或者一个工作表含有多页数据时,"下一页"和"上一页"按钮才可用。

要查看页边距,在"打印预览"窗格底部单击"显示边距"按钮,将出现如图 4-38 所示的页边距线和单元格宽度滑块,可以用鼠标拖动它们来调整页边距和单元格宽度。

要更改页面设置,如打印范围、打印方向、纸张大小等,可在"设置"栏下选择合适的选项;若要对页面作进一步的调整,可单击"页面设置"按钮,将弹出图 4-32 "页面设置"对话框。

3. 打印工作表

当对编排的效果感到满意时,就可以打印该工作表了。

如图 4-38 所示,先单击"打印机属性"按钮设置好打印机的属性,再设置好要打印的份数,最后单击"打印"按钮,就可以打印当前整个工作表的全部页面。

4.6 数据分析与管理

如果 Excel 2010 只有如前面所讲的表格功能,那用我们已经熟悉的 Word 2010 的表格就可以了。Excel 2010 重要性就在于其数据库管理功能,可以实现数据的排序、检索、筛选、分类汇总等功能。数据表是由若干行和若干列组成的二维表格,表中第一行各列的列标题称为字段名,字段名下的各列数据称为字段的值,每一行构成一个整体,称为记录。在 Excel 2010 中,数据库是通过数据清单的形式来处理的。

4.6.1 数据清单

数据清单是包含相关数据的一系列工作表数据行。数据清单中的行对应于数据表中的一条记录,数据清单中的每一列对应于数据表的每个字段,数据清单中的列标题是数据表中的字段名称。

在工作表上输入数据时若能按照如下原则,则自动建立数据清单:
- 数据清单所在区域的第一行为标题行,在其中输入相当于字段名的列标题,每列中的数据具有相同的数据类型。
- 在数据清单与其他数据间,至少留出一个空列和一个空行。
- 数据清单中不包含空行、空列和合并的单元格。

例如,图 4-13"成绩单"中 B3:J15 就是一个数据清单,这里的表格标题"初二(1)班期中成绩单"和标题行特意添加了一个空行,便于数据库操作时对数据清单的自动识别。

4.6.2 数据排序

排序是根据数据清单中某个字段的值来排列各行记录的顺序,这个字段称为"关键字"。排序分升序(由小到大)和降序(由大到小)两种,下面为数据升序排列的规则:
- 数字从最小的负数到最大的正数。
- 字母从 A 到 Z。
- 日期和时间从最早到最近。
- 逻辑值中,FLASE 排在 TRUE 之前。
- 中文数据根据其拼音字母的顺序排列。
- 空格排在最后。

1. 单字段排序

单字段排序就是根据一个字段(一个关键字)进行的排序。使用"数据"选项卡"排序和筛选"命令组中的"升序"按钮 、"降序"按钮 ,或"排序"按钮 进行排序操作。

例如,将图 4-13"成绩单"中的数据清单按"总分"由高到低(降序)排列。

在"总分"列中单击任一单元格(注意不要选择"总分"一列),单击"降序"按钮 即可。

2. 多字段排序

当根据一个字段排序时,会碰到有几行这一字段列中的数据相同的情况,可以根据第二个字段排,如果第二个字段列中的数据又有相同的,再根据第三个字段排,这就是多字段(多关键字)排序。

例如,将图 4-13"成绩单"中的数据清单按"总分"由高到低(降序)排序,对总分相同的按"数学"由高到低排序,若"总分"和"数学"两项都相同,再按"外语"由高到低排序,排序的具体操作方法如下:

(1) 如果数据清单是严格按数据清单规则建立的,Excel 会自动识别,只要单击该区域中的任一单元格即可,否则要选择数据清单的整个区域,如这里的单元格区域 B3:J15。

注意:如果选择部分数据区域进行排序,则仅对该区域的数据进行排序,其他未选区域的数据不变,这样可能引起数据错位。

(2) 单击"数据"选项卡"排序和筛选"命令组中的"排序"按钮,打开"排序"对话框,在"主要关键字"下拉列表框中选择"总分","次序"选择"降序"。

(3) 单击"添加条件"按钮,在新增的"次要关键字"中,选择"数学"、"降序"。

(4) 再单击"添加条件"按钮,在新增的"次要关键字"中,选择"外语"、"降序",如图 4-39 所示。

(5) 单击"确定"按钮。

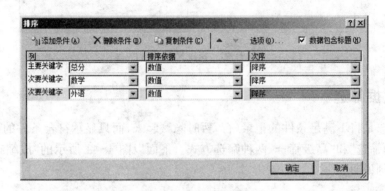

图 4-39 "排序"对话框

3. 按行排序

Excel 默认按列排序,也可按行排序,即根据指定行排列各列的顺序。在"排序"对话框中,单击"选项"按钮,在弹出的"排序选项"对话框的"方向"栏中选择"按行排序"即可。

4. 按自定义序列排序

用户除了可以按照默认的次序排序外,还可以依据自行定义的次序排序。特别是中文数据,由于中文数据是根据其拼音字母的顺序来排序的,这可能和它的中文含义不一致,需要自定义其排序次序。例如,将图 4-13"成绩单"中的数据清单按"等级"排列。如果用默认的"降序",将按"中→优→良→及格→不及格"的顺序排,因为这里"中"的拼音首字母是 Z,最大,所以排在第一的位置。在这种情况下只能用"自定义序列"的方法来重定义它们的排列次序,方法见 4.2.2 章节"数据的输入→智能填充功能→自定义序列",然后用自定义序列来排序,具体操作方法如下:

(1) 单击数据清单中任意单元格。

(2) 单击"数据"选项卡"排序和筛选"命令组中的"排序"按钮,打开"排序"对话框。

(3) 在"主要关键字"下拉列表中选择要进行排序的字段名:"等级"。

如果已存在不需要的"关键字",可单击"删除条件"按钮删除它们。

(4) 单击“次序”下拉列表,选择“自定义序列”,打开“自定义序列”对话框。

(5) 在“输入序列”文本框中按顺序键入新建序列的各个条目:优→良→中→及格→不及格,每个条目占一行,按 Enter 键换行,单击“添加”按钮,新建的序列会出现在“自定义序列”列表框中。

(6) 单击“确定”按钮返回“排序”对话框,如图 4-40 所示。

(7) 单击“确定”按钮。

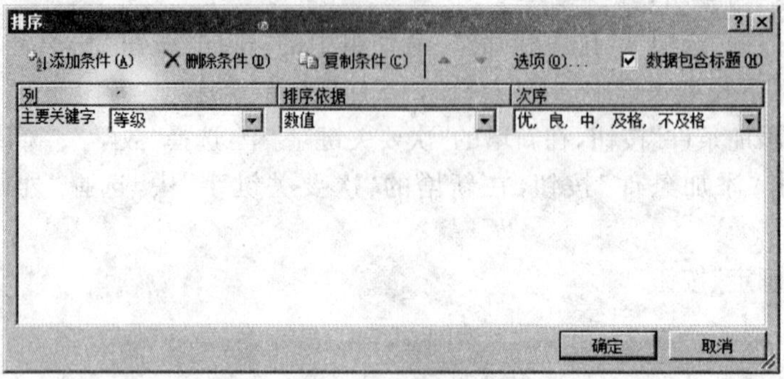

图 4-40 自定义序列排序

4.6.3 数据筛选

数据筛选是将不满足条件的记录(行)暂时隐藏起来,而只显示符合条件的记录。Excel 提供了“自动筛选”和“高级筛选”两种筛选方式。下面以图 4-41 所示的“成绩报告单”中的数据清单为例说明。

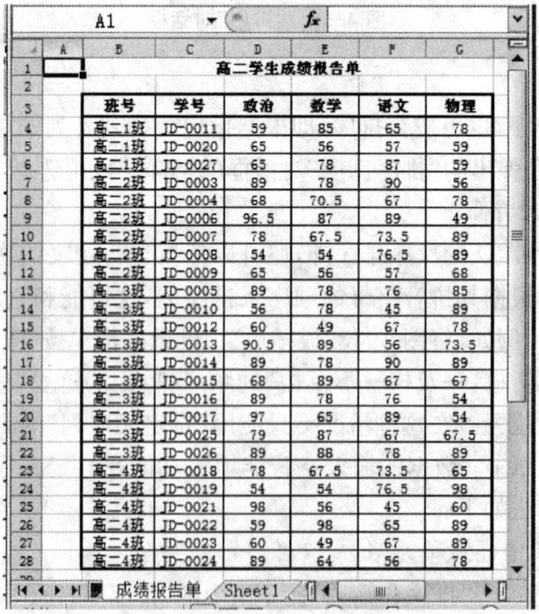

高二学生成绩报告单

班号	学号	政治	数学	语文	物理
高二1班	JD-0011	59	85	65	78
高二1班	JD-0020	65	56	57	59
高二1班	JD-0027	65	78	87	59
高二2班	JD-0003	89	78	90	56
高二2班	JD-0004	68	70.5	67	78
高二2班	JD-0006	96.5	87	89	49
高二2班	JD-0007	78	67.5	73.5	89
高二2班	JD-0008	54	54	76.5	89
高二2班	JD-0009	65	56	57	68
高二3班	JD-0005	89	78	76	85
高二3班	JD-0010	56	78	45	89
高二3班	JD-0012	60	49	67	78
高二3班	JD-0013	90.5	89	56	73.5
高二3班	JD-0014	89	78	90	89
高二3班	JD-0015	68	89	67	67
高二3班	JD-0016	89	78	76	54
高二3班	JD-0017	97	65	89	54
高二3班	JD-0025	79	87	67	67.5
高二3班	JD-0026	89	88	78	89
高二4班	JD-0018	78	67.5	73.5	65
高二4班	JD-0019	54	54	76.5	98
高二4班	JD-0021	98	56	45	60
高二4班	JD-0022	59	98	65	89
高二4班	JD-0023	60	49	67	89
高二4班	JD-0024	89	64	56	78

图 4-41 成绩报告单

1. 自动筛选

自动筛选适用于单个字段条件或多个"与"的关系的字段条件的筛选。操作方法如下：

① 选择数据清单中的任一单元格。

② 单击"数据"选项卡"排序和筛选"命令组中的"筛选"按钮，在数据清单的每个字段右侧都会出现下拉箭头，如图 4-42 所示。

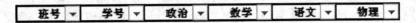

图 4-42 "自动筛选"状态

（1）筛选文本

例如，筛选出图 4-41"成绩报告单"中高二 1 班的学生记录。

① 进入"自动筛选"状态。

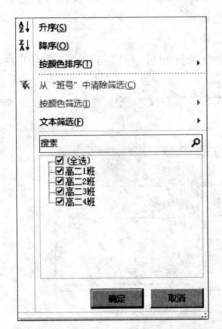

图 4-43 "班号"筛选下拉列表、"文本筛选"二级下拉列表

② 单击标题"班号"右侧的下拉箭头，在弹出的下拉列表中列出了该字段的所有数据：高二 1 班、高二 2 班、高二 3 班、高二 4 班，如图 4-43 所示。先撤销"全选"复选框，再选择"高二 1 班"复选框。

③ 单击"确定"按钮，筛选出高二 1 班的数据，如图 4-44 所示。

同时"班号"右侧的下拉箭头转换为，表示该字段已筛选过。

班号	学号	政治	数学	语文	物理
高二1班	JD-0011	59	85	65	78
高二1班	JD-0020	65	56	57	1900/2/28
高二1班	JD-0027	65	78	87	1900/2/28

图 4-44 筛选结果

另外,用户也可以利用图 4-43 中的"搜索"框,在其中输入搜索词,相关的数据项会立即显示在下面的列表框中。

如果用户需要某些特殊的筛选条件,可以选择图 4-43 中"文本筛选"选项,在弹出的二级下拉列表中选择一个比较运算:等于、不等于、开头是、结尾是、包含、不包含,或单击"自定义筛选",弹出"自定义自动筛选方式"对话框,在右侧框中输入文本或从列表中选择文本值。

如果需要查找某些字符相同但其他字符不同的文本,可以使用通配符"?"(问号)和"＊"(星号)。"?"表示任意单个字符,例如,"李?才"可找到"李俊才"和"李秀才";"＊"表示任意数量的字符,例如,"张＊"可找到所有姓张的。

(2) 筛选数字

例如,筛选出图 4-41"成绩报告单"中"政治"成绩大于等于 80 并且小于等于 90 的学生记录。

① 进入"自动筛选"状态。

② 单击标题"政治"右侧的下拉箭头 ,在弹出的下拉列表中依次选择"数字筛选"/"大于或等于",弹出"自定义自动筛选方式"对话框。

③ 在第一个条件的右文本框中输入"80"。

④ 可以对同一字段设置两个条件,两个条件间可以是"与"或"或"的关系,这里要设置两个条件,选择"与"。

⑤ 在第二个条件左框中选择"小于或等于",右文本框中输入"90",如图 4-45 所示。

⑥ 单击"确定"按钮。

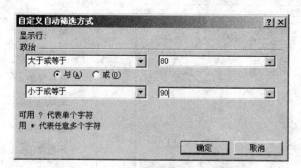

图 4-45 "自定义自动筛选方式"对话框

(3) 多字段筛选

例如,筛选出图 4-41"成绩报告单"中高二 1 班数学大于 80 分的学生记录。

① 如前例,筛选出图 4-41"成绩报告单"中高二 1 班的学生记录,筛选结果如图 4-44 所示。

② 单击标题"数学"右侧的下拉箭头 ,在弹出的下拉列表中依次选择"数字筛选"/"大于",弹出"自定义自动筛选方式"对话框。

③ 在第一个条件的右文本框中输入"80"。

④ 单击"确定"按钮。筛选结果如图 4-46 所示。

班号	学号	政治	数学	语文	物理
高二1班	JD-0011	59	85	65	78

图 4-46 多字段筛选结果

(4) 清除筛选

① 清除某个字段的筛选

例如,清除上例中"数学"大于 80 分的筛选

单击"数学"标题右侧的下拉箭头 ,在下拉列表中单击"从'数学'中清除筛选"。

② 清除工作表中的所有筛选

单击"数据"选项卡"排序和筛选"命令组中的"清除"按钮,清除工作表中的所有筛选,并重新显示所有行。

(5) 退出自动筛选

在"自动筛选"状态,再次单击"数据"选项卡"排序和筛选"命令组中的"筛选"按钮 ,将退出自动筛选,同时清除所有的筛选。

2. 高级筛选

在实际应用中,当利用自动筛选功能无法完成筛选时,如多个字段条件是"或"的关系,可以通过高级筛选来完成。使用"高级筛选",必须预先建立条件区域。

例如,筛选出图 4-41"成绩报告单"中"语文大于 80"或"数学大于 80"的全部学生记录,放置在以 B30 为左上角开始的区域中,操作步骤如下:

(1) 建立条件区域,在与数据清单不相连(隔开一行或一列)的区域设置条件。将字段名(列标题)复制到隔开一列的 I3:N3 中,在"数学"字段名下一行 L4 单元格中输入">80",在"语文"字段名下两行 M5 单元格中输入">80"。如图 4-47 所示。

图 4-47 建立条件区域

注意:条件区的字段名必须与数据清单中的对应字段名完全一样,例如大小写、空格个数等要完全相同,一般用复制的方法填写。

条件区域中同一行的多个条件为逻辑与,不同行的多个条件为逻辑或。

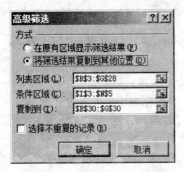

图 4-48 "高级筛选"对话框

(2) 单击数据清单中任一单元格。

(3) 单击"数据"选项卡"排序和筛选"命令组中的"高级"命令,弹出"高级筛选"对话框。如图 4-48 所示(这里已经设置好了各选择项)。

(4) 选择"列表区域"。一般不用选择,系统已自动选择好了,如果不对,可单击"列表区域"文本框右侧的折叠按钮重新选择,选好后单击折叠按钮返回"高级筛选"对话框。

(5) 选择"条件区域"。单击"条件区域"文本框右侧的折叠按钮,选择条件区域 I3:N5,单击折叠按钮返回"高级筛选"对话框。

(6) 在"方式"栏内选择放置筛选结果的方式:默认为"在原有区域显示筛选结果";这里要将筛选结果放置在 B30 为左上角开始的区域中,所以选择"将筛选结果复制到其他位置"单选框,在"复制到"文本框中输入目的地的左上角单元格地址 B30,或单击"复制到"文本框右侧的折叠按钮,选择 B30 单元格,单击折叠按钮返回"高级筛选"对话框。

若选中"选择不重复的记录"复选框,则筛选结果中不会存在完全相同的记录。

(7) 单击"确定"按钮。从 B30 单元格开始显示筛选出的 11 条满足条件的记录。

4.6.4 分类汇总

分类汇总是数据统计中的常用方法。根据数据清单中已排序的字段分类,并求出各类数据的统计值,如:求和、计数、平均值、最大值、最小值等等。

1. 创建分类汇总

例如,统计出图 4-41"成绩报告单"中各班四门课程的平均分,操作步骤如下:

(1) 以分类字段"班号"为关键字对数据清单进行排序(将班级归类)。单击数据清单中的任一单元格。

(2) 单击"数据"选项卡"分级显示"命令组中的"分类汇总"按钮,打开"分类汇总"对话框,如图 4-49 所示。

(3) "分类汇总"对话框的设置

① 分类字段:选择已排序归类的字段"班号"。

② 汇总方式:单击右侧下拉箭头"▼",选择汇总方式"平均值"。

③ 选定汇总项:选择要参加汇总的字段"政治"、"数学"、"语文"、"物理"。

④ "替换当前分类汇总"复选框:默认选中,将替换原先的汇总,只显示最新的汇总结果,否则汇总结果将叠加在原先的汇总结果上。

⑤ "每组数据分页"复选框:选中,在每类数据后插入分页符,这里选了将会每个班打印一页。

⑥ "汇总结果显示在数据下方"复选框:选中,分类汇总结果和总汇总结果显示在明细数据的下方,否则显示在上方。

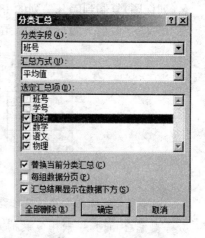

图 4-49 "分类汇总"对话框

(4) 单击"确定"按钮。"分类汇总"结果如图 4-50 所示。每类数据(班级)下均有汇总数据(平均分),最后是所有班级的总平均分。

2. 删除分类汇总结果

如果进行分类汇总操作之后,用户需要恢复工作表的原始数据,则可在选定工作表后单击"数据"选项卡"分级显示"命令组中的"分类汇总"按钮,打开"分类汇总"对话框,如图 4-49 所示,单击"全部删除"按钮即可。

3. 分级显示

对于分类汇总的结果可以分级显示,这样只要单击一下鼠标就可以隐藏或显示各种级别的细节数据。分级显示可以快速地显示那些仅提供了工作表中各节汇总和标题信息的行,或显示与汇总行相邻接的明细数据的区域。

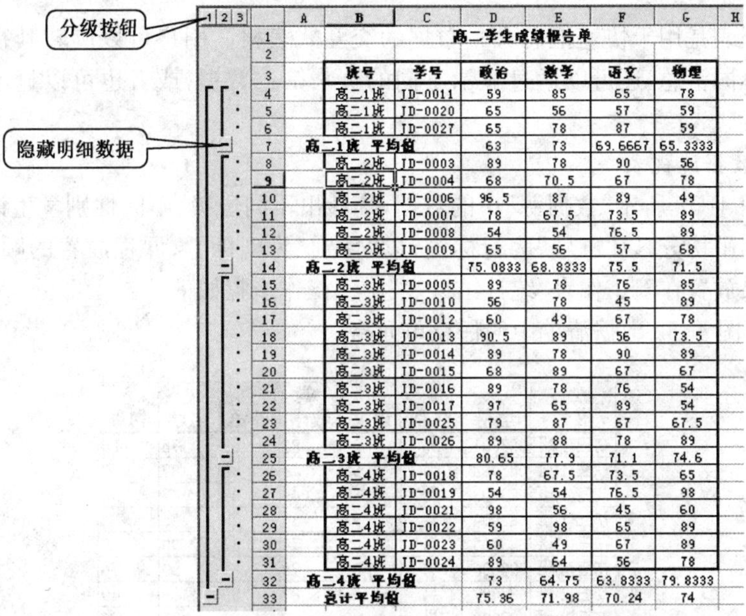

	A	B	C	D	E	F	G
1		高二学生成绩报告单					
2							
3		班号	学号	政治	数学	语文	物理
4		高二1班	JD-0011	59	85	65	78
5		高二1班	JD-0020	65	56	57	59
6		高二1班	JD-0027	65	78	87	59
7	高二1班 平均值			63	73	69.6667	65.3333
8		高二2班	JD-0003	89	78	90	56
9		高二2班	JD-0004	68	70.5	67	78
10		高二2班	JD-0006	96.5	87	89	49
11		高二2班	JD-0007	78	67.5	73.5	89
12		高二2班	JD-0008	54	54	76.5	89
13		高二2班	JD-0009	65	56	57	68
14	高二2班 平均值			75.0833	68.8333	75.5	71.5
15		高二3班	JD-0005	89	78	76	85
16		高二3班	JD-0010	56	78	45	89
17		高二3班	JD-0012	60	49	67	78
18		高二3班	JD-0013	90.5	89	56	73.5
19		高二3班	JD-0014	89	78	90	89
20		高二3班	JD-0015	68	89	67	67
21		高二3班	JD-0016	89	78	76	54
22		高二3班	JD-0017	97	65	89	54
23		高二3班	JD-0025	79	87	67	67.5
24		高二3班	JD-0026	89	88	78	89
25	高二3班 平均值			80.65	77.9	71.1	74.6
26		高二4班	JD-0018	78	67.5	73.5	65
27		高二4班	JD-0019	54	54	76.5	98
28		高二4班	JD-0021	98	56	45	60
29		高二4班	JD-0022	59	98	65	89
30		高二4班	JD-0023	60	49	67	89
31		高二4班	JD-0024	89	64	56	78
32	高二4班 平均值			73	64.75	63.8333	79.8333
33		总计平均值		75.36	71.98	70.24	74

图 4-50 "分类汇总"结果

分级显示可以具有至多八个级别的细节数据,其中每个内部级别为外部级别提供细节数据。在图 4-50 所示的"分类汇总"结果中,包含所有行的总计行"总计平均值"属于级别 1,包含四个班"平均值"的行属于级别 2,各个班级的成绩数据行则属于级别 3。

若要仅显示某个级别中的行,可以单击工作表第 1 行上面级别对应的各个数字分级按钮[1]、[2]、[3]。例如单击[2],将显示级别 1、2 的汇总结果行,隐藏级别 3 的成绩数据行,如图 4-51 所示。

这时,虽然各个班级的成绩数据行是隐藏的,但可以单击它们左边的"显示明细数据"按钮[+]来显示它们。例如,单击"高二 1 班 平均值"左边的[+]号,高二 1 班的成绩数据将显示出来,此时[+]号变为[-]号。再单击"高二 1 班 平均值"左边的[-]号,高二 1 班的成绩数据将隐藏起来。

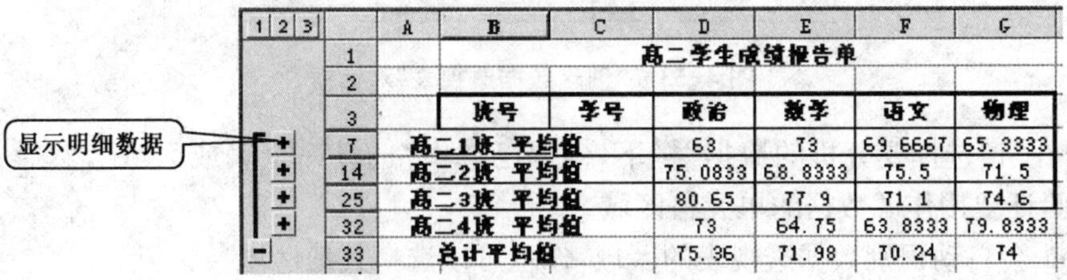

	A	B	C	D	E	F	G
1		高二学生成绩报告单					
2							
3		班号	学号	政治	数学	语文	物理
7	高二1班 平均值			63	73	69.6667	65.3333
14	高二2班 平均值			75.0833	68.8333	75.5	71.5
25	高二3班 平均值			80.65	77.9	71.1	74.6
32	高二4班 平均值			73	64.75	63.8333	79.8333
33		总计平均值		75.36	71.98	70.24	74

图 4-51 "分类汇总"结果分级显示

4.6.5 数据透视表

数据透视表是用于快速汇总大量数据的交互式表格。用户可以旋转其行或列以查看对源数据的不同汇总,还可以通过显示不同的页来筛选数据,或者也可以显示所关心区域的明细数据。

1. 创建数据透视表

利用如图 4-52 所示"数据源"中的数据,统计出不同班级、不同性别学生语文、数学、外语三门课程的平均分,以"班号"为行标签,以"性别"为列标签,课程放置的顺序为语文、数学、外语,结果放置在新工作表"统计结果表"中。操作步骤如下:

(1) 单击图 4-52 数据清单中的任意单元格。

	A	B	C	D	E	F	G	H
1	班号	学号	性别	语文	数学	外语	化学	物理
2	初三(1)班	083001	男	98	85	88	75	80
3	初三(1)班	083002	男	65	78	68	87	59
4	初三(1)班	083003	女	60	49	85	67	78
5	初三(1)班	083004	女	92	89	78	56	75
6	初三(1)班	083005	男	89	78	87	90	89
7	初三(2)班	083006	男	89	78	87	90	56
8	初三(2)班	083007	男	96	87	89	89	49
9	初三(2)班	083008	男	78	68	67	75	89
10	初三(2)班	083009	女	68	70	58	67	78
11	初三(2)班	083010	女	65	56	68	57	68

图 4-52 数据源

(2) 在"插入"选项卡"表格"命令组中,单击"数据透视表"命令,或者单击"数据透视表"下方的箭头,再单击"数据透视表",打开"创建数据透视表"对话框,如图 4-53 所示。

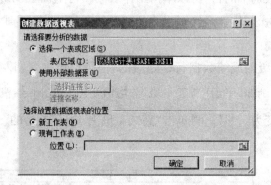

图 4-53 "创建数据透视表"对话框

(3) 在"请选择要分析的数据"栏下,确保已选中"选择一个表或区域",然后在"表/区域"框中验证要用作源数据的单元格区域。

Excel 会自动识别数据透视表的区域,你也可以选择其他区域。

(4) 在"选择放置数据透视表的位置"栏,执行下列操作之一来指定位置:

若要将数据透视表放置在新工作表中,单击"新工作表"。

若要将数据透视表放置在现有工作表中,选择"现有工作表",然后在"位置"框中指定放置数据透视表的单元格区域的左上角单元格。

这里根据要求选择"新工作表",如图 4-53 所示。

(5) 单击"确定"按钮。Excel 将空白的数据透视表添加至新工作表,并在工作表的右侧显示"数据透视表字段列表"对话框。

(6) 在"数据透视表字段列表"对话框中,将"选择要添加到报表的字段"栏中的"班号"拖到"行标签"、"性别"拖到"列标签"。

如果在字段列表中选中相应字段名称旁的复选框,将会自动把字段放置到布局的默认区域,非数值字段会添加到"行标签"区域,数值字段会添加到"数值"区域,日期和时间则会添加到"列标签"区域。所以"语文"等三门课程只要单击它们的复选框即可。

图 4-54 创建数据透视表

(7) 将默认"列标签"区中的"∑数值"拖到"行标签"区中,结果如图 4-54 所示。

(8) 单击"∑数值"区中"语文"字段的下拉箭头,在下拉列表中选择"值字段设置",弹出"值字段设置"对话框,在"值汇总方式"选项卡的"计算类型"栏中选择"平均值",如图 4-55 所示;单击"数字格式"按钮可以在弹出的"设置单元格格式"对话框中设置汇总结果的数字格式。用同样方法修改"数学"和"外语"的汇总方式。

(9) 修改数据透视表所在的工作表名称为"统计结果表"。创建的数据透视表如图 4-56 所示。

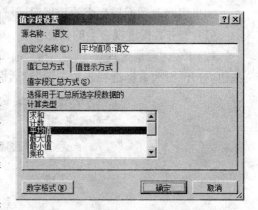

图 4-55 "值字段设置"对话框

2. 改变数据透视表布局

创建完成一个数据透视表后，也许所建的数据透视布局不是用户所期盼的，这时需改变数据透视布局。例如：将上面的数据透视表改为统计出不同班级、不同性别学生两门课程的最高分，以“性别”为行字段，以“班号”为列字段，课程放置的顺序为语文、数学，结果放置在原数据透视表上。操作步骤如下：

	A	B	C	D
1				
2				
3	列标签			
4	行标签	男	女	总计
5	初三(1)班			
6	平均值项:语文	84.0	76.0	80.8
7	平均值项:数学	80.3	69.0	75.8
8	平均值项:外语	81.0	81.5	81.2
9	初三(2)班			
10	平均值项:语文	87.7	66.5	79.2
11	平均值项:数学	77.7	63.0	71.8
12	平均值项:外语	81.0	63.0	73.8
13	平均值项:语文汇总	85.8	71.3	80.0
14	平均值项:数学汇总	79.0	66.0	73.8
15	平均值项:外语汇总	81.0	72.3	77.5

图 4-56 数据透视表结果

	A	B	C	D
1				
2				
3	列标签			
4	行标签	初三(1)班	初三(2)班	总计
5	男			
6	最大值项:语文	98.0	96.0	98.0
7	最大值项:数学	85.0	87.0	87.0
8	女			
9	最大值项:语文	92.0	68.0	92.0
10	最大值项:数学	89.0	70.0	89.0
11	最大值项:语文汇总	98.0	96.0	98.0
12	最大值项:数学汇总	89.0	87.0	89.0

图 4-57 数据透视表修改结果

(1) 在数据透视表上单击，窗口右侧会显示“数据透视表字段列表”对话框。如果没有显示，右击数据透视表，在右键快捷菜单中选择“显示字段列表”菜单项。

(2) 拖动“行标签”区的“性别”到“列标签”区，“列标签”区的“班级”到“行标签”区。

(3) 单击字段列表中“外语”的复选框，取消其选择。

(4) 将“语文”、“数学”的汇总方式改为“最大值”。修改结果如图 4-57 所示。

3. 刷新数据透视表

在创建数据透视表之后对源数据中的数据所做的更改，要通过对数据透视表的“刷新”才能反映到数据透视表中。操作方法如下：

(1) 单击数据透视表上的任意位置，在功能区右边会添加“数据透视表工具”，里面有“选项”和“设计”两个选项卡。

(2) 单击“数据透视表工具”中的“选项”选项卡，然后单击“数据”组中的“刷新”按钮。

4. 更改数据源

如果想修改数据透视表的数据源区域，可通过“更改数据源”来实现。操作方法如下：

(1) 单击数据透视表上的任意位置。

(2) 单击“数据透视表工具”中的“选项”选项卡，然后单击“数据”组中的“更改数据源”按钮，打开“更改数据透视表数据源”对话框。如图 4-58 所示。

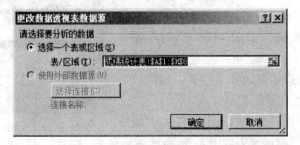

图 4-58 “更改数据透视表数据源”对话框

(3) 重新选择数据区域,单击"确定"按钮。
(4) 单击"数据透视表工具"中的"选项"选项卡,然后单击"数据"组中的"刷新"按钮。

5. 移动数据透视表

(1) 单击数据透视表上的任意位置。
(2) 单击"数据透视表工具"中的"选项"选项卡,然后单击"操作"组中的"移动数据透视表"按钮,打开"移动数据透视表"对话框。如图 4-59 所示。
(3) 可更改"现有工作表"的位置,也可以选择"新工作表"将数据透视表移到新工作表中。
(4) 单击"确定"按钮。

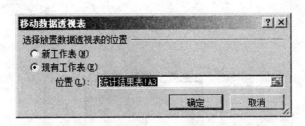

图 4-59 "移动数据透视表"对话框

6. 删除数据透视表

(1) 在要删除的数据透视表的任意位置单击。
(2) 单击"数据透视表工具"中的"选项"选项卡,然后单击"操作"组中的"选择"下方的箭头,选择下拉列表中的"整个数据透视表"。
(3) 按 Delete 键删除。

4.6.6 数据合并

数据合并可以将不同数据源的数据合并汇总到一个工作表(或主工作表)中。不同数据源可以是同一工作表中、与主工作表位于同一工作簿中,也可以位于几个不同的工作簿中。数据合并是使用"数据"选项卡"数据工具"命令组中的"合并计算"命令实现的。

1. 合并计算的类型

可以使用两种方法对数据进行合并计算:

(1) 按位置进行合并计算

当多个数据源中的数据是按照相同的顺序排列并使用相同的行标签和列标签时,例如,使用同一个模板创建的开支工作表,可以使用此方法。

(2) 按分类进行合并计算

当多个数据源中的数据以不同的方式排列,但却使用相同的行标签或列标签时,例如,在每个月生成布局相同的一系列库存工作表,但每个工作表包含不同的项目或项目的排列顺序不同时,可以使用此方法。

2. 按位置对数据进行合并计算

例如,现有同一工作簿中的"1 分店销售单"、"2 分店销售单"两张工作表,分别存放两个分店四种型号的产品三个季度的销售统计,如图 4-60 所示。现需新建工作表,计算两个

分店四种型号的产品每季度的销售总和。操作步骤如下:

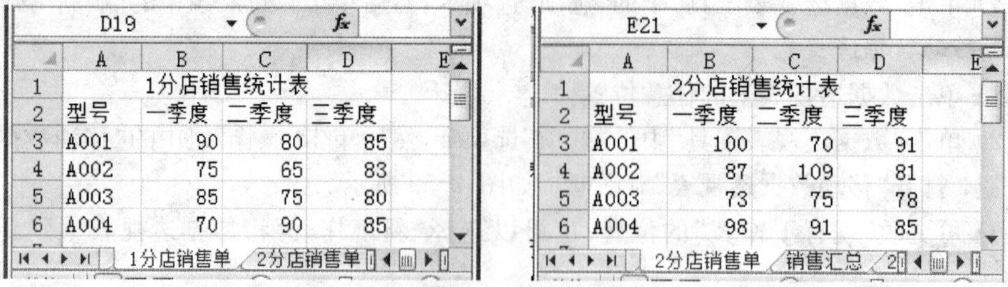

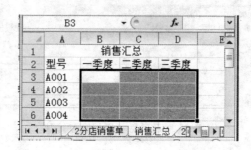

图 4-60 参与"合并计算"的工作表

图 4-61 "合并计算"的主工作表

(1) 对要参与合并计算的每个工作表,确保每个数据区域都采用数据清单格式、每个区域都具有相同的布局。

(2) 新建一个工作表作为合并计算的主工作表"销售汇总",输入如图 4-61 所示的数据。

(3) 在要显示合并数据的单元格区域中,单击左上方的单元格 B3。

(4) 在"数据"选项卡的"数据工具"命令组中,单击"合并计算"命令,打开"合并计算"对话框。

(5) 在"函数"下拉列表中选择进行合并计算的汇总函数,这里选用默认的"求和"函数。

(6) 在"引用位置"栏中选择要参加合并计算的工作表单元格区域。单击"引用位置"栏中的文本框,单击工作表标签中的"1 分店销售单",选择 B3:D6 单元格区域。

如果数据源位于另一个工作簿中,单击"浏览"找到该工作簿,然后单击"确定"关闭"浏览"对话框。

(7) 在"合并计算"对话框中,单击"添加"按钮。

(8) 重复步骤(6)、(7)以添加所需的所有区域。

(9) 选中"创建指向源数据的链接"复选框,使合并计算在源数据改变时自动更新,并且合并计算结果以分类汇总的方式显示。合并计算的设置如图 4-62 所示。

(10) 单击"确定"按钮。合并计算结果如图 4-63 所示。

3. 按类别进行合并计算

按类别进行合并计算与按位置对数据进行合并计算类似,只是在下面几步中有所不同:

第(2)步,新建主工作表时,行标签和列标签不用输入,最后会自动生成。

第(3)步,单击在要显示合并数据区域的左上方单元格时,要考虑行标签和列标签的位置。

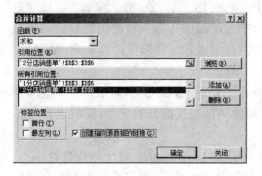

图 4-62 "合并计算"对话框　　　　　图 4-63 "合并计算"结果

第(6)步,在"引用位置"栏中选择要参加合并计算的工作表单元格区域时,要包含行标签和列标签。

在结束前添加一步,在"标签位置"栏下,选中指示标签在源区域中位置的复选框:"首行"和"最左列"。

注意:与其他源区域中的标签不匹配的任何标签都会导致合并计算中出现单独的行或列。

4.7 图表功能

Excel 2010 提供了强大的图表功能,用户可以将工作表中的数据用图表的形式表现出来。图表具有较好的视觉效果,可方便用户查看数据的差异、预测趋势。例如,可以不必分析工作表中的多个数据列就可以立即看到各个季度销售额的升降,或很方便地对实际销售额与销售计划进行比较。并且当工作表中的数据变化时,图表也自动更新。

4.7.1 图表类型及元素

Excel 2010 可以建立两种方式的图表,一种是"嵌入式图表",即图表以对象的形式嵌入在工作表中,作为工作表的一部分保存;一种是"图表工作表",是独立于原始数据的特殊工作表。

1. 图表类型

Excel 2010 提供了 11 种标准类型的图表:柱形图、折线图、饼图、条形图、面积图、XY 散点图、股价图、曲面图、圆环图、气泡图、雷达图。每一种都具有多种组合和变换。图表的选择主要同数据的形式有关,其次才考虑感觉效果和美观性。

(1) 柱形图:由一系列垂直条组成,通常用来比较一段时间中两个或多个项目的相对尺寸。例如:不同产品季度或年销售量对比、在几个项目中不同部门的经费分配情况、每年各类资料的数目等。柱形图是应用较广的图表类型,很多人用图表都是从它开始的。

(2) 折线图:被用来显示一段时间内的趋势。如:数据在一段时间内是呈增长趋势的,另一段时间内处于下降趋势,我们可以通过折线图,对将来作出预测。

(3) 饼图:用于对比几个数据在其形成的总和中所占百分比值。整个饼代表总和,每一个数用一个楔形或薄片代表。例如:表示不同产品的销售量占总销售量的百分比,各单位的经费占总经费的比例等。如果想得到多个系列的数据时,可以用圆环图。

(4) 条形图：由一系列水平条组成。使得对于时间轴上的某一点，两个或多个项目的相对尺寸具有可比性。比如：它可以比较每个季度、三种产品中任意一种的销售数量。条形图中的每一条在工作表上是一个单独的数据点或数。因为它与柱形图的行和列刚好是调过来了，所以有时可以互换使用。

(5) 面积图：显示一段时间内变动的幅值。当有几个部分正在变动，而用户对那些部分总和感兴趣时，就特别有用了。面积图使人清楚地看见单独各部分的变动，同时也看到总体的变化。

(6) XY散点图：展示成对的数和它们所代表的趋势之间的关系。对于每一数对，一个数被绘制在X轴上，而另一个被绘制在Y轴上。过两点作轴垂线，相交处在图表上有一个标记。当大量的这种数对被绘制后，出现一个图形。散点图的重要作用是可以用来绘制函数曲线，从简单的三角函数、指数函数、到更复杂的混合型函数，都可以利用它快速准确地绘制出曲线，所以在教学、科学计算中会经常用到。

(7) 股价图：是具有三个数据序列的折线图，被用来显示一段给定时间内一种股标的最高价、最低价和收盘价。通过在最高、最低数据点之间画线形成垂直线条，而轴上的小刻度代表收盘价。股价图多用于金融、商贸等行业，用来描述商品价格、货币兑换率和温度、压力测量等，当然对股价进行描述是最拿手的了。

(8) 雷达图：显示数据如何按中心点或其他数据变动。每个类别的坐标值从中心点辐射。来源于同一序列的数据同线条相连。采用雷达图来绘制几个内部关联的序列，很容易作出可视的对比。比如：有三台具有五个相同部件的机器，在雷达图上就可以绘制出每一台机器上每一部件的磨损量。

还有其他一些类型的图表，这里就不一一赘述。要说明的是：以上只是图表的一般应用情况，有时一组数据，可以用多种图表来表现，那时就要根据具体情况加以选择了。

2．图表元素

各类图表的元素基本相似，如图4-64所示，主要元素有：

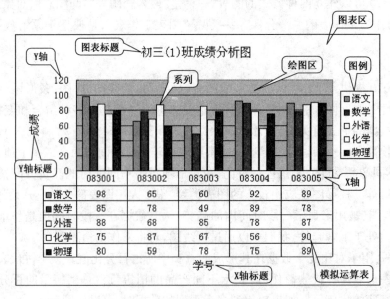

图4-64　图表元素

(1) 图表区:整个图表和它的全部元素。

(2) 绘图区:在二维图表中,以坐标轴为界并包含全部数据系列的区域。在三维图表中,此区域以坐标轴为界并包含数据系列、分类名称、网络线和坐标轴标题。

(3) 图表标题:说明性的文本,分为图表标题、X 轴标题、Y 轴标题。

(4) 数据系列:绘制在图表中的一组相关数据,取自工作表的一行或一列。图表中的每一数据系列都具有特定的颜色或图案,并在图表的图例中进行了描述。在一张图表中可以绘制一个或多个数据系列,但是饼图中只能有一个数据系列。

(5) 数据点:图表中的柱形、条形、面积、扇区或其他类似符号,每个数据点都代表工作表中的一个数据,具有相同图案的数据点代表一个数据系列。

(6) 数据标签:为数据点提供附加信息的标签,数据标签代表源于数据表单元格的单个数据值。

(7) 坐标轴:位于绘图区边缘的直线,为图表提供计量和比较的参考模型。对于多数图表,分成垂直(值)轴(Y 轴),它是根据图表的数据来创建坐标值,坐标值的范围覆盖了数据的范围;水平(类别)轴(X 轴),它用工作表数据中的行或列标题作为分类轴名称。

(8) 网格线:为图表添加的线条,它使得观察和估计图表中的数据变得更为方便。网格线从坐标轴刻度线延伸并贯穿整个绘图区。

(9) 图例:图例是一个方框,用于标识图表中数据系列或分类所指定的图案或颜色。

(10) 模拟运算表:在图表的 X 轴下面用网格显示的每个数据系列的值。不是所有的图表类型都能显示。

4.7.2 创建图表

1. 创建基本图表

我们以例说明。将图 4-52"数据源"中初三(1)班学生的成绩绘制成一个如图 4-64 所示的图表,操作步骤如下:

(1) 选择用于创建图表的工作表单元格区域:B1:B6,D1:H6。

(2) 在"插入"选项卡的"图表"命令组中,单击"柱形图"按钮,在下拉列表中单击"二维柱形图"栏中的"簇状柱形图",在当前工作表中新建一个基本的簇状柱形图,如图 4-65 所示。

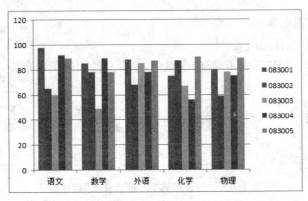

图 4-65 基本的簇状柱形图

如果要查看所有的图表类型,可打开"插入图表"对话框,如图 4-66 所示。方法是:单击"插入"选项卡"图表"命令组右下角的"对话框启动"按钮。

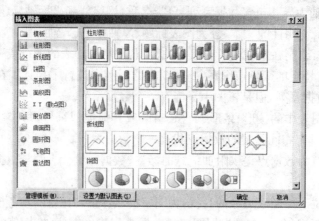

图 4-66 "插入图表"对话框

2. 更改图表类型

如果当前的图表不符合要求,可以更改图表类型以赋予其不同的外观,操作方法如下:

(1) 单击图表中的任意位置,在功能区会添加"图表工具",里面有"设计"、"布局"和"格式"三个选项卡。

(2) 在"设计"选项卡上的"类型"命令组中,单击"更改图表类型"按钮,打开"更改图表类型"对话框,选择需要的图表类型。

(3) 单击"确定"按钮。

3. 删除图表

选中嵌入式图表,按 Del 键即可删除嵌入式图表。图表工作表的删除,与前述的工作表删除方法一样。

4.7.3 更改图表的布局或样式

创建基本图表后,可以为图表应用预定义的布局和样式,快速更改它的外观,而不必手动添加或更改图表元素、设置图表格式。Excel 2010 提供了 11 种预定义布局和 48 种样式供用户选择。

1. 应用预定义图表布局

(1) 单击图表中的任意位置。

(2) 在"设计"选项卡"图表布局"命令组中,单击要使用的图表布局,如图 4-67 所示。

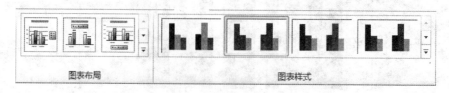

图 4-67 "图表布局"和"图表样式"命令组

单击"其他"按钮，可查看所有预定义的图表布局。

2. 应用预定义图表样式

(1) 单击图表中的任意位置。

(2) 在"设计"选项卡"图表样式"命令组中，单击要使用的图表样式，如图 4-67 所示。

单击"其他"按钮，可查看所有预定义的图表样式。

4.7.4 修改图表元素

应用预定义的图表布局和样式可以快速更改图表的外观，但用户可以根据需要手动更改各个图表元素，设计更有个性的图表。

1. 交换图表的行与列

新建的图 4-65 基本簇状柱形图与图 4-64 所示图表的图例与 X 轴的位置颠倒了，需要转换过来。操作方法如下：

选定图表，单击"设计"选项卡"数据"命令组中的"切换行/列"按钮，效果如图 4-68 所示。

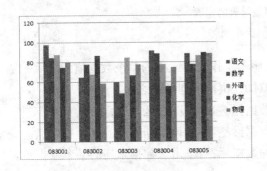

图 4-68 切换行/列后的图表

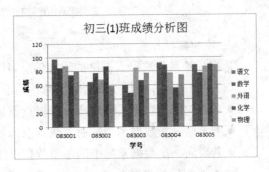

图 4-69 添加标题后的图表

2. 添加并修饰图表标题

(1) 选定图表，单击"布局"选项卡"标签"命令组中的"图表标题"按钮，在下拉列表中选择一种放置标题的方式，常用的方式为"图表上方"。

(2) 在图表标题文本框里输入标题文本"初三(1)班成绩分析图"，效果如图 4-69 所示。

(3) 右击标题文本，在弹出的快捷菜单中选择"设置图表标题格式"菜单项，打开"设置图表标题格式"对话框，可以为标题设置填充、边框颜色、边框样式、阴影、发光和柔化边缘、三维格式以及对齐方式等。

(4) 右击标题文本，在弹出的快捷菜单中选择"字体"菜单项，打开"字体"对话框，可以设置标题的字体格式。

3. 添加并修饰坐标轴标题

(1) 选定图表，单击"布局"选项卡"标签"命令组中的"坐标轴标题"按钮，在下拉列表中依次选择"主要横坐标轴标题"/"坐标轴下方标题"。

(2) 在横坐标轴标题文本框中输入"学号"，效果如图 4-69 所示。

(3) 单击"布局"选项卡"标签"命令组中的"坐标轴标题"按钮，在下拉列表中依次选择"主要纵坐标轴标题"/"旋转过的标题"。

(4) 在纵坐标轴标题文本框中输入"成绩",效果如图 4-69 所示。
坐标轴标题的格式设置和图表标题的格式设置类似。

4. 显示模拟运算表

选定图表,单击"布局"选项卡"标签"命令组中的"模拟运算表"按钮,在下拉列表中选择"显示模拟运算表和图例项标示",效果如图 4-70 所示。

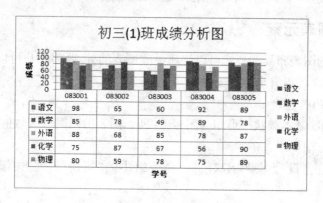

图 4-70　显示模拟运算表的图表

5. 添加数据标签

数据标签是为数据点提供的附加信息,代表源于工作表单元格的单个数据值。

(1) 在图表中,根据要添加数据标签的不同对象,执行下列操作之一:

● 若要向所有数据系列的所有数据点添加数据标签,单击图表区。
● 若要向一个数据系列的所有数据点添加数据标签,单击该数据系列的某个数据点。
● 若要向一个数据系列中的单个数据点添加数据标签,单击该数据系列的某个数据点,然后单击要标记的数据点。

(2) 单击"布局"选项卡"标签"命令组中的"数据标签"按钮,在下拉列表中选择一种添加数据标签的方式,这里选择"数据标签外",将数据标签放置在数据点结尾之外,效果如图 4-71 所示。

(3) 如果要对数据标签的格式进行设置,可以单击"数据标签"按钮后选择"其他数据标签选项",打开"设置数据标签格式"对话框。其中的"标签选项"栏可以设置标签的显示内容、位置;"数字"栏可以设置数字的显示格式;"对齐方式"可以设置文字的对齐方式。

6. 调整图例

图例是一个方框,为图表中数据系列指定的图案或颜色作标识用。创建图表时,默认显示图例,但可以在图表创建完毕后隐藏图例或更改图例的位置与格式。

选定图表,单击"布局"选项卡"标签"命令组中的"图例"按钮,执行下列操作之一:

● 若要隐藏图例,选择"无"。
● 若要显示图例,根据图例的位置选择一种显示方式。
● 若要设置图例格式,选择"其他图例选项",打开"设置图例格式"对话框,可以设置图例的位置、边框颜色和边框样式等。这里在"边框颜色"栏中选择"实线",给图例加上实线边框,效果如图 4-71 所示。

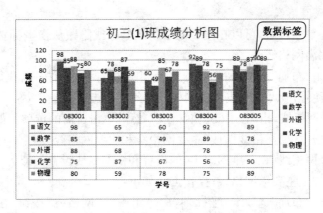

图 4-71 添加数据标签、图例加边框后的图表

7. 设置坐标轴

在创建图表时,Excel 会为大多数图表类型显示主要坐标轴。用户可以根据需要显示或隐藏主要坐标轴,设置坐标轴显示信息的详细程度和格式。

选定图表,单击"布局"选项卡"坐标轴"命令组中的"坐标轴"按钮,执行下列操作之一:

● 若要隐藏横坐标轴,指向"主要横坐标轴",然后单击"无"。
● 若要显示横坐标轴,指向"主要横坐标轴",然后单击所需的坐标轴显示选项。
● 若要设置详细的横坐标轴显示和刻度选项,指向"主要横坐标轴",然后单击"其他主要横坐标轴选项",打开"设置坐标轴格式"对话框,可以设置坐标轴的属性。

主要纵坐标轴或竖坐标轴(在三维图表中)的设置和主要横坐标轴设置类似。

例如,设置主要纵坐标轴的最大值为 100、主要刻度单位为 10,操作方法如下:

(1) 选定图表,单击"布局"选项卡"坐标轴"命令组中的"坐标轴"按钮,在下拉列表中依次选择"主要纵坐标轴"/"其他主要纵坐标轴选项",打开"设置坐标轴格式"对话框。

(2) 在左窗格中选择"坐标轴选项",然后在右窗格的"最大值"选择"固定",文本框里输入"100";"主要刻度单位"选择"固定",文本框里输入"10"。

(3) 单击"关闭"按钮,效果如图 4-72 所示。

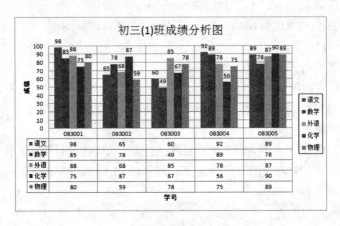

图 4-72 设置坐标轴、网络线后的图表

8. 显示或隐藏网格线

为了使图表更易于理解,可以在图表的绘图区显示或隐藏从横坐标轴和纵坐标轴延伸出的水平和垂直图表网格线。

选定图表,单击"布局"选项卡"坐标轴"命令组中的"网格线"按钮,执行下列操作之一:
- 若要隐藏横网格线,指向"主要横网格线",然后单击"无"。
- 若要添加横网格线,指向"主要横网格线",然后单击所需的选项。如果图表有次要横坐标轴,还可以单击"次要网格线",或"主要网格线和次要网格线"。

纵网格线或竖网格线(在三维图表中)的设置和横网格线设置类似。

例如,给图表加上主要纵网格线,操作方法如下:

选定图表,单击"布局"选项卡"坐标轴"命令组中的"网格线"按钮,在下拉列表中依次选择"主要纵网格线"/"主要网格线",效果如图4-72所示。

9. 设置图表元素格式

对于图表中已显示的元素,如果要修改它们的格式,可以右击(最好将鼠标指针移到对象上,确认出现的提示信息正确才右击),在快捷菜单中选择设置格式选项(最后一项),在弹出的对应格式对话框中进行相关的格式设置。

如果对象重叠,不方便选择,如图4-72中的横坐标轴被模拟运算表遮住而没法选,可以用功能区中的选项卡命令来设置,操作方法如下:

(1)选定图表,单击"格式"选项卡"当前所选内容"命令组中"图表元素"框的箭头,在下拉列表中选择所需的图表元素。

(2)在"当前所选内容"命令组中单击"设置所选内容格式",打开相应的格式设置对话框,然后选择所需的格式设置选项。

4.7.5 调整图表大小和位置

1. 调整图表的大小

对于嵌入式图表,先选定图表,再将鼠标指向图表边框四条边的中央及四个角的八个控制点,当鼠标指针变为双向箭头时,拖动鼠标即可改变图表区大小;也可以在"格式"选项卡"大小"命令组中设置"高度"和"宽度"。

图表区内的有些对象也可以用同样的方法改变大小,比如图例。

2. 调整图表的位置

图表位置的移动分三种情况。

(1)当前工作表内的移动

当鼠标指针移到图表上出现四向箭头时,拖动鼠标可以移动图表。

(2)工作表之间的移动

将图表移到其他工作表中,操作方法为:选定图表,单击"设计"选项卡"位置"命令组中的"移动图表"按钮,打开"移动图表"对话框,如图4-73所示,在"对象位于"栏的下拉列表中选择图表移动的目标工作表。

(3)嵌入式图表与图表工作表的转换

对于嵌入式图表,选择图4-73"移动图表"对话框中的"新工作表"栏,将转换为图表工作表;对于图表工作表,选择图4-73中的"对象位于"栏,将转换为嵌入式图表。

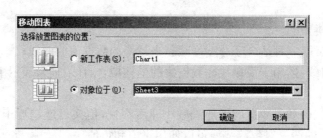

图 4-73 "移动图表"对话框

4.7.6 更改图表数据

由于图表是用工作表数据创建的,因此工作表中数据的变化会引起图表的自动变化,也可以通过图表源数据的调整来改变图表。

1. 添加或删除图表数据

单击图表,选择"设计"选项卡"数据"命令组中的"选择数据"命令;或右键单击"图表区",单击右键快捷菜单中的"选择数据"菜单项,均弹出"选择数据源"对话框,如图 4-74 所示,在"图表数据区域"栏中重新选择数据区域,即可添加或删除图表数据。

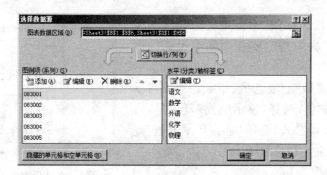

图 4-74 "选择数据源"对话框

2. 删除数据系列

如果直接在图表中单击某个数据系列,按下 Delete 键,或右击该系列,选择"删除"菜单项,图表中该系列就会被删除,但工作表中与之对应的数据并未被删除。

用户如果删除工作表中的某项数据,图表中对应的数据系列也会消失。

4.7.7 在图表中添加趋势线

趋势线用图形的方式显示了数据的预测趋势并可用于预测分析,也称回归分析。利用回归分析,可以在图表中扩展趋势线,根据实际数据预测未来数据。

1. 支持趋势线的图表类型

可以向非堆积型二维面积图、条形图、柱形图、折线图、股价图、气泡图和 XY 散点图的数据系列中添加趋势线;但不能向三维图表、堆积型图表、雷达图、饼图或圆环图的数据系列中添加趋势线。如果更改了图表或数据系列而使之不再支持相关的趋势线,例如将图表类型更改为三维图表或者更改了数据透视图报表或相关联的数据透视表报表,则原有的趋势线将丢失。

2. 趋势线的类型

(1) 指数趋势线：一种适合于速度增减越来越快的数据值的曲线。

(2) 线性趋势线：适用于简单线性数据集的最佳拟合直线，通常表示事物以稳定的速度增长或减少。

(3) 对数趋势线：如果数据的增加或减小速度很快，但又迅速趋近于平稳，那么对数趋势线是最佳的拟合曲线。对数趋势线可以使用正值和负值。

(4) 多项式趋势线：数据波动较大时适用的曲线。

(5) 幂趋势线：一种适用于以特定速度增加的数据集的曲线。

(6) 移动平均趋势线：平滑处理了数据中的微小波动，从而更清晰地显示了图案和趋势。

3. 添加趋势线的操作步骤

(1) 右击要添加趋势线的系列，在快捷菜单中选择"添加趋势线"菜单项，弹出"设置趋势线格式"对话框。如图 4-75 所示。

(2) 在左窗格中选择"趋势线选项"，在右窗格的"趋势预测/回归分析类型"栏中选择趋势线的类型。

(3) 在"趋势线名称"栏中自定义趋势线的名称；在"趋势预测"栏中指定要在预测中包括的周期数。

(4) 选择"设置截距"复选框，指定趋势线与垂直(值)轴交叉点的值；选择"显示公式"复选框，可在图表上显示趋势线公式；选择"显示 R 平方值"复选框，可在图表上显示趋势线的 R 平方值。

(5) 单击"关闭"按钮。

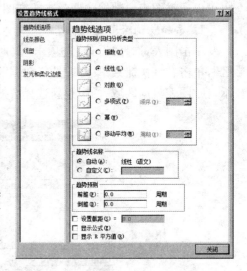

图 4-75 "设置趋势线格式"对话框

4. 删除趋势线

单击所要删除的趋势线，按 Delete 键即可。

4.8 Excel 2010 的网络应用

4.8.1 使用超链接

超链接表现为彩色的带下划线的文本或图像，当鼠标指针移到超链接上时会变成小手形状，单击超链接可跳转到链接的对象。在 Excel 中，创建的超链接的单元格文字将以蓝色显示，并带下划线，使用超链接可以从一个工作簿快速跳转到其他工作簿或文件中，甚至可以跳转到 Internet 中。

1. 超链接的创建

(1) 选定要创建超链接的单元格或图形。

(2) 单击"插入"选项卡"链接"命令组中的"超链接"按钮，打开"插入超链接"对话框。

如图4-76所示。

图4-76 "插入超链接"对话框

(3) 在对话框中的左侧"链接到"栏,提供了4种不同用途的链接方式选项,选择其中之一:

- "现有文件或网页":创建指向现有文件或网页的超链接。浏览并选择要链接的文件,或在"地址"框中键入网页地址。
- "本文档中的位置":创建指向本工作簿中特定位置的超链接。选择本工作簿中某个工作表(或不选,表示本工作表),在"请键入单元格引用"框中键入链接的单元格地址。
- "新建文档":创建指向新文件的超链接。在"新建文档名称"框中键入新文件的名称。
- "电子邮件地址":创建指向电子邮件地址的超链接,在"电子邮件地址"框中键入要使用的电子邮件地址。当单击该超链接时,电子邮件程序将自动启动,并会创建一封在"收件人"框中显示正确地址的电子邮件。

(4) 若希望鼠标停留在有超链接的单元格或图形时显示提示信息,可单击"屏幕提示"按钮,在弹出的"设置超链接屏幕提示"对话框中输入屏幕提示文本,然后单击"确定"按钮返回到"插入超链接"对话框。

(5) 单击"确定"按钮。

2. 超链接的编辑与取消

右击要更改的超链接,在快捷菜单中选择"编辑超链接"菜单项,打开"编辑超链接"对话框,可对超链接进行编辑操作。

若要删除超链接,可在打开的"编辑超链接"对话框中单击"删除链接"按钮,或右击该超链接,在快捷菜单中选择"取消超链接"菜单项。

4.8.2 共享工作簿

如果希望多个用户可以同时在单个工作簿上进行工作,那么可以共享该工作簿。工作簿共享后,就允许多个用户同时改变该工作簿的值、格式和其他元素。

例如,班主任可能有这样一个工作簿,它包含多名教师的课程成绩。如果班主任希望任课教师能在最近几天输入他们的成绩,以便将本学期的班级情况汇总给教务处。为了及时完成此项工作,就需要让多位教师同时在该工作簿上进行操作。

1. 共享工作簿的功能限制

共享工作簿并非完全支持所有功能,但可以事先计划并在共享工作簿前做好各种改动,这样可以避开这些限制。否则当要做改动时,就需要暂时取消共享该工作簿。在共享工作簿中,受限制的功能如表4-2所示。

表4-2 共享工作簿的功能限制

不支持的功能	支持的功能
插入或删除单元格块	可以插入整行和列
删除工作表	
合并单元格或拆分合并的单元格	
添加或更改条件格式	在单元格值发生变化时可以使用现有条件格式
添加或更改数据有效性	键入新值时可以使用数据有效性
创建或更改图表或数据透视图报表	可以查看现有图表和报表
插入或更改图片、超链接或其他对象	可以查看现有图片、超链接和对象
使用绘图工具	可以查看现有图形
分配、更改或删除密码	可以使用现有密码
保护或取消保护工作表或工作簿	可以使用现有保护
创建、更改或查看方案	
组合或分级显示数据	可以使用现有大纲
插入自动分类汇总	可以查看现有分类汇总
创建模拟运算表	可以查看现有模拟运算表
创建或更改数据透视表	可以查看现有报表
创建或应用切片器	工作簿中的现有切片器将在共享该工作簿后处于可见状态
创建或修改迷你图	工作簿中的现有迷你图将在共享工作簿后显示,并且将发生更改以反映更新的数据
编写、记录、更改、查看或分配宏	可以运行不访问不可用功能的现有宏。还可以将共享工作簿的操作录制在一个存储于其他非共享工作簿的宏中
更改或删除数组公式	Excel将正确地计算现有数组公式
使用数据表单添加新数据	可以使用数据表单查找记录

2. 创建共享工作簿

(1) 打开要共享的工作簿。

(2) 在"审阅"选项卡上的"更改"命令组中单击"共享工作簿"按钮,打开"共享工作簿"对话框,如图4-77所示。

(3) 在"编辑"选项卡,选择"允许多用户同时编辑,同时允许工作簿合并"复选框。

(4) 在"高级"选项卡上,选择要用于跟踪和更新变化的选项。

(5) 单击"确定"按钮。出现提示时,保存工作簿。

(6) 将共享工作簿上传到其他用户可以访问的网络上,使用共享网络文件夹即可。

注意:如果要将共享工作簿复制到一个网络资源上,请确保该工作簿与其他工作簿或文档的任何链接都保持完整。可以使用"插入"选项卡中的"超链接"命令对链接定义进行修正。

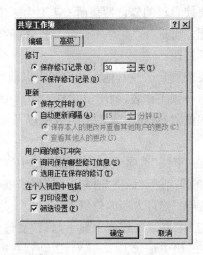

图 4-77 "共享工作簿"对话框

这一步骤同时也启用了冲突日志,使用它可以查看对共享工作簿的更改信息,以及在有冲突时修改的取舍情况。如果保留了,在共享工作簿被更改后,还可以将共享工作簿的不同备份合并在一起。

能够访问保存有共享工作簿的网络资源的所有用户,都可以访问共享工作簿。如果希望防止对共享工作簿的某些访问,可以通过保护共享工作簿和冲突日志来实现。

3. 编辑共享工作簿

(1) 前往保存共享工作簿的网络位置,并打开该工作簿。

(2) 设置用户名,以标识当前用户在共享工作簿中所做的工作:单击"文件"选项卡的"选项"命令,打开"选项"对话框,在"常规"类别中的"对 Office 进行个性化设置"下的"用户姓名"框中,输入要用于在共享工作簿中标识当前工作的用户名,然后单击"确定"。

(3) 像平常一样输入并编辑,注意前面提到的共享工作簿的功能限制。

(4) 进行用于个人的任何筛选和打印设置。默认情况下每个用户的设置都被单独保存。

如果希望由原作者所进行的筛选或打印设置在打开工作簿时都能使用,可选择"共享工作簿"对话框的"高级"选项卡,在"在个人视图中包括"栏中,清除"打印设置"或"筛选设置"复选框。如图 4-77 所示。

(5) 若要保存更改,并查看上次保存后其他用户所保存的更改,请单击"保存"。

(6) 解决冲突

当两个用户试图保存影响同一单元格的修订时,Excel 为其中一个用户显示"解决冲突"对话框。在"解决冲突"对话框中,可看到有关每一次修订以及其他用户所造成的修订冲突的信息。

若要保留自己的修订或其他人的修订并转到下一个修订冲突上,请单击"接受本用户"或"接受其他用户"。

若要保留自己的所有剩余修订或所有其他用户的修订,请单击"全部接受本用户"或"全部接受其他用户"。

若要使自己的修订覆盖所有其他用户的修订,而且不再看到"解决冲突"对话框,请关闭此功能。可选择"共享工作簿"对话框的"高级"选项卡,单击"选用正在保存的修订",单击"确定"按钮。

若要查看自己或其他人如何解决以前的冲突,可在冲突日志工作表(冲突日志工作表:是单独的一张工作表,列出了共享工作簿中被追踪的修订,包括修订者的名字、修订的时间和修订的位置、被删除或替换的数据以及共享冲突的解决方式)中查看这些信息。操作方法如下:

① 在"审阅"选项卡上的"更改"组中,单击"修订",然后单击"突出显示修订"。
② 在弹出的对话框"时间"下拉列表框中,选择"全部"。
③ 清除"修订人"和"位置"复选框。
④ 选中"在新工作表上显示修订"复选框,再单击"确定"。
⑤ 在"历史记录工作表"上,滚动到右边以查看"操作类型"和"操作失败"列。保留的修订冲突在"操作类型"列有"成功"字样。"操作失败"列中的行号用于标识记录有未保存的修订冲突信息的行,包括任何删除的数据。

提示:若要保存包含所有修订的工作簿的副本,请单击"解决冲突"对话框中的"取消",然后,保存文件的新副本,并为该文件键入一个新名称。

注意:若要查看另外还有谁打开工作簿,在"审阅"选项卡上的"更改"命令组中单击"共享工作簿"按钮,打开"共享工作簿"对话框,再单击"编辑"选项卡。

4. 共享工作簿的更新频率

共享工作簿的每一位用户可以独立地设置选项以决定从其他用户那里接受更改的频率。

(1) 打开共享工作簿。

(2) 在"审阅"选项卡上的"更改"命令组中单击"共享工作簿"按钮,打开"共享工作簿"对话框,然后单击"高级"选项卡。如图4-77所示。

(3) 若要在每次保存共享工作簿时查看其他用户的更改,请单击"更新"栏下的"保存文件时"单选框。

若要周期性地查看其他用户的更改,请选择"更新"栏下的"自动更新间隔"单选框,在"分钟"框中键入希望更新的时间间隔,然后单击"查看其他人的更改"单选框。单击"保存本人的更改并查看其他用户的更改"单选框,可以在每次更新时保存共享工作簿,这样其他用户也能看到自己所做的更改。

(4) 单击"确定"按钮。
(5) 保存共享工作簿。

5. 从共享工作簿中删除某位用户

用户关闭共享工作簿后,Excel 将断开其与共享工作簿的连接。利用下述方法可以从共享工作簿中删除那些表面上与共享工作簿相连接,但实际上并不在该工作簿中工作的用户,或者是网络联系已中断的用户。

(1) 打开共享工作簿。

(2) 在"审阅"选项卡上的"更改"命令组中单击"共享工作簿"按钮,打开"共享工作簿"对话框,如图 4-77 所示。

(3) 在"编辑"选项卡上的"正在使用本工作簿的用户"框中,单击希望中断联系的用户名称,然后单击"删除"按钮。

如果某个用户不再需要在共享工作簿中工作,可以通过删除用户个人视图设置的方法来减少工作簿文件的大小。方法是在"视图"选项卡上的"工作簿视图"命令组中,单击"自定义视图",然后在"视图"列表中,选择其他用户的视图,单击"删除"以删除这些视图。

注意:一旦从共享工作簿中删除某个当前正在工作的用户,该用户未保存的工作内容将会丢失。

6. 撤销工作簿的共享状态

如果不再需要其他人对共享工作簿进行更改,可以撤销工作簿的共享状态,将自己作为唯一用户打开并操作该工作簿。一旦撤销了工作簿的共享状态,将中断所有其他用户与共享工作簿的联系、关闭冲突日志,并清除已存储的冲突日志,此后就不能再察看冲突日志,或是将共享工作簿的此备份与其他备份合并。

(1) 打开共享工作簿。

(2) 在"审阅"选项卡上的"更改"命令组中单击"共享工作簿"按钮,打开"共享工作簿"对话框,如图 4-77 所示。

(3) 在"编辑"选项卡上确认自己是在"正在使用本工作簿的用户"框中的唯一用户,如果还有其他用户,他们都将丢失未保存的工作内容。

(4) 清除"允许多用户同时编辑,同时允许工作簿合并"复选框,然后单击"确定"按钮。

(5) 当提示到对其他用户的影响时,单击"是"按钮。

注意:为了确保其他用户不会丢失工作进度,应在撤销工作簿共享之前确认所有其他用户都已得到通知,这样,他们就能事先保存并关闭共享工作簿。

习 题

一、选择题

1. Excel 工作表最多有_____列。
   A. 255　　　　　B. 256　　　　　C. 16 384　　　　　D. 65 536

2. Excel 中处理并存储工作数据的文件叫_____。
   A. 工作簿　　　B. 工作表　　　C. 单元格　　　D. 活动单元格

3. Excel 工作簿文件的扩展名是_____。
   A. .TXT　　　　B. .DOCX　　　C. .BMP　　　　D. .XLSX

4. 打开 Excel 工作簿一般是指_____。
   A. 把工作簿内容从内存中读出,并显示出来
   B. 为指定工作簿开设一个新的、空的文档窗口
   C. 把工作簿的内容从外存储器读入内存,并显示出来

D. 显示并打印指定工作簿的内容

5. 在 Excel 工作表单元格中输入字符型数据 80012，下列输入中正确的是_____。
   A. ′80012   B. ″80012
   C. ″80012″   D. ′80012′

6. 如果要在单元格中输入当天的日期，需按_____组合键。
   A. Ctrl+；(分号)   B. Ctrl+Enter
   C. Ctrl+：(冒号)   D. Ctrl+Tab

7. 如果要在单元格中输入当前的时间，需按_____组合键。
   A. Ctrl+Shift+；(分号)   B. Ctrl+Shift+Enter
   C. Ctrl+Shift+，(逗号)   D. Ctrl+Shift+Tab

8. 如果要在单元格中手动换行，需按_____组合键。
   A. Ctrl+Enter   B. Shift+Enter
   C. Tab+Enter   D. Alt+Enter

9. 某个 Excel 工作表 C 列所有单元格的数据是利用 B 列相应单元格数据通过公式计算得到的，在删除工作表 B 列之前，为确保 C 列数据正确，必须进行_____。
   A. C 列数据复制操作   B. C 列数据粘贴操作
   C. C 列数据替换操作   D. C 列数据选择性粘贴操作

10. 在 Excel 工作表单元格中输入公式=A3*100−B4，则该单元格的值_____。
    A. 为单元格 A3 的值乘以 100 再减去单元格 B4 的值，该单元格的值不再变化
    B. 为单元格 A3 的值乘以 100 再减去单元格 B4 的值，该单元格的值将随着单元格 A3 和 B4 值的变化而变化
    C. 为单元格 A3 的值乘以 100 再减去单元格 B4 的值，其中 A3、B4 分别代表某个变量的值
    D. 为空，因为该公式非法

二、思考题

1. 什么是相对地址、绝对地址？
2. 当单元格中的内容显示为"♯♯♯♯♯"时，应该如何解决？
3. 如何对矩形区域进行行列互换？
4. 合并居中和跨列居中有何区别？
5. 应用条件格式设置的格式与普通方法设置的格式有何区别？
6. 工作表窗口的拆分和冻结有何区别？
7. 如何将单元格保护为不能被编辑修改、单元格内的公式隐藏起来？
8. 如何将标题行或列设置成在每页上都能打印？
9. 如何显示所有的隐藏行和隐藏列？
10. 在排序中主要关键字和次要关键字的作用有何区别？
11. 如果要按"优、良、中、及格、不及格"的顺序排序，该如何操作？
12. 什么情况下只能使用高级筛选？
13. 高级筛选中条件区域的输入应注意哪几点？

14. 分类汇总前通常要先完成什么操作？
15. 数据透视表与分类汇总有何区别？
16. 合并计算的两种类型操作时有何区别？
17. 如何调整数值轴（Y 轴）的刻度？
18. 如何添加、删除系列数据？

第 5 章 PowerPoint 2010 演示文稿

PowerPoint 2010 是微软公司 Office 2010 套装办公软件中的一员，是专门编制演示文稿的优秀工具软件。PowerPoint 最大的特点就是可以集文字、声音、图形、图像以及视频剪辑等多媒体于一体，创造出具有简单动画功能的演示文稿。它主要用于学术交流、产品展示、工作汇报和情况介绍等各种场合的幻灯片制作。

本章首先介绍如何进入及退出 PowerPoint 2010，介绍它的窗口组成，演示文稿的打开与关闭，制作简单演示文稿。利用不同视图可帮助用户巧妙编排演示文稿中的幻灯片；为了美化演示文稿，可以应用主题和设置背景以统一演示文稿的外观风格。除了文本信息外，还可以添加精美图片（图形）、艺术字和表格，尽情丰富演示文稿。通过对幻灯片的动画设计、切换方式设计和放映方式设置使演示文稿更加绚丽多彩、赏心悦目。最后介绍演示文稿的打包和格式转换，以便在未安装 PowerPoint 2010 的计算机上放映演示文稿。

本章主要详细介绍使用 PowerPoint 2010 制作演示文稿的方法。通过本章的学习，应掌握：

1. 演示文稿的建立、保存和打开。
2. 幻灯片的编辑。
3. 幻灯片的移动、复制、插入和删除。
4. 格式化幻灯片，设置幻灯片外观。
5. 创建动画效果，建立超链接。
6. 设置演示文稿的放映。
7. 为演示文稿加入多媒体功能。
8. 演示文稿的打包与发布。

5.1 PowerPoint 2010 基础知识

5.1.1 PowerPoint 2010 的启动与退出

1. PowerPoint 2010 的启动

PowerPoint 启动方法与 Word 2010 一样。常用以下几种方法：

（1）利用"开始"菜单启动 PowerPoint。

打开"开始"菜单，选择"所有程序"级联菜单的"Microsoft Office"中的"Microsoft PowerPoint 2010"命令，即可启动 PowerPoint。

（2）利用快捷图标启动 PowerPoint。

双击桌面上的快捷图标，即可启动 PowerPoint。如果桌面上没有快捷图标，可单击

"开始"→"所有程序"→"Microsoft Office"→"Microsoft PowerPoint 2010",单击鼠标右键,在弹出的快捷菜单中选择"发送到"→"桌面快捷方式"命令,在桌面上创建快捷方式图标。

(3) 双击文件夹中的 PowerPoint 演示文稿文件(扩展名为.pptx),将启动 PowerPoint,并打开该演示文稿。

用前两种方法,系统将启动 PowerPoint,并在 PowerPoint 窗口中自动生成一个名为"演示文稿 1"的空白演示文稿。

2. PowerPoint 2010 的退出

同样,PowerPoint 的退出与 Word 2010 也类似。常用以下几种方法:

(1) 单击"标题栏"右端的"关闭"按钮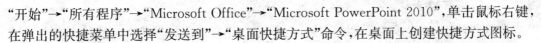。

(2) 选择"文件"下拉菜单中的"退出"命令。

(3) 按组合键"Alt+F4"。

(4) 单击标题栏左边的图标,选择其中的"关闭"选项,或直接双击标题栏的图标。

如果没有保存过当前文件,退出时系统会给出存盘提示,用户可根据需要选择"保存"(存盘后退出);"不保存"(退出但不存盘);"取消"(不作任何操作,重新返回编辑窗口)。

5.1.2 PowerPoint 2010 窗口

启动 PowerPoint 2010 应用程序后,即可打开其主窗口,如图 5-1 所示。PowerPoint 2010 的工作界面主要包括:快速访问工具栏、标题栏、选项卡、功能区、幻灯片窗格、备注窗格、大纲/幻灯片浏览窗格、视图按钮、显示比例按钮、状态栏等部分。

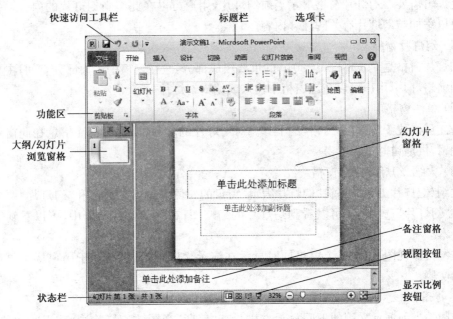

图 5-1 PowerPoint 窗口

1. 快速访问工具栏

快速访问工具栏位于"文件"选项卡的上方,由最常用的几个工具按钮组成,便于快速访问。最常用有"保存"、"撤销"和"恢复"等按钮,根据用户可以需要增加或更改。

2. 标题栏

标题栏位于快速访问工具栏的右侧。主要显示正在使用的程序和文档名，默认情况下为"演示文稿1"。标题栏的最右端有3个控制按钮，分别为"最小化"按钮、"最大化/还原"按钮、"关闭"按钮，单击某按钮可以完成相应的操作。

3. 选项卡

标题栏下面是选项卡，通常有"文件"、"开始"、"插入"等不同的选项卡，不同选项卡包含不同类别的命令按钮组。单击某选项卡，将在功能区出现与该选项卡类别相对应的多组操作命令供选择。例如，单击"文件"选项卡，可以在出现的图标中选择"新建"、"保存"、"打印"、"打开"演示文稿等操作命令。

有的选项卡平时不出现，在某种特定条件下会自动显示，提供该情况下的命令按钮。这种选项卡称为"上下文选项卡"。例如，只有在幻灯片插入某一图片，然后选择该图片的情况下才会显示"图片工具—格式"选项卡。

4. 功能区

功能区用于显示与选项卡相对应的命令按钮，一般对各种命令分组显示。例如，单击"开始"选项卡，其功能区将按"剪贴板"、"幻灯片"、"字体"、"段落"、"绘图"、"编辑"等分组，各组有若干个类似功能的操作命令。

5. 演示文稿编辑区

功能区下方的演示文稿编辑区分为三个部分：左侧的大纲/幻灯片浏览窗格，右侧上方的幻灯片窗格和右侧下方的备注窗格。拖动窗格之间的分界线可以调整各窗格的大小，以便满足编辑需要。幻灯片窗格显示当前幻灯片，用户可以在此编辑幻灯片的内容。备注窗格中可以添加与幻灯片有关的注释内容。

(1) 幻灯片窗格

幻灯片窗格是PowerPoint 2010的重要组成部分，它在窗口中占大部分空间，主要用于显示当前幻灯片，用户可以在该窗格中输入或编辑幻灯片内容。

(2) 备注窗格

备注窗格位于"幻灯片窗格"的下方。对幻灯片的解释、说明等备注信息在此窗格中输入与编辑，供演讲时进行参考。

(3) 大纲/幻灯片浏览窗格

大纲/幻灯片浏览窗格在"幻灯片编辑"窗口的左侧。包含"大纲"和"幻灯片"两个选项卡。在"幻灯片"选项卡中可以看到幻灯片的缩略图；在"大纲"选项卡中，可以看到幻灯片中的文本。

在"普通"视图下，这三个窗格同时显示在演示文稿编辑区，有利于用户从不同角度编排演示文稿。

6. 视图按钮

视图是当前演示文稿的不同显示方式。有"普通"视图、"幻灯片浏览"视图、"备注页"视图、"阅读"视图、"幻灯片放映"视图和"母版"视图六种视图。可以直接单击某个按钮，进入相应的视图状态中。

7. 显示比例按钮

显示比例按钮位于视图按钮右侧，可以单击该按钮，在弹出的"显示比例"框中选择幻灯片的显示比例,手动调节其右方的滑块,也可以调节显示比例。

8. 状态栏

状态栏位于窗口底部左侧,在"普通"视图中,主要显示当前幻灯片的序号、当前演示文稿幻灯片的总张数、采用的幻灯片主题和输入法等信息。在"幻灯片浏览"视图中,只显示当前视图、幻灯片主题与输入法。

5.1.3 打开和关闭演示文稿

1. 打开演示文稿

对已经存在的演示文稿,若要编辑或放映,必须先打开它。打开演示文稿的方法主要有:

(1) 以一般方式打开演示文稿

单击"文件"选项卡,在出现的菜单中选择"打开"命令,弹出"打开"对话框,如图 5-2 所示。在左侧窗格中选择存放目标演示文稿的文件夹,在右侧窗格列出的文件中选择要打开的演示文稿或直接在下面的"文件名"文本框中输入要打开的演示文稿文件名,然后单击"打开"按钮即可打开该演示文稿。

(2) 以副本方式打开演示文稿

演示文稿以副本的方式打开时,对副本的修改不会影响原演示文稿。具体操作与一般方式一样,不同的是不直接单击"打开"对话框中的"打开"按钮,而是单击"打开"按钮旁的下拉按钮,从中选择"以副本方式打开"选项,这样打开的是演示文稿副本,在标题栏演示文稿文件名后出现"副本(1)"字样,此时进行的编辑不影响原演示文稿。

(3) 以只读方式打开演示文稿

以只读方式打开的演示文稿,只能浏览,不允许修改。若修改则不能用原文件名保存,

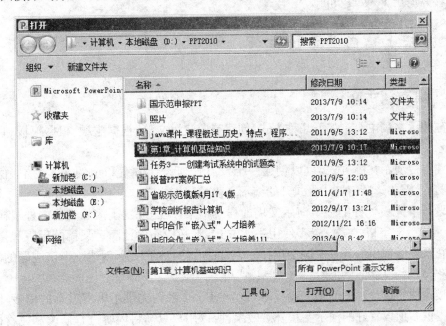

图 5-2 "打开"对话框

只能以其他文件名保存。以只读方式打开的操作方法与副本方式打开类似,不同的是在"打开"按钮旁的下拉列表中单击"以只读方式打开"选项。在标题栏演示文稿文件名后出现"[只读]"字样。

(4) 打开最近使用过的演示文稿

单击"文件"选项卡,在出现的菜单中选择"最近所用文件"命令,在"最近使用的演示文稿"列表中单击要打开的演示文稿。这样,可以免除查找演示文稿文件存储路径的麻烦,快速打开演示文稿。

(5) 双击演示文稿文件方式打开

以上四种方式是在 PowerPoint 已经启动的情况下打开演示文稿,在没有启动 PowerPoint 的情况下也可以快速启动 PowerPoint 并打开指定的演示文稿。在资源管理器中或在桌面上找到目标演示文稿文件并双击它,即可启动 PowerPoint 并打开该演示文稿。

(6) 一次打开多个演示文稿

如果希望同时打开多个演示文稿,可以单击"文件"选项卡,在出现的菜单中选择"打开"命令,在弹出的"打开"对话框中找到目标演示文稿文件夹,按住 Ctrl 键单击多个要打开的演示文稿文件,然后单击"打开"按钮即可。

2. 关闭演示文稿

完成了对演示文稿的编辑保存或放映工作后,需要关闭演示文稿。常用的关闭演示文稿的方法有:

(1) 单击"文件"选项卡,在打开的"文件"菜单中选择"关闭",则关闭演示文稿,但不退出 PowerPoint。

(2) 单击 PowerPoint 窗口右上角的"关闭"按钮,则关闭演示文稿并退出 PowerPoint。

(3) 右击任务栏上的 PowerPoint 图标,在弹出的菜单中选择"关闭窗口"命令,则关闭演示文稿并退出 PowerPoint。

5.2 演示文稿的基本操作

5.2.1 建立演示文稿

创建演示文稿主要有如下几种方式:创建空白演示文稿,根据主题、根据模板和根据现有的演示文稿创建等。

创建空白演示文稿方式,可以创建一个没有任何设计方案和示例文本的空白演示文稿,根据自己需要选择幻灯片版式开始演示文稿的制作。

主题是事先设计好的一组演示文稿的样式框架,主题规定了演示文稿的外观样式,包括母版、配色、文字格式等设置。使用主题方式,不必费心设计演示文稿的母版和格式,可以直接在系统里提供的各种主题中选择一个最适合自己的主题,创建一个该主题的演示文稿,且整个演示文稿外观一致。

模板是预先设计好的演示文稿样本,PowerPoint 系统提供了丰富多彩的模板,因为模板已经提供多项设置好的演示文稿外观效果,所以用户只需将内容进行修改和完善即可创建美观的演示文稿。使用模板方式,可以在系统提供的各式各样的模板中根据自己的需要选用其中一种内容最接近自己需求的,对模板里幻灯片中的内容,用户根据自己的需要补充完善即可。

预设的模板毕竟有限,要想找到更多的模板,可以在 Office.com 网站下载。

使用现有演示文稿方式。可以根据现有演示文稿的风格样式建立新演示文稿,新演示文稿的风格样式与现有演示文稿完全一样。常用此方法快速创建与现有演示文稿类似的演示文稿,然后适当修改完善即可。

1. 创建空白建立演示文稿

利用创建空白演示文稿的方法,可以创建具有独特风格的幻灯片,因为用户可以充分发挥自己的想象力来使用颜色、版式、样式和格式。建立空白演示文稿有两种方法:第一种是启动 PowerPoint 时自动创建一个空白演示文稿。第二种方法是在 PowerPoint 已经启动的情况下,单击"文件"选项卡,在出现的菜单中选择"新建"命令,在右侧"可用的模板和主题"中选择"空白演示文稿",单击"创建"按钮即可,如图 5-3 所示。也可以直接双击"可用的模板和主题"中的"空白演示文稿"。

图 5-3　创建空白演示文稿

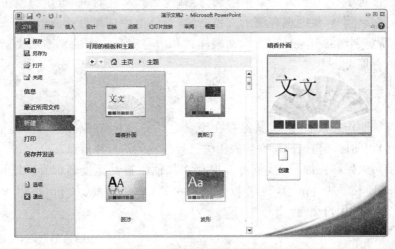

图 5-4　用主题创建演示文稿

2. 用主题创建演示文稿

主题规定了演示文稿的母版、配色、文字格式和效果等设置。使用主题方式可以简化演示文稿风格设计的大量工作,快速创建所选主题的演示文稿。

单击"文件"选项卡,在出现的菜单中选择"新建"命令,在右侧"可用的模板和主题"中选择"主题",在随后出现的主题列表中选择一个主题,并单击"创建"按钮即可,如图5-4所示。也可以直接双击主题列表中的某主题。

3. 用模板创建演示文稿

模板是预先设计好的演示文稿样本,包括多张幻灯片,表达特定提示内容,且所有幻灯片主题相同,以保证整个演示文稿外观一致。使用模板方式,可以在系统提供的各式各样的模板中,根据自己需要选用其中一种内容最接近自己需求的模板。由于演示文稿外观效果已经确定,所以只需修改幻灯片内容即可快速创建专业水平的演示文稿。这样可以不必自己设计演示文稿的样式,省时省力,提高工作效率。

单击"文件"选项卡,在出现的菜单中选择"新建"命令,在右侧"可用的模板和主题"中选择"样本模板",在随后出现的模板列表中选择一个模板,并单击"创建"按钮即可。也可以直接双击模板列表中所选模板。

例如,使用"培训"模板创建的演示文稿含有同一主题的19张幻灯片,分别表达"标题"、"新员工定位"、"新工作"、"新环境"等提示内容。只要根据培训实际情况按提示修改、填写内容即可。

预设的模板毕竟有限,如果"样本模板"中没有符合要求的模板,也可以在 Office.com 网站下载。在联网情况下,单击"新建"命令后,在下方"Office.com 模板"列表中选择一个模板,系统在网络上搜索同类模板并显示,从中选择一个模板,然后单击"创建"按钮,系统下载模板并创建相应演示文稿。

4. 用现有演示文稿创建演示文稿

如果希望新演示文稿与现有的演示文稿类似,则不必重新设计演示文稿的外观和内容,可直接在现有演示文稿的基础上进行修改从而生成新演示文稿。用现有演示文稿创建新演示文法如下:

单击"文件"选项卡,在出现的菜单中选择"新建"命令,在右侧"可用的模板和主题"→"根据现有内容新建"→"根据现有演示文稿新建"对话框中选择目标演示文稿,并单击"新建"按钮。系统将创建一个与目标演示文稿样式和内容完全一致的新演示文稿,可据需要适当修改并保存即可。

5.2.2 保存演示文稿

在演示文稿制作完成后,应将其保存在磁盘上。实际上,在制作过程中也应每隔一段时间保存一次,以防因停电或故障而导致丢失已经完成的幻灯片信息。

演示文稿可以保存在原位置,也可以保存在其他位置甚至换名保存。既可以保存为 PowerPoint 2010 格式(.pptx),也可以保存为 97-2003 格式(.ppt),以便与未安装 PowerPoint 2010 的用户交流。

1. 保存在原位置

(1)演示文稿制作完成后,通常保存演示文稿的方法是单击快速访问工具栏的"保存"

按钮(也可以单击"文件"选项卡,在下拉菜单中选择"保存"命令),若是第一次保存,将出现如图 5-5 所示的"另存为"对话框。否则不会出现该对话框,直接按原路径及文件名存盘。

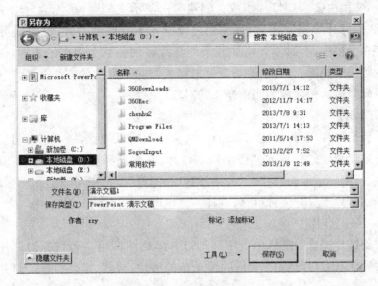

图 5-5 "另存为"对话框

(2) 在"另存为"对话框左侧选择保存位置(文件夹),在下方"文件名"栏中输入演示文稿文件名;单击"保存类型"栏的下拉按钮,从下拉列表中选择"PowerPoint 演示文稿(*.pptx)",也可以根据需要选择其他类型,例如"PowerPoint 97 - 2003 演示文稿(*.ppt)"。

(3) 单击"保存"按钮。

2. 保存在其他位置或换名保存

对已存在的演示文稿,若希望存放在另一位置,可以单击"文件"选项卡,在下拉菜单中选择"另存为"命令,出现"另存为"对话框,然后按上述操作确定保存位置,再单击"保存"按钮,这样,演示文稿用原名保存在另一指定位置。若需要换名保存,可在"文件名"栏输入新文件名后,单击"保存"按钮。这样,原演示文稿在原位置将变为两个以不同文件名命名的文件。

3. 自动保存

自动保存是指在编辑演示文稿过程中,每隔一段时间就自动保存当前文件。自动保存将避免因意外断电或死机所带来的损失。若设置了自动保存,遇意外而重新启动后,PowerPoint 会自动恢复最后一次保存的内容,减少了损失。

设置"自动保存"功能的方法:

单击"文件"选项卡,在展开的菜单中选择"选项"命令,弹出"PowerPoint 选项"对话框,单击左侧的"保存"选项,单击"保存演示文稿"选项组中的"保存自动恢复信息时间间隔"前的复选框,使其出现"√",然后在其右侧输入时间(如 10 分钟),表示每隔该指定时间就自动保存一次。

在"默认文件位置"栏可设定演示文稿存放的默认文件夹,以后保存时不必指定路径就能直接存入该文件夹,节约时间,值得设置。

5.2.3 在演示文稿中增加和删除幻灯片

通常,演示文稿由多张幻灯片组成。创建空白演示文稿时,系统会自动生成一张空白幻灯片,当一张幻灯片编辑完成后,还需要继续制作下一张幻灯片,此时需要增加新幻灯片。在已经存在文稿中,有时需要增加若干幻灯片以加强某个观点的表达,而对某些不再需要的幻灯片则需要删除。因此,必须掌握增加或删除幻灯片的方法。要增加或删除幻灯片,必须先选择幻灯片,使之成为当前操作的对象。

1. 选择幻灯片

若要插入新幻灯片,首先确定当前幻灯片,它代表插入位置,新幻灯片将插在当前幻灯片后面。若要删除某张幻灯片或某张编辑幻灯片,则先选择目标幻灯片,使其成为当前幻灯片,然后再执行删除或编辑操作。"大纲/幻灯片浏览"窗格中可以显示多张幻灯片,所以在该窗格选择幻灯片十分方便;既可以选择一张也可以选择多张幻灯片作为操作对象。

(1) 选择一张幻灯片

在"大纲/幻灯片浏览"窗格单击所选幻灯片缩略图即可。若目标幻灯片缩略图未出现,可以拖动"大纲/幻灯片浏览"窗格的滚动条的滑块,寻找、定位目标幻灯片缩略图后单击它即可。

(2) 选择多张相邻幻灯片

在"大纲/幻灯片浏览"窗格单击所选第一张幻灯片缩略图,然后按住 Shift 键单击所选最后一张幻灯片缩略图,则这两张幻灯片之间(含这两张幻灯片)的所有幻灯片均被选中。

(3) 选择多张不相邻幻灯片

在"大纲/幻灯片浏览"窗格按住 Ctrl 键并逐个单击要选择的各幻灯片缩略图。

2. 插入幻灯片

增加幻灯片可以通过幻灯片插入操作来实现。常用的插入幻灯片方式有两种:插入新幻灯片和插入当前幻灯片的副本。前者将由用户重新定义插入幻灯片的格式(如版式等)并输入相应内容;后者直接复制当前幻灯片(包括幻灯片格式和内容)作为插入的幻灯片,即保留现格式和内容,用户只需编辑内容即可。

(1) 插入新幻灯片

在"大纲/幻灯片浏览"窗格选择目标幻灯片缩略图(新幻灯片将插在该幻灯片之后);然后在"开始"选项卡下单击"幻灯片"组的"新建幻灯片"下拉按钮,从出现的幻灯片版式列表选择一种版式(例如"标题和内容"),则在当前幻灯片后出现新插入的指定版式幻灯片。

也可以在"大纲/幻灯片浏览"窗格右击某幻灯片缩略图,在弹出的菜单中选择"新建幻灯片"命令,则在该幻灯片缩略图后面出现新幻灯片。

(2) 插入当前幻灯片的副本

在"大纲/幻灯片浏览"窗格选择目标幻灯片缩略图,然后在"开始"选项卡下单击"幻灯片"组的"新建幻灯片"下拉按钮,从出现的列表中单击"复制所选幻灯片"命令。则在当前幻灯片之后插入与当前幻灯片完全相同的幻灯片。也可以右击目标幻灯片缩略图,在出现的菜单中选择"复制幻灯片"命令,在目标幻灯片后插入新幻灯片,其格式和内容与目标幻灯片相同。

3. 删除幻灯片

在"幻灯片/大纲浏览"窗格中选择目标幻灯片缩略图,然后按删除键。也可以右击目标幻灯片缩略图,在出现的菜单中选择"删除幻灯片"命令。若要删除多张幻灯片,先选择这些幻灯片,然后按删除键。

5.3 演示文稿的显示视图

PowerPoint 提供多种显示演示文稿的方式,可以从不同角度有效管理演示文稿。这些演示文稿的不同显示方式称为视图。PowerPoint 中有 6 种视图:"普通"视图、"幻灯片浏览"视图、"阅读"视图、"备注页"视图、"幻灯片放映"视图和"母版"视图。采用不同的视图会为某些操作带来方便,例如,在"幻灯片浏览"视图下因能显示更多幻灯片缩略图,使移动多张幻灯片非常方便,而"普通"视图更适合编辑幻灯片内容。

切换视图的常用方法有两种:采用功能区命令和单击视图按钮。

(1) 功能区命令

打开"视图"选项卡,在"演示文稿视图"组中有"普通"视图、"幻灯片浏览"视图、"阅读"视图和"备注页"视图命令按钮供选择。单击之,即可切换到相应视图。

(2) 视图按钮

在 PowerPoint 窗口底部有 4 个视图按钮("普通"视图、"幻灯片浏览"视图、"阅读"视图和"幻灯片放映"视图),单击所需的视图按钮就可以切换到相应的视图。

5.3.1 幻灯片的视图方式

1. 普通视图

打开"视图"选项卡,单击"演示文稿视图"组的"普通视图"命令按钮,切换到"普通"视图,如图 5-6 所示。

图 5-6 "视图"选项卡

"普通"视图是创建演示文稿的默认视图。在"普通"视图下,窗口由三个窗格组成:左侧的"大纲/幻灯片浏览"窗格、右侧上方的"幻灯片"窗格和下方的"备注"窗格。可以同时显示演示文稿的幻灯片(或大纲)缩略图、幻灯片和备注内容。其中,"大纲/幻灯片浏览"窗格可以显示幻灯片缩略图或文本内容,这取决于选择的是该窗格上面的"幻灯片"选项卡还是"大纲"选项卡。若单击"大纲"选项卡,则窗格中将显示演示文稿所有幻灯片的文本内容。

一般地,"普通"视图下"幻灯片"窗格面积较大,但显示的三个窗格大小是可以调节的,是拖动两部分之间的分界线即可。如将"幻灯片"窗格尽量调大,此时幻灯片上的细节一览无余,最适合编辑幻灯片,如插入对象、修改文本等。

2. "幻灯片浏览"视图

单击窗口下方的"幻灯片浏览"视图按钮,即可进入"幻灯片浏览"视图。在"幻灯片浏览"视图中,一屏可显示多张幻灯片缩略图,可以直观地观察演示文稿的整体外观,便于进行多张幻灯片顺序的编排、复制、移动、插入和删除等操作。还可以设置幻灯片的切换效果并预览。

3. "备注页"视图

在"视图"选项卡中单击"备注页"命令按钮,进入"备注页"视图。在此视图下显示一张幻灯片及其下方的备注页。用户可以输入或编辑备注页的内容。

4. "阅读"视图

在"视图"选项卡中单击"演示文稿视图"组的"阅读视图"按钮,切换到"阅读"视图。在"阅读"视图下,只保留幻灯片窗格、标题栏和状态栏,其他编辑功能被屏蔽,目的是幻灯片制作完成后的简单放映浏览。通常是从当前幻灯片开始放映,单击可以切换到下一张幻灯片,直到放映最后一张幻灯片后退出"阅读"视图。放映过程中随时可以按 Esc 键退出"阅读"视图,也可以单击状态栏右侧的其他视图按钮,退出"阅读"视图并切换到相应视图。

5. "幻灯片放映"视图

创建演示文稿,其目的是向观众放映和演示。创建者通常会采用各种动画方案、放映方式和幻灯片切换方式等,以提高放映效果。在"幻灯片放映"视图下不能对幻灯片进行编辑,若不满意幻灯片效果,必须切换到"普通"视图等其他视图下进行编辑修改。

只有切换到"幻灯片放映"视图,才能全屏放映演示文稿。放映幻灯片的方法是在"幻灯片放映"选项卡中单击"开始放映幻灯片"组的"从头开始"命令按钮,就可以从演示文稿的第一张幻灯片开始放映,也可以选择"从当前幻灯片开始"命令,从当前幻灯片开始放映。另外,单击窗口底部"幻灯片放映"视图按钮,也可以从当前幻灯片开始放映,如图 5-7 所示。

图 5-7 "幻灯片放映"视图

在"幻灯片放映"视图下,单击鼠标左键,可以从当前幻灯片切换到下一张幻灯片,直到放映完毕。在放映过程中,右击鼠标会弹出放映控制菜单,利用它可以改变放映顺序、即兴标注等。

5.3.2 "普通"视图下的操作

在"普通"视图下,幻灯片窗格面积最大,其中显示单张幻灯片,因此适合对幻灯片上的对象(文本、图片、表格等)进行编辑操作,主要操作有选择、移动、复制、插入、删除、缩放(对图片等对象)以及设置文本格式和对齐方式等。

1. 选择操作

要操作某个对象,首先要选中它。方法是将鼠标指针移动到对象上,当指针呈十字箭头时,单击该对象即可。选中后,该对象周围出现控点。若要选择文本对象中的某些文字,单击文本对象,其周围出现控点后再在目标文字上拖动,使之反相显示。

2. 移动和复制操作

首先选择要移动(复制)的对象,然后鼠标指针移到该对象上并(按住 Ctrl 键)把它拖到目标位置,就可以实现移动(复制)操作。当然,也可以采用剪切(复制)和粘贴的方法实现。

3. 删除操作

选择要删除的对象,然后按删除键。也可以采用剪切方法,即选择要删除的对象后,单击"开始"选项卡"剪贴板"组的"剪切"按钮。

4. 改变对象的大小

当对象(如图片)的大小不合适时,可以先选择该对象,当其边框出现控点时,将鼠标指针移到控点上并拖动,拖动左右(上下)边框的控点可以在水平(垂直)方向缩放。若拖动四角之一的控点,会在水平和垂直两个方向同时进行缩放。

5. 编辑文本对象

新建一张幻灯片并选择一种版式后,该幻灯片上出现文本占位符。用户单击文本占位符并输入文本信息即可。

若要在幻灯片非占位符位置另外增加文本对象,可以单击"插入"选项卡"文本"组的"文本框"命令,在下拉列表中选择"横排文本框"或"垂直文本框",鼠标指针变为十字形,将指针移到目标位置,按左键向右下方拖动出大小合适的文本框,然后在其中输入文本。这个文本框可以移动、复制,也可以删除。

若要对已经存在的文本框中的文字进行编辑,则先选中该文本框,然后单击插入位置并输入文本即可;若要删除信息,则先选择要删除的文本,然后按删除键。

6. 调整文本格式

字体、字体大小、字体样式和字体颜色可以通过"开始"选项卡"字体"组的相关命令设置。

选择文本后,单击"开始"选项卡"字体"组的"字体"工具的下拉按钮,在出现的下拉列表中选择中意的字体(如黑体)。单击"字号"工具的下拉按钮,在出现的下拉列表中选择中意的字号(如 44 磅)。单击字体样式按钮(如"加粗"、"倾斜"等),可以设置相应的字体样式。

关于字体颜色的设置,可以单击"字体颜色"工具的下拉按钮,在"颜色"下拉列表中选所需颜色(如红色)。

如对颜色列表中的颜色不满意,也可以自定义颜色。单击"颜色"下拉列表中的"其他颜色"命令,出现"颜色"对话框,如图 5-8 所示。在"自定义"选

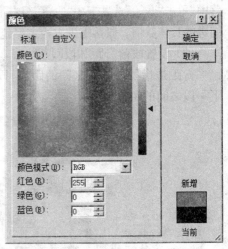

图 5-8 "颜色"对话框

项卡中选择"RGB"颜色模式,然后分别输入红色、绿色、蓝色数值(如255,0,0),自定义所需的颜色。右侧可以预览对应于输入的颜色数值的自定义颜色,若不满意,可修改颜色数值,直到满意为止。单击"确定"按钮完成自定义颜色。

若需要其他更多字体格式命令,可以选择单击"字体"组右下角"字体"按钮,将出现"字体"对话框,根据需要设置各种字体格式即可,如图5-9所示。

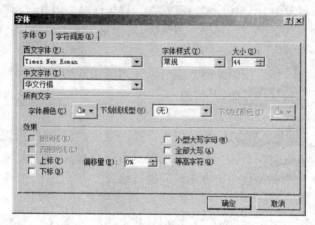

图5-9 "字体"对话框

7. 设置段落格式

(1) 设置段落对齐方式

段落对齐方式包括左对齐、右对齐、居中对齐、两端对齐和分散对齐等。将光标定位在某一段落中,单击"开始"选项卡"段落"选项给中的"对齐方式"按钮,即可更改段落的对齐方式。单击"段落"选项组右下角的"其他"按钮,在打开的"段落"对话框中,可以设置段落的对齐方式,如图5-10所示。

(2) 设置段落缩进方式

段落缩进指是段落中的行相对于页面左边界或右边界的位置。将光标定位在要设置的段落中,单击"开始"选项卡中"段落"组右下角的"其他"按钮,在弹出的"段落"对话框中可以设定缩进的具体数值。段落缩进方式主要包括左缩进、右缩进、悬挂缩进和首行缩进等。

(3) 设置段落行距和段间距

行距是指段内各行之间的距离;段间距包括段前距和段后距,是指当前段与上一段或下一段之间的距离。

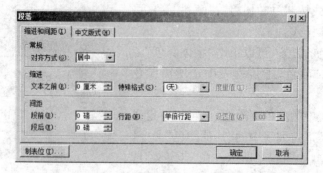

图5-10 "段落"对话框

要设置行距,先选中要设置的一行或多行,单击"开始"选项卡"段落"组右下角的"其他"按钮,在弹出的"段落"对话框的"间距"选项的"行距"下拉列表中设置行距,也可以在后面的数值框中输入的数值来更改行距。

要设置段间距,先选中要设置的段落,单击"开始"选项卡"段落"组右下角的"其他"按钮,在弹出的"段落"对话框的"间距"选项组的"段前"和"段后"微调框中输入具体的数值即可。

"普通"视图下还可以插入图片、艺术字等对象,将在以后章节中讨论。

5.3.3 "幻灯片浏览"视图下的操作

因为"幻灯片浏览"视图可以同时显示多张幻灯片的缩略图,因此便于进行重排幻灯片顺序、移动、复制、插入和删除多张幻灯片等操作。

1. 选择幻灯片

若要编辑某张幻灯片,必须使其成为当前幻灯片。"普通"视图下可在左侧的"幻灯片/大纲浏览"窗格中用拖动滚动条方式较快找到目标幻灯片缩略图。

在"幻灯片浏览"视图下,窗口中以缩略图方式显示全部幻灯片,而且缩略图的大小可以调节。因此,可以同时看到比"大纲/幻灯片浏览"窗格中更多的幻灯片缩略图,如果幻灯片不多,甚至可以显示全部幻灯片缩略图,快速找到目标幻灯片。

选择幻灯片的方法:

① 单击"视图"选项卡"演示文稿视图"组的"幻灯片浏览"命令,或单击窗口底部"幻灯片浏览"视图按钮,进入"幻灯片浏览"视图,如图5-11所示。

② 利用滚动条或Pgup、PgDn键滚动屏幕,寻找目标幻灯片缩略图。单击目标幻灯片缩略图,该幻灯片缩略图的四周出现黄框,表示选中该幻灯片,如图5-11左侧所示,1号幻灯片被选中。

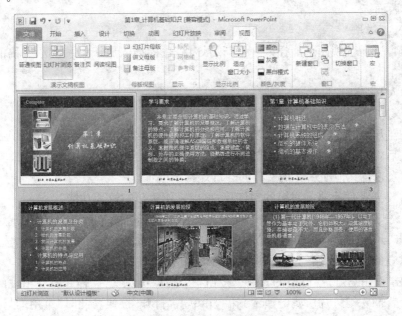

图5-11 "幻灯片浏览"视图

若想选择连续的多张幻灯片，可以先单击其中第一张幻灯片缩略图，然后按住 Shift 键单击其中的最后一张幻灯片缩略图，则这些连续的多张幻灯片均出现黄框，表示它们均被选中。若想选择不连续的多个幻灯片，可以按住 Ctrl 键并逐个单击要选择的幻灯片缩略图即可。

2. 缩放幻灯片缩略图

在"幻灯片浏览"视图下，幻灯片通常以 66% 的比例显示，所以称为幻灯片缩略图。根据需要可以调节显示比例，如希望一屏显示更多幻灯片缩略图，则可以缩小显示比例。

要确定幻灯片缩略图显示比例，可在"幻灯片浏览"视图下，单击"视图"选项卡"显示比例"组的"显示比例"命令，出现"显示比例"对话框，如图 5-12 所示。在"显示比例"对话框中选择合适的显示比例（如 33%、50% 等）。也可以自己定义显示比例，方法是在"百分比"栏中直接输入比例，或单击上下箭头选取合适的比例。

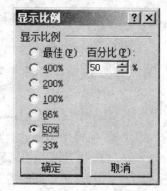

图 5-12 "显示比例"对话框

3. 重排幻灯片的顺序

演示文稿中的幻灯片有时要调整位置，按新的顺序排列，因此需要向前或向后移动幻灯片。移动幻灯片的方法如下：

在"幻灯片浏览"视图下选择需要移动位置的幻灯片缩略图（一张或多张幻灯片缩略图），按住鼠标左键拖动幻灯片缩略图到目标位置，当目标位置出现一条竖线时，松开左键，所选幻灯片缩略图移到该位置。移动时出现的竖线表示当前位置。

移动幻灯片的另一种方法是采用剪切/粘贴方式：选择需要移动位置的幻灯片缩略图，单击"开始"选项卡"剪贴板"组的"剪切"命令。单击目标位置（如 2 号和 3 号幻灯片缩略图之间），该位置出现竖线。单击"开始"选项卡"剪贴板"组的"粘贴"按钮，则所选幻灯片移到 2 号幻灯片后面。

4. 插入幻灯片

在"幻灯片浏览"视图下能插入一张新幻灯片，也能插入属于另一演示文稿的一张或多张幻灯片。

（1）插入一张新幻灯片

① 在"幻灯片浏览"视图下单击目标位置，该位置出现竖线。

② 单击"开始"选项卡"幻灯片"组的"新建幻灯片"命令，在出现的幻灯片版式列表中选择一种版式后，该位置出现所选版式的新幻灯片。

（2）插入来自其他演示文稿文件的幻灯片

如果需要插入其他演示文稿的幻灯片，可以采用重用幻灯片功能。

① 在"幻灯片浏览"视图下单击当前演示文稿的目标插入位置，该位置出现竖线。

② 单击"开始"选项卡"幻灯片"组的"新建幻灯片"命令，在出现的列表中选择"重用幻灯片"命令，右侧出现"重用幻灯片"窗格。

③ 单击"重用幻灯片"窗格的"浏览"按钮，并选择"浏览文件"命令。在出现的"浏览"对话框中选择要插入幻灯片所属的演示文稿，并单击"打开"按钮。此时"重用幻灯片"窗格中出现该演示文稿的全部幻灯片。

可以插入的图片主要有两类，第一类是剪贴画。在 Office 中有大量剪贴画，并分门别类存放，方便用户使用；第二类是以文件形式存在的图片，用户可以在平时收集到的图片文件中选择精美图片以美化幻灯片。

插入剪贴画、图片有两种方式：第一种是采用功能区命令；另一种是单击幻灯片内容区占位符中剪贴画或图片的图标。

以插入剪贴画为例说明占位符方式。插入新幻灯片并选择"标题和内容"版式（或其他具有内容区占位符的版式）。单击内容区"剪贴画"图标，右侧出现"剪贴画"窗格，搜索剪贴画并插入即可。

下面主要以功能区命令的方法介绍插入剪贴画和图片的方法。

(1) 插入剪贴画

① 单击"插入"选项卡"图像"组的"剪贴画"命令，右侧出现"剪贴画"窗格。

② 在"剪贴画"窗格中单击"搜索"按钮，下方出现各种剪贴画，从中选择合适的剪贴画即可。也可以在"搜索文字"栏输入搜索关键字（用于描述所需剪贴画的字词或短语，或键入剪贴画的完整或部分文件名如：computers），再单击"搜索"按钮，则只搜索与关键字相匹配的剪贴画供选择。为减少搜索范围，可以在"结果类型"栏指定搜索类型（如插图、照片等），下方显示搜索到的该类剪贴画，如图 5-14 所示。

③ 单击选中的剪贴画或单击剪贴画右侧按钮或右击选中的剪贴画，在出现的快捷菜单中选择"插入"命令，则该剪贴画插入到幻灯片，调整剪贴画大小和位置即可。

(2) 插入以文件形式存在的图片

若用户想插入的不是来自剪贴画，而是平时搜集的精美图片文件，可以用如下方法插入：

① 单击"插入"选项卡"图像"组的"图片"命令，出现"插入图片"对话框。

② 在对话框左侧选择存放目标图片文件的文件夹，在右侧该文件夹中选择满意的图片文件，然后单击"插入"按钮，该图片插入到当前幻灯片中。

图 5-14 "剪贴画"窗格

(3) 调整图片的大小和位置

插入的图片或剪贴画的大小和位置可能不合适，可以用鼠标来调节图片的大小和位置。

调节图片大小的方法：选择图片，按住鼠标左键并拖动左右（上下）边框的控点可以在水平（垂直）方向缩放。若拖动四角之一的控点，会在水平和垂直两个方向同时进行缩放。

调节图片位置的方法：选择图片，将鼠标指针移到图片上，按左键并拖动，可以将该图片定位到目标位置。

也可以精确定义图片的大小和位置。首先选择图片，在"图片工具—格式"选项卡（图 5-15）"大小"组单击右下角的"大小和位置"按钮，在出现对话框中单击"大小"项（图 5-16），在右侧"高度"和"宽度"栏输入图片的高和宽。单击左侧"位置"项，在右侧输入图片左上角距幻灯片边缘的水平和垂直位置坐标，即可确定图片的精确位置。

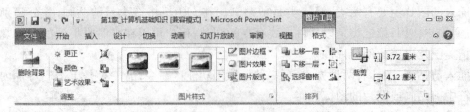

图 5-15 "图片工具-格式"选项卡

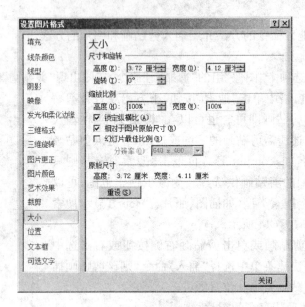

图 5-16 "设置图片格式"对话框

(4) 旋转图片

如果需要,也可以旋转图片。旋转图片能使图片按要求向不同方向倾斜,可以手动粗略旋转,也可以精确指定旋转角度。

① 手动旋转图片

单击要旋转的图片,图片四周出现控点,拖动上方绿色控点即可随意旋转图片。

② 精确旋转图片

手动旋转图片操作简单易行,但不能将图片旋转角度精确到度(例如将图片顺时针旋转 35 度)。为此,可以利用设置图片格式功能实现精确旋转图片。

选择图片,在"图片工具—格式"选项卡"排列"组中单击"旋转"按钮,在下拉列表中选择"向右旋转 90 度"(向左旋转 90 度),则可以顺时针(逆时针)旋转 90 度。也可以选择"垂直翻转"("水平翻转")。

若要精确旋转其他角度,可以选择下拉列表中的"其他旋转选项",弹出"设置图片格式"对话框。在"旋转"栏输入要旋转的角度。正度数为顺时针旋转,负度数表示逆时针旋转。例如要顺时针旋转 35 度,输入"35";输入"-35"则逆时针旋转 35 度。

(5) 用图片样式美化图片

图片样式是各种图片外观格式的集合,使用图片样式可以使图片快速美化,系统内置了 28 种图片样式供选择。

选择幻灯片并单击要美化的图片,在"图片工具—格式"选项卡"图片样式"组中显示若干图片样式列表。单击样式列表右下角的"其他"按钮,会弹出包括 28 种图片样式的列表,如图 5-17 所示,从中选择一种,如"金属椭圆",可以看到图片效果发生了变化,图片由矩形剪裁成椭圆形,且镶上金属相框,如图 5-18 所示。

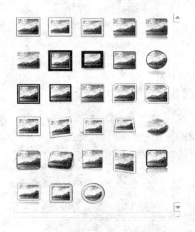

图 5-17　"图片样式"列表　　　　　　图 5-18　"金属椭圆"效果

(6) 为图片增加阴影、映像、发光等特定效果

通过设置图片的阴影、映像、发光等特定视觉效果可以使图片更加美观真实,增强了图片的感染力。系统提供 12 种预设效果,若不满意,还可自定义图片效果。

① 使用预设效果

选择要设置效果的图片,单击"图片工具—格式"选项卡"图片样式"组的"图片效果"按钮,在出现的下拉列表中将鼠标移至"预设"项,显示 12 种预设效果,从中选择一种,如"预设 9",可以看到图片按"预设 9"效果发生了变化。

② 自定义图片效果

若对预设效果不满意,还可自己对图片的阴影、映像、发光、柔化边缘、棱台、三维旋转等 6 个方面进行适当设置以达到满意的图片效果。

以设置图片阴影、棱台和三维旋转效果为例,说明自定义图片效果的方法,其他效果设置类似。

首先选择要设置效果的图片,单击"图片工具—格式"选项卡"图片样式"组的"图片效果"的下拉按钮,在展开的下拉列表中将鼠标移至"阴影"项,在出现的阴影列表中单击"左上对角透视"项。单击"图片效果"的下拉按钮,在展开的下拉列表中将鼠标移至"棱台"项,在出现的棱台列表中单击"圆"项。单击"图片效果"的下拉按钮,在展开的下拉列表中将鼠标移至"三维旋转"项,在出现的三维旋转列表中单击"离轴 1 右"项。

通过以上设置,图片效果发生很大变化。

2. 插入形状

插入图片有助于更好地表达思想和观点,然而并非时时均有合适的图片,这就需要自己设计图形来表达想法。形状是系统事先提供的一组基础图形,有的可以直接使用,有的稍加组合即可更有效地表达某种观点和想法。形状就像积木,使用者可根据需要搭建所需图形,所以学会使用形状,有助于建立高水平演示文稿。可用的形状包括:线条、基本几何形状、箭头、公式形状、流程图形状、星、旗帜和标注。

插入形状有两个途径:在"插入"选项卡"插图"组单击"形状"命令或者在"开始"选项卡"绘图"组单击"形状"列表右下角"其他"按钮,就会出现各类形状的列表,如图5-19所示。

(1) 绘制基本图形

① 绘制直线

单击"插入"选项卡,选择"插图"组中的"形状"按钮。指针呈十字形。将指针移到幻灯片上直线开始点,按鼠标左键拖动到直线终点,则一条直线出现在幻灯片上。

若按住Shift键可以画特定方向的直线,例如水平线和垂直线。若按住Ctrl键拖动,则以开始点为中心,直线向两个相反方向延伸。

若选择"箭头"按钮,则按以上步骤可以绘制带箭头的直线。

单击直线,直线两端出现控点。将指针移到直线的一个控点,指针变成双向箭头,拖动这个控点,就可以改变直线的长度和方向。

将指针移到直线上,指针呈十字形,(按住Ctrl键)拖动鼠标就可以移动(复制)直线。

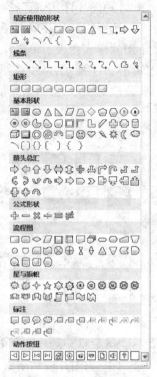

图5-19 "形状"列表

② 绘制矩形(椭圆)

单击"绘图"工具栏的"矩形"("椭圆")按钮,指针呈十字形。

将指针移到幻灯片上某点,按住鼠标左键可拖出一个矩形(椭圆)。向不同方向拖动,绘制的矩形(椭圆)也不同。

将指针移到矩形(椭圆)周围的控点上,指针变成双向箭头,拖动控点,就可以改变矩形(椭圆)的大小和形状。拖动绿色控点,可以旋转矩形(椭圆)。

若按住Shift键拖动鼠标可以画出标准正圆(标准正方形)。

(2) 在形状中添加文本

有时希望在绘出的封闭形状中增加文字,以表达更清晰的含义,实现图文并茂的效果,则选中形状(单击它,使之周围出现控点)后直接输入所需的文本即可。也可以右击形状,在弹出的快捷菜单中单击"编辑文字"命令,形状中出现光标,输入文字即可。

(3) 组合形状

有时需要将几个形状作为整体进行移动、复制或改变大小。把多个形状组合成一个形状,称为形状的组合;将组合形状恢复为组合前状态,称为取消组合。

组合多个形状的方法如下:

① 选择要组合的各形状,即按住Shift键并依次单击要组合的每个形状,使每个形状周围出现控点。

② 单击"绘图工具—格式"选项卡"排列"组的"组合"按钮,并在出现的下拉列表中选择"组合"命令。

此时,这些形状已经成为一个整体。独立形状各自有各自的边框,而组合形状是一个整体,所以只有一个边框。组合形状可以作为一个整体进行移动、复制和改变大小等操作,如图 5-20 所示。

如果想取消组合,则首先选中组合形状,然后再单击"绘图工具—格式"选项卡"排列"组的"组合"按钮,并在出现的下拉列表中选择"取消组合"命令。此时,组合形状又恢复为几个独立形状。

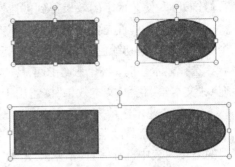

图 5-20　组合图形

3. 插入艺术字

文本除了字体、字形、颜色等格式化方法外,还可以进行艺术化处理,使其具有特殊艺术效果,例如,可以拉伸标题,对文本进行变形,使文本适应预设形状,或应用渐变填充等。艺术字具有美观有趣、突出显示、醒目张扬等特性,特别适合重要的、需要突出显示的、特别强调的等场合。在幻灯片中既可以创建艺术字,也可以将现有的普通文本转换成艺术字。

(1) 创建艺术字

创建艺术字的步骤如下:

① 选中要插入艺术字的幻灯片。

② 单击"插入"选项卡"文本"组中"艺术字"按钮,出现艺术字样式列表,如图 5-21 所示。

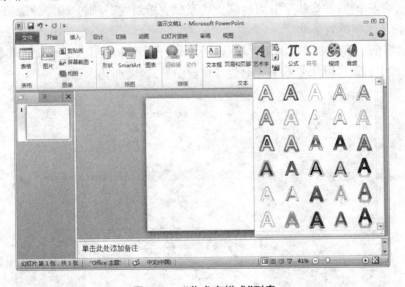

图 5-21　"艺术字样式"列表

③ 在艺术字样式列表中选择一种艺术字样式(如填充—茶色,文本 2,轮廓—背景 2),出现指定样式的艺术字编辑框,其中内容为"请在此放置您的文字",在艺术字编辑框中删除原有文本并输入艺术字文本。和普通文本一样,艺术字也可以改变字体和字号。

(2) 修饰艺术字的效果

创建艺术字后,如果不满意,还可以对艺术字内的填充(颜色、渐变、图片、纹理等)、轮廓线(颜色、粗细、线型等)和文本外观效果(阴影、发光、映像、棱台、三维旋转和转换等)进行修饰处理,使艺术字的效果得到创造性的发挥。

修饰艺术字,首先要选中艺术字。方法是单击艺术字,使其周围出现8个白色控点和一个绿色控点。拖动绿色控点可以任意旋转艺术字。

选择艺术字时,会出现"绘图工具—格式"选项卡,其中"艺术字样式"组含有的"文本填充"、"文本轮廓"和"文本效果"按钮用于修饰艺术字和设置艺术字外观效果。

① 改变艺术字填充颜色

选择艺术字,在"绘图工具—格式"选项卡"艺术字样式"组单击"文本填充"按钮,在出现的下拉列表中选择一种颜色,则艺术字内部用该颜色填充。也可以选择用渐变、图片或纹理填充艺术字。选择列表中的"渐变"命令,在出现的渐变列表中选择一种变体渐变(如"中心辐射")。选择列表中的"图片"命令,则出现"插入图片"对话框,选择某种图片后即可用该图片填充艺术字。选择列表中的"纹理"命令,则出现各种纹理列表,从中选择一种(如"画布")即可用该纹理填充艺术字。

② 改变艺术字轮廓

为美化艺术字,可以改变艺术字轮廓线的颜色、粗细和线型。

选择艺术字,然后在"绘图工具—格式"选项卡"艺术字样式"组单击"文本轮廓"按钮,出现下拉列表,可以选择一种颜色作为艺术字轮廓线颜色。

在下拉列表中选择"粗细"项,出现各种尺寸的线条列表,选择一种(如1.5磅),则艺术字轮廓采用该尺寸的线条。

在下拉列表中选择"虚线"项,可以选择线型(如"短划线"),则艺术字轮廓采用该线型。

③ 改变艺术字的效果

如果对当前艺术字效果不满意,可以以阴影、发光、映像、棱台、三维旋转和转换等方式进行修饰,其中转换可以使艺术字变形为各种弯曲形式,增加艺术感。

图5-22 艺术字效果

单击选中艺术字,在"绘图工具—格式"选项卡"艺术字样式"组单击"文本效果"按钮,出现下拉列表,选择其中的各种效果(阴影、发光、映像、棱台、三维旋转和转换)进行设置。

以"转换"为例,鼠标移至"转换"项,出现转换方式列表,选择其中一种转换方式,如"弯曲—桥形",艺术字立即转换成"桥形"形式,拖动其中的紫色控点可改变变形幅度,拖动绿色控点,可以旋转艺术字,如图 5-22 所示。

④ 确定艺术字的位置

用拖动艺术字的方法可以将它大致定位在某位置。如果希望精确定位艺术字,首先选择艺术字,在"绘图工具—格式"选项卡"大小"组中单击右下角的"大小和位置"按钮,出现"设置形状格式"对话框,在对话框的左侧选择"位置"项,在右侧"水平"栏输入数据(如 4.5 厘米)、"自"栏选择度量依据(如左上角),"垂直"栏输入数据(如 3.25 厘米),"自"栏选择度量依据(如左上角),表示艺术字的左上角距幻灯片左边缘 4.5 厘米,距幻灯片上边缘 3.25 厘米(如图 5-23 所示)。单击"确定"按钮,则艺术字精确定位。

(3) 转换普通文本为艺术字

若想将幻灯片中已经存在的普通文本转换为艺术字,则首先选择这些文本,然后单击"插入"选项卡"文本"组的"艺术

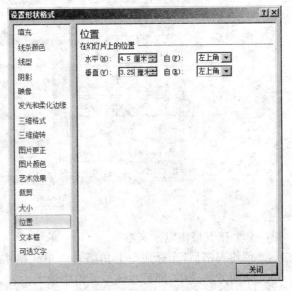

图 5-23　设置艺术字的位置

字"按钮,在弹出的艺术字样式列表中选择一种样式,并适当修饰即可。

5.4.3　插入表格和图表

1. 插入表格

表格的应用十分广泛,是显示和表达数据的较好方式。在演示文稿中常使用表格表达有关数据,简单、直观、高效而一目了然。

(1) 创建表格

创建表格的方法有使用功能区命令创建和利用内容区占位符创建两种。在内容区占位符中有"插入表格"图标,单击"插入表格"图标,出现"插入表格"框,输入表格的行数和列数后即可创建指定行、列数的表格,如图 5-24 所示。

利用功能区命令创建表格的方法如下:

① 打开演示文稿,并切换到要插入表格的幻灯片。

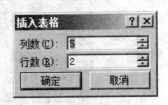

图 5-24　"插入表格"对话框

② 单击"插入"选项卡"表格"组"表格"按钮,在弹出的下拉列表中单击"插入表格"命令,出现"插入表格"对话框,输入要插入表格的行数和列数。

③ 单击"确定"按钮,出现一个指定、行列数的表格,拖动表格的控点可以改变表格的大小,拖动表格边框可以定位表格。

行列较少的小型表格也可以快速生成,方法是单击"插入"选项卡"表格"组"表格"按钮,在弹出的下拉列表顶部的示意表格中拖动鼠标,顶部显示当前表格的行列数(如 9×5 表

格),与此同时幻灯片中也同步出现相应行列的表格,直到显示满意的行列数时单击之,则快速插入相应行列的表格,如图 5-25 所示。

图 5-25　快速生成表格

(2) 在表格中输入文本

创建表格后,光标在左上角第一个单元格中,此时就可以输入表格内容了。用单击某单元格的方法选中,即可在该单元格中输入内容,直到完成全部单元格内容的输入。

(3) 编辑表格

表格制作完成后,若不满意,可以修改它的结构,例如选择表格(行、列、单元格)、插入和删除行(列)、合并与拆分单元格等。这些操作命令可以在"表格工具"中的"设计"和"布局"中完成。一般地,单击表格,就会弹出"表格工具"选项卡,如图 5-26 所示。

① 编辑表格前,必须选择要编辑的表格对象,如整个表格、行(列)、单元格、单元格等。

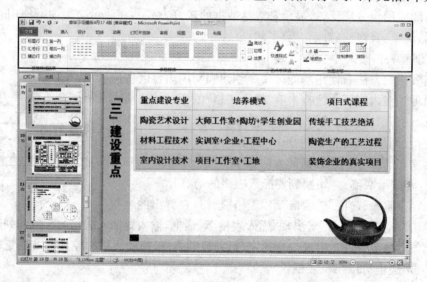

图 5-26　"表格工具"选项卡

选择整个表格的方法：光标放在表格的任一单元格，单击"布局"选项卡"表"组中的"选择"按钮，在出现的下拉菜单中选择"选择表格"命令，即可选择该表格。

选择整行（整列）的方法：光标放在目标行任一单元格，单击"选择"按钮，在出现的下拉菜单中选择"选择行"（"选择列"）命令，即可选择该行（列）。

选择单元格的方法是单击该单元格。若选择多个相邻的单元格，则直接在目标单元格范围拖动鼠标即可。

② 插入行或列

将光标置于某行的任意单元格中，单击"行和列"组中的"在上方插入"（"在下方插入"）命令，即可在当前行的上方（下方）插入一行。

同样的方法，在"行和列"组中选择"在左侧插入"（"在右侧插入"）命令可以在当前列的左侧（右侧）插入一列。

③ 删除行或列

将光标置于被删行的任意单元格中，单击"行和列"组中的"删除"按钮，则该行（列）被删除。

④ 合并和拆分单元格

合并单元格的方法：选择要合并的所有单元格，单击"合并"组中的"合并单元格"按钮，则这些单元格合并为一个大单元格。

拆分单元格的方法：选择要拆分的单元格，单击"合并"组中的"拆分单元格"按钮，则这些单元格分为左右相等的两个单元格。

2. 插入图表

图表比文字更能直观地显示数据，图表的类型也是各种各样的，如柱形图、折线图、饼图、条形图、面积图、散点图、股价图、曲面图、圆环图、气泡图和雷达图。

（1）创建图表

新建幻灯片，单击幻灯片编辑窗口"插入"选项卡"插图"组"图表"按钮，在弹出的"插入图表"对话框中（图5-27）选择要使用的图形，然后单击"确定"按钮，就会自动弹出 Excel 2010 软件的界面，根据提示可以输入所需要显示的数据。输入完毕，关闭 Excel 表格即可插入一个图表。

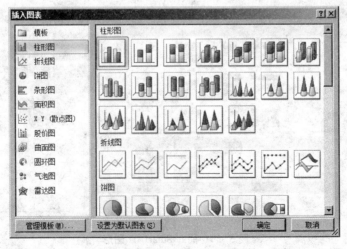

图 5-27 "插入图表"对话框

(2) 编辑图表

插入图表后，可以根据需要编辑图表中的数据。选择要编辑的图表，单击"设计"选项卡中"数据"组中的"编辑数据"按钮。PowerPoint 会自动打开 Excel 2010 软件，然后在工作表中直接单击需要更改的数据，再键入新的数据。输入完毕，关闭 Excel 2010 软件后，会自动返回幻灯片中显示编辑结果。

如果要更改图表的样式，可以先选中图表，然后选择"设计"选项卡"图表样式"组中的任意一种样式即可。

如果要更改图表类型，选择图表，单击"设计"选项卡"类型"组中的"更改图表类型"按钮，在弹出的"更改图表类型"对话框中选择其他类型的图表样式，然后单击"确定"按钮即可。

(3) 调整图表的位置及大小

图表和表格一样，可以根据不同的需求，改变其大小、位置及形状。选中图表后，图表的四周会出现文本框样式的边框。

如果需要改变位置，可以将鼠标移动到图表上，按鼠标左键拖动即可。

如果需要改变大小，将鼠标移动到图表的任意一个边角，等光标变为上下双向箭头或斜双向箭头形状时，按住鼠标左键不放并拖动即可。

5.4.4 插入 SmartArt 图形

SmartArt 图形是演示文稿信息的视觉表示形式，用户可以从多种不同布局中进行选择，从而快速轻松地创建所需形式，以便有效地传达信息或观点。

1. 插入 SmartArt 图形

创建 SmartArt 图形时，系统会提示用户选择一种类型，而且每种类型中都包含了多个不同的布局。

若要插入 SmartArt 图形，只需选择"插入"选项卡中的"插图"组中的 SmartArt 图形按钮，即会弹出"选择 SmartArt 图形"对话框，选择要插入的 SmartArt 图形，单击"确定"按钮即可，如图 5-28 所示。

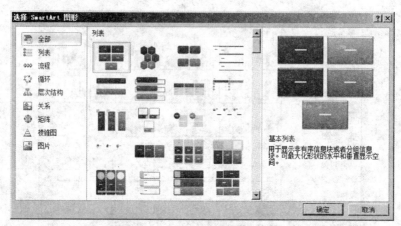

图 5-28 插入 SmartArt 图形

2. 编辑 SmartArt 图形

将 SmartArt 图形插入到幻灯片之后,还可以通过应用其样式,更改其颜色,更改其布局等方式,对其进行编辑操作。

3. 应用 SmartArt 图形样式

选择要应用样式的 SmartArt 图形,选择"设计"选项卡的"SmartArt 样式"组中的"其他"按钮,在列表中选择所需选项即可,如选择"三维"栏中的"平面场景"场景。

用户还可以单击"更改颜色"下拉按钮,在列表中选择要使用的颜色模式,如选择"彩色"栏中的"彩色—强调文字颜色"选项。

4. 添加形状

选择 SmartArt 图形,单击"创建图形"组中的"添加形状"下拉按钮,执行相应的命令,即可在指定的位置添加形状。例如,执行"在后面添加形状"命令。

5.4.5 为演示文稿加入多媒体功能

在 PowerPoint 中,恰到好处的声音可以使演示文稿具有更佳的表现力,使演示文稿的效果更加丰富多彩,可以在幻灯片中插入影片、声音、录制旁白等。

1. 插入影片

在幻灯片中,用户可以插入保存在本地计算机中的影片,也可以插入剪辑管理器中的影片。

(1) 插入文件中的影片

选择"插入"选项卡"媒体"组中的"视频"下拉按钮,执行"文件中的视频"命令,在弹出的对话框中,选择要插入的视频,并单击"确定"按钮即可。在幻灯片中添加视频后,用户可以根据需要在"视频工具"栏中设置视频选项。

(2) 插入剪辑管理器中的影片

单击"视频"下拉按钮,执行"剪辑画视频"命令,在弹出的"剪贴画"任务窗格中选择要插入的视频即可。

2. 插入声音

为了增加演示文稿的演示效果,可以在幻灯片中添加声音,有以下 3 种声音文件。

(1) 选择"插入"选项卡,单击"媒体"组中的"音频"下拉按钮,执行"文件中的音频"命令,在弹出的对话框中选择要插入的声音文件即可。

(2) 剪贴画音频

单击"音频"下拉按钮,执行"剪贴画音频"命令,即可在弹出的"剪贴画"任务窗格中选择要插入到幻灯片中的声音。

(3) 录制音频

单击"音频"下拉按钮,执行"录制"音频命令,弹出对话框,在"名称"文本框中插入录制声音的名称,然后,单击"开始录制"按钮即可开始录制声音,单击"停止录制"按钮即可停止录制。

插入声音后,就可以在"播放"选项卡中设置声音是否自动播放、循环播放等,还可以设置放映时隐藏声音图标等,如图 5-29 所示。

图 5-29 插入声音及"播放"选项卡

3. 录制旁白

如果演示文稿要重复播放或自动播放,而演示人员不能到达演示现场,就可以为演示文稿录入旁白。旁白一旦录制,无法编辑与修改。

若要录制和收听旁白,计算机必须配备声卡、话筒和扬声器。用户可以在进行演示之间录制旁白,或者在演示过程中录制旁白,并可以同时录制观众的评语。

在打开的演示文稿中选择"幻灯片放映"选项卡,在"设置"组中单击"录制幻灯片演示"按钮,选择选项。

例如,选择从头开始录制,弹出"录制幻灯片演示"对话框。启用"旁白和激光笔"复选框,并根据需要启用或禁用"幻灯片和动画计时"复选框。单击"开始录制"按钮,即可开始录制。

此时系统进入幻灯片放映视图,并弹出"录制"工具栏,使用该工具栏上的工具按钮,录制演示文稿中的幻灯片旁白。

录制完成后,将自动保存录制的幻灯片放映计时。在幻灯片浏览视图中,每个幻灯片下面都显示了计时。

如果幻灯片中除了旁白外还有其他的声音,那么旁白具有最高优先级,即放映包含旁白和其他声音的幻灯片时,只有旁白会被播放出来。

5.5 设置幻灯片外观

在 PowerPoint 2010 中,可以为幻灯片设置一致的外观,也可以为个别幻灯片设置不同的外观。控制幻灯片外观的方法主要有应用主题样式、设置幻灯片背景、更改幻灯片版式和修改母版等。

5.5.1 应用主题

可以通过变换不同的主题来使幻灯片的版式和背景发生显著变化。单击选中中意的主题,即可完成对演示文稿外观风格的重新设置。

PowerPoint 提供了 40 多种内置主题。用户若对演示文稿当前颜色、字体和图形外观效果不满意,可以从中选择满意的主题并应用到该演示文稿,以变换演示文稿的外观。

打开演示文稿,单击"设计"选项卡中的"主题"组显示了部分主题列表,单击主题列表右下角"其他"按钮,就可以显示全部内置主题,如图 5-30 所示。鼠标移到某主题后会显示该主题的名称。单击该主题,则系统会按所选主题的颜色、字体和图形外观效果修饰演示文稿。

若只想用该主题修饰部分幻灯片,可以选择这些幻灯片后右击该主题,在出现的快捷菜单中

图 5-30 "设计"选项卡"主题"组

选择"应用于选定幻灯片"命令,则所选幻灯片按该主题效果自动更新,其他幻灯片不变。若选择"应用于所有幻灯片"命令,则整个演示文稿均采用所选主题。

5.5.2 设置幻灯片背景

幻灯片的背景对幻灯片放映的效果起重要作用,为此,可以对幻灯片背景的颜色、图案和纹理等进行调整。有时用特定图片作为幻灯片背景,能达到意想不到的效果。

如果对幻灯片背景不满意,可以重新设置幻灯片的背景,主要通过改变主题背景样式和背景格式(纯色、颜色渐变、纹理、图案或图片)等方法来美化幻灯片的背景。

1. 改变背景样式

PowerPoint 的每个主题提供了 12 种背景样式,用户可以选择一种样式快速改变演示文幻灯片的背景,既可以改变所有幻灯片的背景,也可以只改变所选择幻灯片的背景。

打开演示文稿,单击"设计"选项卡"背景"组的"背景样式"命令,则显示当前主题 12 种样式列表。

从背景样式列表中选择一种中意的背景样式,则演示文稿全体片均采用该背景样式。若只希望改变部分幻灯片的背景,则先选择这些幻灯片,然后右击某样式,在出现的快捷菜单中选择"应用于所选幻灯片"命令,则选定的幻灯片采用该背景样式,而其他幻灯片不变。

2. 设置背景格式

如果认为背景样式过于简单,也可以自己设置背景格式。有 4 种方式:改变背景颜色、图案填充、纹理填充和图片填充。

(1) 改变背景颜色

改变背景颜色有"纯色填充"和"渐变填充"两种方式。"纯色填充"是选择单一颜色填

充背景,而"渐变填充"是将两种或更多种填充颜色逐渐混合在一起,以某种渐变方式从一种颜色逐渐过渡到另一种颜色。

① 单击"设计"选项卡"背景"组的"背景样式"命令,在出现的快捷菜单中选择"设置背景格式"命令,弹出"设置背景格式"对话框,如图5-31所示。单击"设计"选项卡"背景"组右下角的"设置背景格式"按钮,也能显示"设置背景格式"对话框。

② 单击"设置背景格式"对话框左侧的"填充"项,右侧提供两种背景颜色填充方式:"纯色填充"和"渐变填充"。

选择"纯色填充"单选框,单击"颜色"栏下拉按钮,在下拉列表颜色中选择背景填充颜色;拖动"透明度"滑块,可以改变颜色的透明度,直到满意。若不满意列表中的颜色,也可以单击"其他颜色"项,从出现的"颜色"对话框中选择或按 RGB 颜色模式自定义背景颜色。

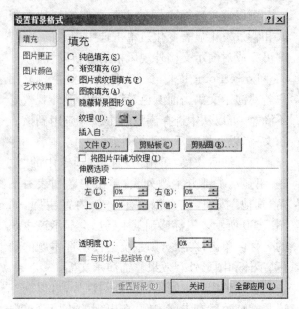

图 5-31 "设置背景格式"对话框

若选择"渐变填充"单选框,可以直接选择系统预设颜色填充背景,也可以自己定义渐变颜色。

选择预设颜色填充背景:单击"预设颜色"栏的下拉按钮,在出现的几十种预设的渐变颜色列表中选择一种,例如"红日西沉"等。

自定义渐变颜色填充背景:在"类型"列表中,选择所需的渐变类型(如"射线":渐变颜色由中心点向四周发散)。在"方向"列表中,选择所需的渐变发散方向(如"线性对角—右上到左下")。在"渐变光圈"下,出现与所需颜色个数相等的渐变光圈个数,可单击"添加渐变光圈"或"删除渐变光圈"按钮以增加或减少渐变光圈,直至要在渐变填充中使用的每种颜色都有一个渐变光圈(例如两种颜色需要两个渐变光圈)。单击某一个渐变光圈,在"颜色"栏的下拉颜色列表中,选择一种颜色与该渐变光圈对应。拖动渐变光圈位置可以调节该渐变颜色。如果需要,还可以调节颜色的"亮度"或"透明度"。对每一个渐变光圈用以上方法调节,直到满意。

③ 单击"关闭"按钮,则所选背景颜色作用于当前幻灯片。若单击"全部应用"按钮,则改变所有幻灯片的背景。若选择"重置背景"按钮,则撤销本次设置,恢复设置前状态。

(2)图案填充

① 单击"设计"选项卡"背景"组右下角的"设置背景格式"按钮,弹出"设置背景格式"对话框。

② 单击对话框左侧的"填充"项,右侧选择"图案填充"单选框,在出现的图案列表中选择所需图案(如"浅色下对角线")。通过"前景"和"背景"栏可以自定义图案的前景色和背景色。

③ 单击"关闭"(或"全部应用")按钮。

(3) 纹理填充

① 单击"设计"选项卡"背景"组的"背景样式"命令,在出现的快捷菜单中选择"设置背景格式"命令,弹出"设置背景格式"对话框。

② 单击对话框左侧的"填充"项,右侧选择"图片或纹理填充"单选框,单击"纹理"下拉按钮,在出现的纹理列表中选择所需纹理(如"花束")。

③ 单击"关闭"(或"全部应用")按钮。

(4) 图片填充

① 单击"设计"选项卡"背景"组右下角的"设置背景格式"按钮,弹出"设置背景格式"对话框。

② 单击对话框左侧的"填充"项,右侧选择"图片或纹理填充"单选框,在"插入自"栏单击"文件"按钮,在弹出的"插入图片"对话框中选择所需图片文件,并单击"插入"按钮。回到"设置背景格式"对话框。

③ 单击"关闭"(或"全部应用")按钮,则所选图片成为幻灯片背景。

也可以选择剪贴画或剪贴板中的图片填充背景,这时在上述第②步单击"剪贴画"按钮或"剪贴板"按钮即可。

若已设置主题,则所设置的背景可能被主题背景图形覆盖,此时可以在"设置背景格式"对话框中选择"隐藏背景图形"复选框。

5.5.3 使用母版

所谓幻灯片母版是一张特殊的幻灯片,它记录了演示文稿中所有幻灯片的布局信息。在对演示文稿中的幻灯片进行编辑之前,可以通过母版功能,对幻灯片中的占位符进行格式设置,以构建幻灯片的框架,从而使演示文稿具有统一的风格。在 PowerPoint 中,演示文稿中包括了 3 种不同类型的母版。

1. 幻灯片母版

幻灯片母版用于控制演示文稿中所有幻灯片的格式。当对幻灯片母版中的某个幻灯片进行格式设置后,则演示文稿中基于该母版幻灯片版式的幻灯片将应用该格式。

若要设置幻灯片母版,可以选择"视图"选项卡"演示文稿视图"组中的"幻灯片母版"按钮,打开"幻灯片母版"视图。在该母版中包含了幻灯片中的所有幻灯片版式,用户可以选择要应用到演示文稿的一个或多个幻灯片版式,像对演示文稿中的幻灯片设置一样对其进行字体、动画、主题、背景等格式设置,或者插入图片、图表以及 SmartArt 图形,如图 5-32 所示。

在幻灯片母版视图中的"幻灯片母版"选项卡中,用户可以编辑母版、设置母版版式以及编辑主题和背景。

(1) 编辑母版

在"幻灯片母版"选项卡的"编辑母版"组中,用户可以向母版中插入母版、版式以及进行幻灯片版式重命名等。

例如,要在向幻灯片母版中再插入一个幻灯片母版,可以单击"编辑母版"组中的"插入幻灯片母版"按钮,即可在该母版下插入一个包含有所有幻灯片版式的母版,并命名为2。

图 5-32 幻灯片母版

（2）设置母版版式

在"母版版式"组中，单击"插入占位符"下拉按钮，在其列表中选择所需选项，如选择"图表"选项。然后，在幻灯片中拖动鼠标，即可插入相应的占位符。

2．讲义母版

讲义母版用于控制所打印演示文稿的外观。在讲义母版中，可以添加或者修改讲义的页眉和页脚信息。对讲义母版的修改只能在打印的讲义中得到体现。若要使用讲义母版，只需切换至"视图"选项卡，单击"母版视图"组中的"讲义母版"按钮，即可进入讲义母版视图。

（1）设置讲义母版页面

在"讲义母版"视图中，选择"讲义母版"选项卡"页面设置"组中的"讲义方向"下拉按钮，即可设置讲义的方向为横向或纵向。单击"幻灯片方向"下拉按钮，则可以设置讲义中幻灯片的方向为横向或纵向。

单击"每页幻灯片数量"下拉按钮，可以选择在讲义母版中显示幻灯片数量。在讲义母版中，可以显示的幻灯片的数量为1张、2张、3张、4张、6张、9张；同时，还可以将其以幻灯片大纲模式显示。

（2）设置讲义母版占位符

在"占位符"组中，禁用和启用相应的各复选框，即可控制讲义母版中页眉、页脚占位符的显示。

3．备注母版

利用备注母版，可以控制备注页的版式和文字的格式。切换到"视图"选项卡"母版视图"组中的"备注母版"按钮，即可查看该母版效果。在该视图中，用户同时可以更改幻灯片方向、备注页方向，以及要显示或者隐藏的占位符。

5.5.4 应用设计模板

PowerPoint 提供了许多精美的设计模板,它们包含预定义的各种格式和配色方案,用户可以从中挑选中意的设计模板,并应用到自己的演示文稿中,以美化演示文稿的外观。如果这些设计模板均不完全令人满意,但某些模板与用户的要求比较接近,可以对这些模板略加修改,避免了重新定义演示文稿设计模板之苦。当然,也可以从空白演示文稿出发,自主设计完全独特的外观。如果对已创建演示文稿的独特外观十分满意,还可以在此基础上建立新模板并保存,以备以后随时使用。

1. 使用设计模板

用户可以直接使用 PowerPoint 提供的设计模板,既可用于创建新演示文稿,也能应用于已经存在的演示文稿。

(1) 使用设计模板创建新演示文稿

利用 PowerPoint 提供的设计模板创建新演示文稿的方法在第 5.2.1 节中已经详细叙述,这里不再重复。

(2) 将设计模板应用于已经存在的演示文稿

若对演示文稿当前设计模板不满意,可以选择中意的设计模板,并应用到该演示文稿。

① 打开演示文稿,在普通视图下,单击"幻灯片"选项卡。

② 单击"开始"选项卡上的"幻灯片"组中的"幻灯片版式",然后选择所需的版式,如图 5-33 所示。

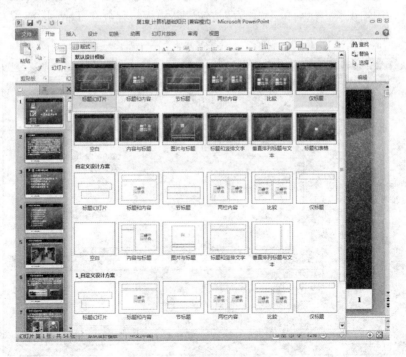

图 5-33 "幻灯片版式"列表

2. 修改设计模板

若 PowerPoint 提供的设计模板中没有完全符合自己需要的设计模板。用户可以从空白演示文稿出发,创建全新模板;也可以在现有的设计模板中选择一个比较接近自己需求的模板,并加以修改。修改可以在幻灯片母版中进行。

(1)打开或新建一个演示文稿(其设计模板接近所需式样)。

(2)单击"视图/幻灯片母版"命令,出现该演示文稿的幻灯片母版。

(3)单击幻灯片母版中要修改的区域并进行修改(如单击标题文本,修改其字体、字号、颜色等;改变背景;也可以添加幻灯片共有的文本或图片等)。

(4)若要添加占位符,则单击"插入占位符",然后从列表中选择一种类型。单击版式上的某个位置,然后拖动鼠标绘制占位符。最后退出幻灯片母版。修改后的母版样式将应用到整个演示文稿。

3. 建立自己的模板

如果用户经常使用某种固定模板创建演示文稿,而现有的设计模板不完全符合要求,可以利用上面介绍的方法修改某个设计模板,使之适合需要,并将修改好的设计模板保存为新模板,则可以避免每次创建该类演示文稿时均要重复修改模板。可以用如下方法创建具有自己风格的新模板。

(1)打开或新建演示文稿(最好是接近所需格式的模板),按上述方法修改设计模板,使之符合需要。

(2)单击"文件/另存为"命令,出现"另存为"对话框。

(3)在"保存类型"框选择"PowerPoint 模板";在"文件名"框中输入新模板的文件名(如"计算机基础知识")。然后单击"保存"按钮。新模板将存放在 Templates 文件夹中。关闭母版视图,如图 5-34 所示。

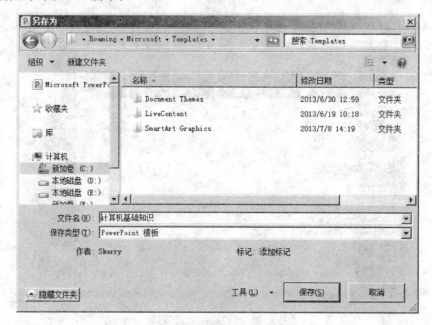

图 5-34 "另存为"模板对话框

至此,一个用户自己的新模板创建完毕,以后就可以利用该模板创建自己风格的演示文稿:选择"文件/新建"命令,在出现"可用模板和主题"任务窗格中单击"我的模板",出现"新建演示文稿"对话框,在"个人模板"选项卡中将看到用户刚建立的新模板"计算机基础知识";选择它,右侧出现该模板的预览图,如图 5-35 所示。单击"确定"按钮,则新建演示文稿将采用该模板。

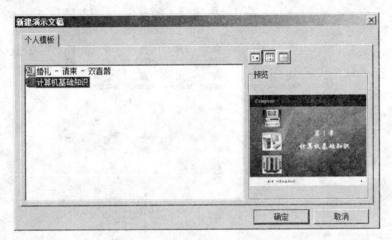

图 5-35　利用模板新建演示文稿

5.6　动画和超链接技术

5.6.1　为幻灯片中的对象设置动画效果

动画技术可以使幻灯片的内容以丰富多彩的活动方式展示出来,赋予它们进入、退出、大小、颜色变化,甚至移动等视觉效果,是必须掌握的 PowerPoint 幻灯片重要技术。

实际上,在制作演示文稿过程中,常对幻灯片中的各种对象适当地设置动画效果和声音效果,并根据需要设计各对象动画出现的顺序。这样,既能突出重点,吸引观众的注意力,又使放映过程十分有趣。不使用动画,会使观众感觉枯燥无味;然而过多使用动画也会分散观众的注意力,不利于传达信息。应尽量化繁为简,以突出表达信息为目的。另外,具有创意的动画也能提高观众的注意力。因此设置动画应遵从适当、简化和创新的原则。

1. 设置动画

动画有四类:"进入"动画、"强调"动画、"退出"动画和"动作路径"动画,如图 5-36 所示。

"进入"动画:使对象从外部飞入幻灯片播放画面的动画效果。如飞入、旋转、弹跳等。

"强调"动画:对播放画面中的对象进行突出显示,起强调作用的动画效果。如放大/缩小、更改颜色、加粗闪烁等。

"退出"动画:使播放画面中的对象离开播放画面的动画效果。如飞出、消失、淡出等。

"动作路径"动画:播放画面中的对象按指定路径移动的动画效果。如弧形、直线、循环等。

(1)"进入"动画

对象的"进入"动画是指对象进入播放画面时的动画效果。例如,对象从左下角飞入播放画面等。选择"动画"选项卡"动画"组显示了部分动画效果列表。

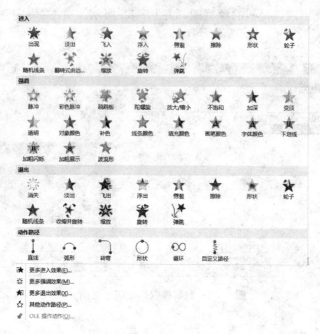

图 5-36 动画效果列表

设置"进入"动画的方法为:

① 在幻灯片中选择需要设置动画效果的对象,在"动画"选项卡的"动画"组中单击动画样式列表右下角的"其他"按钮,出现各种动画效果的下拉列表。其中有"进入"、"强调"、"退出"和"动作路径"4 类动画,每类又包含若干不同的动画效果。

② 在"进入"类中选择一种动画效果,例如"飞入",则所选对象被赋予该动画效果。

对象添加动画效果后,对象旁边出现数学编号,它表示该动画出现顺序的序号。

如果对所列动画效果仍不满意,还可以单击动画样式的下拉列表的下方"更多进入效果"命令,打开"更改进入效果"对话框,其中按"基本型"、"温和型"和"华丽型"等列出更多动画效果供选择,如图 5-37 所示。

(2)"强调"动画

"强调"动画主要对播放画面中的对象进行突出显示,起强调的作用。设置方法类似于设置"进入"动画。

① 选择需要设置动画效果的对象,在"动画"选项卡的"动画"组中单击动画效果列表右下角的"其他"按钮,出现

图 5-37 "更改进入效果"对话框

各种动画效果的下拉列表。

② 在"强调"类中选择一种动画效果,例如"陀螺旋转",则所选对象被赋予该动画效果。

同样,还可以单击动画样式的下拉列表的下方"更多强调效果"命令,打开"更改强调效果"对话框,选择更多类型的"强调"动画效果。

(3) "退出"动画

对象的"退出"动画是指播放画面中的对象离开播放画面的动画效果。例如,"飞出"动画使对象以飞出的方式离开播放画面等。设置"退出"动画的方法如下:

① 选择需要设置动画效果的对象,在"动画"选项卡的"动画"组中单击动画样式列表右下角的"其他"按钮,出现各种动画效果的下拉列表。

② 在"退出"类中选择一种动画效果,例如"飞出",则所选对象被赋予该动画效果。

同样,还可以单击动画样式的下拉列表的下方"更多退出效果"命令,打开"更改退出效果"对话框,选择更多类型的"退出"动画样式。

(4) "路径"动画

对象的"路径"动画是指播放画面中的对象按指定路径移动的动画效果。例如,"弧形"动画使对象沿着指定的弧形路径移动。设置"路径"动画的方法如下:

① 在幻灯片中选择需要设置动画效果的对象,在"动画"选项卡的"动画"组中单击动画效果列表右下角的"其他"按钮,出现各种动画效果的下拉列表。

② 在"动作路径"类中选择一种动画效果,例如"弧形",则所选对象被赋予该动画效果。可以看到图形对象的弧形路径(虚线)和路径周边的 8 个控点以及上方绿色控点。启动动画,图形将沿着弧形路径从路径起始点(绿色点)移动到路径结束点(红色点)。拖动路径的各控点可以改变路径,而拖动路径上方的绿色控点可以改变路径的角度。

同样,还可以单击动画效果下拉列表的下方"其他动作路径"命令,打开"更改动作路径"对话框,选择更多类型的"路径"动画效果。

2. 设置动画属性

启用动画时,如不设置动画属性,系统将采用默认的动画属性,例如设置"飞入"动画,则其效果选项"方向"默认为"自底部",开始动画方式为"单击时"等。若对默认的动画属性不满意,可以对动画效果选项、计时方式等重新设置。

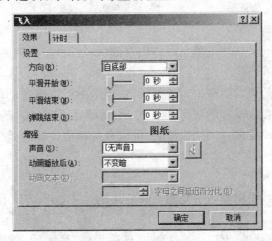

图 5-38 "飞入"动画效果对话框

(1) 设置动画效果选项

动画效果选项是指动画的设置和增强。

选择设置动画的对象,单击"动画"选项卡"动画"组右侧的"效果选项"按钮,出现效果选项的对话框,如图 5-38 所示。例如"飞入"动画的效果"设置"中可以设置方向、平滑开始、平滑结束和弹跳结束。

设置动画时,默认动画无音效,需要音效时可以在"增强"中设置。以"飞入"动画对象设置音效为例,单击"声音"栏的下拉按钮,在出现的下拉列表中选择一种音效,如"风铃"。

(2) 计时选项

动画开始方式是指开始播放动画的方式,动画持续时间是指动画开始后整个播放时间,动画延迟时间是指播放操作开始后延迟播放的时间,如图 5-39 所示。

选择设置动画的对象,单击"动画"选项卡"计时"组左侧的"开始"下拉按钮,在出现的下拉列表中选择动画开始方式。

动画开始方式有三种:"单击时"、"与上一动画同时"和"上一动画之后"。

"单击时"是指单击鼠标时开始播放动画。"与上一动画同时"是指播放前一动画的同时播放该动画,可以在同一时间组合多个效果。"上一动画之后"是指前一动画播放之后开始播放该动画。

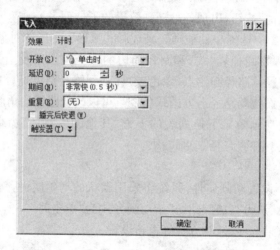

图 5-39 "飞入"计时选项

另外,还可以在"动画"选项卡的"计时"组左侧"持续时间"栏调整动画持续时间,在"延迟"栏调整动画延迟时间。

可以看到,在动画效果对话框中,在"效果"选项卡中可以设置动画方向、形式和音效效果,在"计时"选项卡中可以设置动画开始方式、动画持续时间(在"期间"栏设置)和动画延迟时间等。因此,需要设置多种动画属性时,可以直接调出该动画效果选项对话框,分别设置各种动画效果。

3. 复制和删除动画

选中要复制的动画,使用动画刷复制动画到其他对象上,其方法和 Word 中的格式刷使用方法类似。

若想删除幻灯片的动画,方法是在"动画"选项卡的"高级动画"组中单击"动画窗格"。

在"动画窗格"中,右键单击要删除的动画效果,然后单击"删除",如图 5-40 所示。

4. 调整动画播放顺序

对象添加动画效果后,对象旁边出现该动画播放顺序的序号。一般,该序号与设置动画的顺序一致,即按设置动画的顺序播放动画。对多个对象设置动画效果后,如果对原有播放顺序不满意,可以调整对象动画播放顺序,方法如下:

单击"动画"选项卡"高级动画"组的"动画窗格"按钮,调出动画窗格。动画窗格中显示了所有动画对象,它左侧的数字表示该对象动画播放的顺序号,与幻灯片中的动画对象旁边显示的序号一致。选择动画对象,并单击底部的"↑"或"↓",即可改变该动画对象的播放顺序。

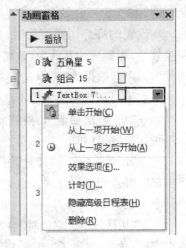

图 5-40 删除动画

5. 预览动画效果

动画设置完成后,可以预览动画的播放效果,单击"动画"选项卡"预览"组的"预览"按钮或单击动画窗格上方的"播放"按钮即可。

5.6.2 幻灯片的切换效果设计

幻灯片的切换效果是指放映时幻灯片离开和进入播放画面所产生的视觉效果。系统提供多种切换样式,例如,可以使幻灯片从右上部覆盖,或者自左侧擦除等。幻灯片的切换效果不仅使幻灯片的过渡衔接更为自然,而且也能吸引观众的注意力。幻灯片的切换包括幻灯片切换效果(如"覆盖")和切换属性(效果选项、换片方式、持续时间和声音效果),如图 5-41 所示。

图 5-41 幻灯片切换效果

1. 设置幻灯片切换样式

(1) 打开演示文稿,选择要设置幻灯片切换效果的幻灯片(组)。在"切换"选项卡"切换到此幻灯片"组中单击切换效果列表右下角的"其他"按钮,弹出包括"细微型"、"华丽型"和"动态内容型"等各类切换效果列表。

(2) 在切换效果列表中选择一种切换样式(如"覆盖")即可。

设置的切换效果对所选幻灯片(组)有效,如果希望全部幻灯片均采用该切换效果,可以单击"计时"组的"全部应用"按钮。

2. 设置切换属性

幻灯片切换属性包括效果选项(如"自左侧")、换片方式(如"单击鼠标时")、持续时间

(如"2秒")和声音效果(如"打字机")。

设置幻灯片切换效果时,如不设置,则切换属性均采用默认设置。例如采用"覆盖"切换效果,切换属性默认为:效果选项为"自右侧",换片方式为"单击鼠标时",持续时间为"1秒",而声音效果为"无声音"。

如果对默认切换属性不满意,可以自行设置。

在"切换"选项卡"切换到此幻灯片"组中单击"效果选项"按钮,在出现的下拉列表中选一种切换效果(如"自底部")。

在"切换"选项卡"计时"组右侧设置换片方式,例如勾选"单击鼠标时"复选框,表示单击鼠标时才切换幻灯片。也可以勾选"设置自动换片时间",表示经过该时间段后自动切换到下一张幻灯片。

在"切换"选项卡"计时"组左侧设置切换声音,单击"声音"栏下拉按钮,在弹出的下拉列表中选择一种切换声音(如"爆炸")。在"持续时间"栏输入切换持续时间。单击"全部应用"按钮,则表示全体幻灯片均采用所设置的切换效果,否则只作用于当前所选幻灯片(组)。

3. 预览切换效果

在设置切换效果时,当时就可预览所设置的切换效果。也可以单击"预览"组的"预览"按钮,随时预览切换效果。

5.6.3 超链接

在 Powerpoint 中,超链接是指从一张幻灯片到同一演示文稿的另一张幻灯片的连接,或是从一张幻灯片到不同演示文稿中的另一张幻灯片、电子邮件地址、网页以及文件的连接。可以在文本或对象上做超链接,也可以在动作按钮上设置超链接。

1. 为文本设置超级链接

若要插入超链接,只需在幻灯片中选择要作为超链接的文本内容或对象,并选择"插入"选项卡的"链接"组中的"超链接"按钮,弹出"插入超链接"对话框。利用对话框,用户可以创建不同效果的超链接。

(1) 链接到现有文件和网页

若要创建不同演示文稿或不同文件之间的超链接,只需选择"现有文件或网页"选项卡,并在"查找范围"栏中选择建立链接的对象。然后,单击"书签"按钮,在弹出的如图 5-42 所示对话框中选择要链接到的幻灯片标题,并依次单击"确定"按钮即可。

图 5-42 "插入超链接"对话框

若要链接到网页,只需在"地址"文本框中输入网页地址即可,如 http://www.baidu.com,单击"确定"按钮即可。

(2) 链接到同一文档

如果要创建同一文档中的超链接,可以在"插入超链接"对话框中选择"本文档中的位置"选项卡,并在"请选择文档中的位置"列表中选择要链接到的幻灯片。

(3) 链接到新建文档

如果要创建到新文档的超链接,可以在"插入超链接"对话框中选择"新建文档"选项卡。然后在"新建文档名称"文本框中输入要创建并链接到的文件的名称。如果是在不同的位置创建文档,单击"更改"按钮,选择要创建文件的位置。

(4) 链接到电子邮件地址

如果要链接到电子邮件地址,可以在"插入超链接"对话框中选择"电子邮件地址"选项卡。然后在"电子邮件地址"文本框中输入要链接到的电子邮件地址,在"主题"文本框中输入电子邮件的主题。

2. 为动作按钮设置超链接

在 Powerpoint 演示文稿中,可以在幻灯片中插入一个动作按钮,并为其设置超链接,来制作与观众互动的演示文稿。

选择要插入动作按钮的幻灯片后,选择"插入"选项卡的"插图"组中的"形状"下拉按钮,在"动作按钮"栏中选择一个系统预定义的动作按钮,然后,在幻灯片中要插入动作按钮的位置,拖动鼠标绘制该按钮。

绘制完动作按钮后,会自动弹出"动作按钮"对话框,可以在该对话框中为按钮设置一个动作。例如,选择"超链接到"单选按钮,并单击其下拉按钮,选择"下一张幻灯片"项,如图 5-43 所示。

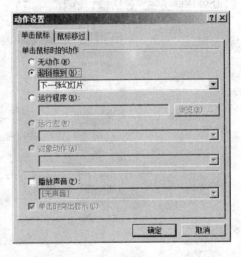

图 5-43 "动作设置"对话框

5.7 演示文稿的放映和打印

5.7.1 设置放映方式

完成演示文稿的制作后,剩下的工作是向观众放映演示文稿。选择合适的放映方式是十分重要的。

演示文稿的放映方式有三种:演讲者放映(全屏幕)、观众自行浏览(窗口)和在展台浏览(全屏幕)。

(1) 演讲者放映(全屏幕)

演讲者放映是全屏幕放映,这种放映方式适合会议或教学的场合,放映进程完全由演讲者控制。

(2) 观众自行浏览(窗口)

展览会上若允许观众以交互式控制放映过程，则采用这种方式较适宜。它在窗口中展示演示文稿，允许观众利用窗口命令控制放映进程，例如，观众可以单击窗口右下方的左箭头和右箭头，切换到前一张幻灯片和后一张幻灯片（按 PageUp 和 PageDown 键也能切换到前一张和后一张幻灯片）。单击两箭头之间的"菜单"按钮，将弹出放映控制菜单，利用菜单的"定位至幻灯片"命令，可以方便快速地切换到指定的幻灯片。按 Esc 键可以终止放映。

(3) 在展台浏览(全屏幕)

这种放映方式采用全屏幕放映，适合无人看管的场合，例如展示产品的橱窗和展览会上自动播放产品信息的展台等。演示文稿自动循环放映，观众只能观看不能控制。采用该方式的演示文稿应事先进行排练计时。

放映方式的设置方法如下：

① 打开演示文稿，单击"幻灯片放映"选项卡"设置"组的"设置幻灯片放映"按钮，出现"设置放映方式"对话框，如图 5-44 所示。

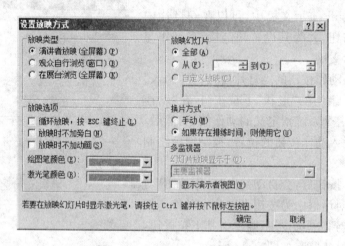

图 5-44 "设置放映方式"对话框

② 在"放映类型"栏中，可以选择"演讲者放映(全屏幕)"、"观众自行浏览(窗口)"和"在展台浏览(全屏幕)"三种方式之一。若选择"在展台浏览(全屏幕)"方式，则自动采用循环放映，按 Esc 键才终止放映。

③ 在"放映幻灯片"栏中，可以确定幻灯片的放映范围（全体或部分幻灯片）。放映部分幻灯片时，可以指定放映幻灯片的开始序号和终止序号。

④ 在"换片方式"栏中，可以选择控制放映速度的两种换片方式之一。"演讲者放映(全屏幕)"和"观众自行浏览(窗口)"放映方式强调自行控制放映，所以常采用"手动"换片方式；而"在展台浏览(全屏幕)"方式通常无人控制，应事先对演示文稿进行排练计时，并选择"如果存在排练时间，则使用它"换片方式。

5.7.2 为演示文稿放映计时

一般地，放映演示文稿时由演讲者通过单击鼠标控制放映过程，但在无人控制情况下自动播放或者不想人工切换幻灯片时,就需要事先为幻灯片显示时间长短进行设置或计时。可以采用两种方法进行:人工设置和排练计时。

1. 人工设置幻灯片放映时间

打开演示文稿,单击"切换"选项卡的"计时"组中的设置幻灯片的自动换片时间。该时间应用到当前幻灯片;若希望时间应用到全部幻灯片,可以单击"全部应用"按钮。

如果各幻灯片的显示时间不完全一样,则按上述方法逐张幻灯片进行设置,如图 5-45 所示。

设置完成后,切换到"视图"选项卡,单击"幻灯片浏览"视图,可以看到,每张幻灯片缩图下面出现了设置的显示时间。

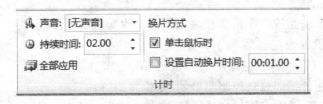

图 5-45　幻灯片计时

2. 排练计时

通过实际放映排练,记录排练时各幻灯片实际显示的时间。其方法如下:

(1) 打开演示文稿,单击"幻灯片放映"选项卡"设置"组中的"排练计时"按钮,此时开始放映幻灯片,并出现"录制"工具栏。通过它进行幻灯片演示的排练计时,如图 5-46 所示。

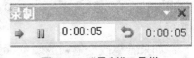

图 5-46　"录制"工具栏

(2) 若幻灯片设置了动画,计时器将把每个动画对象(项)显示的时间均记录下来。

(3) 演示过程中自动计时,本项显示完毕后,单击"下一项"按钮即可记录本项的显示时间,并开始下一项显示及计时。若需暂停计时,可以单击"暂停录制"按钮,再次单击它可以恢复计时。若本幻灯片需要重新排练计时,可以单击"重复"按钮。

(4) 排练计时过程中可以随时终止排练,方法是单击鼠标右键,在出现的菜单中单击"结束放映"命令。

(5) 最后一张幻灯片排练时结束后,弹出对话框,其中显示了本次搜索排练的时间,并询问是否保留该排练时间,若回答"是",则保存该排练时间,否则本次排练无效。

经过排练计时的演示文稿,放映时无需人工干预,将按排练时间自动放映,适合展览会无人值守的幻灯片演示。若在放置放映方式时设置了"循环放映,按 Esc 键终止",则自动按排练时间反复放映演示文稿。

5.7.3　放映演示文稿

制作演示文稿的最终目的就是为观众放映演示文稿,以表达相关观点和信息。放映当前演示文稿必须先进入幻灯片放映视图,用如下方法之一可以进入幻灯片放映视图:

(1) 单击"幻灯片放映"选项卡"开始放映幻灯片"组的"从头开始"或"从当前幻灯片开始"按钮。

(2) 单击窗口右下角视图按钮中的"幻灯片放映"按钮,则从当前幻灯片开始放映。

第一种方法"从头开始"命令是从演示文稿的第一张幻灯片开始放映,而"从当前幻灯片开始"命令是从当前幻灯片开始放映。第二种方法是从当前幻灯片开始放映。

进入幻灯片放映视图后,在全屏幕放映方式下,单击鼠标左键,可以切换到下一张幻灯片,直到放映完毕。在放映过程中,右击鼠标会弹出放映控制菜单,如图 5-47 所示。利用放映控制菜单的命令可以改变放映顺序、即兴标注等。

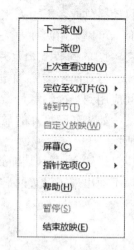

图 5-47 放映控制菜单

1. 改变放映顺序

一般,幻灯片放映是按顺序依次放映。若需要改变放映顺序,可以右击鼠标,弹出放映控制菜单。单击"上一张"或"下一张"命令,即可放映当前幻灯片的上一张或下一张幻灯片。若要放映特定幻灯片,将鼠标指针指向放映控制菜单的"定位至幻灯片",就会弹出所有幻灯片标题,单击目标幻灯片标题,即可从该幻灯片开始放映。

2. 放映中即兴标注和擦除墨迹

放映过程中,可能要强调或勾画某些重点内容,也可能临时即兴勾画标注。为了从放映状态转换到标注状态,可以将指针放在放映控制菜单的"指针选项",在出现的子菜单中单击"笔"命令(或"荧光笔"命令),鼠标指针呈圆点状,按住鼠标左键即可在幻灯片上勾画书写。

如果希望改变笔画的颜色,可以选择放映控制菜单"指针选项"子菜单的"墨迹颜色"命令,在弹出的颜色列表中选择所需颜色。

如果希望删除已标注的墨迹,可以单击放映控制菜单"指针选项"子菜单的"橡皮擦"命令,指针呈橡皮擦状,在需要删除的墨迹上单击即可清除该墨迹。若选择"擦除幻灯片上的所有墨迹"命令,则擦除全部标注墨迹。

要从标注状态恢复到放映状态,可以右击鼠标调出放映控制菜单,并选择"指针选项"子菜单的"箭头"命令即可。

3. 使用激光笔

为指明重要内容,可以使用激光笔功能。按住 Ctrl 键的同时,按鼠标左键,屏幕出现十分醒目的红色圆圈的激光笔,移动激光笔,可以明确指示重要内容的位置。

改变激光笔颜色的方法:

单击"幻灯片放映选项卡"设置组的"设置幻灯片放映"按钮,出现"设置放映方式"对话框,单击"激光笔颜色"下拉按钮,即可设置激光笔的颜色(红、绿和蓝)。

4. 中断放映

有时希望在放映过程中退出放映,可以右击鼠标,调出放映控制菜单,从中选择"结束放映"命令即可。

除通过右击调出的放映控制菜单外,也可以通过屏幕左下角的控制按钮实现放映控制菜单的全部功能。左箭头、右箭头按钮相当于放映控制菜单的"上一张"或"下一张"功能。笔状按钮相当于放映控制菜单的"指针选项"功能。幻灯片状按钮的功能包括放映控制菜单除"指针选项"外的所有功能。

5.7.4 打印演示文稿

演示文稿除放映外，还可以打印成文档，便于演讲时参考、现场分发给观众、传递交流和存档。

1. 页面设置

演示文稿的页面设置决定了幻灯片的大小、幻灯片方向以及大纲、备注和讲义方向。用户可以根据需要对其进行更改。

若要进行页面设置，只需选择"设计"选项卡，单击"页面设置"中的"页面设置"按钮，即可弹出如图 5-48 所示的对话框。

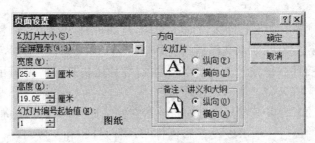

图 5-48 "页面设置"对话框

在该对话框的"幻灯片大小"下拉列表中，可以选择系统预设的几种幻灯片尺寸。同时，用户还可以利用"宽度"和"高度"微调框自定义幻灯片大小。在"幻灯片编号起始值"微调框中，可以设置要打印的起始幻灯片编号。在"方向"栏中选择相应的单选按钮，则可以指定幻灯片的方向以及备注、讲义和大纲的方向。

2. 打印

若需要打印演示文稿，可以采用如下步骤：

(1) 打开演示文稿，单击"文件"选项卡，在下拉菜单中选择"打印"命令，右侧各选项可设置打印份数、打印范围、打印版式、打印顺序等，如图 5-49 所示。

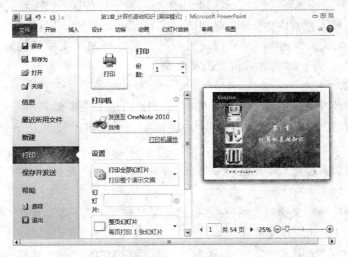

图 5-49 打印设置

（2）在"打印"栏输入打印份数，在"打印机"栏中选择当前要使用的打印机。

（3）从"设置"栏开始从上至下分别确定打印范围、打印版式、打印顺序和彩色/灰度打印等。单击"设置"栏右侧的下拉按钮，在出现的列表中选择"打印全部幻灯片"、"打印所选幻灯片"（仅事先选择要打印的幻灯片时有效）、"打印当前幻灯片"或"自定义范围"。若选择"自定义范围"，则在下面"幻灯片"栏文本框中输入要打印的幻灯片序号，非连续的幻灯片序号用逗号分开，连续的幻灯片序号用"—"分开。例如输入"1,5,9-12"，表示打印幻灯片序号为1,5,9,10,11和12的6张幻灯片。

（4）设置打印版式（整页幻灯片、备注页或大纲）或打印讲义的方式（1张幻灯片、2张幻灯片、3张幻灯片等）。单击右侧的下拉按钮，在出现的版式列表或讲义打印方式中选择一种。例如选择"2张幻灯片"的打印讲义方式，则右侧预览区显示每页打印上下排列的两张幻灯片。

（5）设置打印顺序。如果打印多份演示文稿，有两种打印顺序："调整"和"取消排序"。"调整"是指打印1份完整的演示文稿后再打印下一份（即"1,2,3　1,2,3　1,2,3"顺序），"取消排序"则表示打印各份演示文稿的第一张幻灯片后再打印各份演示文稿的第二张幻灯片……（即"1,1,1　2,2,2　3,3,3"顺序）。

（6）"设置"栏的下方可设置打印方向。单击它并选择"横向"或"纵向"。

（7）"设置"栏的最后一项可以设置彩色打印、黑白打印和灰度打印。单击该项下拉按钮，在出现的列表中选择"颜色"、"纯黑白"或"灰度"。

（8）设置完成后，单击"打印"按钮。

纸张的大小等信息可以通过"打印机属性"按钮来设置。单击"打印机"栏下方的"打印机属性"按钮，出现"文档属性"对话框，在"纸张/质量"选项卡中单击"高级"按钮，出现"高级选项"对话框，在"纸张规格"栏可以设置纸张的大小（如 A4 等）。在"布局"选项卡的"方向"栏也可以选择打印方向（"纵向"或"横向"）。

5.7.5　演示文稿的打包

完成的演示文稿有可能会在其他计算机上演示，如果该计算机上没有安装 PowerPoint，就无法放映演示文稿。为此，可以利用演示文稿打包功能，将演示文稿打包到文件夹或 CD，甚至可以把 PowerPoint 播放器和演示文稿一起打包。这样，即使计算机上没有安装 PowerPoint，也能正常放映演示文稿。另一种方法是将演示文稿转换成放映格式，也可以在没有安装 PowerPoint 的计算机上正常放映。

1. 演示文稿的打包

要将演示文稿在其他电脑上播放，可能会遇到该电脑上未安装 PowerPoint 应用软件的尴尬情况。为此，常来用演示文稿打包的方法，使演示文稿可以脱离 PowerPoint 应用软件直接放映。

演示文稿可以打包到 CD 光盘（必须有刻录机和空白 CD 光盘），也可以打包到磁盘的文件夹。

要将制作好的演示文稿打包，并存放到磁盘某文件夹，可以按如下方法操作：

（1）打开要打包的演示文稿。

（2）单击"文件"选项卡"保存并发送"命令，然后双击"将演示文稿打包成 CD"命令，出现"打包成 CD"对话框，如图 5-50 所示。

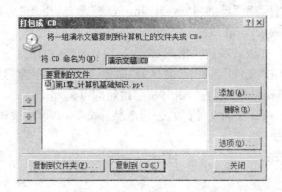

图 5-50　"打包成 CD"对话框

（3）对话框中提示当前要打包的演示文稿（如计算机应用基础.pptx），若希望将其他演示文稿也在一起打包，则单击"添加"按钮，出现"添加文件"对话框，从中选择要打包的文件（如练习题.pptx），并单击"添加"按钮。

（4）默认情况下打包应包含与演示文稿有关的链接文件和嵌入的 TrueType 字体，若想改变这些设置，可以单击"选项"按钮，在弹出的"选项"对话框中设置。

（5）在"打包成 CD"对话框中单击"复制到文件夹"按钮，出现"复制到文件夹"对话框，输入文件夹名称（如"计算机应用基础打包"）和文件夹的路径，并单击"确定"按钮，则系统开始打包并存放到指定的文件夹。

若已经安装光盘刻录设备，也可以将演示文稿打包到 CD，方法同上，只是步骤⑤改为：在光驱中放入空白光盘，在"打包成 CD"对话框中单击"复制到 CD"按钮，出现"正在将文件复制到 CD"对话框，提示复制的进度。完成后询问"是否要将同样的文件复制到另一张 CD 中？"，回答"是"，则继续复制到另一张光盘；回答"否"，则终止复制。

2. 运行打包的演示文稿

完成了演示文稿的打包后，在没有安装 PowerPoint 的机器上也能放映演示文稿。具体方法如下：

（1）打开打包的文件夹的 PresentationPackage 子文件夹。

（2）在联网情况下，双击该文件夹的 PresentationPackage.html 网页文件，在打开的网页上单击"Download Viewer"按钮，下载 PowerPoint 播放器 PowerPointWiewer.exe 并安装。

（3）启动 PowerPoint 播放器，出现"Microsoft PowerPoint Viewer"对话框，定位到打包文件夹，选择某个演示文稿文件，并单击"打开"，即可放映该演示文稿。

（4）放映完毕，还可以在对话框中选择播放其他该演示文稿。

注意，在运行打包的演示文稿时，不能进行即兴标注。若演示文稿打包到 CD，则将光盘放到光驱中就会自动播放。

5.7.6　将演示文稿转换为直接放映格式

将演示文稿转换成放映格式，可以在没有安装 PowerPoint 的计算机上直接放映。

(1) 打开演示文稿，单击"文件"选项卡"保存并发送"命令。

(2) 双击"更改文件类型"项的"PowerPoint 放映"命令，出现"另存为"对话框，其中自动选择保存类型为"PowerPoint 放映(＊.ppsx)"即可。

也可以用"另存为"方法转换放映格式：

打开演示文稿，单击"文件"选项卡"另存为"命令，打开"另存为"对话框，保存类型选择"PowerPoint 放映(＊.ppsx)"，然后单击"保存"按钮即可。

双击放映格式为＊.ppsx 的文件(如：公司产品.ppsx)，即可放映该演示文稿。

习　　题

一、选择题

1. 按＿＿＿＿＿＿＿快捷键可以退出 PowerPoint 2010。
　A．Alt＋F4　　　　B．Ctrl＋F4　　　　C．Ctrl＋N　　　　D．Ctrl＋O

2. 由 PowerPoint 2010 创建的文档称为＿＿＿＿＿＿＿。
　A．演示文稿　　　　B．幻灯片　　　　C．讲义　　　　D．多媒体课件

3. PowerPoint 2010 演示文稿文件以＿＿＿＿＿＿＿为扩展名进行保存。
　A．.ppt　　　　B．.pot　　　　C．.pptx　　　　D．.htm

4. 如果要在演示文稿进行放映过程中自动运行演示文稿，可以采用(　　　)放映方式。
　A．演讲者放映　　　　B．观众自行浏览　　　　C．在展台浏览　　　　D．其他

5. ＿＿＿＿＿＿＿是事先定义好格式的一批演示文稿方案。
　A．模板　　　　B．母版　　　　C．版式　　　　D．幻灯片

6. 对母版的修改将直接反映在＿＿＿＿＿＿＿幻灯片上。
　A．每张
　B．当前
　C．当前幻灯片之后的所有
　D．当前幻灯片之前的所有

二、思考题

1. 简述演示文稿和幻灯片之间的关系。
2. 建立演示文稿的方法有几种？
3. 有哪几种视图方式？其作用分别是什么？
4. 在普通视图下，演示文稿的每一页是由哪几个主要区域构成的？
5. 常用的母版有哪几种类型？各有什么作用？
6. 幻灯片放映通常有哪几种类型？各有什么特点？
7. 在 PowerPoint 2010 中包含几种动画效果，其含义分别是什么？
8. 什么是切换效果？
9. 如何自定义幻灯片的放映方式？
10. 幻灯片放映时如何定位至其他幻灯片？
11. 在手动换片方式下有必要设置放映时间吗？
12. 如何将演示文稿打包为 CD？

第 6 章 Internet 的基础知识和简单应用

计算机网络由计算机和通信网络两部分组成,主要解决数据处理和数据通信的问题。计算机是通信网络的终端或信源,通信网络为计算机之间的数据传输和交换提供了必要的手段;计算机技术和通信技术的紧密结合,促进了计算机网络的发展,对人类社会的发展和进步产生了巨大的影响。

本章的主要内容安排如下:
(1) 了解计算机网络的基本概念和基本技术。
(2) 了解计算机局域网的相关概念和技术。
(3) 了解 Internet 的相关概念和接入技术。
(4) 了解浏览 Internet 的基本方法。

6.1 计算机网络概述

6.1.1 计算机网络的发展

计算机网络仅有几十年的发展历史,经历了从简单到复杂、从低级到高级、从地区到全球的发展过程。从应用领域上看,这个过程大致可划分为四个阶段:

第一阶段:(20 世纪 60 年代)以单个计算机为中心的面向终端的计算机网络系统。这种网络系统是以批处理信息为主要目的,通过较为便宜的通信线路共享较昂贵的计算机。它的缺点是:如果计算机的负荷较重,会导致系统响应时间过长;单机系统的可靠性一般较低,一旦计算机发生故障,将导致整个网络系统的瘫痪。

第二阶段:(20 世纪 70 年代)以分组交换网为中心的多主机互连的计算机通信网络。为了克服第一代计算机网络的缺点,提高网络的可靠性和可用性,人们借鉴了电信部门的电路交换的思想,提出了存储转发(Store and Forward)的交换技术。所谓"交换",从通信资源的分配角度来看,就是由交换设备动态地分配传输线路资源或信道带宽所采用的一种技术。英国 NPL 的戴维德(David)于 1966 年首次提出了"分组"(Packet)这一概念。1969 年 12 月,美国的分组交换网网络中传送的信息被划分成分组,该网称为分组交换网 ARPANET(当时仅有 4 个交换点投入运行)。ARPANET 的成功,标志着计算机网络的发展进入了一个新纪元。

第三阶段:(20 世纪 80 年代)具有统一的网络体系结构,遵循国际标准化协议的计算机网络,是计算机局域网网络发展的盛行时期。

在第三代网络出现以前,网络是无法实现不同厂家设备互连的。随着 ARPANET 的建立,各厂家为了霸占市场,采用自己独特的技术并开发了自己的网络体系结构,如 IBM 发布的 SNA(System Network Architecture,系统网络体系结构)和 DEC 公司发布的 DNA(Digital Network Architecture,数字网络体系结构)。这些网络体系结构的出现,使得一个公司生产的各种类型的计算机和网络设备可以非常方便地进行互连。但是,由于各个网络体系结构都不相同,协议也不一致,使得不同系列、不同公司的计算机网络难以实现互联。这为全球网络的互联、互通带来了困难,阻碍了大范围网络的发展。后来,为了实现网络大范围的发展和不同厂家设备的互联,1977 年国际标准化组织 ISO(International Organization for Standardization)提出一个标准框架——OSI(Open System Interconnection/ Reference Model,开放系统互连参考模型),共 7 层。1984 年正式发布了 OSI,使厂家设备、协议达到全网互联。

在计算机网络发展的进程中,另一个重要的里程碑就是出现了局域网。局域网使得一个单位或部门的微型计算机互连在一起,互相交换信息和共享资源。由于局域网的距离范围有限、联网的拓扑结构规范、协议简单,使得局域网联网容易,传输速率高,使用方便,价格也便宜,所以很受广大用户的青睐。因此,局域网在 20 世纪 80 年代得到了很大的发展,尤其是 1980 年 2 月美国电气和电子工程师学会组织颁布的 IEEE802 系列的标准,对局域网的发展和普及起到了巨大的推动作用。

第四阶段:(20 世纪 90 年代)网络互联与高速网络。随着数字通信出现和光纤的接入,计算机网络飞速发展,其主要特征是:计算机网络化综合化、高速化、协同计算能力发展以及全球互联网络(Internet)的盛行。接入 Internet 的方式也不断地诞生,如 ISDN、ADSL、DDN、FDDI 和 ATM 网络等。随着 Internet 的商业化,计算机网络已经真正进入社会各行各业,走进平民百姓的生活。

6.1.2　计算机网络的定义

计算机网络指分布在不同地理位置上的具有独立功能的多个计算机系统,利用通信设备和通信线路相互连接起来,在网络软件的管理下,实现数据传输和资源共享的系统。

上述计算机网络的定义包含以下 3 个要点:

① 一个计算机网络包含多台具有独立功能的计算机。所谓的"独立"是指这些计算机在脱离网络后也能独立工作和运行。通常被称为主机(Host)。

② 有组成计算机网络的连接设备和传输介质,以及连接时必须遵循的约定和规则,即通信协议。

③ 建立计算机网络的主要目的是为了实现网络通信、资源共享或者是计算机之间的协同工作。一般将计算机资源共享作为网络的最基本特征。

6.1.3　计算机网络的功能

计算机网络的应用已经渗透到社会的各个领域,其基本功能是数据通信和资源共享。

1. 数据通信

是计算机网络的最基本的功能之一。利用计算机网络可实现各计算机之间快速可靠地互相传送数据,进行信息处理,如传真、电子邮件(E-mail)、电子数据交换(EDI)、电子公告牌(BBS)、远程登录(Telnet)与信息浏览等通信服务。数据通信能力是计算机网络最基本的功能。

2. 资源共享

包括软件资源、硬件资源和数据资源的共享,是计算机网络最突出的优点。通过资源共享,可以使网络中各地区的资源互通有无,分工协作,从而大大提高系统资源的利用率。

6.1.4 计算机网络的分类

计算机网络的分类,可按不同的标准进行划分。现较为普遍使用的方法是按网络覆盖的地理范围划分,主要有以下几类:局域网(Local Area Network,LAN)、城域网(Metropolitan Area Network,MAN)和广域网(Wide Area Network,WAN)。

1. 局域网

局域网是在微型计算机大量推出后被广泛使用的,其特点是覆盖范围小,最大距离不超过 10 公里,各个网络节点之间的距离较短,具有传输速率高(10～1 000 Mbps)、误码率低、延迟小、易维护管理等特点,其设备也比较便宜,往往由一个单位或部门筹建并使用。

2. 广域网

广域网的作用范围一般为几十公里到几千公里,可以跨省、跨国或跨洲。可以实现计算机更广阔范围上的互联,实现世界级范围内的信息数据共享。我们所熟悉的 Internet 就是广域网的典型应用。广域网传输速率较低,一般在 96 Kbps～45 Mbps 左右。

3. 城域网

城域网的作用范围介于 LAN 和 WAN 之间,一般为几公里到几十公里,传输速率一般在 50 Mbps 左右,可以认为是一种大型的局域网(LAN),通常使用与局域网相似的技术。它可以覆盖一个城市的范围,并且有可能连接当地的有线电视网络,提供更丰富的数据信息资源。

6.1.5 计算机网络结构

1. 计算机网络的组成

从数据通信和数据处理的功能来看,网络可分为两层:内层的通信子网和外层的资源子网,如图 6-1 所示。

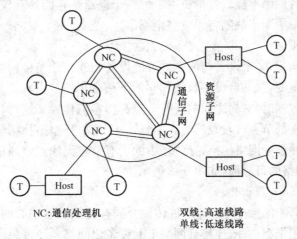

NC:通信处理机

双线:高速线路
单线:低速线路

图 6-1 计算机网络的通信子网和资源子网

通信子网包括通信线路、网络连接设备、网络协议和通信控制软件等,是用作信息交换的节点计算机和通信线路组成的独立的通信系统。它承担全网的数据传输、转接、加工和交换等通信处理工作。

网络中实现资源共享功能的设备及其软件的集合称为资源子网,资源子网包括联网的计算机、终端、外部设备、网络协议和网络软件等。资源子网主要负责全网的信息处理,为网络用户提供网络服务和资源共享功能等。

随着局域网技术的发展,网络结构也在随之变化,通过路由器可以实现网络互联,以构成一个大型的互联网络。

2. 网络的拓扑结构

将网络中的所有设备定义为结点,两个结点间的连线定义为链路,计算机网络就是由一组结点和链路组成的系统。网络结点和链路的几何图形,就是网络拓扑结构。

网络拓扑结构反映了网络中各种网络设备的物理布局,局域网的3种基本网络拓扑结构是星型、环型和总线型,广域网的拓扑结构则是网状拓扑。另外,星型结构还可以扩展成树型结构。

(1) 总线拓扑(CommonBus Topology)

在总线拓扑中,所有的设备都连接到一个线型的传输介质上,这个线型的传输介质通常称为总线。在总线的两头还必须有一个称为终结器的电阻器。终结器的作用是在信号到达目的地后终止信号,如图6-2所示。

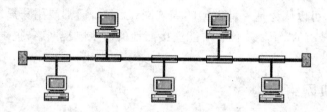

图6-2 总线结构示意图

总线拓扑比较简单,所用的传输介质也很少。因此,总线拓扑与其他网络拓扑比费用是比较低的。但这种网络不能较好地扩展。另一个缺点是它们具有较差的容错能力,这是因为在总线上的某个中断或缺陷将影响整个网络。

(2) 环型拓扑(Ring Topology)

在环型拓扑结构中,每个设备与两个最近的设备相连接使整个网络形成一个环状。环形网络总是单向传输的,每一台设备只能和它的下一个相邻节点直接通信。当一个节点要往另一个节点发送数据时,它们之间的所有节点都得参与传输。这样,比起总线拓扑来,更多的时间被花在替别的节点转发数据上。而且,一个简单环型拓扑结构的缺点是单个发生故障的工作站可能使整个网络瘫痪,导致环中的所有节点无法正常通信。可以通过双环实现双向传输,提高网络的可靠性,如图6-3所示。

(3) 星型拓扑(Star Topology)

在星型拓扑中,网络上的设备都通过传输介质连接到处于中心的中央设备,如用交换机连接在一起。使用星型拓扑,连接到网络上的设备之间都要经过集线器来实现相互的通信,如图6-4所示。

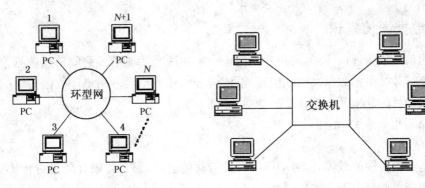

图 6-3　环型结构示意图　　　　图 6-4　以交换机为中心的星型结构

星型拓扑结构由于在一段传输介质上只能连接一个网络设备，因此同环型或总线网络相比，将需要更多的传输介质。这样也必然导致成本的上升。同时发生故障的单个电缆或工作站不会使星型网络瘫痪。但一个集线器的损将导致一个局域网段的瘫痪。由于中央连接点的使用，星型拓扑结构可以很容易地移动、隔绝或与其他网络连接。因此，它们更易于扩展。

（4）树型结构

树型结构实际上是星型结构的一种变形，它将原来用单独链路直接连接的节点通过多级处理主机进行分级连接，如图 6-5 所示。

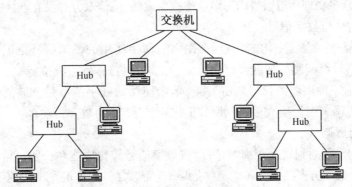

图 6-5　树型结构示意图

这种结构与星型结构相比降低了通信线路的成本，但增加了网络复杂性。网络中除最低层节点及其连线外，任一节点或连线的故障均会影响其所在支路网络的正常工作。

（5）网状结构

网状结构分为全连接网状和不完全连接网状两种形式。全连接网状中，每一个节点和网络中其他节点均有链路连接。不完全连接网状中，两节点之间不一定有直接链路连接，它们之间的通信，依靠其他节点转接（图 6-6）。这种网络的优点是节点间路径多，碰撞和阻塞可大大减少，局部的故障不会影响整个网络的正常工作，可靠性高；网络扩充和主机入网比较灵活、简单。但这种网络关系复杂，建网不易，网络控制机制复杂。广域网中一般用不完全连接网状结构。

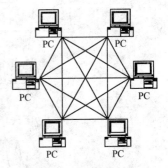

图 6-6　完全连接的网状结构示意图

6.1.6 数据通信常识

数据通信是依照通信协议,利用数据传输技术在两个功能单元之间传递数据信息。而数据传输是将源站点的数据编码成信号,沿传输介质传播至目的站点。数据传输的品质取决于被传输信号的品质和传输介质的特性。

下面介绍几个常用术语:

(1) 信号

信号是数据传输的载体,信号中携带有要传输的信息,通过传输介质进行传输,它是由网络部件如网络接口卡产生的。信号分以下几类:

① 电信号:通过铜线媒介传输。

② 光信号:通过光缆、空气、真空等途径传播。

③ 电磁信号:在空间进行传播,主要在无线通信中使用。

(2) 信道

信道是信号传输的通路,在计算机网络中有物理信道和逻辑信道之分。物理信道是指用来传输信号的物理通路,由传输介质和相关通信设备组成。传输介质有有线介质和无线介质二种。有线介质包括双绞线、同轴电缆和光缆,同轴电缆有细缆和粗缆,光纤有单模光纤和多模光纤;无线介质有红外、激光、微波和卫星通信。逻辑信道是建立在通信双方之间的通路,是由网络中众多物理信道通过内部结点连接而成的,通信双方并没有直接的物理连接。

(3) 模拟信号与数字信号

模拟信号是一种连续变化的信号,在网络通信中使用的模拟信号是正弦波信号,计算机产生的数字信号经调制后加载到正弦波信号上进行传输,称为模拟传输。

数字信号是一种离散的信号,在网络通信中使用的数字信号是方波信号,计算机能识别的二进制数经网卡编码后直接送到网线上进行传输,称为数字传输。

(4) 调制与解调

要将数字信号传播到较远距离时,可以将数字信号转化成能在长距离传输的模拟信号。这就要求在通信的双方安装调制解调器(Modem),发送方将计算机发出的数字信号转化为加载了数字信息的模拟信号,这个过程称为调制;而接收方则将模拟信号还原成计算机能接收的数字信号,这个过程称为解调。常用的调制方法有调幅、调频和调相,如图6-7所示。

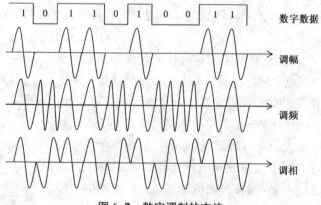

图 6-7 数字调制的方法

(5) 数据传输速率

数据传输速率是指单位时间内传送的二进制数据的位数,通常用 bps(Bit per Second,位每秒)或 Bps(Byte per Second,字节每秒)作计量单位。

(6) 带宽

在模拟信道中,带宽表示电路可以保持稳定工作的频率范围,以信号的最高频率与最低频率之差来表示,频率(Frequency)是模拟信号波每秒变化的周期数,以 Hz 为单位。在数字通信中,通信信道的最大传输速率与信道带宽之间存在着明确的关系,所以网络技术中,带宽所指的其实就是数据传输速率,是通信系统的主要技术指标之一。

(7) 误码率

误码率是指在信息传输过程中数据出错的概率,是通信系统的可靠性指标,误码率是用来衡量误码出现的频率。计算机网络通信中,要求误码率低于 10^{-6}。IEEE 802.3 标准为 1000Base-T 网络制定的可接受的最高限度误码率为 10^{-10}。这个误码率标准是针对脉冲振幅调制(PAM-5)编码而设定的,也就是千兆以太网的编码方式。

6.1.7 组网和联网的硬件设备

计算机网络由网络软件和硬件两部分组成,网络软件主要指网络操作系统,目前使用的网络操作系统有 Windows XP、Windows 7、Netware、Unix 和 Linux 等。而硬件设备主要有以下几种:

1. 组网设备

(1) 计算机

网络中有两种不同的管理模式:客户机/服务器模式和对等网模式。这两种模式中使用的计算机是不同的。

① 客户机/服务器模式(Client/Server)

客户机/服务器模式是以网络服务器为中心的集中管理模式,网络包含了一台或多台安装了服务器软件的计算机,以及连接到服务器上的安装了客户端软件的一台或多台计算机。服务器要求有较高的性能和较大的存储容量,承担着提供整个网络数据存储和转发的功能,并集中为客户机提供服务。根据提供服务的不同,服务器可分为文件服务器、数据库服务器、Web 服务器和电子邮件服务器等。客户机则是普通的计算机,提供用户上网的平台,受到服务器的统一管理。网络数据库、网络在线游戏等都是客户机/服务器模式网络的典型应用。

② 对等网模式(Peer-to-Peer,也常被称作 P2P)

对等网模式的网络中的所有互联设备地位相同,网络中的计算机都称为工作站,既是服务器又当客户机,可以独自存储数据,直接传输数据而不需要中心服务器的参与。P2P 技术是网络文件共享服务的基础,例如互联网上著名的 P2P 软件——BT 下载,以及微软的 Windows 对等网络等都是以此模式为理论依据的。

图 6-8 是客户机/服务器模式和对等网模式的比较图。

(2) 传输介质

网络中常见的传输介质有双绞线、同轴电缆、光纤和无线传输介质。

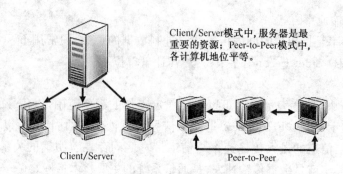

图 6-8　Client/Server 与 Peer-to-Peer 的对比

① 双绞线

双绞线是一种应用广泛、价格低廉的网络线缆。它的内部包含 4 对铜线，每对铜线相互绝缘并被绞合在一起，所以得名双绞线。双绞线可以分为屏蔽双绞线和非屏蔽双绞线两大类，我们通常用的都是非屏蔽双绞线（图 6-9）。双绞线现在正被广泛地应用于局域网中。

② 同轴电缆

在早期的局域网中经常采用同轴电缆作为传输介质。常用的同轴电缆有粗缆和细缆之分，粗缆的特点是连接距离长、可靠性高，最大传输距离可达 2 500 米；缺点为安装难度大，总体造价高。细缆的特点是传输距离略短，为 925 米，但是安装比较简单，造价较低。同轴电缆适用于总线网络拓扑结构。在现代网络中，同轴电缆构成的网络已逐步被由非屏蔽双绞线或光纤构成的网络所淘汰。图 6-10 为同轴电缆的结构。

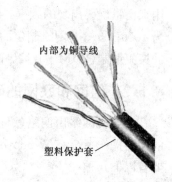

图 6-9　非屏蔽双绞线的结构

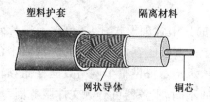

图 6-10　同轴电缆的结构

图 6-11　光纤线缆

③ 光纤

光纤是一束极细的玻璃纤维的组合体。每一根玻璃纤维都为一条光纤，它要比人们的头发丝还要细很多。由于玻璃纤维极其脆弱，因此，每一根光纤都有外罩保护，最后用一个极有韧性的外壳将若干光纤封装，就成了我们看到的光纤线缆，如图 6-11 所示。

光纤分单模光纤和多模光纤两种。所谓模是指光的路径，多模光纤允许多种不同入射角的光以全反射的原理在光纤中传播，其光源可以是发光二极管或激光；而单模光纤中的光是沿光纤直线传播的，其光源往往是激光。与多模光纤相比，单模光纤纤芯的直径要细得多，信号衰减更小，传输速率更快，传输距离更远。

光纤不同于双绞线和同轴电缆是将数据转换为电信号传输，而是将数据转换为光信号在其内部传输，从而拥有了强大的数据传输能力。目前光纤的数据传输速率可达

2.4 Gbps,传输距离可达上百千米。Internet 的主干网络就是采用光纤线缆搭建而成,并且,光纤也越来越多地应用于商业网络和校园网络之中。

除以上有线线缆外,我们还可以使用 USB 线缆、电话线甚至是电力线缆来传输数据。

④ 无线传输介质

常用的无线传输介质主要有微波、红外线、无线电、激光和卫星等。

无线网络的特点是数据传输受地理位置的限制较小、使用方便,其不足之处是容易受到障碍物和天气的影响。

(3) 网络接口卡

网络接口卡 NIC(Network Interface Card),通常被做成插件的形式插入计算机的一个扩展槽中,故也被称作网卡。在局域网中,计算机都是通过网络接口卡连接到网络。网卡的种类很多,各有自己适用的传输介质与网络协议。

2. 网络互联设备

网络互联设备可实现多个网络的互联,主要有以下几种:

(1) 集线器

集线器(Hub)又称集中器,是多口中继器。把它作为一个中心节点,可连接多条传输媒体。其优点是当某条传输媒体发生故障时,不会影响到其他的节点。

(2) 交换机

交换机是一种类似于集线器的网络互联设备,它将传统的网络"共享"传输介质技术改变为交换式的"独占"传输介质技术,提高了网络的带宽。

集线器和交换机的重要区别就在于:集线器是共享线路带宽;交换机独占线路带宽。

(3) 路由器

路由器用来将不同类型的网络互联,能够实现数据的路由选择,支持局域网和广域网的互联,是互联网上的主要网络互联设备。

(4) 无线 AP

即无线访问点。单纯的无线 AP 就是一个无线交换机,仅提供无线信号的发射和接收功能,可以将有线网和无线网连接到一起,将有线网中的网络信号转换成无线信号发送出去,形成无线网的覆盖。不同的无线 AP 具有不同的功率,可以实现不同程度、不同范围的覆盖。一般的无线 AP 的最大覆盖范围可达 300 米,非常适合在建筑物之间、楼层之间等不便于架设有线局域网的地方构建无线局域网。

无线 AP 还是无线路由器等设备的统称,提供路由、网管等功能,可以实现无线网络之间的连接。

6.2 Internet 基础

6.2.1 因特网概述

Internet(因特网)的前身是 ARPANET,采用 TCP/IP 协议将世界范围内的计算机网络连接在一起,是目前世界上最大的国际性计算机互联网,也是信息资源最多的全球开放性的信息资源网。

1. Internet 发展简史

1969 年,美国国防部国防高级研究计划署(DoD/DARPA)资助建立了一个名为 ARPANET 的网络,这个网络把位于洛杉矶的加利福尼亚大学分校、位于圣芭芭拉的加利福尼亚大学分校、斯坦福大学,以及位于盐湖城的犹他州州立大学的计算机主机连接起来,位于各个结点的大型计算机采用分组交换技术,通过专门的通信交换机(IMP)和专门的通信线路相互连接。这个 ARPANET 就是 Internet 最早的雏形。

1972 年,全世界电脑业和通讯业的专家学者在美国华盛顿举行了第一届国际计算机通信会议,就在不同的计算机网络之间进行通信达成协议,会议决定成立 Internet 工作组,负责建立一种能保证计算机之间进行通信的标准规范(即"通信协议");1973 年,美国国防部也开始研究如何实现各种不同网络之间的互联问题。

至 1974 年,IP(Internet 协议)和 TCP(传输控制协议)相继问世,合称 TCP/IP 协议。这两个协议定义了一种在电脑网络间传送报文(文件或命令)的方法。随后,美国国防部决定向全世界无条件地免费提供 TCP/IP,即向全世界公布解决电脑网络之间通信的核心技术,TCP/IP 协议核心技术的公开最终导致了 Internet 的大发展。

1984 年 ARPANET 分解为 ARPANET 民用科研网和 MILNET 军用计算机网。

1986 年 NSF(美国国家科学基金会)围绕其 6 个大型计算机中心建设计算机网络,1986 年 NSF 建立了 NSFNET,分为主干网、地区网和校园网三级网络,NSFNET 后来接管了 ARPANET,并将网络更名为 Internet。最初主干网的速率仅为 56 Kb/s,1989—1990 年提高到 1.544 Mb/s,1990 年 ARPANET 正式关闭。

1991 年 NSF 和美国政府将 Internet 的主干网转交私人公司经营。

1993 年主干网速率提高到 45 Mb/s。

1996 年主干网速率 155 Mb/s。

1999 年主干网速率达 622 Mb/s。

现在主干网速率达 1 Gb/s。

CERN(欧洲粒子物理研究所)开发的 WWW(万维网)被广泛应用于 Internet,大大方便了非网络专业人员对网络的使用,成为使 Internet 指数级增长的主要动力。1998 年统计,有 60 多万个网络连在 Internet 上,上网计算机超过 2000 万台。

2. 下一代 Internet 计划

1996 年 10 月美国总统克林顿宣布在 5 年内用 5 亿美元的联邦资金实施"下一代 Internet 计划",即"NGI 计划"。

NGI 要实现的目标是:开发下一代网络结构,以比现在的 Internet 高 100 倍的速度连接至少 100 个研究机构,以比现在的 Internet 高 1 000 倍的速率连接 10 个类似的网点。其端到端的传输速率要超过 100 Mb/s 到 10 Gb/s。

另一个目标是:使用更加先进的网络服务技术和开发出许多革命性的应用,如远程医疗、远程教育、有关能源和地球系统的研究、高性能的全球通信、环境监测和预报、紧急情况处理等。

3. Internet 在我国的发展

1980 年铁道部开始计算机联网实验,当时覆盖北京、济南和上海等铁路局及 11 个分局。

第6章 Internet 的基础知识和简单应用

1989年11月我国第一个公用分组交换网 CNPAC 建成运行。由3个分组结点交换机、8个集中器和一个双机组成的网络管理中心组成。

1993年9月建成新的公用分组交换网,改称 CHINAPAC,由国家主干网和各省内网组成。

1994年4月,我国正式接入因特网,到1996年初,建成基于 Internet 技术并可以和 Internet 互连的四个全国性公用计算机网,分别为:

① CHINANET(中国公用计算机互联网)

这是中国的 Internet 骨干网,网管中心设在邮电部数据通信局,用户可用公用数字数据网(ChinaDDN)、公用分组交换网(ChinaPAC)、公用电话交换网(PSTN)接入该网,中国电信为业主,在北京、上海和广州设有高速国际出口线路与 Internet 相连,每月用户的增长率为 20%。

② CHINAGBN(中国金桥信息网)

吉通通信公司为业主,其中心节点设在北京,在24个发达城市建有分中心。实行天地一网,即天上卫星网和地面光纤网互联互通、互为备用,可以覆盖全国省市和自治区。

③ CERNET(中国教育和科研计算机网)

由国家教委管理,主干网租用邮电部的 DDN 线路,中心设在清华大学。

④ CSTNET(中国科学技术网)

由中国科学院负责建设和管理,中国互联网络信息中心(CNNIC)是在 CSTNET 和中国科学院网络信息中心的基础上成立。

前两个网络属于商业性网络,向全社会开放;后两个网络为非营利性网络,主要面向科研和教育机构。

另外还有如下网络:

UNInet(中国联通公用互联网):1998年由信息产业部批准,是 Chinanet 和 ChinaGBN 之后的第三家面向公众的计算机互联网络,1999年建成并覆盖100多个城市,2000年覆盖全国绝大部分本地网,国际出口总带宽 100 Mbps。

CNCnet(中国网通公用互联网):2000年10月正式开通,致力于全国宽带骨干网络建设,是我国第一个 IP/DWDM 全光纤 IP 骨干网,网络总带宽 40 Gbps,国际出口总带宽 355 Mbps。

CIETnet(中国国际经贸网):国际出口总带宽 4 Mbps。

Cmnet(中国移动互联网):国际出口总带宽 90 Mbps。

4. 因特网提供的服务

(1) 网页浏览

WWW(World Wide Web)是因特网的多媒体查询工具,包含有无数以超文本形式存在的信息,使用超文本链接可以使用户自由的在多个超文本网页中跳转。WWW 是当前 Internet 上最受欢迎、最为流行、最新的信息检索服务系统。

(2) 文件传输(FTP)

FTP(File Transfer Protocol)是文件传输的最主要工具。它可以传输任何格式的数据。用 FTP 可以访问 Internet 的各种 FTP 服务器。访问 FTP 服务器有两种方式:一种访问是注册用户登录到服务器系统,另一种访问是用"隐名"(anonymous)进入服务器。

(3) 电子邮件

电子邮件(E-mail)服务是 Internet 所有信息服务中用户最多和接触面最广泛的一类服务。电子邮件不仅可以到达那些直接与 Internet 连接的用户以及通过电话拨号进入 Internet 结点的用户,还可以用来同一些商业网(如 CompuServe、America Online)以及世界范围内的其他计算机网络(如 BITNET)上的用户通信联系,具有省时、省钱、方便和不受地理位置限制等优点,是因特网上使用最广的一种服务。

(4) 远程登录

Telnet 是将自己的计算机作为远程计算机的终端,通过远程计算机的登录帐号和口令访问该计算机。Telnet 使用户能够从与 Internet 连接的一台主机进入 Internet 上的任何计算机系统,只要你是该系统的注册用户。

6.2.2 Internet 的网络标识

1. TCP/IP 协议

TCP/IP(Transmission Control Protocol/Internet Protocol,传输控制协议/互联网络协议)协议是 Internet 的标准连接协议。它为全球范围内各种不同网络的互联和网络之间的数据传输提供了统一的规则,对 Internet 的发展产生极其深远的意义。

TCP/IP 协议不是一个单一的协议,而是一个分层的协议簇,包含了上千个协议,TCP 和 IP 是其中的两个最重要的核心协议。TCP/IP 协议将网络分成了 4 个层次,分别为网络接口层、互联网层、传输层和应用层。

(1) 网络接口层(Network Interface Layer),是网络的最底层,主要完成网络的硬件连接和收发数据帧。

(2) 互联网层(Internet Layer),根据 IP 地址完成数据转发和路由,提供一个不可靠的、无连接的端到端的数据通路。其核心协议为 IP 协议。

(3) 传输层(Transport Layer),实现端到端的无差错传输。其中的 TCP 协议为应用层提供了可靠的应用连接。

(4) 应用层(Application Layer),是 TCP/IP 协议的最高层,直接为用户提供各种网络服务,是用户进入网络的通道。

2. IP 地址和域名

(1) IP 地址

Internet 协议地址简称 IP 地址。在网络通信的过程中,互联网使用 IP 地址来标识不同的设备和主机,IP 地址是网络传输数据的依据,全球 IP 地址的规划和管理由 Internet NIC(Internet 网络信息中心)统一负责。

① IP 地址的分类

目前采用的 IP 协议是 IPv4,即版本 4,使用的 IP 地址长 32 bit(4Byte),分为网络号和主机号两个部分。为方便人们使用,IP 地址经常以四位十进制数来表示,每个 Byte 转化为一个十进制数,中间用符号"."隔开,每个十进制数的范围是 0~255,如 58.193.81.1 和 221.228.255.1 都是合法的 IP 地址。

为了更合理的分配 IP 地址,根据第一个十进制数的值,IP 地址被分为 A、B、C、D、E 5 类:0 到 126 为 A 类,前 8 个 bit 为网络号;128 到 191 为 B 类,前 16 个 bit 为网络号;192 到

223 为 C 类,前 24 个 bit 为网络号;224 到 239 为 D 类,为组播地址;240 到 255 为 E 类,为保留地址,暂时不用。

② 公有地址和私有地址

公有地址是 Internet 上的合法地址,在 Internet 中的每一台计算机均需要一个这样的 IP 地址,由 NIC 统一管理。

私有地址是在局域网内部使用的地址,无须申请。主要有以下范围:

A 类地址:10.0.0.1～10.255.255.254

B 类地址:172.16.0.1～172.31.255.254

C 类地址:192.168.0.1～192.168.255.254

③ IPv6

为了解决 IPv4 协议面临的各种问题,新的协议和标准产生了——Ipv6。其中包括新的协议格式、有效的分级寻址和路由结构、内置的安全机制、支持地址自动配置等特征,最重要的是长达 128 位的地址长度,其地址空间是 IPv4 的 2^{96} 倍,能提供超过 $3.4×10^{38}$ 个地址。

(2) 域名

IP 地址虽然可以唯一标识网上主机的地址,但用户记忆数以万计的用数字表示的主机地址十分困难。为此,Internet 提供了一种域名系统 DNS(Domain Name System),为主机分配容易记忆的域名,域名采用层次树状结构的命名方法,由多个有一定含义的字符串组成,各部分之间用圆点"."隔开。它的层次从左到右,逐级升高,其一般格式是:

主机名.二级域名.顶级域名

域名在整个 Internet 中是唯一的,当高级域名相同时,低级域名不允许重复。一台计算机只能有一个 IP 地址,但是却可以有多个域名,所以安装在同一台计算机上的不同服务可以有不同的域名,但共用同一个 IP。

注意:在域名中英文大小写是没有区分的。

① 顶级域名

域名地址的最后一部分是顶级域名,也称为第一级域名,顶级域名在 Internet 中是标准化的,并分为三种类型:

国家顶级域名:例如 cn 代表中国、fr 代表法国、hk 代表香港、jp 代表日本、uk 代表英国、us 代表美国。

国际顶级域名:国际性的组织可在 int 下注册。

通用顶级域名:最早的通用顶级域名共 6 个:com 表示公司、企业、net 表示网络服务机构;org 表示非盈利性组织;edu 表示教育机构;gov 表示政府部门(美国专用);mil 表示军事部门(美国专用)。

随着 Internet 的迅速发展,用户的急剧增加,现在又新增加了 7 个通用顶级域名:firm 表示公司、企业;info 表示提供信息服务的单位;web 表示突出万维网活动的单位;arts 表示突出文化、娱乐活动的单位;rec 表示突出消遣、娱乐活动的单位;nom 表示个人;store (shop)表示销售公司和企业。

② 二级域名

在国家顶级域名注册的二级域名均由该国自行确定。我国将二级域名划分为"类别域名"和"行政区域名"。其中"类别域名"有 6 个,分别为:ac 表示科研机构;com 表示工、商、金融等企业；edu 表示教育机构；gov 表示政府部门；net 表示互联网络、接入网络的信息中心和运行中心；org 表示各种非盈利性的组织。

"行政区域名"34 个，对应于我国的省、自治区、直辖市和特别行政区。例如，bj 为北京市；sh 为上海市；tj 为天津市；cq 为重庆市；hk 为香港特别行政区；mo 为澳门特别行政区；he 为河北省；js 为江苏省等。

若在二级域名 edu 下申请注册三级域名，则由中国教育和科研网络中心 Cernet NIC 负责；若在二级域名 edu 之外的其他二级域名之下申请注册三级域名，则应向中国互联网网络信息中心 CNNIC 申请。

图 6-12 为 Internet 名字空间的结构示意图，它实际上是一棵倒置的树。树根在最上面，没有名字，树根下面一级的节点就是最高一级的顶级域名节点，在顶级域名节点下面的是二级域名节点，最下面的叶节点就是单台计算机。

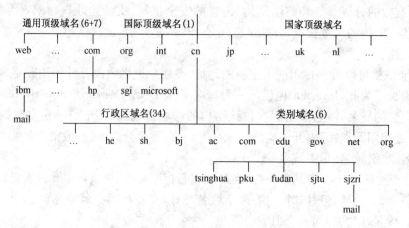

图 6-12 Internet 的名字空间示意图

域名和 IP 地址存在对应关系，当用户要与 Internet 中某台计算机通信时，既可以使用 IP 地址，也可以使用域名。域名易于记忆，用得更普遍。由于网络通信只能标识 IP 地址，所以当使用主机域名时，域名服务器通过 DNS 域名服务协议，自动将登记注册的域名转换为对应的 IP 地址，从而找到这台计算机。把域名翻译成 IP 地址的软件称为域名系统，翻译的过程称为域名解析。

6.2.3 Internet 的接入方式

1. PSTN(Published Switched Telephone Network, 公共电话网)

这是最容易实施的方法，费用低廉。是一种通过调制解调器拨号实现用户接入的方式，只要一条可以连接 ISP 的电话线和一个帐号就可以。缺点是传输速度低，目前最高的速率为 56 kbps，线路可靠性差。适合对可靠性要求不高的办公室以及小型企业。随着宽带的发展和普及，这种接入方式将被淘汰。

2. ISDN(Integrated Service Digital Network, 综合业务数字网)

俗称"一线通"，它采用数字传输和数字交换技术，将电话、传真、数据、图像等多种业务综合在一个统一的数字网络中进行传输和处理。用户利用一条 ISDN 用户线路，可以在上网的同时拨打电话、收发传真，就像两条电话线一样。ISDN 基本速率接口有两条 64 kbps

第 6 章 Internet 的基础知识和简单应用

的信息通路和一条 16 kbps 的信令通路,简称 2B+D,当有电话拨入时,它会自动释放一个 B 信道来进行电话接听。

就像普通拨号上网要使用 Modem 一样,用户使用 ISDN 也需要专用的终端设备,主要由网络终端 NT1 和 ISDN 适配器组成。网络终端 NT1 就像有线电视上的用户接入盒一样必不可少,它为 ISDN 适配器提供接口和接入方式。ISDN 适配器和 Modem 一样又分为内置和外置两类,内置的一般称为 ISDN 内置卡或 ISDN 适配卡;外置的 ISDN 适配器则称为 TA。

ISDN 目前在国内迅速普及,价格大幅度下降,有的地方甚至是免初装费用。它有快速的连接速度以及比较可靠的线路,可以满足中小型企业浏览网页以及收发电子邮件的需求,而且还可以通过 ISDN 和 Internet 组建企业 VPN。这种方法的性能价格比很高,在国内大多数的城市都有 ISDN 接入服务。

3. ADSL(Asymmetrical Digital Subscriber Line,非对称数字用户环路)

ADSL 是一种能够通过普通电话线提供宽带数据业务的技术,也是目前极具发展前景的一种接入技术。ADSL 素有"网络快车"之美誉,因其下行速率高、频带宽、性能优、安装方便、不需交纳电话费等特点而深受广大用户喜爱,成为继 PSTN、ISDN 之后的又一种全新的高效接入方式。

ADSL 方案的最大特点是不需要改造信号传输线路,完全可以利用普通铜质电话线作为传输介质,配上专用的 Modem 即可实现数据高速传输。ADSL 的上行速率 640 kbps～1 Mbps,下行速率 1 Mbps～8 Mbps,其有效的传输距离在 3～5 公里范围以内。在 ADSL 接入方案中,每个用户都有单独的一条线路与 ADSL 局端相连,它的结构可以看作是星型结构,数据传输带宽是由每一个用户独享的,可进行视频会议和影视节目传输,非常适合中小型企业。

4. DDN(Digital Data Network)专线

这是随着数据通信业务发展而迅速发展起来的一种新型网络。DDN 的主干网传输媒介有光纤、数字微波、卫星信道等,用户端多使用普通电缆和双绞线。DDN 将数字通信技术、计算机技术、光纤通信技术以及数字交叉连接技术有机地结合在一起,提供了高速度、高质量的通信环境,可以向用户提供点对点、点对多点透明传输的数据专线出租电路,为用户传输数据、图像、声音等信息。DDN 的通信速率可根据用户需要在 $N \times 64$ kbps($N = 1 \sim 32$) 之间进行选择,当然速度越快,租用费用也越高。这种方式适合对带宽要求比较高的应用,如企业网站。由于整个链路被企业独占,所以费用很高,因此中小型企业较少选择。这种线路优点很多:有固定的 IP 地址,可靠的线路运行,永久的连接等。但是性能价格比太低,除非用户资金充足,否则不推荐使用这种方法。

5. 卫星接入

目前,国内一些 Internet 服务提供商开展了卫星接入 Internet 的业务,适合偏远地区又需要较高带宽的用户。卫星用户一般需要安装一个很小口径的终端(VSAT),包括天线和其他接收设备,下行数据的传输速率一般为 1 Mbit/s 左右,上行通过 PSTN 或者 ISDN 接入 ISP。终端设备和通信费用都比较低。

6. 光纤接入

在一些城市开始兴建高速城域网,主干网速率可达几十 Gbit/s,并且推广宽带接入。

计算机应用基础

光纤可以铺设到用户的路边或者大楼,可以以 100 Mbit/s 以上的速率接入,适合大型企业。

7. 无线接入

由于铺设光纤的费用很高,对于需要宽带接入的用户,一些城市提供无线接入。用户通过高频天线和 ISP 连接,距离在 10 公里左右,带宽为 2~11 MBit/s,费用低廉,但是受地形和距离的限制,适合城市里距离 ISP 不远的用户,性能价格比很高。

8. Cable modem(线缆调制解调器)接入

Cable Modem 是一种超高速 Modem,很多的城市提供 Cable modem 接入 Internet 方式,它利用现成的有线电视(CATV)网进行数据传输,已是比较成熟的一种技术。随着有线电视网的发展壮大和人们生活质量的不断提高,通过 Cable Modem,利用有线电视网访问 Internet 已成为越来越受业界关注的一种高速接入方式。

由于有线电视网采用的是模拟传输协议,因此该网络需要用一个 Modem 来协助完成数字数据的转化。Cable Modem 与以往的 Modem 在原理上都是将数据进行调制后在 Cable(电缆)的一个频率范围内传输,接收时进行解调,不同之处在于它是通过有线电视 CATV 的某个传输频带进行调制解调的。

Cable Modem 连接方式可分为两种:对称速率型和非对称速率型。前者的 Data Upload(数据上传)速率和 Data Download(数据下载)速率相同,都在 500 kbps~2 Mbps 之间;后者的数据上传速率在 500 kbps~10 Mbps 之间,数据下载速率为 2 Mbps~40 Mbps。

采用 Cable Modem 上网的缺点是 Cable Modem 模式采用的是相对落后的总线型网络结构,这就意味着由网络用户共同分享有限带宽;另外,购买 Cable Modem 和初装费都不算很便宜,这些都阻碍了 Cable-Modem 接入方式在国内的普及。但是,它的市场潜力是很大的,毕竟中国 CATV 网已成为世界第一大有线电视网,其用户已达到 8 000 多万。

9. LAN(Local Area Network,局域网)

LAN 方式接入是利用以太网技术,采用光缆+双绞线的方式对社区进行综合布线。具体实施方案是:从社区机房敷设光缆至住户单元楼;楼内布线采用五类双绞线敷设至用户家里,双绞线总长度一般不超过 100 米;用户家里的电脑通过五类跳线接入墙上的五类模块就可以实现上网。社区机房的出口通过光缆或其他介质接入城域网。

采用 LAN 方式接入可以充分利用小区局域网的资源优势,为居民提供 10 M 以上的共享带宽,这比现在拨号上网速度快 180 多倍,并可根据用户的需求升级到 100 M 以上。

以太网技术成熟、成本低、结构简单、稳定性、可扩充性好,同时可实现实时监控、智能化物业管理、小区/大楼/家庭保安、家庭自动化(如远程遥控家电、可视门铃等)、远程抄表等,可提供智能化、信息化的办公与家居环境,满足不同层次的人们对信息化的需求。

6.3 Internet 的应用

6.3.1 WWW 服务

1. WWW 概述

WWW 是一种建立在因特网上的、全球性的、交互的、动态的、多平台的、分布式的、超文本超媒体信息查询系统。它为用户提供了一个可以轻松驾驭的图形化界面,用户通过它可以查阅 Internet 上的信息资源。

WWW 的信息主要是以 Web 页的形式组织起来的,每个 Web 页都是超文本或超媒体,通过超文本传输协议(HTTP)进行传送。这些 Web 页存放在世界各地的 WWW 服务器上,并用超链接互相关联起来,人们可以通过 WWW 摆脱地域的限制,方便地往返于遍布全球的 WWW 服务器,获取想得到的信息。如今,WWW 的应用已经涉及社会的各个领域,成为 Internet 上最大的信息宝库。

下面介绍几个与 WWW 相关的术语:

(1) 超文本和超链接

超文本不仅包含文本信息,还包含了指向其他网页的链接,这种链接称为超链接。一个超文本文件中可包含多个超链接,这些超链接可分别指向本地或远地服务器上的超文本,使用户可以根据自己的意愿任意移动于不同的网页之间,以跳跃的方式进行阅读。

(2) 超媒体

是超文本的发展,除了具有超文本的特点外,还包含了图像、声音、动画等多媒体信息,极大地丰富了 Web 页的形式和内容。正是多媒体技术在超文本中的应用,使得 WWW 得到了飞速的发展。

(3) 统一资源定位器

WWW 用统一资源定位器(Uniform Resource Locator,URL)来描述 Web 页的地址和访问它时所使用的协议,Internet 上的每个网页都有唯一的 URL 地址。

URL 的格式如下:

协议://IP 地址或域名/路径/文件名

其中协议是服务方式或获取数据的方法,如 http、ftp 等;IP 地址或域名是指存放该资源的服务器的 IP 地址或域名;路径和文件名是指网页在服务器中的具体位置和文件名。

如 http://sports.163.com/special/000525AD/roxroad08.html 就是一个网页的 URL,该网页使用 http 协议,在域名为 sports.163.com 的主机上,是文件夹 special/000525AD 下的一个 HTML 语言文件 roxroad08.html。

(4) 超文本标记语言(HTML)

HTML 是用来创建 Web 页的一种专用语言,通过特定的标记来定义网页内容在屏幕上的外观和操作方式,如果用户想建立自己的个人主页,就应该了解有关 HTML 的语法结构。

(5) 超文本传输协议(HTTP)

HTTP 是 Web 浏览器与 WWW 服务器之间相互通信的协议,是 WWW 正常工作的基础。在浏览 Web 页时,浏览器通过 HTTP 与 WWW 服务器建立连接并发出请求,WWW 服务器将用户请求的相关网页发送到用户的计算机中,用户就可以浏览精彩的 Web 信息了。

(6) 主页

主页是每个 WWW 站点的起始页,对该站点的其他 Web 页起着导航和索引作用。主页就像书的目录,用来介绍该站点的主要内容,使人们能很方便地了解该站点包含的内容。

(7) 浏览器

浏览器是人们用来连接 WWW 服务器,查找和显示 Web 页,并允许用户通过链接在页面跳转的应用软件。浏览器安装在用户机器上,负责与 WWW 服务器的连接、请求和接收、处理数据的全过程。浏览器有很多种,目前常用的有 Microsoft 公司的 Internet Explorer(IE)和 Google 公司的 Chrome。另外,还有 Opera、Firefox、Safari 等。

2. 浏览网页

通过浏览器可以浏览网页,这里介绍 Windows 7 默认安装的 IE 8 浏览器的使用。

(1) IE 的基本使用方法

通过"开始"→"程序"→"Internet Explorer"可启动 IE 8。

IE 是一个标准的 Windows 应用程序,其屏幕元素自上到下依次为标题栏、地址栏和搜索栏、菜单栏、收藏夹栏、选项卡和命令栏、工作区、状态栏,如图 6-13 所示。

图 6-13 Internet Explorer 8 的窗口

① 输入网址

直接在地址栏中输入想进入的网页(网站)地址,输入完成后敲回车键即开始与该网站建立链接。执行"文件"菜单下的"打开"命令也可以输入网址。

单击地址栏右边的小三角符号,在下拉菜单中有以前输入的网址,从中可选择想要进入的网站。

在地址栏中键入地址时,IE 8 的"自动完成"功能将在还未完全输入时列出与用户输入字符相符合的、以前访问过的地址,可以从中选定所需的地址,而不必输入完整的 URL。

用户可以自行选择是否启用"自动完成"功能,具体方法如下:

选择"工具"菜单的"Internet 选项"命令,打开"Internet 选项"对话框。

选择"高级"选项卡,进入如图 6-14 所示画面。

在"浏览"区域,清除或选中"使用直接插入自动完成功能"复选框以关闭或启用此项功能。

② 前进和返回

前进和返回操作能在同一个 IE 窗口以前浏览过的网页中任意跳转。

"前进/返回"按钮在地址栏的前面,"返回"按钮用于返回上一个网页,"前进"按钮用于前进到下一个网页。单击"前进"按钮旁边的小箭头,可以显示本次 IE 进程的浏览历史记录,便于用户快速在浏览过的网页中切换。

③ 中断链接和刷新当前网页

单击地址栏前的"停止" 按钮,可以中止当前正在进行的操作,停止和网站服务器的联系。

单击地址栏前"刷新" 按钮,浏览器会和服务器重新取得联系,并显示当前网页的内容。

④ 自定义 Internet Explorer 窗口

打开 Internet Explorer,在"查看"菜单中选择"工具栏"子菜单,可以设置工具栏中显示的工具,包括标准按钮、地址栏、链接和自定义等。

执行"自定义"命令,将弹出"自定义工具栏"对话框,如图 6-15 所示。在该对话框中可以根据需要编辑在工具栏中显示的工具,可以将右边窗口

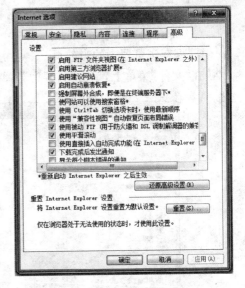

图 6-14 "自动完成"功能的选择

(其中为当前窗口中显示的工具)中的工具从工具栏中删除,或将左边窗口(其中为可供选择的工具)中的工具添加到工具栏中显示。

图 6-15 自定义工具栏

⑤ 全屏浏览网页

全屏显示可以隐藏掉所有的工具栏、桌面图标以及滚动条和状态栏,以增大页面内容的显示区域。

在"查看"菜单下选择"全屏"(或按功能键 F11),即可切换到全屏页面显示状态。

再次按功能键 F11,关闭全屏幕显示,切换到原来的浏览器窗口。

⑥ 打开多个浏览窗口

为了提高上网效率,一般应多打开几个浏览窗口,这样可以在等待一个网页的同时浏览其他网页,来回切换浏览窗口,充分利用网络带宽。选择"文件"菜单中的"新建选项卡"命令,或单击当前选项卡旁边的"新选项卡",就可以打开一个新的浏览器窗口,如图 6-16 所示。

在超链接的文字上单击鼠标的右键,在弹出菜

图 6-16 "新选项卡"按钮

单中选择"在新窗口中打开链接"项，IE 也会打开一个新的浏览窗口。

(2) 保存网页内容和网址

① 保存浏览器中的当前页

在"文件"菜单上，单击"另存为"，弹出如图 6-17 所示对话框。

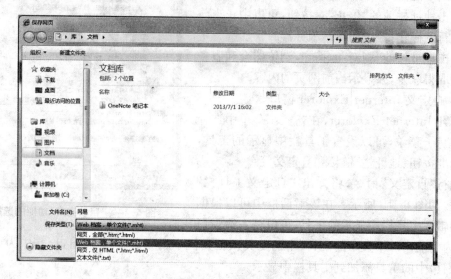

图 6-17　保存网页

在"保存在"框中，选择准备用于保存网页的文件夹。在"文件名"框中，键入该页的名称。在"保存类型"下拉列表中有多种保存类型。

选择一种保存类型，单击"保存"按钮。其中"文本文件(＊.txt)"能节省存储空间，但只能保存文字信息，不能保存图片等多媒体信息。

保存后的文件可通过 IE 浏览器进行脱机浏览；在 IE 窗口上，选择"文件→打开"命令，单击"浏览"按钮，可从文件夹目录中指定所要打开的 Web 页文件。

② 保存超链接指向的网页或图片

如果想直接保存网页中超链接指向的网页或图像，暂不打开并显示，可进行如下操作：

用鼠标右键单击所需项目的链接。在弹出菜单中选择"目标另存为"项，弹出"另存为"对话框。在左侧栏中选择准备保存网页的文件夹，在"文件名"框中，键入文件的名称，在"文件类型"框中选择保存文件的类型，然后单击"保存"按钮。

③ 保存网页中的图像、动画

用鼠标右键单击网页中的图像或动画。

在弹出菜单中选择"图片另存为"项，弹出"保存图片"对话框。

在左侧栏中选择合适的文件夹，并在"文件名"框中输入图片名称，在"文件类型"框中选择保存文件的类型，然后单击"保存"按钮。

④ 设置起始网页

对于几乎每次上网都要光顾的网页，可以直接将它设置为启动 IE 后自动连接的主页。打开 IE"工具"菜单，执行"Internet 选项"命令，打开"Internet 选项"对话框，如图 6-18 所示。

选择或填入 IE 启动时的主页地址。点击"使用当前页"按钮则可将当前浏览的网页设为主页，也可使用空白页作为主页，还可以恢复默认值。

⑤ 使用收藏夹

在 IE 中，可以把经常浏览的网址储存起来，称为"收藏夹"。

当用户在浏览网页时，如果想要将当前的网页收录到收藏夹中，可以有两种不同的收藏方式，分别是将网页添加到"收藏夹栏"和"收藏夹"。两者的差别如下：

● "收藏夹栏"指 IE 用户界面中的一部分，它默认位于选项卡与地址栏之间，用于存放"收藏夹"的"收藏夹栏"子收藏夹中的网页。可以选择是否显示收藏夹栏。

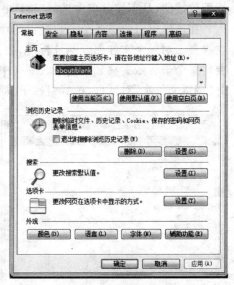

图 6-18　Internet 选项

● "收藏夹"用于存放用户收藏的所有网页，用户不能将"收藏夹"从 IE 浏览器界面中隐藏。一般情况下，IE 浏览器收藏夹中默认已经建立了"Microsoft 网站"、"MSN 网站"、"Windows Live"、"收藏夹栏"以及"中国的网站"5 个子收藏夹。

要将当前的网页添加到收藏夹栏中，可以单击收藏夹栏中的 ☆ 按钮，网页的标题将显示在收藏夹栏最左边的位置；若要将网页添加到收藏夹，则可以单击"前进/返回"按钮下面的 ☆ 收藏夹 按钮，并在弹出的收藏夹中再次单击"添加到收藏夹"按钮，如图 6-19 所示。显示"添加收藏"对话框，可设置该网页的自定义标题和存储到收藏夹的什么位置，也可以通过"新建文件夹"按钮创建新的子收藏夹，如创建"音乐专栏"子收藏夹。选择存储在收藏夹的位置后，单击"添加"即可将当前网页收藏到收藏夹中，如图 6-20 所示。

⑥ 管理收藏夹

收藏夹和文件夹的组织方式是一致的，也是树形结构。定期地整理收藏夹的内容，保持比较好的树形结构，有利于快速访问。

图 6-19　添加网页到收藏夹

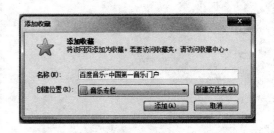

图 6-20　完成网页收藏

选择"收藏"菜单下的"整理收藏夹"，或单击图 6-19 中"添加到收藏夹"按钮旁的三角形下拉按钮,从下拉菜单中选择"整理收藏夹",打开整理收藏夹窗口,如图 6-21 所示。

在这里可以调整各个子收藏夹的顺序。单击下面的"新建文件夹"按钮,可以新建一个文件夹。对一个文件夹或网址标签,可以用"重命名"、"删除"按钮完成相应的功能。如果要将某个子收藏夹移到其他子收藏夹中,可以选中要移动的子收藏夹,单击"移动"按钮,打开"浏览文件夹"对话框,选择目标子收藏夹并单击"确定"按钮即可。

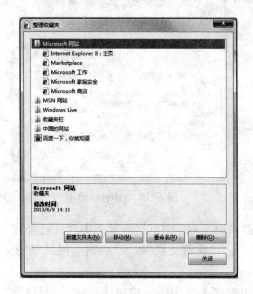

图 6-21　整理收藏夹

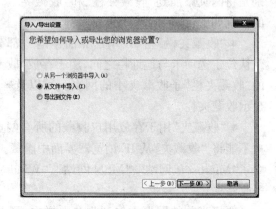

图 6-22　导入和导出设置

⑦ 导入和导出收藏夹

如果在多台计算机上安装了 IE,那么可以通过收藏夹的导入和导出功能,在这些计算机上共享收藏夹的内容。若重装系统了,也可以通过导入收藏夹来恢复原来的收藏夹内容。

单击 IE 菜单的"文件"下的"导入和导出",或单击"添加到收藏夹"旁的三角形下拉按钮,从下拉菜单中选择"导入和导出",打开"导入/导出设置"对话框,如图 6-22 所示。

这里可以有 3 种操作。如果计算机中安装了多个浏览器,则可以从其他的浏览器中导入收藏夹,若没有安装其他的浏览器,该选项显示为灰色;如果想用已经导出的收藏夹备份还原收藏夹,选择"从文件中导入";如果想要备份当前的收藏夹,选择"导出到文件"选项。

选择"导出到文件"后,下一步导出向导会询问用户想要导出的内容,如图 6-23 所示。

图 6-23　选择要导出的内容

图 6-24　选择要导出的收藏夹内容

如果只想导出收藏夹的内容,则可以只选择"收藏夹"并单击"下一步"按钮,选择要导出的收藏夹内容,如图 6-24 所示。

如果需要导出整个收藏夹,可以选中"收藏夹"选项;如果仅仅是想导出某个子收藏夹中的内容,可以选中该子收藏夹。完成选择后,单击"下一步",选择保存导出收藏夹的文件位置,默认位置为个人文件夹的"我的文档"文件夹中,如图 6-25 所示。单击"导出"按钮,产生一个后缀为.htm 的文件,完成收藏夹的导出。

⑧ 浏览收藏夹中的网址

当使用收藏夹访问网页时,单击收藏夹按钮,在打开的收藏夹中根据网页列表选择

图 6-25 选择导出的收藏夹文件保存位置

相应的子收藏夹,并在子收藏夹中单击网站标题即可打开该网站。

(3) 脱机浏览

选择命令栏中的"工具"命令,单击下拉菜单中的"脱机工作",选中其复选标识,进入脱机工作方式。再次选择此菜单选项,就除去了"脱机工作"前的复选标识,结束脱机方式。

(4) 加快浏览速度

选择命令栏中"工具"命令,在下拉菜单中选择"Internet 选项",打开"Internet 选项"对话框。选中"高级"选项卡。在"多媒体"区域,清除"显示图片"、"在网页中播放动画"和"在网页中播放声音"等全部或部分多媒体选项复选框选中标志。这样,在下载和显示主页时,只显示文本内容,而不下载数据量很大的图像、声音、视频等文件,加快了显示速度。

6.3.2 电子邮件

1. 电子邮件概述

电子邮件是因特网上使用最广泛的一种服务,其根据电子邮件地址,采用存储转发的方式由网上多个主机合作传送邮件。由于电子邮件通过网络传送,具有方便、快速、不受地域或时间限制以及费用低廉等优点,很受广大用户欢迎。

(1) 电子邮件地址的格式

要在因特网上发送电子邮件,首先要有一个电子邮箱,每个电子邮箱有唯一可识别的电子邮件地址,只有信箱的主人有权打开信箱,阅读和处理信箱中的邮件。电子邮件地址的格式是:<用户标识>@<主机域名>。地址中间不能有空格或逗号。例如,udow@163.com 就是一个电子邮件地址。

电子邮件通过收件人的邮件服务器存放到收件人的信箱里,收件人可以随时打开自己的邮箱收取邮件,而不必和发件人同时打开邮箱来接收邮件。收发邮件都可以随时进行。

(2) 电子邮件的格式

电子邮件都有两个基本部分:信头和信体。信头相当于信封,信体相当于信的内容,如图 6-26 所示。

图 6-26 电子邮件格式

① 信头

包括以下几项内容:

收件人:收件人的 E-mail 地址。多个收件人地址之间用分号(;)隔开。

抄送:表示同时可接收到此邮件的其他人的 E-mail 地址。

主题:类似一本书的章节标题,它概括描述信件的内容。

② 信体

信的正文内容,还可以包括附件。

(3) 申请免费邮箱

因特网上的许多网站都提供免费的电子邮箱,用户可以通过申请来使用这些邮箱,下面以"网易"提供的免费邮箱为例,介绍申请的过程。

① 打开浏览器,进入网易主页(www.163.com),单击"免费邮箱",进入"163 免费邮箱"页面,如图 6-27 所示。

图 6-27 网易免费邮箱

② 点击"注册网易免费邮"按钮，进入注册免费邮页面，如图 6-28 所示。然后，按要求逐一填写各项必要的信息，如邮件地址、密码、确认密码和验证码等，进行注册。注册成功后，就可以登录邮箱收发电子邮件了。

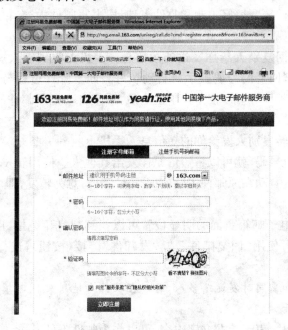

图 6-28　申请免费邮箱

(4) 通过网页收发电子邮件

通过网页收发 E-mail，是电子邮件的最基本收发方法。

在如图 6-27 所示的页面输入自己申请邮箱时填写的邮件地址、密码，单击"登录"，即可进入自己的电子邮箱，进行邮件收发操作。

① 收信：如图 6-29 所示，单击"收信"按钮或"收件箱"链接，将显示信箱中收到的所有信件列表，单击邮件的主题，即可阅读信件内容。

图 6-29　通过邮箱收信

② 发信：电子邮件的发送分为三种情况：发送新邮件、回复邮件和转发邮件。这与手机发送、回复或转发短信息类似。

发送新邮件相当于向其他手机发送新短信息。发短信时需要填写对方手机号码，书写短信内容。发送新邮件需要填好主题和收件人地址，书写邮件内容，单击"发送"，完成邮件发送。

回复邮件相当于回复别人给你发送的短信息。手机上收到别人短信时，如需回信，可以直接进行回复操作，回复的号码被手机自动填好。回复邮件过程与之类似，在阅读邮件的窗口中，找到"回复邮件"链接（按钮），单击之后，系统自动把原邮件的寄信人地址填在回信的收件人地址处，并在邮件主题前加"Re"字样，表示回信。

转发邮件相当于转发别人发给你的短信息。手机上收到一条好笑的短信，直接使用转发功能，输入对方手机号码，就可以将短信原样发给其他人。使用转发邮件功能，只需手动填写收件人地址，系统自动在原邮件主题前加"Fw"字样，意为转发，即可将该邮件完整转发于他人。

一般情况下，在电子邮箱页面的明显位置可以找到"写信"链接，用于发送新邮件。在阅读信件的过程中，可使用"回复邮件"、"转发邮件"链接（按钮），进行邮件的回复和转发操作。

提示：一封邮件如需同时发送给多人，可以在收件人地址处同时填写多人的邮件地址，地址间用逗号","隔开。

邮件中如需有照片、声音等非文字内容，可以作为邮件附件发送，如图6-30，使用"添加附件"功能。

图6-30　添加附件

2. Outlook 2010 的使用

Outlook 2010 是一款电子邮件客户端软件，和网页上的免费邮箱相比，功能更加强大。它提供了方便的信函编辑功能，在信函中可随意加入图片，文件和超级链接，如同在 Word

中编辑一样;有多种发信方式,如立即发信、延时发信、信件暂存为草稿等;同时管理多个 E-mail 帐号;可通过通讯簿存储和检索电子邮件地址;提供信件过滤功能。类似的软件还有 Foxmail、金山邮件等,下面以 Microsoft Outlook 2010 为例,详细介绍电子的撰写、收发、阅读、回复和转发等操作。

(1) 帐号的设置

在使用 Outlook 收发电子邮件之前,必须先对 Outlook 进行帐户设置,选择"开始→所有程序→Microsoft Office→Microsoft Outlook 2010",打开 Outlook 2010。

选择"文件"选项卡,在"信息/帐户信息"中,单击"添加帐户",如图 6-31 所示。

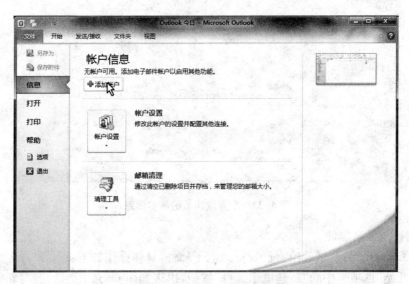

图 6-31　Outlook 帐户信息

打开"添加新帐户"对话框,选中"电子邮件帐户",如图 6-32 所示,正确填写电子邮件地址及密码等信息后,单击"下一步",Outlook 会自动联系邮箱服务器进行帐户配置,稍后

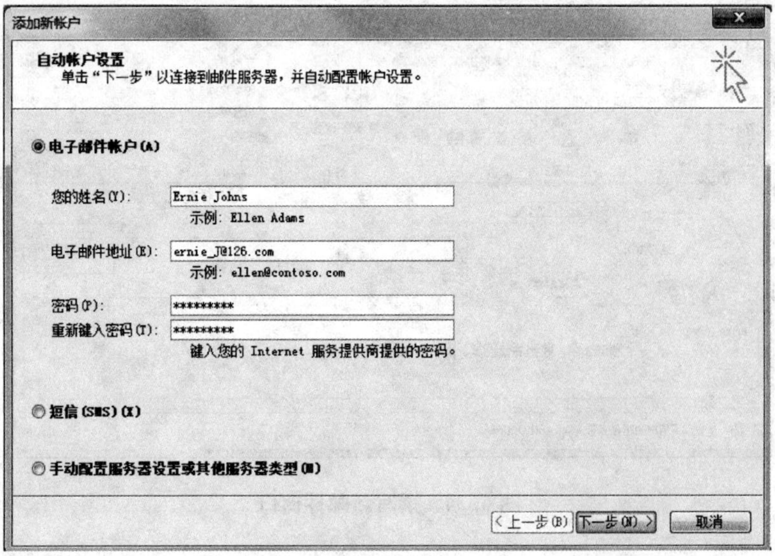

图 6-32　设置帐户信息

会出现配置成功的信息,单击"完成"按钮。这样,在"文件"选项卡的"信息"项的帐户信息下就可以看到刚才填写的电子邮件帐户"ernie_J@126.com",如图 6-33 所示,此时就可以使用 Outlook 进行邮件的收发了。可以用同样的方法添加多个电子邮件帐号。在写新邮件的时候,收件人上面会出现发件人按钮,通过右边的下拉箭头选择用于写信的帐号。

图 6-33　配置成功后的帐户信息

(2) 撰写与发送邮件

打开 Outlook 2010,试着给自己发一封电子邮件,具体操作如下:

选择"开始"选项卡中的"新建电子邮件"按钮,出现如图 6-34 所示的撰写新邮件窗口。窗口上半部为信头,下半部为信体。在信头填写收件人:ernie_J@126.com(发给自己的邮件)及主题:测试邮件;在信体输入邮件内容。完成后单击"发送"按钮,即可将邮件发给收件人。

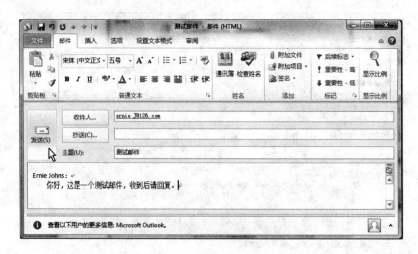

图 6-34　撰写新邮件窗口

如果是脱机撰写的邮件,则邮件会保存在"发件箱"中,待下次连接到因特网时会自动发出。

邮件信体部分可以像我们编辑 Word 文档一样去操作,例如可以改变字体的颜色、大小,调整对齐格式,甚至插入表格、图形、图片等。

(3) 在电子邮件中插入附件

如果要通过电子邮件发送计算机中的其他文件,如 Word 文档、数码照片等,我们可以把这些文件当作邮件的附件随邮件一起发送。在撰写电子邮件的时候,可以按下列操作步骤在邮件中插入指定的计算机文件:

单击"插入"选项卡"添加"中的"附加文件"按钮,打开"插入附件"对话框,如图 6-35 所示。在对话框中选定要插入的文件,然后单击"插入"。这时在撰写新邮件的"主题"框下面会出现"附件"框,并列出所附加的文件的文件名。

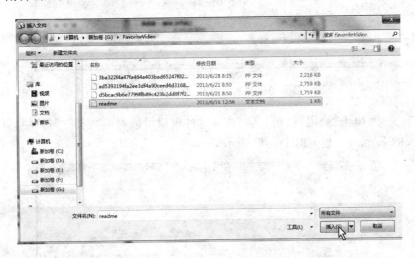

图 6-35 "插入文件"对话框

(4) 密件抄送

有时候我们需要将一封邮件发送给多个收件人,这时可以在抄送栏中填入多个 E-mail 地址,地址之间用分号隔开。如果发件人不希望多个收件人看到这封邮件都发给了谁,就可以采取密件抄送的方式。举例如下:

收件人:王枫(peter@163.com)

抄送:bin@sina.com;高燕(yan_gao@sina.com)

密件抄送:于亮(liang_yu@sohu.com);范跃(yue_fan@163.com)

那么该邮件将发送给收件人、抄送和密件抄送中列出的所有人,但 bin@sina.com 和高燕(yan_gao@sina.com)不会知道于亮(liang_yu@sohu.com)和范跃(yue_fan@163.com)也收到了该邮件。密件抄送中列出的邮件接收人彼此之间也不知道谁收到了邮件,如本示例中的于亮(liang_yu@sohu.com)和范跃(yue_fan@163.com)互相不知道对方收到了该邮件的副本,但他们知道 bin@sina.com 和高燕(yan_gao@sina.com)收到了邮件的副本。

使用密件抄送的步骤如下:

① 打开如图 6-34 所示的撰写新邮件窗口,默认情况下没有填写密件抄送地址的框,我

们可以先将收件人和抄送地址填写到对应的文本框中,然后单击"抄送"按钮 抄送(C) -> ,弹出如图 6-36 所示的"选择姓名:联系人"对话框,这里可以直接从联系人中选择抄送的 E-mail 地址,单击"密件抄送"按钮 密件抄送(B) -> 分别将于亮和范跃添加到密件抄送列表中。

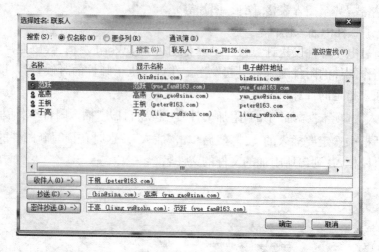

图 6-36 "选择姓名:联系人"对话框

② 填写完毕,单击"确定"按钮,这时在新邮件窗口可以看到"密件抄送"栏,并已经填好了刚才输入的 E-mail 地址,如图 6-37 所示。

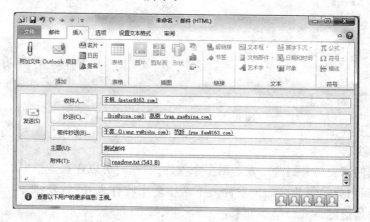

图 6-37 新邮件窗口中出现"密件抄送"栏

③ 完成新邮件的其他部分,单击"发送"按钮,完成新邮件的发送。

(5) 接收和阅读邮件

连接到 Internet,启动 Outlook,单击左上角的"发送/接收所有文件夹"按钮,此时会出现邮件发送和接收对话框,下载完邮件后,就可以阅读了。阅读邮件的操作如下:

① 单击 Outlook 窗口左侧的 Outlook 导航栏中的"收件箱"按钮 收件箱,出现一个预览邮件窗口,如图 6-38 所示。窗口左侧为 Outlook 导航栏;中间是邮件列表区,收到的所有信件都在这里列出;右侧是邮件的阅读窗口,在邮件列表区选择一个邮件并单击,则该邮件内容便显示在该窗口中。

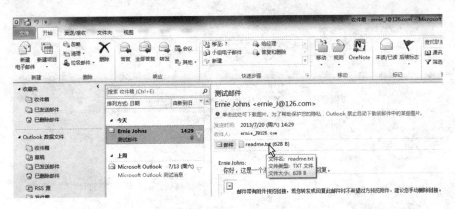

图 6-38 预览邮件窗口

② 单击邮件列表区的某个邮件可以简单地浏览该邮件,但若要详细阅读,必须双击打开,这时会出现阅读邮件窗口,如图 6-39 所示。

阅读完一封邮件后,可直接单击窗口的"关闭"按钮,结束此邮件的阅读。

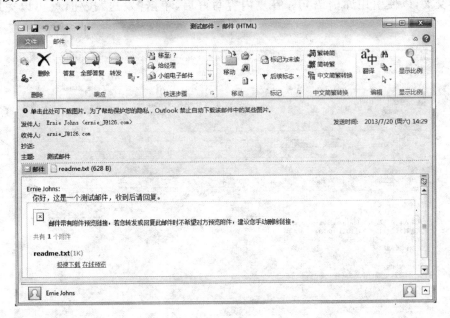

图 6-39 邮件阅读窗口

(6) 阅读和保存附件

如果邮件含有附件,则在邮件列表区中该邮件的右面会显示一个回形针图标,双击邮件阅读窗口中"邮件"图标右侧的文件名(本例中为 readme.txt),就可以阅读了。

如果要保存附件到另外的文件夹中,可右击附件的文件名,在弹出的快捷菜单中,单击"另存为"命令,如图 6-40 所示。打开"保存附件"对话框,选择好文件夹后,单击"保存"按钮。

(7) 答复与转发

① 答复邮件

看完一封邮件需要答复时,可以在如图 6-38 所示的邮件阅读窗口中单击"答复"或"全部答复"按钮,弹出如图 6-41 所示的"答复邮件"窗口,这里的发件人和收件人地址都由系

计算机应用基础

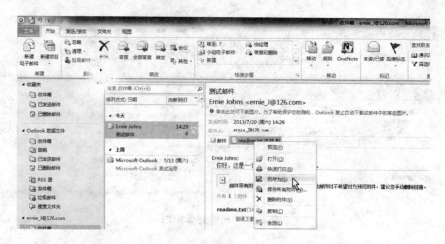

图 6-40 保存附加文件

统自动填好,原信件的内容也显示出来可作为引用。编写答复邮件时,允许原信内容和复信内容交叉,以便引用原信语句。答复内容写好后,单击"发送"按钮,就可以完成答复任务。

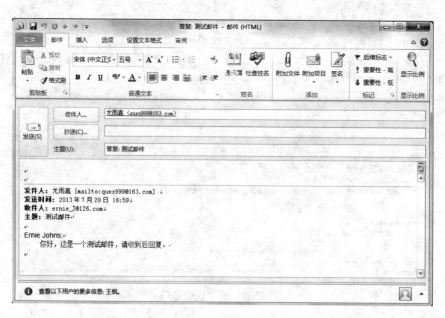

图 6-41 "答复邮件"窗口

② 转发

如果觉得有必要让更多的人阅览自己收到的这封信,例如用邮件发布的通知、文件等,就可以转发该邮件。

对于刚阅读过的邮件,直接在邮件阅读窗口上点击"转发"按钮。对于收件箱中的邮件,可以先选中要转发的邮件,然后单击"转发"按钮。之后,均进入类似回复窗口那样的转发邮件窗口。填入收件人地址,多个地址之间用逗号或分号隔开。必要时,可在待转发的邮件之下撰写附加信息。最后,单击"发送"按钮,完成转发。

(8) 联系人的使用

联系人是 Outlook 中十分有用的工具之一。利用它不但可以像普通通讯录那样保存联系人的 E-mail 地址、邮编、通讯地址、电话和传真号码等信息,而且还有自动填写电子邮件地址、自动电话拨号等功能。下面简单介绍联系人的创建和使用。

① 联系人的建立

在联系人中添加联系人信息的具体步骤如下:选择"开始"选项卡,单击左侧导航栏下方的"联系人"按钮,激活"联系人"窗口,如图 6-42 所示。

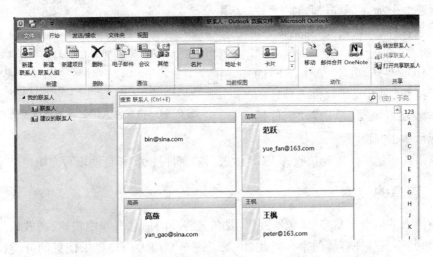

图 6-42 "联系人"窗口

选择"开始"选项卡,单击"新建联系人"按钮,在打开的窗口中输入联系人姓名以及有关的其他信息,如图 6-43 所示。

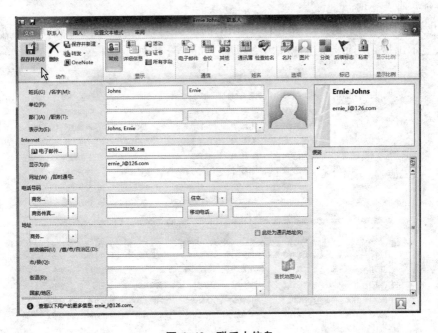

图 6-43 联系人信息

完成联系人信息输入后，选择"联系人"选项卡，单击"保存并关闭"。

提示：右键单击E-mail地址栏，在弹出的快捷菜单中单击"添加到Outlook联系人"可以将发件人的电子邮件地址添加到联系人中，如图6-44所示。

② 联系人的使用

使用联系人可以自动填写电子邮件地址，使发送电子邮件变得更加轻松。具体操作步骤如下：

- 新建电子邮件，单击"收件人"按钮，弹出"选择姓名：联系人"对话框，如图6-36所示。

- 选中收件人姓名，单击下面的"收件人"按钮，即可完成收件人地址的填写，同样，还可填写"抄送"、"密件抄送"，完成后单击"确定"。

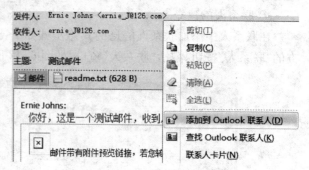

图6-44 将发件人地址添加到联系人中

- 退回到新建邮件发现，"收件人"、"抄送"和"密件抄送"都自动填写完毕。

6.3.3 信息的搜索

因特网上的信息丰富多彩、包罗万象，要在这浩瀚的信息海洋中快速、高效地找到所需要的内容，并不是一件容易的事。对此，出现了许多专门为用户提供信息的分类检索服务的网站，称作"搜索引擎"。像雅虎（www.yahoo.com）和搜狐（www.sohu.com）等。这些搜索引擎极大地方便了用户的信息查询工作。

使用搜索引擎主要有分类列表查询和关键字查询两种方法。

1. 分类列表查询

打开IE，在地址栏内键入一个门户网站的网址，例如http://123.sogou.com后按回车键，就会显示出搜狗网址导航的搜索引擎页面，如图6-45所示。

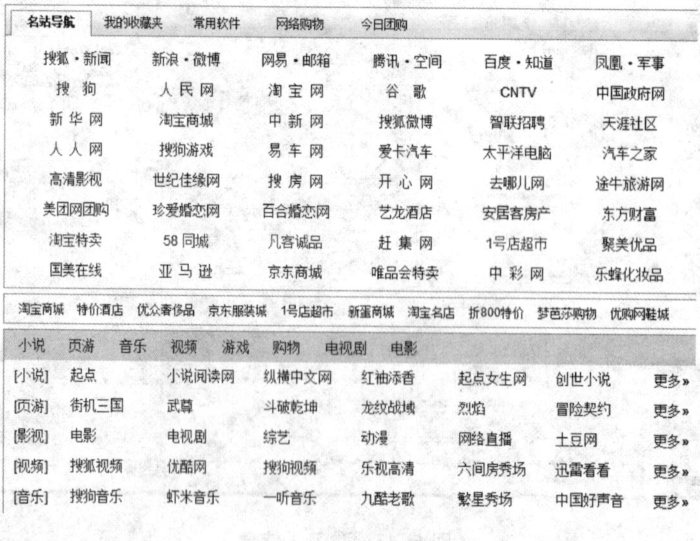

图6-45 分类列表查询

在这里列有许多不同种类的信息,用户可以选择所需查询的标题,即可进入下一级分类列表,再选择相应的类别后进入再下一级的列表,这样通过层层选择,很快就能找到所需的信息。

2. 关键字查询

使用分类列表查询的优点是操作简单、条理清晰,很适合于初学者使用。但由于搜索引擎对信息的分类和组织方法不尽相同,往往造成检索的效率不高。关键字查询是用户根据所查找的信息,找出其中有代表性的词语作为关键字进行查询,如:要查找浏览器方面的信息,就可以用"浏览器"作为查找的关键字。

(1) 简单查询

关键字的简单查询是在关键字的输入框直接输入所要查询信息的关键字,例如要查找搜索引擎的信息,直接输入"搜索引擎"后,按"搜索"按钮,如图 6-46 所示。结果找到 1,164,263,867 个网页(用时 0.002 秒),并一一列出,单击各项可进行浏览。

图 6-46 关键字搜索

(2) 进阶查询

使用简单查询可找到大量的信息,但往往在得到的信息中有不少毫不相关的信息,这是因为简单查询对关键字不加任何限制,只尽可能搜索与其相关的信息,甚至在查询时会将关键字分解成独立的文字,分别查询所有与其匹配的结果,因而返回一些与实际所查询的内容毫无关联的信息。

为了更精确的查找所需信息,搜索引擎提供了关键字的进阶查询方法。

① 使用双引号

在输入关键字时,用双引号括起来,表示只查找与该关键字完全相同的信息。如对图 6-46 的关键字加上双引号,结果找到 609,060,397 个网页(用时 0.105 秒),可见减少了不少内容。

② 指定关键字出现的字段

在关键字前加 t,表示搜索引擎仅在网站名称中查询;在关键字前加 u,表示仅在网页地址(URL)中查询。

6.3.4 因特网上的常用工具

1. 文件下载工具 FlashGet

FlashGet(网际快车)是因特网上下载文件的工具软件。其主要特点是支持断点续传、多点连接和文件管理功能。断点续传是指掉线后,已经下载的内容仍然存在,下次可以继续下载其余部分,而不需再从头开始;多点连接则可将文件分为几段同时下载以提高下载速度;文件管理功能允许用户建立不限数目的类别,并为每个类别指定单独的文件目录以存储相关文件。下面介绍其使用方法。

(1) FlashGet 的安装

安装程序可以从 www.amazesoft.com/cn/网站或者国内其他网站下载。运行其安装

计算机应用基础

程序即可,无须人工设定。安装完成后,安装程序自动在桌面上建立快捷方式。

(2) FlashGet 的界面设置

启动 FlashGet 后的界面如图 6-47 所示。并在桌面产生一个悬浮窗。

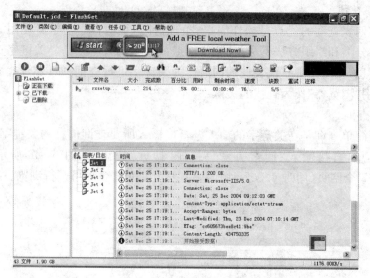

图 6-47 FlashGet 的界面

① 栏目设置

选择"查看"菜单下的"栏目"命令,打开"栏目"对话框,对任务栏的各列进行增加或删减,如图 6-48 所示。

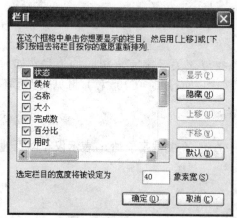

图 6-48 "栏目"对话框

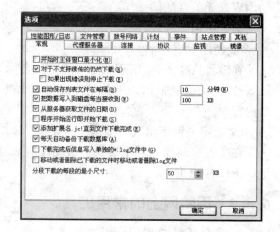

图 6-49 "选项"对话框

② 程序设置

选择"工具"菜单下的"选项"命令,打开"选项"对话框,可以对 FlashGet 进行设置,如图 6-49 所示。

(3) FlashGet 的文件管理功能

FlashGet 使用类别对已下载的文件进行管理,可为每种类别指定一个磁盘目录,某种类别的任务下载完成后,所下载的文件将自动保存到对应的磁盘目录中。

缺省状态下，FlashGet 自动建立了"正在下载、已下载、已删除"三个类别，所有未完成的下载任务均放在"正在下载"类别中，所有完成的下载任务均放在"已完成"类别中，所有删除的任务均放在"已删除"类别中，只有从"已删除"类别中删除才被真正删除。

（4）用 FlashGet 下载文件

添加下载任务有以下几种方法：

● 将文件链接拖拽至桌面上的悬浮窗内，在弹出的"添加链接"对话框内设置"选择分类"和"保存路径"，单击"确定"后开始下载。

用鼠标选中文件位置链接，将其复制到剪贴板中，此时如果快车正在运行，会自动弹出"添加链接"对话框，设置"选择分类"和"保存路径"，单击"确定"后开始下载。

● 运行快车软件，单击工具栏中的"新建"按钮，在弹出的"添加链接"对话框中，输入文件链接位置并设置"选择分类"和"保存路径"，单击"确定"后开始下载。

● 使用右键点击文件链接，选择"使用快车（FlashGet）下载"来用网际快车进行下载。

当快车由以上几种方法调起的时候，会弹出新建任务窗口，如图 6-50 所示。

图 6-50　使用 FlashGet 下载文件

点击确定后，开始下载任务，如图 6-51 所示。

图 6-51　FlashGet 下载任务窗口

2. 文件压缩工具 WINRAR

一个较大的文件经压缩后，产生了另一个较小容量的文件。这个较小容量的文件，就叫压缩文件。目前互联网络上可以下载的文件大多属于压缩文件，文件下载后必须先解压缩才能够使用；另外在使用电子邮件附加文件功能的时候，最好也能事先对附加文件进行压缩处理。这样可以减轻网络的负荷。

目前网络上的压缩的文件格式有很多种，其中常见的有：Zip、RAR 和自解压文件格式 EXE 等。而目前在 Windows 系列系统中，最常用的压缩管理软件有 WinZIP 和 WinRAR 两种。其中，WinRAR 可以解压缩绝大部分压缩文件，WinZIP 则不能解压缩 RAR 格式的压缩文件。下面介绍 WinRAR 的使用方法。

从 www.winrar.com.cn 网站下载最新的 WinRAR 软件到硬盘，双击该软件按提示完成安装。

（1）解压缩文件

右击压缩文件（扩展名为 .rar、.zip 等）后选择"解压文件"命令，如图 6-52 所示。

出现如图 6-53 的对话框，设置文件解压缩后存放的路径和相关参数。按"确定"按钮

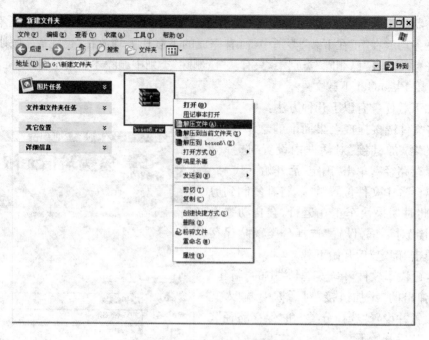

图 6-52　对压缩文件解压缩

完成解压缩。

也可双击压缩文件,出现如图 6-54 所示的对话框,点击"解压到"按钮,出现如图 6-53 的对话框,设置文件解压缩后存放的路径和相关参数,"确定"后完成解压缩。

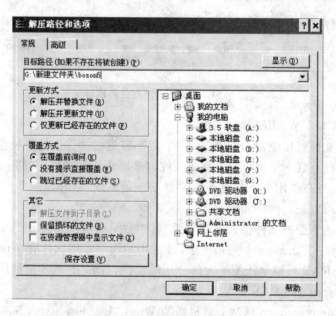

图 6-53　设置解压缩路径和参数

(2) 制作压缩文件

打开要压缩的文件夹,单击选中要压缩的文件(按着 Ctrl 键可以多选);在选中的文件上点鼠标右键弹出菜单,选择"添加到压缩文件"命令,如图 6-55 所示。

第 6 章 Internet 的基础知识和简单应用

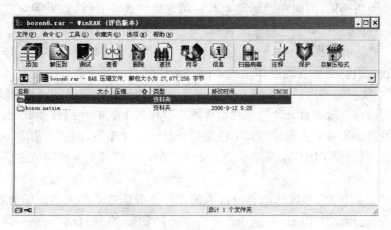

图 6-54　文件解压缩

图 6-55　文件压缩

　　在出现的对话框中确定压缩文件名及压缩文件格式，"确定"后完成压缩，如图 6-56 所示。

　　若在图中设置"压缩分卷大小"，可以进行分卷压缩。

6.3.5　流媒体

1. 流媒体概述

　　我们在因特网上浏览传输音频、视频文件，可以采用前面介绍的 FlashGet 下载等方式，先把文件下载到本地硬盘里，然后再打开播放。但是一般的音/视频文件都比较大，需要本地硬盘留有一定的存储空间，而且由于网络带宽的限制，下载时间也比较长。所以这种方式对于一些要求实时性

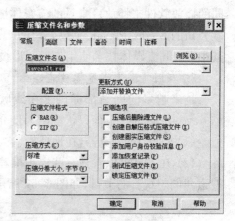

图 6-56　设置压缩参数

较高的服务就无法适用,例如在因特网上看一场球赛的现场直播,如果等全部下载完了才能播放,那就只能等到比赛完之后才能观看,失去了直播的实时性。

流媒体方式为我们提供了另一种在网上浏览音/视频文件的方式。流媒体是指采用流式传输的方式在因特网播放的媒体格式。流式传输时,音/视频文件由流媒体服务器向用户计算机连续、实时地传送。用户不必等到整个文件全部下载完毕,而只需要经过很短时间的启动延时即可进行观看,即"边下载边播放",这样当下载的一部分播放时,后台也在不断下载文件的剩余部分。流媒体方式不仅使播放延时大大缩短,而且不需要本地硬盘留有太大的缓存容量,避免了用户必须等待整个文件全部从因特网上下载完成之后才能播放观看的缺点。

因特网的迅猛发展、多媒体的普及都为流媒体业务创造了广阔的市场前景,流媒体日益流行。如今,流媒体技术已广泛应用于多媒体新闻发布、在线直播、网络广告、电子商务、视频点播、远程教育、远程医疗、网络电台、实时视频会议等方方面面。

2. 流媒体原理

实现流媒体需要两个条件:合适的传输协议和缓存。使用缓存的目的是消除延时和抖动的影响,以保证数据报顺序正确,从而使媒体数据能够顺序输出。

流式传输的大致过程如下:

(1) 用户选择一个流媒体服务后,Web 浏览器与 Web 服务器之间交换控制信息,把需要传输的实时数据从原始信息中检索出来。

(2) Web 浏览器启动音/视频客户端程序,使用从 Web 服务器检索到的相关参数对客户端程序初始化,参数包括目录信息、音/视频数据的编码类型和相关的服务器地址等信息。

(3) 客户端程序和服务器端之间运行实时流协议,交换音/视频传输所需的控制信息,实时流协议提供播放、快进、快倒、暂停等命令。

(4) 流媒体服务器通过流协议及 TCP/UDP 传输协议将音/视频数据传输给客户端程序,一旦数据到达客户端,客户端程序就可以进行播放。

目前的流媒体格式有很多,如 asf,rm,ra,mpg,flv 等,不同格式的流媒体文件需要不同的播放软件来播放。常见的流媒体播放软件有 RealNetworks 公司出品的 RealPlayer、微软公司的 Media Player、苹果公司的 QuickTime 和 Macromedia 的 Shockwave Flash 技术。其中 Flash 流媒体技术使用矢量图形技术,使得文件下载播放速度明显提高。

3. 在因特网上浏览播放流媒体

越来越多的网站都提供了在线欣赏音/视频的服务,如新浪播客、优酷、56、土豆网、酷 6,youtube 等。下面以优酷网为例介绍如何在因特网上播放流媒体。具体操作如下:

(1) 打开 IE 浏览器,在地址栏输入 www.youku.com,敲回车进入优酷网的首页。

(2) 在主页可以看到一些视频推荐,我们也可以在搜索栏中输入关键字,点击搜索按钮搜索我们想观看的节目,如图 6-57 所示。

图 6-57　搜索视频

(3) 进入搜索结果页面,我们可以看到一个节目列表,每个节目包括视频的截图、标题、时长等信息,单击一个视频,进入视频播放页面。

(4) 在视频播放页面,我们可以看到一个视频播放窗口,如图 6-58 所示,播放窗口包括视频画面、进度条、控制按钮(播放/暂停 ▶ ❚❚)、时间显示、音量调节等部分。从时间显示上我们可以看出,现在视频播放了 7 分 06 秒,总时长是 51 分 03 秒。进度条上的滑块 ▬▬ 表示目前的播放进度,而红色的条进度要快于播放进度,这就是下载流媒体数据的进度。可以看出,我们并不需要等全部下载完才能播放,而是从一开始就可以一边下载,一边播放。

图 6-58　播放窗口

优酷网之类的视频共享网站不仅提供了浏览播放的功能,还包括上传视频、收藏夹、评论、排行榜等多种互动功能,吸引了大批崇尚自由创意、喜欢收藏或欣赏在线视频的网民。

习　题

一、选择题

1. 计算机网络按其覆盖的范围分类,可分为局域网、城域网和_____。
   A. 城域网　　　　B. 互联网　　　　C. 广域网　　　　D. 校园网
2. 网络中计算机之间的通信是通过_____实现的,它们是通信双方必须遵守的约定。
   A. 网卡　　　　B. 通信协议　　　　C. 磁盘　　　　D. 电话交换设备
3. 下面关于路由器的描述,不正确是_____。
   A. 工作在数据链路层　　　　　　B. 有内部和外部路由器之分
   C. 有单协议和多协议路由器之分　D. 可以实现网络层以下各层协议的转换
4. 互联网采用的网络拓扑结构一般是_____。
   A. 星型拓扑　　　B. 总线拓扑　　　C. 网状拓扑　　　D. 环型拓扑

5. 计算机网络中,TCP/IP 是_____。
   A. 网络操作系统   B. 网络协议   C. 应用软件   D. 用户数据
6. TCP/IP 协议族把整个协议分为四个层次:应用层、传输层、网间层和_____。
   A. 物理层   B. 数据链路层
   C. 会话层   D. 网络接口层
7. IP 地址分为_____。
   A. A、B 两类   B. A、B、C 三类
   C. A、B、C、D 四类   D. A、B、C、D、E 五类
8. 因特网上的每台正式计算机用户都有一个独有的_____。
   A. Email   B. 协议   C. TCP/IP   D. IP 地址
9. 在主机域名中,顶级域名可以代表国家。代表"中国"的顶级域名是_____。
   A. CHINA   B. ZHONGGUO   C. CN   D. ZG
10. 依据前三位数码,判别以下哪台主机属于 B 类网络_____。
    A. 010…   B. 111…
    C. 110…   D. 100…
11. 统一资源定位器的英文缩写是_____。
    A. http   B. WWW   C. URL   D. FTP
12. HTML 是指_____。
    A. 超文本标记语言   B. JAVA 语言
    C. 一种网络传输协议   D. 网络操作系统
13. 下面说法中哪一个是错误的:超链点可以是文件中的_____。
    A. 一个词   B. 一个词组   C. 一幅图像   D. 一种颜色
14. IE 8 刚刚访问过的若干 WWW 站点的列表被称为_____。
    A. 历史记录   B. 地址簿   C. 主页   D. 收藏夹
15. IE 8 收藏夹中存放的是_____。
    A. 最近访问过的 WWW 的地址   B. 最近下载的 WWW 文档的地址
    C. 用户新增加的 Email 地址   D. 用户收藏的 WWW 文档的地址
16. 在访问某 WWW 站点时,由于某些原因造成网页未完整显示,可通过单击_____按钮重新传输。
    A. 主页   B. 停止   C. 刷新   D. 收藏
17. 在使用 IE 8 时,用户常常会被询问是否接受一种被称之为"cookie"的东西,cookie 是_____。
    A. 一种病毒   B. 一种小文件,用以记录浏览过程中的信息
    C. 馅饼广告   D. 在线订购馅饼
18. 单击 IE 8 工具栏中的"主页"按钮,则会链接到_____。
    A. 微软公司的主页   B. 回退到当前网页的上个网页
    C. 回退到当前主页的上个主页 D. Internet 选项设置中指定的网址
19. 关于 OutLook Express"本地文件夹"功能的描述,不正确的是_____。
    A. 用户接受到的电子邮件,将首先存放在"收件箱"文件夹中

B. 用户已发出的电子邮件,将在"已发送邮件"文件夹中存留副本

C. "发件箱"文件夹中,存放的是用户待发送电子邮件

D. 被删除的电子邮件,总要存放在"已删除邮件"文件夹中

20. 电子邮件的发件人利用某些特殊的电子邮件软件,在短时间内不断重复地将电子邮件发送给同一个接收者,这种破坏方式叫做_____。

  A. 邮件病毒   B. 邮件炸弹   C. 特洛伊木马   D. 蠕虫

二、思考题

1. 计算机网络由几部分组成?各部分起什么作用?
2. 什么是通信协议?
3. 为什么要用层次化模型来描述计算机网络?比较 OSI/RAM 与 TCP/IP 模型的不同。
4. 什么是网络分段?分段能解决什么网络问题?
5. 说明以太网与令牌环网的工作原理。
6. 指出 IP 地址(202.206.1.31)的网络地址、主机地址和地址类型。
7. 什么叫域名系统,为什么要使用域名系统?
8. 常见的网络拓扑结构有几种?
9. 网页如何保存?
10. HTML 是什么单词的缩写,它和网页有什么关系?
11. Internet 临时文件是什么?如何调整?
12. 除了 IE,经常用的浏览器还有哪些?
13. 电子邮件的原理是什么?它能够 24 小时发送吗?
14. 在 Email 地址中,"@"表示什么?
15. 电子邮件只能包含文字吗?
16. 用 Outlook2010 收发邮件和登录到提供邮件服务的网站收发有什么区别?
17. 用 Outlook2010 收发邮件,可以同时给多个地址发送吗?
18. 用 Outlook2010 只能管理一个邮件地址的邮件吗?